Springer-Lehrbuch

Joachim Weimann

# Umwelt-ökonomik

Eine theorieorientierte
Einführung

Dritte, überarbeitete
und erweiterte Auflage

Mit 22 Abbildungen

Springer-Verlag

Berlin Heidelberg New York
London Paris Tokyo
Hong Kong Barcelona
Budapest

Professor Dr. Joachim Weimann
Otto-von-Guericke-Universität Magdeburg
Fakultät für Wirtschaftswissenschaft
Lehrstuhl VWL III
Postfach 4120
D-39016 Magdeburg

ISBN 978-3-540-58764-4    ISBN 978-3-642-52361-8 (eBook)
DOI 10.1007/978-3-642-52361-8

42/2202-543210 - Gedruckt auf säurefreiem Papier

# Vorwort zur 3. Auflage

Die dritte Auflage der „Umweltökonomik" unterscheidet sich von den ersten beiden in einigen wichtigen Punkten. Abgesehen von verschiedenen eher formalen Veränderungen ist der Text inhaltlich intensiv überarbeitet und vor allem erweitert worden. Diese Erweiterungen wurden notwendig, weil die umweltökonomische Diskussion vorangeschritten ist und einige Probleme in das Zentrum des Interesses gerückt hat, die in den ersten beiden Auflagen nicht behandelt worden sind. Dies gilt insbesondere für den Bereich internationaler Umweltprobleme. Das neu hinzugekommene Kapitel 1.9 widmet sich deshalb ausführlich der speziellen Problematik *internationaler* Kooperation. Darüber hinaus wird dem Bevölkerungsproblem und der Klimaproblematik im ersten Teil des Buches besondere Aufmerksamkeit gewidmet. So ist der Exkurs zur Bevölkerungsproblematik ebenso neu aufgenommen worden wie ein Kapitel, das sich dem Zusammenhang von Bevölkerung, Wachstum und Klima widmet.

Ein weiterer Schwerpunkt der Erweiterungen ist eher methodischer Natur. Er besteht in der nunmehr sehr ausführlichen Behandlung von experimentellen Arbeiten zu sozialen Dilemmata. Diesen ist ein Kapitel vorangestellt, das sich allgemein mit der Methodik experimenteller Arbeiten befaßt. Ich hoffe, daß diese Ausführungen etwas zum Verständnis dieser vergleichsweise jungen Methode beitragen – was angesichts der wachsenden Bedeutung der experimentellen Wirtschaftsforschung sicherlich wünschenswert wäre. Zu erwähnen wäre noch, daß im Kapitel 2.3.5 die neusten Erfahrungen der US-Luftreinhaltepolitik verarbeitet worden sind.

Trotz der Erweiterungen ist es bei der Grundstruktur des Buches geblieben. Allerdings wurden die „alten" Teile noch einmal überarbeitet. Ob die Entropiemenge dabei verkleinert werden konnte, muß leider bezweifelt werden, weil die Umstellung auf ein neues Textprogramm dafür gesorgt haben dürfte, daß genug neue Fehler Eingang gefunden haben. Für die Beseitigung einiger alter Fehler möchte ich mich an dieser Stelle bei Herrn Dr. Steinmeyer besonders bedanken. Fehler neueren Datums haben Herr Krone und Frau Wilming aufgespürt – auch ihnen mein Dank.

Bochum und Magdeburg im September 1994

# Vorwort zur 2. Auflage

Für den Autor eines Lehrbuches gibt es wohl kaum eine angenehmere Tätigkeit, als knapp ein Jahr nach Erscheinen seines Buches ein neues Vorwort zu schreiben. Ich habe die Neuauflage des Buches genutzt, um die in ihm enthaltene Menge an Entropie zu reduzieren. Eine Verringerung von Entropie ist nur in offenen Systemen möglich. Daß dieses Buch zu einem offenen System werden konnte, verdanke ich meinen Lesern und ihren Hinweisen und Anregungen, über die ich mich sehr gefreut habe. Ganz besonderen Dank schulde ich in diesem Zusammenhang Friedrich Breyer und Holger Bonus. Für die verbleibende Entropiemenge zeichne ich selbstverständlich allein verantwortlich.

Dortmund, im April 1991

# Vorwort zur 1. Auflage

Wohl kaum ein Thema hat die Menschen während der letzten Jahre so nachhaltig und in immer neuen Varianten beschäftigt wie das Umweltproblem, und es ist nicht damit zu rechnen, daß sich die Relevanz dieses Themas in absehbarer Zeit verringern wird. Die Dringlichkeit der mit der Umweltproblematik verbundenen Fragen und die Einsicht, daß es sich dabei zuallererst um ökonomische Fragen handelt, hat dazu geführt, daß sich die wirtschaftswissenschaftliche Gemeinschaft intensiv mit diesem Komplex auseinandergesetzt hat. In Folge dieser Bemühungen ist eine umfangreiche umweltökonomische Literatur entstanden, die auch eine große Zahl von Lehrbüchern einschließt. Vor diesem Hintergrund stellt sich natürlich die Frage, warum ein Autor es als ein sinnvolles Unterfangen ansieht, dem bestehenden Lehrbuchfundus ein weiteres Exemplar hinzuzufügen.

Ein solches Vorhaben wäre kaum zu rechtfertigen, wenn dem betreffenden Buch nicht ein Konzept zugrunde läge, mit dessen Hilfe sich eine Lücke im vorhandenen Lehrbuchangebot schließen ließe. Die hier verwendete Konzeption besteht im wesentlichen aus einer speziellen „Problemsicht", aus der sich methodische und inhaltliche Schwerpunktsetzungen ableiten. Die grundlegende Überzeugung, aus der diese besondere „Sicht der Dinge" resultiert, besteht darin, daß Umweltprobleme in ihrer Struktur nur dann wirklich verstanden werden können, wenn man sie im weitesten Sinne als Koordinations- bzw. Kooperationsprobleme begreift.

Wir sind es gewohnt, daß die Produktion und der Konsum privater Güter durch die Institution des Marktes effizient koordiniert werden und dabei individuell rationales Verhalten zu kollektiv rationalen Resultaten führt. Im Falle von Umweltgütern gilt diese Übereinstimmung von individueller und kollektiver Rationaltät nicht mehr. Der traditionelle Ansatz der Umweltökonomik setzt an diesem Punkt an. Er diagnostiziert ein durch externe Effekte provoziertes Marktversagen, das mit Hilfe der neoklassischen Allokationstheorie nachgewiesen werden kann und prüft, durch welche Maßnahmen ein zentraler Planer dieses Versagen „heilen" kann. So notwendig und hilfreich dieser allokationstheoretische Ansatz zur Klärung des Umweltproblems auch ist, er vernachlässigt die Frage, *warum* externe Effekte und die Existenz öffentlicher Güter letztlich zum Versagen des Koordinationsinstrumentes „Markt" führen. Eine Antwort auf diese Frage erschließt sich aus einer genauen Analyse der individuellen Entscheidungskalküle, die in typischen umweltökonomisch bedeutsamen Situationen Relevanz erlangen. Für eine solche Analyse liefert die Spieltheorie das angemessene Instrumentarium. Mit ihrer Hilfe ist es möglich, gewissermaßen den Problemkern herauszuschälen. Er besteht darin, daß sich bei dem Versuch, individuelles Handeln im Falle externer Effekte bzw. öffentlicher Güter zu koordinieren, dem einzelnen Spielräume für *strategisches* Verhalten eröffnen, durch das subjektive Vorteilsnahme möglich erscheint. Diese strategischen Möglichkeiten, die im wesentlichen durch die Existenz privater Information entstehen, treiben einen Keil zwischen individuell und kollektiv rationales Verhalten. Der Begriff des sozialen Dilemmas erweist sich dabei als hilfreiches Instrument, um diese Struktur zu charakterisieren, und die Frage, wie solche Dilemmata zu umgehen oder zu „lösen" sind, rückt ins Zentrum des Interesses.

Die Erarbeitung dieser Problemsicht erfolgt im ersten Teil des Buches. Dabei werden zunächst externe Effekte und die mit ihnen verbundenen Allokationsprobleme mit Hilfe eines einfachen Partialmodells dargestellt und das Coase-Theorem als Lösungsvorschlag diskutiert. Eine spieltheoretische Analyse des Coase-Theorems führt hin zu dem oben angesprochenen Problemkern, der bei der sich anschließenden Diskussion sozialer Dilemmata weiter vertieft wird. Bei der Darstellung dieses Problembereichs wurde der Versuch unternommen, die neuen Ergebnisse der „mechanism design"-Forschung ebenso zu berücksichtigen wie neuere Ansätze zur Erklärung kooperativen Verhaltens in Dilemma-Situationen.

Das oben skizzierte Grundproblem strategischen Verhaltens ist unabhängig von der Institution des Marktes. Auch ein zentraler Planer, der Marktversagen zu heilen versucht, sieht sich Individuen gegenüber, die private Information strategisch nutzen können. Diese Tatsache bildet die Leitlinie bei der Darstellung des umweltökonomischen Instrumentariums im zweiten Teil. Es wird bewußt darauf verzichtet, den Staat im Sinne der Public-Choice-Theorie zu modellieren, d. h. die Eigeninteressen politischer Akteure einzubeziehen. „Staatsversagen", das aufgrund solcher Interessen eintreten kann, ist damit per Definition ausgeschlossen. Vielmehr wird versucht aufzuzeigen, daß *selbst dann*, wenn man von der (unrealistischen) Vorstellung eines wohlwollenden Planers ausgeht, keineswegs damit zu rechnen ist, daß dieser in der Lage sein wird, das Umweltproblem in befriedigender Weise zu lösen. Es erweist sich, daß auch die Institution eines *idealen* Staates letztlich das mit strategischem Verhalten verbundene Problem nicht beseitigen kann!

Den Abschluß des Buches bilden zwei Anhänge. Im Anhang I werden die grundlegenden Konzepte der Theorie der Spiele eingeführt. Dem Leser, der mit den Methoden der Spieltheorie nicht vertraut ist, soll dadurch die Möglichkeit gegeben werden, sich so weit kundig zu machen, wie es für das Verständnis des Textes notwendig erscheint. Im Anhang II werden zwei wichtige Arbeiten aus dem Gebiet des „mechanism design" ausführlich erläutert. Diese Darstellung soll dem interessierten Leser ein besseres Verständnis dieser Theorierichtung ermöglichen und ihm zugleich den Zugang zu der recht formalen und komplizierten Originalliteratur erleichtern.

Die dem Buch zugrunde liegende Konzeption und insbesondere die spieltheoretische Orientierung ermöglichen es, das Umweltproblem klar zu strukturieren und grundlegende Einsichten bezüglich der Problemursachen zu vermitteln. Darüber hinaus erlaubt die verwendete Methodik eine fundierte Beurteilung umweltökonomischer Instrumente und eine Klärung der Möglichkeiten und Grenzen staatlichen Handelns. Aber natürlich hat alles seinen Preis. Die Vorteile einer starken Strukturierung müssen mit dem Nachteil erkauft werden, daß eine Fülle von Einzelfragen, Detailproblemen und Facetten des Umweltproblems nicht berücksichtigt werden können. Das Buch präsentiert deshalb keineswegs eine umfassende Darstellung der Umweltökonomik. Das Ziel besteht nicht darin, den Leser vollständig über alle relevanten Problemstellungen und Lösungsansätze zu informieren (was in *einem* Lehrbuch ohnedies kaum zu leisten wäre), sondern darin, ihm eine Orientierungshilfe, eine gedankliche Struktur anzubieten, mit deren Hilfe ein tieferes Verständnis umweltökonomischer Probleme möglich wird.

Ich möchte es nicht versäumen, mich an dieser Stelle für die Hilfe zu bedanken, die mir beim Schreiben dieses Buches zuteil geworden ist. Wertvolle Anregungen und Hinweise habe ich vor allem durch die Diskussionen mit Heinz Holländer, Stefan Homburg, Wolfram Richter und Nikolaus Wolik erfahren. Um die

Erstellung des Manuskriptes haben sich Katja Brickau, Melanie Paulus und Gerda Türke verdient gemacht. Selbstverständlich geht die verbleibende Menge an Irrtümern und Fehlern ausschließlich zu Lasten des Autors.

Dortmund, im Mai 1990

# INHALTSVERZEICHNIS

## TEIL I
## - GRUNDLAGEN -

# TEIL II
## - INSTRUMENTE DER UMWELTPOLITIK -

# Teil I

# – Grundlagen –

# 1.1 Dimensionen des Umweltproblems

## 1.1.1 Entropie

Unsere Umwelt ist schon seit langem im Gespräch. Über ihren Zustand wird in der Öffentlichkeit mit der gleichen Vehemenz diskutiert wie im wissenschaftlichen Bereich und auf allen Ebenen der Politik. Und dennoch haben viele Menschen das Gefühl, daß nur wenig, zu wenig zur Lösung dieses Problems unternommen wird, und sie haben zugleich das Gefühl, daß die Bedrohung unserer Umwelt immer größere, immer erschreckendere Ausmaße annimmt. Wir werden uns noch ausführlich mit den Schwierigkeiten befassen, die sich ergeben, wenn man versucht festzustellen, wieviel denn eigentlich zum Schutz der Umwelt getan werden *sollte*, um entscheiden zu können, ob das erstgenannte Gefühl seine Berechtigung hat. Ganz sicher berechtigt ist das Empfinden einer wachsenden Bedrohung.

Das Umweltproblem hat im öffentlichen Bewußtsein und auch im Bewußtsein der wissenschaftlichen Welt in den letzten Jahren einen Bedeutungswandel erfahren. Wurde es anfangs als ein eher lokales Problem entwickelter Industrienationen begriffen und an sichtbaren Dingen wie Müllhalden und verschmutzten Gewässern festgemacht, so stehen heute die Internationalität und die Allgegenwärtigkeit der Umweltfrage im Vordergrund. Dieser Bedeutungswandel kommt nicht von ungefähr. Er ist vielmehr die notwendige Folge eines speziellen Zusammenspiels von naturgesetzlichen Abläufen und Prozessen, die durch den Menschen in Gang gesetzt wurden. Das Ergebnis dieses Zusammenspiels führt zu veränderten Sichtweisen, zu einer anderen Art, in der wir unsere Umwelt sehen, ja sehen müssen, wenn wir das mit ihr verbundene Problem erkennen und seine Dimension erfassen wollen.

Die Notwendigkeit einer veränderten Problemsicht stellt sich natürlich auch für die Wirtschaftswissenschaften, und zwar insbesondere in dem Sinne, daß es nunmehr Dinge als „Problem" zu erkennen gilt, die vormals unproblematisch waren. Wie diese Notwendigkeit zustande kommt, läßt sich sehr genau anhand des eingangs erwähnten Zusammenspiels von Naturgesetzen und menschlichem Handeln verdeutlichen.

Für Ökonomen ist der Kreislaufbegriff von erheblicher Bedeutung. Wir sind es gewohnt, wirtschaftliche Vorgänge als zyklische Prozesse zu begreifen, als letztendlich richtungslose Abläufe ohne Anfang und Ende. Zusammen mit der Geschichtslosigkeit vieler ökonomischer Modelle ergibt sich daraus ein Bild des

Wirtschaftens, bei dem die Transformation von Gütern als ein unendlich wieder-
holbarer Vorgang erscheint. Die gewissermaßen naturgesetzliche Rechtfertigung
für solches Denken liefert der erste Hauptsatz der Thermodynamik: In einem geschlossenen System geht keine Energie verloren. Dieser Satz beruhigt um so
mehr, als er für die meisten geschlossenen Systeme auch auf Materie übertragbar
ist. Ist es angesichts dessen nicht legitim, in einem abstrakten Modell des Wirtschaftens von einem sich ewig wiederholenden Kreislauf auszugehen? Leider ist
die Sicherheit, in der uns der erste Hauptsatz wiegt, trügerisch. Energie geht nicht
verloren, aber sie verändert ihre Erscheinungsform. Aus freier Energie hoher
Qualität, wie sie etwa in Kohle, Öl oder Holz gebunden ist, wird gebundene
Energie in Form von Niedertemperaturwärme. Man kann sich diesen Vorgang
leicht an einem Beispiel verdeutlichen. Wenn wir auf einem Elektroherd Wasser
erhitzen, so findet dabei ein „Energiefluß" statt, bei dem zunächst hochkonzen-
trierte Energie in Strom und diese dann in Wärme umgewandelt wird. Bei jeder
dieser Umwandlungen geht ein Teil des ursprünglichen Energiepotentials in für
uns nicht mehr nutzbare Niedertemperaturwärme über, und nur ein Bruchteil
wird schließlich in dem heißen Wasser gebunden. Lassen wir das Wasser abküh-
len, so wird auch dieser Anteil in eine wertlose Energieform umgewandelt, die
Raumtemperatur erhöht sich kaum meßbar, die in dem kochenden Wasser enthaltene Energie hat sich buchstäblich verflüchtigt. Man nennt diese nicht mehr nutzbare Energie *Entropie*, und der *zweite* Hauptsatz der Thermodynamik der sogenannte Entropiesatz besagt, daß in einem geschlossenen System die Entropiemenge immer größer wird. Genauso wie die entropiefreien Energiemengen abnehmen und in Energieformen großer Verdünnung überführt werden, wird auch
die Materie von ihrer konzentrierten Form in verdünnte, nicht mehr nutzbare
Formen verwandelt. Weder Energie noch Materie kann verlorengehen, der erste
Hauptsatz behält seine uneingeschränkte Gültigkeit. Aber dennoch hat der natürliche Gang der Welt eine Richtung, er ist kein unendlicher Kreislauf, sondern endet für jedes geschlossene System irgendwann in einem Entropiemeer, im Wär-
metod.

Der Entropiesatz wurde bereits 1865 von dem deutschen Physiker RUDOLF
CLAUSIUS formuliert, und seine Gültigkeit ist ebenso unumstritten wie die des
Energieerhaltungssatzes. Bedeutet das, daß die von vielen Ökonomen lange benutzte Kreislaufidee falsch war, daß sie von unzulässigen Voraussetzungen aus-
ging? In einem strengen, physikalischen Sinne mag dies der Fall sein, aber lange
Zeit konnten Wirtschaftswissenschaftler für sich beanspruchen, damit einen ver-
zeihlichen Fehler zu begehen. Sicher, Energie und Materie sind irgendwann nicht
mehr verfügbar, weil in Entropie verwandelt, aber war dies wirklich ein zu be-

achtender Punkt angesichts der ungeheuren Mengen freier Energie, die zur Verfügung standen? Der Entropiesatz schien für die Lebenden irrelevant, denn aus ihrer Perspektive lag der Zeitpunkt, zu dem er Bedeutung gewinnen könnte, weit jenseits ihres Horizontes.

Der Bedeutungswandel, den die Umweltfrage erfahren hat, ist letztendlich nichts anderes als eine veränderte Einschätzung des Entropie-Phänomens. Sicherlich sind auch aus unserer heutigen Perspektive die Energie- und Rohstoffvorräte gewaltig, auch wenn der Zeitpunkt, zu dem die Erschöpfung einzelner Ressourcen wie Öl oder Kohle eintritt, heute für uns absehbar ist. Die *qualitative* Veränderung der Situation hat sich nicht primär auf der Bestandsseite vollzogen, sondern vielmehr auf der Verbrauchsseite. Zwei Wachstumsphänomene spielen dabei eine entscheidende Rolle: das Bevölkerungswachstum und das industrielle Wachstum in den entwickelten Staaten. Für die Bewohner eines Landes, in dem die Einwohnerzahl tendenziell zurückgeht, mag der Hinweis auf das Bevölkerungsproblem befremdlich klingen, aber einige wenige Zahlen mögen deutlich machen, wie wichtig er ist.

Die Weltbevölkerung wächst exponentiell. Jeder kennt die verblüffenden Beispiele für exponentielles Wachstum, etwa die Legende von dem Mann, der von seinem König als Belohnung für eine gute Tat nur etwas Reis verlangte[1]. Besonders deutlich wird die Besonderheit exponentiellen Wachstums an folgendem Beispiel: Man stelle sich einen großen See vor, auf dem sich eine einsame Seerose befindet. Seerosen vermehren sich rasch, und wir wollen annehmen, daß sich ihre Anzahl pro Tag verdoppelt. Wie gesagt, der See sei sehr groß und so dauere es *zwei Jahre*, bis ein Achtel seiner Oberfläche mit Seerosen bedeckt ist [2]. Um aber die restlichen sieben Achtel mit Seerosen zu bewachsen, dauert es dann nur noch *drei Tage*! Eine lange Zeit kaum wahrnehmbare Vermehrung entwickelt sich plötzlich explosionsartig. Ähnlich verhält es sich mit dem Bevölkerungswachstum.

---

[1] Um zu verdeutlichen, wieviel er haben wollte, nahm er ein Schachbrett zur Hand und legte auf das erste Feld zwei Körner, auf das zweite die doppelte Anzahl, und auf das dritte wiederum das Doppelte davon. Beim sechsten Feld angelangt, war er mit dieser Methode bei 64 Reiskörnern. Er hieß seinen König, er solle nun bis zum letzten Feld (dem 64.) jeweils die Reismenge verdoppeln. Leider sah sich der König dazu nicht in der Lage - er hätte dazu mehr Reis benötigt, als auf der Erde produziert wird.

[2] Wir müssen in diesem Fall von extrem kleinen Seerosen ausgehen, denn würde sich eine Seerose normaler Größe täglich verdoppeln, so wäre nach zwei Jahren der größte Teil der Erde mit Seerosen bedeckt.

## 1.1.2     Bevölkerungswachstum

Die Wissenschaft ist sich bis heute nicht ganz einig darüber, wann und wo der Mensch in seiner heutigen Form entstanden ist. Eine gegenwärtig vielbeachtete These besagt, daß es eine relativ junge „Urmutter" gegeben hat, die vor etwa 60.000 Jahren in Afrika die Bühne der Weltgeschichte betrat. Von dort aus trat der *homo sapiens sapiens* seinen Eroberungszug um die Erde an. Sollte diese These zutreffen, wäre die Menschheit entwicklungsgeschichtlich wirklich sehr jung (wenn man bedenkt, daß die Dinosaurier etwa 150 Millionen Jahre die Erde bevölkerten!), und alle bekannten Vorläufer und Verwandten des *sapiens sapiens* müßten als ausgestorben betrachtet werden. Die in allerletzter Zeit wieder verstärkt diskutierte Gegenthese besagt, daß der Mensch in seiner heutigen Form an mehreren Stellen der Erde gleichzeitig entstanden ist. So soll der europäische Mensch doch vom Neandertaler abstammen. Sollte sich diese Gegenthese als richtig herausstellen, wäre die Menschheitsgeschichte um einiges länger: etwa 4 Millionen Jahre. Welche der konkurrierenden Auffassungen auch immer richtig ist, für die Analyse des Wachstums der Weltbevölkerung ist ein Zeitraum maßgeblich, der evolutionsgeschichtlich vergleichsweise kurz ist.

Lange Zeit ist die Bevölkerungsentwicklung eine wenig interessante Angelegenheit gewesen. So hat es bis zum Jahre 1830 gedauert, bis eine Milliarde Menschen auf dem Planeten lebten, d. h., die Menschheit brauchte zwischen 60.000 und 4 Millionen Jahre, um die erste Milliarde zu erreichen (je nachdem, welche der beiden Theorien über das Alter der Menschheit richtig ist). Dafür war die zweite Milliarde bereits nach weiteren 100 Jahren erreicht, und schon 1960 war die dritte geschafft. Für die vierte Milliarde brauchte die Weltbevölkerung dann noch 15 Jahre und nach weiteren 12 Jahren erblickte der 5 milliardste Mensch das Licht der Welt. Gegenwärtig leben ca. 5,3 Milliarden Menschen und jedes Jahr kommen rund 93 Millionen dazu (d. h., es werden jährlich 93 Millionen Menschen mehr geboren als sterben).

Diese Wachstumsdynamik ist vielfach und zutreffend als *Bevölkerungsexplosion* bezeichnet worden. Die folgende Abbildung gibt einen Eindruck von der Rasanz, mit der sich die Weltbevölkerung in den letzten Jahrhunderten entwickelt hat.

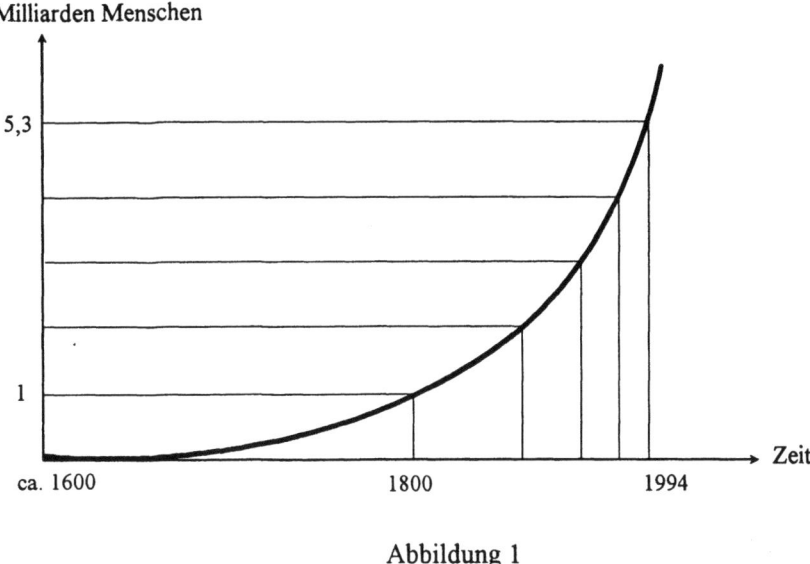

Abbildung 1

Die immer kürzer werdenden Zeiträume, innerhalb derer eine weitere Milliarde Menschen hinzukam, lassen darauf schließen, daß wir es tatsächlich mit einem exponentiellen Wachstumsprozeß zu tun haben, der sich formal folgendermaßen abbilden läßt: Sei $B_t$ die Bevölkerung zum Zeitpunkt t, dann ist

$$\frac{dB}{dt} = rB_t$$

die Veränderung der Bevölkerung bei einer konstanten Wachstumsrate r. Die Lösung dieser linearen Differentialgleichung ist:

$$B(t) = B_0 e^{rt} \ .$$

Eine Größe, die mit konstanter Rate r wächst, verdoppelt sich in regelmäßigen Abständen. Eine Faustformel zur Berechnung der Verdoppelungszeit ist 70%/r. Wenn beispielsweise die Weltbevölkerung mit einer Rate von 2% wächst, so wird sie sich alle 35 Jahre verdoppeln.

Eine Schlüsselrolle spielt offensichtlich die Wachstumsrate r. Bliebe sie konstant, müßte es unausweichlich zur Bevölkerungskatastrophe kommen. Die Demographen versichern uns allerdings, daß es sich bei der Wachstumsrate nicht um eine Konstante handelt. Zwischen 1965 und 1970 erreichte die Wachstumsrate der Weltbevölkerung mit 2,1% ihren historischen Höchststand. Seither hat sie sich verringert, und zwar auf gegenwärtig 1,7%. Das mag wenig erscheinen und doch ist dieses Wachstum gewaltig. Für einen Menschen, der heute geboren wird, gilt, daß sich während seines Erwerbslebens die Menschheit nahezu verdoppeln wird, d. h., es werden etwa 5 Mrd. Menschen zusätzlich diese Erde bewohnen. Am Ende seines Erwerbslebens werden mehr Menschen auf der Erde leben, als insgesamt seit der Geburt der Menschheit geboren wurden. Etwa ein Drittel der dann über 10 Mrd. Menschen werden in Ländern leben, die eine Bevölkerungsdichte von mehr als 400 Bewohnern pro qkm aufweisen, also der Bevölkerungsdichte des heutigen Korea oder der Niederlande (dem am dichtesten besiedelten europäischen Staat).

Auffallend bei dieser Entwicklung ist die demographische Zweiteilung der Erde. Während die Gruppe der entwickelten Länder Europas, Nordamerikas und Ostasiens Wachstumsraten unter 1% aufweisen, wächst die Bevölkerung in den übrigen Ländern mit Raten, die erheblich über 2% liegen. Wir werden auf diesen durchaus bedeutsamen Punkt noch einmal zurückkommen

Die Entwicklung der Weltbevölkerung ist für die allernächste Zukunft relativ sicher zu prognostizieren, aber wie sieht die langfristige Perspektive aus? Es ist klar, daß die Menschheit nicht sehr viel länger so wie bisher wachsen kann. Um es an einem extremen Beispiel klarzumachen: Wenn die Weltbevölkerung weitere 10.000 Jahre (also eine evolutionsgeschichtlich sehr kurze Frist) mit einer Rate von 2% wachsen würde, dann wäre die Erde danach von $3,76 \times 10^{96}$ Menschen bevölkert. Zum Vergleich: Im gesamten Universum existieren $10^{80}$ Kernteilchen. Es ist absehbar, daß das Wachstum an eine natürliche Grenze stoßen wird. Aber wo liegt diese Grenze, wann und wie werden wir sie erreichen? Die Bedeutung, die die Antwort auf diese Frage hat, ist offensichtlich. Um so erstaunlicher ist die Tatsache, daß die wissenschaftlichen Antwortversuche zu einem eher irritierenden Bild geführt haben, als zu einer zufriedenstellenden Klärung. Die Bedeutsamkeit der Frage läßt es gerechtfertigt erscheinen, den wissenschaftlichen Streit um die langfristige Prognose des Bevölkerungswachstums etwas näher zu betrachten. Dazu dient der folgende Exkurs.

# EXKURS 1: Die Demographie und die Doomsday-Gleichung

Im letzten Abschnitt haben wir darauf hingewiesen, daß die Wachstumsrate der Weltbevölkerung sinkt. Diese Aussage basiert auf den Ergebnissen demographischer Forschung und demographischer Schätzungen der Bevölkerungsentwicklung. Aber haben die Demographen Recht mit ihren Schätzungen, können wir uns auf ihre Aussagen verlassen? Man sollte gegenüber Prognosen immer eine gesunde Skepsis haben, und in diesem Fall gibt es sogar einen triftigen Grund, noch etwas mißtrauischer zu sein als sonst. Der Grund besteht darin, daß es neben der demographischen Sichtweise noch eine Alternative gibt, die zu vollkommen anderen Ergebnissen führt. Wir wollen uns den diesbezüglichen Wissenschaftsstreit ein wenig näher ansehen.

Das demographische Paradigma kennt nur zwei Bestimmungsgründe für die Entwicklung einer Spezie: die Fertilität und die Mortalität. Ob und mit welcher Geschwindigkeit eine Population – gleich welcher Art – wächst, hängt ausschließlich von der Geburtenrate $\gamma$ und der Sterberate $\theta$ ab. Sei B(t) die Anzahl der Populationsmitglieder in t, dann gilt:

$$\frac{dB}{dt} = \gamma B - \theta B = aB. \qquad (E1)$$

Diese Gleichung beschreibt einen exponentiellen Wachstumsprozeß, wie wir ihn bereits im vorangegangenen Abschnitt kennengelernt haben. Die entscheidende Frage ist wiederum, wie sich die Wachstumsrate a entwickelt. Die diesbezügliche Hypothese der Demographen ist beruhigend: Mit steigender Populationsdichte nimmt die Wachstumsrate ab. Oftmals wird diese Hypothese durch folgenden linearen Zusammenhang zwischen B und a abgebildet:

$$a = a_0 - a_1 B. \qquad (E2)$$

Setzt man (E2) in (E1) ein und löst die resultierende Differentialgleichung, so erhält man eine logistische Wachstumsfunktion:

Bevölkerung

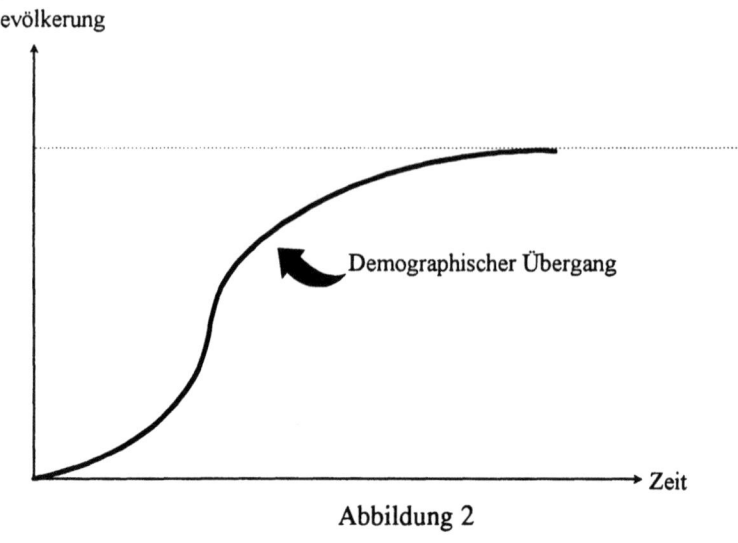

Abbildung 2

Es gibt eine ganze Anzahl von Belegen dafür, daß sich viele Populationen tatsächlich entsprechend einer solchen logistischen Funktion entwickeln. Beispielsweise hat man die demographische Hypothese empirisch überprüft: bei Fruchtfliegen in einer Milchflasche oder Bakterienkolonien auf einer Petri-Scheibe.
Aber auch theoretische Argumente sprechen dafür, daß die Produktivität einer
Population (gemessen durch a) mit zunehmender Populationsdichte abnimmt. Die
Nahrungsgrundlage ist beschränkt und mit wachsender Anzahl kommt es immer
mehr zur Konkurrenz um knappe Nahrungsressourcen. Gleiches gilt für den Le-
bensraum und für alle anderen zum Überleben notwendigen Ressourcen.

Wenden wir das demographische Erklärungsmuster auf die Entwicklung der
Weltbevölkerung an, so führt dies zu der Prognose sinkender Wachstumsraten.
Offen bleibt nur noch, wie schnell das Wachstum zurückgeht, d. h., wann der demographische Übergang in Form abnehmender Wachstumsraten eintritt, und auf
welchem Niveau es zum Stillstand kommt. Insgesamt vermittelt die Demographie
damit ein relativ optimistisches Bild der Bevölkerungsentwicklung. Zumindest
eines, das nicht notwendig eine Katastrophe erwarten läßt.

1960 erschien in „SCIENCE" ein Artikel, verfaßt von einer Gruppe von Naturwissenschaftlern, der die relativ heile Welt der Demographen in ziemliche Auf-
ruhr versetzte. Der Artikel von VON FOERSTER, MORA UND AMIOT trug den Titel
„Doomsday: Friday 13 November, A.D. 2026". In ihm stellten die Verfasser der

demographischen These einer mit B sinkenden Wachstumsrate die Gegenthese einer zunehmenden Wachstumsrate auf. VON FOERSTER et al. begründeten dies damit, daß sich Menschen in einer wesentlichen Hinsicht von anderen Arten (beispielsweise von Fruchtfliegen und Bakterien) unterscheiden. Menschen sind in der Lage, Koalitionen einzugehen und durch solche Zusammenschlüsse die natürlichen Ressourcen besser zu nutzen. Je mehr Menschen es gibt, desto größer sind die Möglichkeiten der Koalitionsbildung und damit der Sicherung der Lebensgrundlagen.

Die „Koalitionen-These" ist a priori genauso plausibel wie die Konkurrenzthese der Demographen. Gerade die Ökonomen wissen, welche Vorteile die Arbeitsteilung mit sich bringt und daß diese Vorteile um so größer werden, je größer die relevanten Märkte sind. Allein mit den Mitteln der Intuition ist nicht zu entscheiden, welche Position zutreffender ist. Sehen wir uns zunächst an, welche Implikationen die These von VON FOERSTER ET AL. hat.

Der Zusammenhang zwischen B und a wird von den „Naturwissenschaftlern" durch folgende Gleichung beschrieben:

$$a = a_0 B^{1/k}. \tag{E3}$$

Einsetzen von (E3) in (E1) führt wiederum zu einer Differentialgleichung, deren Lösung für die Anfangswerte $B_1$, $t_1$ folgende Gestalt hat:

$$B(t) = B_1 \left( \frac{t_0 - t_1}{t_0 - t} \right)^k \tag{E4}$$

Von entscheidender Bedeutung in Gleichung (E4) ist $t_0$, denn offensichtlich gilt, daß für $t \to t_0$ die Bevölkerung $B \to \infty$ geht. Der Zeitpunkt $t_0$ heißt deshalb „Doomsday" und $t_0 - t = \tau$ die „Doomsday-Frist". Foerster et al. benutzen Gleichung (E4), um nach einigen Umformungen (die uns nicht weiter interessieren sollen) die folgenden Ausdrücke für B(t) und die Wachstumsrate a zu erhalten:

$$B(t) = K \tau^{-k} \tag{E5}$$

$$a = \frac{k}{\tau} \qquad \text{(E6)}$$

$$t_2 = \left(1 - 2^{-\frac{1}{k}}\right)\tau \ . \qquad \text{(E7)}$$

Dabei ist K eine Konstante und $t_2$ bezeichnet die Zeitspanne, innerhalb derer sich die Population verdoppelt. Die Implikationen der Doomsday-Gleichung (E4) sind ebenso überraschend wie irritierend: Es existiert ein Zeitpunkt $t_0$, bei dessen Erreichen die Weltbevölkerung tatsächlich „explodiert", denn dann verdoppelt sie sich in einem Zeitraum von Null Jahren, was notwendig zur Folge hat, daß die Anzahl der dann lebenden Menschen unendlich sein muß.

Hätten es die Autoren bei diesen Überlegungen belassen, hätte man die Sache als nette Spielerei abtun können, mit der man zeigen kann, wie instabil exponentielle Wachstumssysteme sein können. Aber VON FOERSTER ET AL. gingen noch einen Schritt weiter. Sie benutzten die Ergebnisse von zahlreichen Schätzungen der Entwicklung der Weltbevölkerung während der letzten 100 Generationen, um die Parameter ihres Modells K, k und $t_0$ zu schätzen. Das Resultat dieser Schätzung war:

K = 1,79 x $10^{11}$; k = 0,990; $t_0$ = 2026,87.

Damit wird der Titel des Artikels klar: Wenn die Doomsday-Gleichung eine zutreffende Beschreibung der Bevölkerungsentwicklung ist, dann wird in Kürze das jüngste Gericht tagen, genau genommen am 13. November im Jahre 2026. Aber beschreibt die Doomsday-Gleichung die tatsächliche Entwicklung? Was die Vergangenheit angeht, so kann diese Frage eindeutig bejaht werden. Logarithmieren wir beide Seiten der Gleichung (E5), so wird klar, daß zwischen log B und log τ ein linearer Zusammenhang bestehen muß, wenn es einen „vernünftigen" Wert für $t_0$ gibt: log B = logK–k log τ

Trägt man die Werte für log B (also beobachtete Werte) und log τ (berechnete Werte) in einer Graphik gegeneinander ab, dann müssen die resultierenden Koordinaten auf einer Geraden mit der Steigung -k angeordnet sein, wenn die Doomsday-Gleichung das historische Wachstum der Weltbevölkerung erklären soll. VON FOERSTER ET AL. zeigen, daß genau dies der Fall ist: Die Abweichungen der beobachteten Werte von den Schätzungen mit Hilfe der Doomsday-

Gleichung sind vernachlässigbar gering (vgl. VON FOERSTER ET AL., S. 1294).
Das aber bedeutet nicht weniger, als daß sich die Weltbevölkerung in der Vergangenheit so entwickelt hat, als ob sie der durch die Doomsday-Gleichung beschriebenen Dynamik folgen würde.

Man kann sich leicht vorstellen, daß der Artikel von VON FOERSTER ET AL. eine höchst kontroverse Diskussion ausgelöst hat. Viele Demographen haben den
Verfassern des Doomsday-Aufsatzes jegliche Kompetenz und der Doomsday-
Gleichung jegliche Relevanz abgesprochen. Die Diskussion dauert bis heute an,
obwohl die demographische Sichtweise nach wie vor die dominierende ist. Auf
den ersten Blick erscheint dies nicht allzu verwunderlich, denn hat nicht die jüngste Vergangenheit gezeigt, daß die Wachstumsraten tatsächlich gefallen sind? Ist
damit nicht die Prognose der Demographie bestätigt und der Aufsatz von von
FOERSTER ET AL. endgültig als Scherz entlarvt? Allerdings gibt es eine bemerkenswerte Inkonsistenz in den von den Demographen vorgelegten Daten, auf die
insbesondere UMPLEBY 1990 aufmerksam gemacht hat. Die folgende Tabelle 1
gibt die Schätzungen der Weltbevölkerung wieder, die die UN von 1951 bis 1989
veröffentlicht hat und die allesamt mittels demographischer Methoden ermittelt
wurden. Die letzte Spalte gibt die Bevölkerungszahlen an, die sich aus der
Doomsday-Gleichung ergeben.

| Schätzungen der Weltbevölkerung in Millionen zu den angegebenen Zeitpunkten (Umpleby 1990, S. 169) | | | | | | | |
|---|---|---|---|---|---|---|---|
| Geschätz-tes Jahr | 1951 | 1963 | 1973 | 1982 | 1984 | 1988 | Doomsday Schätzung |
| 1950 | 2.406 | 2.517 | 2.501 | 2.504 | 2.516 | 2.551 | 2.432 |
| 1955 | | 2.731 | 2.722 | 2.746 | 2.751 | 2.751 | 2.599 |
| 1960 | 2.731 | 2.988 | 2.986 | 3.014 | 3.019 | 3.019 | 2.792 |
| 1965 | | 3.281 | 3.288 | 3.324 | 3.334 | 3.336 | 3.015 |
| 1970 | | 3.592 | 3.610 | 3.683 | 3.693 | 3.698 | 3.277 |
| 1975 | | 3.944 | 3.968 | 4.076 | 4.076 | 4.080 | 3.650 |
| 1980 | 3.277 | 4.330 | 4.374 | 4.453 | 4.450 | 4.450 | 3.968 |
| 1985 | | 4.746 | 4.816 | 4.842 | 4.837 | 4.854 | 4.438 |
| 1990 | | 5.188 | 5.280 | 5.248 | 5.246 | 5.292 | 5.033 |
| 1995 | | 5.648 | 5.763 | 5.679 | 5.678 | 5.766 | 5.814 |
| 2000 | | 6.130 | 6.254 | 6.127 | 6.122 | 6.251 | 6.884 |

Tabelle 1

Die Tabelle zeigt: Die Differenzen zwischen den Zahlen, die von FOERSTER ET AL. ermitteln, und den demographischen Schätzungen nehmen zu, und zwar übersteigen die demographischen Werte die der Doomsday-Gleichung für die Zeit bis 1985 immer mehr. Erst danach zeigt die Doomsday-Gleichung ein stärkeres Wachstum als das von den Demographen prognostizierte. Dies ist insofern merkwürdig, als von Seiten der Demographie behauptet wird, daß seit Mitte der 60er Jahre die Wachstumsrate fällt. Wie kann es bei fallender Rate zu einem stärkeren Bevölkerungsanstieg kommen als dem von der Doomsday-Gleichung prognostizierten, obwohl diese Gleichung von steigenden Wachstumsraten ausgeht?

Des Rätsels Lösung ergibt sich aus einer anderen Beobachtung. Die demographischen Schätzungen, die zu den unterschiedlichen Zeitpunkten angestellt wurden, weisen ein Phänomen auf, das sich sonst nur in der Geschichtswissenschaft findet: Die Daten für bestimmte Jahre verändern sich post hoc. Beispielsweise belief sich die Schätzung der Bevölkerungszahl für das Jahr 1970 bei der 1963 erstellten Prognose auf 3,592 Mrd. Die Schätzung 1973 für das gleiche Jahr fiel höher aus: 3,610 Mrd. und 1982 wurde wiederum ein höherer Wert für das Jahr 1970 ermittelt. Die Daten für die einzelnen Jahre verändern sich also nachträglich. Üblicherweise sind vergangene Ereignisse unveränderbar, abgesehen von geschichtlichen Ereignissen, die von den Historikern immer wieder anders gedeutet werden. Die zweite Ausnahme bilden offenbar demographische Schätzungen, und das erklärt die oben angesprochene Merkwürdigkeit. Wenn die absoluten Bevölkerungszahlen post hoc nach oben korrigiert werden, dann kann die Bevölkerung bei „sinkender" Wachstumsrate tatsächlich schneller wachsen als bei der steigenden Wachstumsrate der Doomsday-Prognose.

Der Streit zwischen Demographen und von FOERSTER ET AL. macht deutlich, daß die Prognose der weiteren Entwicklung der Weltbevölkerung keine einfache Sache ist. Die Frage ist, ob man angesichts des Expertenstreites eher optimistisch oder pessimistisch in die Zukunft sehen sollte. VON FOERSTER ET AL. halten für die Pessimisten unter ihren Lesern einen Trost bereit: „... our great-great-grandchildren will not starve to death. They will be squeezed to death." (S. 1295) Ganz so dramatisch, wie es scheinen könnte, sehen aber auch die Doomsday-Autoren die Situation nicht, denn auch sie – und damit sind sie sich ausnahmsweise mit den Demographen einig – sehen die Möglichkeit, daß die Menschen ihr Schicksal aktiv gestalten können, indem sie die Wachstumsrate durch entsprechende Politiken beeinflussen. Der Streit drehte sich vor allem darum, wie dringlich eine solche Politik ist. Der Doomsday Artikel erschien 1960. Heute ist auch das demo-

graphische Lager davon überzeugt, daß die Geschwindigkeit, mit der die Weltbevölkerung wächst, verringert werden muß, und zwar so rasch wie möglich.

**Ende Exkurs**

## 1.1.3     Bevölkerung, Wachstum, Klima

W ir sind es gewohnt, mit dem Bevölkerungsproblem nahezu ausschließlich
das Ernährungsproblem zu assoziieren, aber es ist bei weitem nicht damit
getan, die Menschen satt zu machen. Die Bevölkerungsentwicklung hat Auswirkungen auf die *gesamte* Ressourcenbasis, und die besteht nicht nur aus minerali-
schen Erzen und fossilen Brennstoffen, sondern umfaßt auch die elementaren
Umweltgüter wie Luft, Wasser und Boden. Der entscheidende Punkt dabei ist,
daß durch die explosionsartige Entwicklung der Bevölkerung die Auswirkungen
auf die natürlichen Lebensgrundlagen nicht mehr lokal begrenzt bleiben, sondern
die gesamte Menschheit betreffen. Wir sind einfach zu viele geworden, um unabhängig voneinander existieren zu können, es gibt keine „Inseln", auf denen sich
ungestört leben läßt. Vielmehr ist unsere Situation geprägt von zunehmender Abhängigkeit, von immer deutlicher werdenden Interdependenzen. Man kann beispielsweise heute das Klimaproblem nicht mehr losgelöst von der Energiefrage
betrachten, und das Energieproblem wirft seinerseits grundlegende Fragen nach
unserem Selbstverständnis, unseren Konsum- und Produktionsweisen auf. Um zu
einem besseren Verständnis der Dimensionen des Umweltproblems zu gelangen,
sei eine solche Kette von Interdependenzen beispielhaft wiedergegeben.

Die tropischen Regenwälder sind ein in vielerlei Hinsicht einzigartiges und
für die Menschheit bedeutsames Ökosystem. Schätzungen beziffern sein Alter auf
ca. 130-150 Millionen Jahre, und damit ist der tropische Regenwald zugleich das
älteste ökologische System der Erde. Etwa 50% aller lebenden Pflanzen- und
Tierarten kommen im tropischen Regenwald vor und selbst diese Zahl vermittelt
nur eine unvollständige Vorstellung von der ungeheuren Artenvielfalt dieser
Wälder. Die meisten der dort lebenden Arten sind auch heute noch weitgehend
unerforscht[3]. Bei Untersuchungen im Andenvorland entdeckte man beispielswei-

---

[3]  Schätzungen gehen davon aus, daß die tropischen Regenwälder etwa 15 Millionen Tier- und
Pflanzenarten beherbergen. Wissenschaftlich beschrieben sind *insgesamt* etwa 1,5 Millionen
Arten.

se auf einer Fläche von nur einem km$^2$ 500 verschiedene Ameisenarten, 50 Fledermausarten und ca. 1.100 verschiedenen Pflanzenarten, von denen die Hälfte der Wissenschaft bis dahin unbekannt gewesen waren. Würde der tropische Regenwald völlig vernichtet, so verschwänden damit 2/3 aller Pflanzenarten, 80% aller Insekten und 90% aller Primatenarten von dieser Erde. Jenseits der ethischen Frage, ob diese Arten um ihrer selbst willen zu schützen sind, ist ihre Existenz von ungeheurem Wert, denn die tropischen Regenwälder beherbergen nichts anderes als die reichste Genbank der Erde. Die Entwicklung neuer Heilund Nahrungsmittel, die Veredelung von Pflanzen oder die Herstellung technischer Rohstoffe sind nur einige Beispiele für mögliche Nutzungen des in den Regenwäldern gespeicherten Genpotentials.

Aber nicht nur in seiner Funktion als Genspeicher spielt der tropische Regenwald eine bedeutende Rolle. Mindestens genauso wichtig ist seine Funktion als Produzent von Sauerstoff und Biomasse. Etwa 42% des an der Landoberfläche der Erde produzierten Sauerstoffs entsteht in den tropischen Regenwäldern. Zum Vergleich: Die in unseren Breiten vorkommenden Wälder der gemäßigten Zone tragen insgesamt nur 14% zur Sauerstoffproduktion bei. Wichtiger noch als die Sauerstoffproduktion ist die Bindung von $CO_2$ in Biomasse. Ein tropischer Regenwald erzeugt pro Hektar und Jahr etwa 500-600 t Biomasse und damit die doppelte Menge außertropischer Wälder. Diese Eigenschaft gewinnt erst vor dem Hintergrund der Klimaproblematik, die gegenwärtig unter dem Stichwort „Treibhauseffekt" diskutiert wird, ihre eigentliche Bedeutung. Um diese verstehen zu können, sei die Chemie des Treibhauseffektes mit einigen Stichworten kurz skizziert.

Besäße die Erde keine Atmosphäre, so läge die durchschnittliche Oberflächentemperatur bei etwa -18°C. Daß die Durchschnittstemperatur tatsächlich komfortable +15°C beträgt, verdanken wir einigen Spurengasen, die dafür sorgen, daß die ausgehende Wärmestrahlung gewissermaßen gebremst wird. Wie die Scheiben eines Treibhauses halten diese Gase Wärmeenergie davon ab, die dünne Lufthülle der Erde zu verlassen und ermöglichen so die lebensnotwendige Erwärmung der Atmosphäre. Eines dieser Gase ist Kohlendioxid, das genauso wie die anderen Spurengase Wasserdampf, Ozon, Distickstoffoxid und Methan in relativ geringen Konzentrationen in der Atmosphäre vorkommt. Diese geringe Konzentration hat zur Folge, daß bereits kleine Mengenänderungen starke Auswirkungen auf den Treibhauseffekt haben können. Der für uns wichtige $CO_2$-Gehalt der Atmosphäre ist nun keine feste Bestandsgröße, sondern hängt ab vom gesamten Kohlenstoffhaushalt der Erde. Es lassen sich drei große Reservoire für

Kohlenstoff unterscheiden: Neben der Atmosphäre die Biosphäre, in der Kohlenstoff in toter oder lebender Biomasse gebunden ist, und die Ozeane. Zwischen
diesen drei Lagerstätten findet nun ein permanenter Austausch statt. Die Biosphäre entzieht der Atmosphäre pro Jahr ca. 90-120 Milliarden t Kohlenstoff im
Zuge der Produktion lebender Biomasse. Die gleiche Menge wird jedoch auch
wieder abgegeben, und zwar durch Verrottung und als Ergebnis des Atmungspro-
zesses aller Organismen. Der Austausch zwischen Atmosphäre und Ozeanen
vollzieht sich etwa in der gleichen Größenordnung. Der $CO_2$-Gehalt der Atmosphäre wird durch diese Austauschvorgänge also nicht verändert. Untersuchungen des arktischen Gletschereises haben jedoch ergeben, daß sich der $CO_2$-Ge-
halt in den letzten 200 Jahren um ca. 20-25% *erhöht* hat. Die Erklärung für diesen Anstieg ist einfach: Er ist zurückzuführen auf die durch menschliche Aktivitäten ausgelösten Veränderungen der globalen Kohlenstoffverteilung. Zwei Faktoren kommen dabei zum Tragen:

[1] Durch den Abbau von Waldflächen wird der Bestand an lebender Biomasse
    verringert und dabei der darin gebundene Kohlenstoff durch Oxidation in
    die Atmosphäre freigesetzt.

[2] Durch die Verbrennung fossiler Brennstoffe wird Kohlenstoff, der in toter
    Biomasse gebunden war, oxidiert und ebenfalls freigesetzt.

Beide Faktoren führen dazu, daß die Kohlendioxid-Konzentration in der Atmosphäre steigt und infolgedessen der Treibhauseffekt verstärkt wird, was wiederum zu einem Anstieg der Lufttemperatur und in deren Folge zu Klimaveränderungen führen kann. Daß theoretisch ein Zusammenhang zwischen der $CO_2$-Kon-
zentration und der Lufttemperatur besteht, hat SVANTJE ARRHENIUS bereits 1896
erkannt und beschrieben. Seitdem sind immer komplexere Klimamodelle entwik-
kelt worden, die allesamt zu der gleichen Prognose führen: Der Anstieg der $CO_2$-
Konzentration in der Atmosphäre wird zu einem Temperaturanstieg zwischen 1,5
und 4 Grad führen. Die aus den Modellen abgeleitete Prognose ist eindeutig und
dennoch ist es bis zum gegenwärtigen Zeitpunkt nicht gelungen, eine auch nur
einigermaßen gesicherte Aussage über die Wirkungen der Emission von Treibhausgasen zu treffen. Der Grund dafür ist die Tatsache, daß es bisher nicht möglich ist, den Treibhauseffekt empirisch nachzuweisen.

1986 erschien eine Studie von JONES ET AL., in der die Entwicklung der Lufttemperatur in der nördlichen Hemisphäre in den letzten 100 Jahren untersucht

wurde. Die Autoren kommen darin zu dem Schluß, daß die Temperatur in dieser Zeit um etwa 0,5 Grad angestiegen ist. Dieses Ergebnis wird in der Zwischenzeit unter Klimaforschern als nicht mehr gesichert angesehen, und zwar aus dem folgenden Grund. Empirische Untersuchungen zu Klimaveränderungen haben grundsätzlich mit einem erheblichen Datenproblem zu kämpfen. Meteorologische Daten sind „notoriously noisy" (WIIN-NIELSEN 1991, S.123). Die Lufttemperatur unterliegt zahlreichen Einflüssen und hängt von verschiedensten Faktoren ab, die nur schwer zu kontrollieren sind. Bei langen Zeitreihen tritt insbesondere der sogenannte „urban effect" auf und kann zu falschen Schlüssen verleiten. Unter diesem Effekt wird die Tatsache verstanden, daß eine zunehmende Urbanisierung zu einer Erwärmung der Umgebungsluft führt. Eine Meßstation, die vor 50 Jahren auf freiem Feld errichtet wurde und heute auf dem Gebiet eines Unternehmens der Schwerindustrie oder inmitten eines belebten Vorortes steht, wird einen Temperaturanstieg anzeigen, der keineswegs auf Klimaveränderungen zurückgeführt werden kann. Der Studie von JONES ET AL. wird insbesondere vorgeworfen, diesen „urban effect" nicht hinreichend berücksichtigt zu haben. WOOD (1988), HANSON ET AL. (1989) und KARL UND JONES (1989) kommen bei Berücksichtigung der urbanen Erwärmung zu dem Ergebnis, daß ein signifikanter Anstieg der Lufttemperatur nicht festgestellt werden kann. WIIN-NIELSEN (1991, S.125) faßt die empirischen Ergebnisse folgendermaßen zusammen:

> „Thus, the conclusion from studies of climatological surface data for the last 100 years must be that only insignificant changes in the surface temperature can be found. The greenhouse effect, (...), can thus be characterized as the oldest unverified theory which existe in the atmospheric sciences. This does not mean that it can be forgotten or that it is wrong. "

Der letzte Satz ist nur zu berechtigt. Die Klimaforschung ist zwar insofern in einer etwas unkomfortablen Lage, als sie einen Effekt empirisch nicht nachweisen kann, den ihre Modelle mit schöner Regelmäßigkeit voraussagen, dennoch zweifelt heute niemand mehr an der Relevanz der Modelle – auch wenn sie nicht alle Effekte, die von einer steigenden Treibhausgaskonzentration ausgehen, erfassen. Offensichtlich existieren Rückkoppelungsmechanismen, die bisher einen Anstieg der Temperatur verhindert haben. Ein Hinweis auf solche Mechanismen ist die Beobachtung verschiedener klimatischer Veränderungen, die in einem direkten Zusammenhang mit der $CO_2$ Emission zu stehen scheinen. So hat beispielsweise WEBER (1990) festgestellt, daß die Anzahl der Sonnenscheinstunden in

Deutschland zurückgegangen ist. Insbesondere in der Ruhr-Region scheint die Sonne heute im Mittel um 300 Stunden pro Jahr weniger als noch vor 100 Jahren. Wolken haben einen direkten Einfluß auf die Temperatur und einiges spricht dafür, daß die Wolkenbildung einer der Rückkoppelungsmechanismen ist, die einen Temperaturanstieg bisher verhinderten. Darüber hinaus ist in jüngster Vergangenheit deutlich geworden, daß man bisher die Rolle der Ozeane nur unzureichend berücksichtigt hat. Die Weltmeere sind u. a. für die Wärmeverteilung zuständig und stellen eine erhebliche $CO_2$-Senke dar. HASSELMANN (1991) weist außerdem darauf hin, daß für die letztlich resultierende $CO_2$-Konzentrationsentwicklung nicht nur die globalen Emissionsmengen entscheidend sind, sondern vor allem auch die zeitliche Verteilung der Emissionen. Je langsamer der Anstieg der Emissionsniveaus, um so eher sind die $CO_2$-Senken in der Lage, Kohlenstoff aufzunehmen.

Insgesamt bietet sich damit ein uneinheitliches Bild. Offensichtlich hat die Emission von Treibhausgasen Effekte, führt sie zu Klimaveränderungen, und zwar mit zunehmender Geschwindigkeit. Aber die empirische Erfahrung sagt uns, daß wir nicht in der Lage sind, die Art der Veränderungen genau zu bestimmen. Wir sind offensichtlich nur unvollkommen in der Lage, die Risiken, die mit der Verwendung fossiler Brennstoffe oder der Rodung von Waldflächen verbunden sind, zu benennen, geschweige denn sie exakt abzuschätzen. Insofern ist der fehlende empirische Nachweis des Treibhauseffekts kein Grund zur Beruhigung, denn eines scheint ziemlich sicher zu sein: Die Risiken werden um so größer, je mehr Treibhausgase in die Atmosphäre gelangen.

Was hat nun das alles mit dem tropischen Regenwald zu tun? Genaugenommen hat der Treibhauseffekt weniger mit dem Regenwald als vielmehr mit dessen Verschwinden zu tun. Ursprünglich waren einmal 10% der Landoberfläche der Erde mit Regenwäldern bedeckt, das entspricht einer Fläche von etwa 17 Mio km2. Während der letzten *30 Jahre* wurden davon über 40% vernichtet. Gegenwärtig gehen jährlich etwa 8-11 Mio Hektar oder 6% der noch vorhandenen Fläche durch Rodungen verloren. Das bedeutet, daß *pro Minute* ca. 20 Hektar von der Erdoberfläche verschwinden – das entspricht etwa der Fläche von 40 Fußballfeldern. Der Zusammenhang mit dem Treibhauseffekt wird sofort deutlich, wenn man daran erinnert, daß ein Hektar tropischer Regenwald 500-600 t Biomasse bindet. Allerdings gehen die Schätzungen darüber, wieviel $CO_2$ bei der Vernichtung dieser Biomasse tatsächlich freigesetzt wird, weit auseinander. Dennoch: Selbst die niedrigsten Schätzungen gehen davon aus, daß die $CO_2$-Freisetzung etwa 20% derjenigen entspricht, die durch die Verbrennung fossiler Brennstoffe entsteht. Bei anderen Untersuchungen wird dieser Wert auf bis zu 80% geschätzt.

Wo liegen die Ursachen für den gigantischen Raubbau an den tropischen Regenwäldern? Wie fast immer gibt es auch hier keine monokausale Erklärung, sondern ein ganzes Bündel von Gründen. Wir wollen uns auf zwei der zentralen Problembereiche beschränken, die unmittelbar im Zusammenhang mit der Bevölkerungsentwicklung stehen.

Etwa 50% der Rodungen sind auf die sogenannte *„shifting cultivation"* zurückzuführen. Dabei handelt es sich um die Landgewinnung von Wanderbauern, die durch Brandrodung kleine Urwaldparzellen landwirtschaftlich nutzbar machen. Die so entstehenden Flächen sind jedoch für die Landwirtschaft denkbar schlecht geeignet. Innerhalb eines intakten Regenwaldes wachsen die Pflanzen in geradezu atemberaubendem Tempo, aber es ist ein Irrtum, zu glauben, man könne daraus auf eine besonders hohe Qualität der Böden schließen. Im Gegenteil, die Humusdecke ist extrem dünn, die Nährstoffe, die das rasche Wachstum ermöglichen, werden durch das dichte Wurzel und Pilzhyphengeflecht nur deshalb fast verlustfrei aufgefangen, weil in dem Treibhausklima der Zersetzungsprozeß abgestorbener Pflanzenteile sehr schnell vor sich geht. Dieses natürliche Treibhausklima mit sehr hoher Luftfeuchtigkeit und geringem Luftaustausch entsteht durch das geschlossene Laubdach. Wird der Wald gerodet, so verschwinden diese Wachstumsvoraussetzungen, und die dünne Humusschicht erodiert innerhalb kurzer Zeit. Die Folge: Durch Brandrodung gewonnene Böden sind höchstens zwei bis drei Jahre nutzbar. Danach muß eine neue Parzelle gerodet werden, und zurück bleibt ein Stück wertloses, unfruchtbares Land.

Neuesten Schätzungen zufolge wird diese Form der Landnutzung gegenwärtig von mindestens 300 Mio. Menschen betrieben. Anfang 1986 trieb eine 65.000 km$^2$ große Rauchwolke wochenlang über das Amazonasgebiet – erzeugt von unzähligen Brandrodungen. Die Ursachen für die Zunahme der shifting cultivation stehen im unmittelbaren Zusammenhang mit der Bevölkerungsentwicklung.

Zwischen 10° nördlicher und 10° südlicher Breite – der Regenwaldregion – liegen Länder mit hohem Bevölkerungswachstum, geringer landwirtschaftlicher Produktivität, schmaler Ressourcenbasis und kaum entwickeltem industriellem Sektor. Für die Regierungen dieser Länder ist die shifting cultivation ein bequemer Weg zur Lösung der in dieser Situation entstehenden Versorgungsprobleme. Unter dem Motto „Land without people for people without land" fördert beispielsweise die Regierung Brasiliens die Rodung des Amazonas-Waldes und versucht auf diese Weise, die durch die Landflucht und den Bevölkerungsdruck verursachte katastrophale Situation in den großen Städten zu entschärfen. Der Kapitalaufwand bei dieser Strategie ist minimal: Er erschöpft sich in der kostenlosen Verteilung von Motorsägen an die Neusiedler.

Neben der unmittelbaren Bedrohung der tropischen Regenwälder durch Landgewinnungsmaßnahmen hat die Bevölkerungsentwicklung zumindest eine weitere Auswirkung auf den Waldbestand. Um leben zu können, benötigen Menschen Energie, im Minimalfall die Energiemenge, die notwendig ist, um Mahlzeiten zuzubereiten. In den Entwicklungsländern wird dieser Bedarf größtenteils durch Brennholz gedeckt, ergänzt durch Holzkohle und tierische Abfälle. Diese Form der Energieerzeugung wird gegenwärtig von etwa 2,5 Mrd. Menschen angewendet (der Hälfte der Weltbevölkerung). Bei einem Pro-Kopf-Verbrauch von einer Tonne jährlich entsteht ein Gesamtbedarf, der allein durch abgestorbene und abgefallene Äste nicht mehr gedeckt werden kann. Zur Zeit sind deshalb schon heute 70% der Brennholzverbraucher gezwungen, Holz schneller zu schlagen, als es wächst. Bevölkerungswachstum und schwindende Waldoberflächen werden dazu führen, daß sich diese Situation in den nächsten Jahren drastisch verschlechtert. Entsprechende Studien kommen zu dem Ergebnis, daß im Jahre 2000 bereits 3 Mrd. Menschen ihren Mindestenergiebedarf nicht mehr decken können, ohne Brennholz schneller zu schlagen, als es nachwächst.

Die Energieversorgung der wachsenden Weltbevölkerung steht damit in einem unmittelbaren Zusammenhang mit dem Verlust tropischen Regenwaldes und den damit verbundenen Konsequenzen für die $CO_2$-Freisetzung und den Artenverlust. Wohlgemerkt: Dabei handelt es sich um die Energieversorgung einer *Subsistenzwirtschaft*, also um die Sicherung des existentiellen Mindestbedarfs. Gehen wir über diesen Minimalanspruch hinaus und beziehen die Situation entwickelter Staaten in die Betrachtung ein, so erschließt sich eine weitere Dimension des Umweltproblems. Dazu einige Zahlen: Ein Bewohner der USA verbraucht im Durchschnitt doppelt soviel Energie wie ein Europäer. Der Europäer verbraucht jedoch seinerseits etwa 300 bis 500 mal soviel Energie wie der Bewohner eines Entwicklungslandes. In den Industrieländern leben etwa 26% der gesamten Weltbevölkerung. Diese 26% verbrauchen 81% der Weltenergieproduktion, fast 80% der gesamten Güterproduktion, 88% des geförderten Eisenerzes und 70% des verfügbaren Kunstdüngers. In der Zeit von 1970 bis 1980 wuchs das reale Bruttosozialprodukt pro Kopf in den Industrieländern um 2.117 $, in den Entwicklungsländern (einschließlich der ölexportierenden Länder) nur um rund ein Zehntel dieses Wertes, nämlich um 251 $. Nach dem Weltentwicklungsbericht der Weltbank 1992 leben gegenwärtig 1,1 Mrd. Menschen unterhalb der Armutsgrenze. Man sollte nicht den Fehler begehen und diese Grenze mit dem bundesdeutschen Sozialhilfesatz verwechseln. Die Weltbank hat sie bei einem Pro-Kopf-Jahreseinkommen von etwa 400 $ festgelegt. Gemessen an diesem Maßstab ist ein deutscher Sozialhilfeempfänger ein schwerreicher Mensch.

Diese Zahlen machen zunächst einmal deutlich, daß im Hinblick auf den Ressourcenverbrauch das Bevölkerungswachstum in den Industrieländern ganz anders zu gewichten ist als in den Entwicklungsländern. Ein zusätzlicher Europäer verbraucht aufgrund seiner Konsumgewohnheiten und seiner Konsummöglichkeiten ein Vielfaches dessen an natürlichen Ressourcen, was der Bewohner eines Entwicklungslandes beansprucht. 90% des Energiebedarfs der Industrienationen wird durch fossile Brennstoffe gedeckt, und deren Nutzung ist mindestens in dem gleichen Maße für die $CO_2$-Anreicherung der Atmosphäre verantwortlich wie die Vernichtung der tropischen Regenwälder. Nach Schätzungen der Welt-Energiekonferenz 1989 wird der Welt-Energieverbrauch in den nächsten 30 Jahren um mindestens 50% wachsen. Bei entsprechendem Wirtschaftswachstum sogar um 75%. Industrielles Wachstum ist neben dem Bevölkerungswachstum das zweite Wachstumsphänomen, in dessen Folge das Umweltproblem eine neue Dimension bekommt, und dies um so mehr, wenn man folgenden Aspekt berücksichtigt:

Der Status quo ist gekennzeichnet durch ein extremes Konsum- und Produktionsgefälle zwischen dem (kleineren) entwickelten und dem (größeren) unterentwickelten Teil der Erde. In bezug auf die Ressourcennutzung und die natürliche Lebensgrundlage läßt sich diese Situation auch folgendermaßen charakterisieren: Bereits dadurch, daß ein Viertel der Menschheit ein industrielles Entwicklungsstadium erreicht hat, ist ein Zustand eingetreten, in dem von einer massiven Gefährdung elementarer Lebensgrundlagen und der Erschöpfung wesentlicher Ressourcen gesprochen werden kann. Benutzt man den oben angestellten Vergleich zwischen Industrie- und Entwicklungsländern, um eine Vorstellung davon zu gewinnen, mit welcher Beanspruchung der Ressourcenbasis die Erreichung eines industriellen Stadiums erkauft werden muß, so dürfte klar sein, daß eine Fortschreibung der Entwicklung im Sinne einer Industrialisierung der unterentwickelten Länder mit dem nun einmal vorhandenen Ressourcenvorrat nicht zu leisten ist. Man kann es auch einfacher und drastischer formulieren: Wenn alle Menschen so viel produzieren und konsumieren würden, wie wir Mitteleuropäer, wären die Ressourcen der Welt in wenigen Wochen erschöpft, die Meere wegen der dabei anfallenden Abwasserproduktion biologisch tot, und der Treibhauseffekt würde zu einem Temperaturanstieg führen, der um ein Vielfaches über den bisher befürchteten Werten liegt.

Welche Alternativen bleiben angesichts dieser Erkenntnis? Zunächst sind zwei Extrempositionen denkbar:

— Wir erhalten den Status quo aufrecht, d. h. verhindern die Industrialisierung der Dritten Welt. Für die Industrienationen wäre dies die „beste" Lösung,

aber selbst ungeachtet der moralischen Frage, ob eine solche Position überhaupt vertretbar ist, kann man wohl davon ausgehen, daß eine solche Lösung über längere Zeiträume nicht aufrechterhalten werden kann. Der
Druck auf die Industrieländer wird immer mehr zunehmen. Es ist kaum
vorstellbar, daß sich drei Viertel der Menschheit von dem Entwicklungs-
prozeß ausschließen läßt. Irgendwann werden sich diese Menschen den Anteil am Weltwohlstand nehmen wollen, der ihnen zusteht.

— Die zweite Extremposition besteht darin, die Entwicklung der Dritten Welt
ohne Rücksicht auf den Ressourcenverbrauch voranzutreiben. Es dürfte allerdings klar sein, daß dieser Strategie natürliche Grenzen gesetzt sind.

Wie so oft dürfte die Lösung in der Mitte liegen. Auf die Entwicklung der
Dritte-Welt-Länder kann nicht verzichtet werden – schon allein deswegen nicht,
weil nur dadurch das Bevölkerungsproblem zu lösen sein wird. Unabhängig von
der Kontroverse um die langfristige Prognose der Weltbevölkerung (vgl. Exkurs
1) steht fest, daß es nur dann zu einer Verlangsamung des Wachstums der Weltbevölkerung kommen kann, wenn es gelingt, in den Ländern mit gegenwärtig hohen Wachstumsraten einen demographischen Übergang herbeizuführen. Ebenso
unstrittig ist die Erkenntnis, daß ein solcher Übergang nur möglich ist, wenn es in
den entsprechenden Ländern zu einem spürbaren Wirtschaftswachstum kommt.
Der Weltentwicklungsbericht 1992 gibt Auskunft über die möglichen Wachs-
tumsverläufe. In Abhängigkeit davon, ob es in den geburtenstarken Entwicklungsländern zu einem demographischen Übergang kommt oder nicht, rech-
net die Weltbank mit einer Stabilisierung der Weltbevölkerung bei 10,1 bis 25
Milliarden Menschen. Die große Spanne zwischen den beiden Werten macht
deutlich, wie wichtig der demographische Übergang und mit ihm die wirtschaftliche Entwicklung ist.
Aber diese Entwicklung muß in dem Bewußtsein geschehen, daß die natürlichen Ressourcen knappe Güter sind, die es sparsam und pfleglich einzusetzen
gilt. Das kann nicht ohne Rückwirkungen auf die Industrienationen bleiben. Notwendig dazu ist, daß in den entwickelten Ländern Strategien, Methoden und
Techniken entwickelt werden, mit deren Hilfe industrielle Produktion, Wachstum
oder allgemein die Erzeugung von Wohlstand bei erheblich verringertem Ressourcenverbrauch realisiert werden kann. Dies aber ist *kein* ausschließlich tech-
nisch-naturwissenschaftliches Problem, sondern vor allem auch ein ökonomisches.

Die Gleichung „mehr Konsum = mehr Umweltzerstörung", die letztlich zu dem beängstigenden Zusammenhang zwischen den geschilderten Wachstumsprozessen und dem Umweltproblem führt, stimmt nämlich nur dann, wenn bei Produktion und Konsum die dabei verbrauchten Ressourcen *effizient* eingesetzt werden. Geschieht dies nicht, existieren Ineffizienzen, so entsteht dadurch ein Spielraum für *mehr* Konsum bei gleichem oder sogar verringertem Ressourcenverbrauch. Wie gewichtig dieser Aspekt ist, sei an einem konkreten Beispiel verdeutlicht.

Es ist heute offensichtlich, daß die Länder Osteuropas die radikale Umwandlung ihrer sozialistischen Planwirtschaften in marktwirtschaftliche Ordnungen in relativ kurzer Zeit vollziehen werden. Es bedarf nicht viel Phantasie und kaum prophetischer Gaben, um vorauszusagen, daß dieser Prozeß erhebliche Wachstumsimpulse freisetzen wird. Das heute noch relativ niedrige Konsumniveau wird mit erheblicher Geschwindigkeit steigen. Liegt darin nicht eine Gefahr im Hinblick auf die globale Umweltsituation? Auf den ersten Blick mag es so scheinen, aber ein paar Zahlen können verdeutlichen, daß die Wohlfahrtsgewinne der Bewohner Osteuropas nicht notwendig zu einer weiteren Belastung der Ressourcenbasis führen müssen. Betrachten wir dazu stellvertretend die DDR und vergleichen sie mit der Bundesrepublik. Obwohl die Pro-Kopf-Produktion und die individuellen Konsummengen der Bundesrepublik um ein vielfaches höher ausfielen (Stand 1987), verbrauchte der DDR-Bürger pro Kopf ca. 20 % mehr Energie. Während die Produktion und der Konsum im Westen zu einem $SO_2$-Ausstoß von 30 kg pro Einwohner führte, ging das *geringere* Produktionsvolumen im Osten mit einem Pro-Kopf-Ausstoß von 310 kg einher, und 11,7 t $CO_2$ Emission pro Einwohner in der Bundesrepublik standen 26,4 t pro DDR-Bürger gegenüber (Vgl. IWD, 12, 1990).

Ganz offenkundig ist die Ressourcennutzung in der sozialistischen DDR in hohem Maße *ineffizient* gewesen (was keineswegs heißt, daß die natürlichen Ressourcen in der marktwirtschaftlichen Bundesrepublik *effizient* genutzt wurden). Ebenso offensichtlich ist die Möglichkeit, durch die Beseitigung solcher Ineffizienzen Wachstum bei verringertem Ressourceneinsatz zu ermöglichen. Was für Osteuropa gilt, läßt sich auch für die Entwicklungsländer feststellen. So heißt es im Weltentwicklungsbericht: „Würde an den gegenwärtigen Wirtschaftspraktiken unverändert festgehalten, müßte dieses Wachstum zu einer schwerwiegenden Umweltverschlechterung führen." (S.53) Aber niemand zwingt uns, an den bisherigen „Wirtschaftspraktiken" festzuhalten. Der Übergang zu einem effizienten, und damit rationalem Umgang mit der natürlichen Umwelt ist möglich und der Verweis auf solche Effizienzgewinne scheint einen Weg zwischen der Szylla des

Konsum- und Wohlfahrtsverzichts und der Charybdis der Umweltkatastrophe zu weisen. Dies gilt um so mehr, bedenkt man, daß das Potential für Effizienzgewinne in den Entwicklungsländern noch wesentlich höher sein dürfte als in Osteuropa. Worauf es ankommt, ist, dieses Potential zu erkennen und zu nutzen, denn Bevölkerungswachstum und Produktionsanstieg bei *Fortbestand* des ineffizienten Status quo führt unweigerlich zum Zusammenbruch des globalen Ökosystems.

Die ökonomische Disziplin hat sich dieser Aufgabe durchaus gestellt. Vielfach ist der Kreislaufgedanke einer Vorstellung gewichen, in der es gilt, endliche Ressourcenmengen auf eine lange Reihe aufeinanderfolgender Generationen zu verteilen. Die Wahrnehmung von Knappheiten ist für Ökonomen weniger ein Problem als für die Vertreter manch anderer Wissenschaft, und Effizienz als das zu erstrebende Ziel ist ohnehin seit jeher ein Begriff, der im Zentrum des ökonomischen Denkens steht. Die Voraussetzungen für eine erfolgreiche Bewältigung der gestellten Aufgaben sind mithin nicht schlecht. Dennoch sei vor allzu großen Erwartungen gewarnt, denn es wird sich schnell zeigen, daß es sich um eine äußerst schwer zu lösende Aufgabe handelt. Darüber hinaus sollte man sich der Tatsache bewußt sein, daß mit der Lösung des ökonomischen Problems einer effizienten Ressourcennutzung das Umweltproblem nicht ausgestanden sein dürfte. Denn sind erst alle Effizienzgewinne realisiert, dann gilt die oben aufgestellte Gleichung wieder, und sie gilt heute bereits überall dort, wo effizient mit Ressourcen umgegangen wird.

Das Wachstum der Weltbevölkerung und der industriellen Produktion haben dazu geführt, daß das Entropiegesetz zu einem bestimmenden Faktor für die Entwicklung der Menschheit geworden ist. Sie haben zugleich die Umweltfrage zu einem globalen Problem gemacht. Wenn das Wort von dem „globalen Dorf" seine Berechtigung hat, dann wohl im Zusammenhang mit unseren natürlichen Lebensgrundlagen. Ohne die lokal begrenzbaren Umweltprobleme zu vergessen oder in ihrer Bedeutung gering zu schätzen, bleibt festzustellen, daß in dieser Globalität die eigentliche Dimension des Umweltproblems zu sehen ist.

# 1.2     Das Phänomen externer Effekte

## 1.2.1     Knappheit und Effizienz

Angesichts der im vorangegangenen Abschnitt genannten Fakten, die zudem nur einen kleinen Teil des Umweltproblems behandeln, mag es vielen Menschen schwerfallen, die Umweltfrage ohne Emotionen zu betrachten, und das ist nur zu verständlich. *Wissenschaftliche* Beschäftigung mit diesem Thema verlangt jedoch die Anwendung einer vollkommen emotionslosen Methode. Allein die Ratio darf uns bei der Auseinandersetzung mit den ökonomischen Aspekten des Umweltproblems leiten. Konkret bedeutet das, daß wir das Problem mit den rationalen Analysemethoden angehen müssen, mit deren Hilfe sich Phänomene aus *ökonomischer Perspektive* untersuchen lassen. Wie aber sieht diese Perspektive eigentlich aus? Gerade weil das Umweltproblem geeignet ist, Emotionen freizusetzen, und weil das, was Ökonomen zu diesem Problem zu sagen haben, mitunter im Widerspruch zu dem zu stehen scheint, was viele Menschen gefühlsmäßig als „richtig" empfinden, kann es nicht schaden, sich eine Antwort auf diese Frage zu geben. Nur wenn die Grundlagen, das Fundament der wirtschaftlichen Methode bekannt sind, kann das darauf errichtete Theoriegebäude wirklich verstanden werden.

Der Kern ökonomischen Denkens besteht in der Überzeugung, daß wirtschaftliche Probleme ihrer Struktur nach *Knappheitsprobleme* sind. Im Grunde ist dies ein trivialer Ansatz. Jeder Ökonomiestudent lernt im ersten Semester, daß es Ziel des „Wirtschaftens" ist, knappe Güter und Ressourcen so einzusetzen, daß sie den größtmöglichen Nutzen stiften. Vielfach ist allerdings die Vorstellung anzutreffen, dieses „wirtschaftswissenschaftliche Programm" beschränke sich auf den engen Bereich der Produktion und Allokation von Gütern, also auf das, was im Alltagsverständnis als „die Wirtschaft" bezeichnet wird. Innerhalb der ökonomischen Profession hat sich jedoch längst die Erkenntnis durchgesetzt, daß Knappheitsphänomene bei fast allen gesellschaftlich relevanten Fragen eine zentrale Rolle spielen und daß sie in vielen Fällen die Ursache für Probleme sind. Diese Einsicht hat zu einer erheblichen Ausweitung des ökonomischen Erkenntnisgegenstandes geführt.

Wenn Wirtschaftswissenschaftler beispielsweise über eine ökonomische Fundierung des Rechts nachdenken, so ist dies u.a. darauf zurückzuführen, daß sie erkannt haben, daß rechtliche Regelungen, insbesondere die Definition von Verfügungsrechten, notwendige Bedingung für die Lösung von Knappheitsproblemen sind und sich aus dieser Tatsache unter Umständen Regeln für eine rationale Gestaltung des Rechtssystems ableiten lassen. Die ökonomische Theorie der Politik, der Bürokratie oder der Familie sind weitere Beispiele für die Expansion des ökonomischen Erklärungsanspruchs. Mitunter ist der ökonomischen Wissenschaft wegen dieses Verhaltens der Vorwurf des „Imperialismus" gemacht worden. Aber dieser Vorwurf ist unberechtigt. Die Ökonomik stellt keinen Anspruch auf Universalität. Nicht alle Probleme lassen sich auf Knappheiten zurückführen. Die Ausdehnung des Erkenntnisgegenstandes ist nicht Folge einer Selbstüberschätzung der Ökonomen, sondern allein Ausdruck der Tatsache, daß eben tatsächlich viele Probleme im Kern Knappheitsprobleme sind und sich Wirtschaftswissenschaftler daher zurecht aufgerufen fühlen, sich zu diesen Problemen zu äußern.

Was aber können Ökonomen zur Lösung des Knappheitsproblems beitragen? Eines dürfte klar sein: Eine Lösung des Problems in dem Sinne, daß die Knappheit beseitigt wird, ist nicht möglich. Die Begrenztheit der Mittel ist unabänderlich, mit ihr müssen wir uns abfinden. Die Antwort, die Ökonomen geben können, läßt sich an einem zentralen Begriff festmachen, nämlich an dem Begriff „*Effizienz*". In einer sehr allgemeinen Formulierung läßt sich dieser Begriff mit Hilfe des ökonomischen Prinzips näher charakterisieren, das verlangt, ein gegebenes Ziel mit dem geringstmöglichen Mitteleinsatz zu erreichen bzw. gegebene Mittel so einzusetzen, daß das angestrebte Ziel im größtmöglichen Umfang realisiert wird. Effizienz bedeutet, die Existenz von Knappheiten anzuerkennen, aber zugleich dafür zu sorgen, daß die vorhandenen Mittel in bestmöglicher Weise genutzt werden. Man kann es auch anders formulieren: Effizienz ist *das beste*, was wir in einer Knappheitssituation erreichen können und darum kommt dem Effizienzbegriff *zentrale* Bedeutung in der ökonomischen Wissenschaft zu.

Neben der Frage einer effizienten Mittelverwendung thematisieren die Wirtschaftswissenschaften natürlich auch *Verteilungsfragen*. Es ist klar, daß die Frage, wie die (möglichst effizient) produzierten Güter auf die Mitglieder einer Gesellschaft verteilt werden, zwar nicht vollkommen unabhängig von dem Effizienzproblem ist, aber dennoch von einer grundsätzlich anderen Struktur und Qualität. Die Tatsache, daß wir im weiteren die Verteilungsfrage fast vollständig vernachlässigen und uns nahezu ausschließlich mit dem Effizienzproblem beschäftigen werden, hat unter anderem folgenden Grund: Im Hinblick auf das Umweltproblem müssen wir – was zunächst paradox klingen mag – in gewisser Weise unsere Hoffnung auf die Existenz von Ineffizienzen setzen. Wir wissen, daß die Umweltressourcen knapp sind. Wenn sie gegenwärtig *effizient* genutzt würden, dann bliebe etwa zur Lösung des Entwicklungs- und des Bevölkerungsproblems nur noch die Möglichkeit einer radikalen globalen Umverteilung. Es

wird dem Leser nicht schwerfallen, sich auszumalen, welche schrecklichen Konsequenzen ein solcher weltweiter Verteilungskonflikt haben könnte.

Allerdings zeigt sich bei einer ökonomischen Betrachtung der Umweltproblematik sehr schnell, daß das zentrale Problem im Umgang mit natürlichen Ressourcen tatsächlich in der Ineffizienz ihrer Nutzung besteht. Aus diesem Grund
ist die Konzentration auf den Effizienzbegriff durchaus begründet. Die Verwendung dieses Begriffs birgt jedoch gerade im Hinblick auf Umweltgüter gewisse
Schwierigkeiten. Effizienz ist nur dann ein erstrebenswertes Ziel, wenn tatsächlich eine Knappheitssituation vorliegt, und eine Ressource kann nur dann knapp
sein, wenn sie erstens in begrenztem Umfang vorhanden ist und zweitens einen
*Wert* besitzt. Daß Umweltgüter knappe Güter sind, dürfte unstrittig sein. Aber
wie genau bestimmt sich ihr Wert? Wir kommen um diese Frage nicht herum,
denn nur wenn wir sie beantworten, können wir den Effizienzbegriff sinnvoll
anwenden. Das ökonomische Prinzip ist *zunächst* nicht mehr als eine *Leerformel*.
Ein operationaler Begriff wird daraus erst, wenn klar ist, worin das Ziel besteht,
für das die knappen Mittel eingesetzt werden sollen. Aus diesem Grunde können
wir über die effiziente Verwendung von Umweltressourcen auch erst dann etwas
sagen, wenn wir wissen, wodurch diese Güter „wertvoll" werden.

Machen wir uns das Problem an einem Beispiel klar: Man stelle sich einen
Wald vor. Worin besteht dessen Wert? Besitzt dieses Gut einen „Wert an sich",
oder hängt der Wert (außer von der Knappheit) davon ab, welchen Nutzen Menschen aus diesem Gut ziehen? Es dürfte klar sein, daß die Bedingungen einer
effizienten Verwendung des Waldes sehr stark davon abhängen können, wie die
Antwort ausfällt. Um einem Mißverständnis vorzubeugen: Macht man die Bewertung von individuellen Präferenzen abhängig, so impliziert dies nicht, daß der
Wald nur dadurch einen Wert erhält, daß man ihn „konsumiert", sprich abholzt
oder zum Erholungsgebiet macht. Die Präferenzen der Menschen können durchaus dergestalt sein, daß sie einem unberührten, ungenutzen Wald den höchsten
Wert beimessen. Entscheidet man sich dafür, Präferenzen (und Knappheit) zum
Maß für die Bewertung von Umweltgütern zu machen, so impliziert dies keine
Vorwegnahme bestimmter Nutzungsformen für diese Güter. Dies wäre viel eher
der Fall, würde man diesen Gütern einen von individuellen Präferenzen unabhän-
gigen Wert zumessen, denn dann wäre z.B. der „Konsum" des Waldes a priori
ausgeschlossen.

Wie gesagt, um etwas über die Effizienz sagen zu können, müssen wir uns für
eine Methode der Wertbestimmung entscheiden, und wir werden diese Entscheidung ganz im Sinne der ökonomischen Wohlfahrstheorie treffen, indem wir den
Wert der Umweltgüter tatsächlich von den individuellen Präferenzen abhängig

machen. Zu einem späteren Zeitpunkt werden wir auf diese Entscheidung noch einmal zurückkommen und sie näher diskutieren.

Mit der Festlegung auf die wohlfahrtstheoretische Methode ist natürlich auch das weitere „Programm" in gewisser Weise vorherbestimmt. Wir werden zunächst mit den üblichen Mitteln der *Allokationstheorie* das Phänomen eines ineffizienten Ressourceneinsatzes charakterisieren und als Problem *externer Effekte* bzw. *öffentlicher Güter* kennzeichnen. Allerdings werden wir dann die Allokationstheorie für eine ganze Weile verlassen und uns mit Hilfe einer *spieltheoretisch-ökonomischen* Methode Aufschluß über die grundlegenden Problemursachen verschaffen. Erst danach, im zweiten Teil, werden wir zur „gewohnten" allokationstheoretischen Betrachtungsweise zurückkehren.

## 1.2.2    Was sind „externe Effekte"?

Leistet der Markt eine effiziente Allokation knapper Ressourcen? Es ist letztlich die Beantwortung dieser Frage, um die die moderne Allokationstheorie bemüht ist. Das vielleicht herausragendste Ergebnis dieser Bemühungen ist eine Aussage, die als der „*erste Hauptsatz der Wohlfahrtsökonomie*" bekannt geworden ist. Knapp formuliert besagt dieser Satz, daß Walras-Gleichgewichte stets Pareto-effizient sind. Ersetzt man die Namen Walras und Pareto durch eine nähere Beschreibung der mit ihnen verbundenen Konzepte, so läßt sich der erste Hauptsatz etwas griffiger formulieren: Befindet sich eine Ökonomie in einem Preis-Gleichgewicht, bei dem alle Märkte geräumt sind, so ist die dabei realisierte Allokation unter gewissen Voraussetzungen in dem Sinne effizient, als durch Reallokation kein Individuum besser gestellt werden kann, ohne ein anderes schlechter zu stellen. Wir müssen uns an dieser Stelle klarmachen, daß die im vorangegangenen Abschnitt gefällte Entscheidung zugunsten einer wohlfahrtstheoretischen Methodik impliziert, daß dann, wenn Umweltgüter in diesem Sinne effizient alloziiert wären, aus ökonomischer Perspektive kein Umweltproblem existieren würde.

Uns interessiert hier vor allem eine der „gewissen Voraussetzungen", unter denen der erste Hauptsatz gilt, und zwar diejenige, die besagt, daß *externe Effekte* ausgeschlossen sind. Zwei Fragen stellen sich in diesem Zusammenhang: Was versteht man unter externen Effekten und warum ist eine Marktallokation dann nicht mehr effizient, wenn solche Effekte vorliegen?

Mitunter werden externe Effekte als Einflüsse charakterisiert, die auf die Produktion eines Unternehmens oder den „Nutzen" eines Konsumenten wirken, ohne daß der dazugehörige Produzent bzw. Konsument steuernd eingreifen kann. Diese Charakterisierung ist jedoch unvollständig. In arbeitsteilig organisierten Gesellschaften ist es selbstverständlich, daß das ökonomische Handeln des einzelnen nicht unabhängig von den Handlungen der übrigen Wirtschaftssubjekte erfolgt. Ökonomische Systeme lassen sich als ein Geflecht interdependenter Beziehungen zwischen einer Vielzahl von Akteuren verstehen. In einem Marktsystem werden die meisten Interaktionen vermittelt durch Veränderungen der relativen Güterpreise. Die Güternachfrage eines einzelnen Konsumenten hängt beispielsweise durchaus auch davon ab, wieviele andere Individuen mit welcher Intensität die betreffenden Konsumgüter nachfragen, denn die relativen Preise, an die sich der einzelne anpaßt, werden u.a. durch die Gesamtnachfrage bestimmt. Es wäre darum falsch, externe Effekte allein dadurch zu kennzeichnen, daß es zu einer Beeinflussung kommt, die sich der Steuerung des einzelnen entziehen. Solche *externen Einflußnahmen* sind weder außergewöhnlich, noch führen sie zu einem Allokationsproblem. Solange interdependente Handlungen durch den Preismechanismus koordiniert werden, besteht kein Anlaß zur Sorge. Im Gegenteil, es macht die Stärke des Marktsystems aus, daß durch diesen Mechanismus die Koordination vieler dezentral getroffener Entscheidungen gelingt. Solange Preise ihre Funktion als Knappheitssignale erfüllen, werden Ressourcen dorthin gelenkt, wo sie die größte Produktivität entfalten und Güter dort konsumiert, wo sie den größten Nutzen stiften. Um externe Effekte gegen Interdependenzen abzugrenzen, die durch das Preissystem koordiniert werden, erweist sich die Unterscheidung von direkter und indirekter Nutzenfunktion als hilfreich. Vereinfacht ausgedrückt beschreibt letztere den maximal erreichbaren Nutzen als Funktion der Preise und des Einkommens.[3] Da in der *direkten* Nutzenfunktion Preise und Einkommen keine Rolle spielen, wirken sich Interdependenzen, die die relativen Preise verändern, nur auf die indirekte Nutzenfunktion aus. Aber nicht alle Einflußnahmen auf die Produktions- und Konsumbedingungen haben ausschließlich preisverändernde Wirkung. Es kann durchaus geschehen, daß Handlungen eines Akteurs die Produktions- oder Konsummöglichkeiten anderer verändern, ohne daß sich dies vollständig und ausschließlich in den relativen Preisen niederschlägt. Beeinflussungen, die gewissermaßen am Preissystem vorbei den direkten Nutzen betreffen und die deshalb durch den Preismechanismus auch nicht koordiniert werden können, nennt man externe Effekte oder *Externalitäten*. „Extern" bezieht sich also nicht auf den einzelnen Produzenten oder Konsumenten, außer-

---

3   Zum Konzept der indirekten Nutzenfunktion vgl. VARIAN (1985).

halb dessen Einfluß der Effekt liegt, sondern auf das Preissystem, das auf bestimmte Effekte nicht reagiert.

Externe Effekte treten in vielfältiger Form auf und können in gleicher Weise sowohl von Produktions- wie auch von Konsumaktivitäten ausgelöst werden bzw. können sich auf beide Aktivitätsformen auswirken. Entsprechend lassen sich grob vier Formen von Externalitäten unterscheiden. Von einer Konsumexternalität spricht man, wenn der Nutzen eines Individuums direkt von den Konsumaktivitäten anderer Individuen beeinflußt wird. Beispiele für diese Form externer Effekte lassen sich leicht finden: Tabakkonsum, Lärmbelästigungen durch privaten Autoverkehr, das Essen von Kartoffelchips während einer Theatervorstellung usw. Bei einer Produktionsexternalität kommt es zu einer Beeinflussung der Produktionsfunktion eines Unternehmens durch die Aktivitäten anderer Produzenten. Beispielsweise können die Abwässer einer Papierfabrik zu Beeinträchtigungen bei einer flußabwärts gelegenen Färberei führen, die auf sauberes Wasser angewiesen ist. Die Tätigkeit eines Imkers kann sich durchaus auf den Ertrag einer benachbarten Obstplantage auswirken, was einem positiven externen Effekt entspräche. Die verbleibenden zwei Formen von Externalitäten sind die Mischformen, bei denen Produktionsaktivitäten Einfluß auf Nutzenfunktionen haben bzw. Konsumaktivitäten die Produktion berühren. Um es noch einmal zu wiederholen: Bei all diesen Phänomenen handelt es sich nur dann um externe Effekte, wenn sie nicht zu einer Veränderung der relativen Preise führen, die es den Akteuren gestatten, ihr Verhalten an die von „außen" gesetzten Bedingungen optimal anzupassen.

Die ökonomische Charakterisierung von externen Effekten ist für alle vier genannten Fälle gleich, so daß wir sie in einem einfachen Modell einheitlich vornehmen können. Wir wollen dabei exemplarisch den Fall einer Produktionsexternalität modellieren. Eine Papierfabrik produziere stromaufwärts einer Fischzucht. Vereinfachend wollen wir unterstellen, daß bei der Papierherstellung nur Arbeit eingesetzt wird, und zwar entsprechend der Produktionsfunktion

$$X_P = X_P(l_1). \tag{1}$$

Allerdings entstehen bei der Papierherstellung Abfälle, die das Unternehmen in den Fluß einleitet. Werden unter Verwendung von $l_1$ Arbeitseinheiten $X_P$ Einheiten Papier produziert, so entstehen dabei $a(X_P)$ Einheiten Abwasser. Sei $X_F$ die Menge Fisch, die in der Fischzucht produziert wird und die von der Arbeitsmenge $l_2$ und der Abwasserbelastung des Flusses $a(X_P)$ abhängt, dann ist

$$X_F = X_F\left(l_2, a\left(X_p\right)\right) \tag{2}$$

die Produktionsfunktion der Fischzucht. Bereits hier wird deutlich, was gemeint war, als wir davon sprachen, daß externe Effekte am Preissystem vorbei ihre Wirkung entfalten. Die Verschmutzung des Flusses hängt ursächlich mit der Papierproduktion zusammen, d. h., bei der Papierherstellung wird die Ressource „sauberes Wasser" als Produktionsfaktor eingesetzt. Dieser Ressourcenverbrauch wirkt sich jedoch nicht auf die Faktorkosten des Unternehmens aus, denn es existiert kein Preis für diese Ressource. Folglich existiert auch kein Preismechanismus, der eine effiziente Verwendung des knappen Gutes „sauberes Flußwasser" herbeiführen könnte. Daß es unter den geschilderten Umständen tatsächlich zu einer ineffizienten Allokation kommt, wird die folgende Untersuchung zeigen.

## 1.2.3    Effizienzschädigende Eigenschaften externer Effekte

Wie werden sich die beiden Unternehmen unter den durch (1) und (2) charakterisierten Bedingungen verhalten? Der Papierproduzent entscheidet über sein Produktionsvolumen indirekt, indem er die für ihn gewinnmaximale Arbeitsmenge $l_1$ bestimmt. Sei w der Preis für eine Arbeitseinheit, $p_1$ der Papier- und $p_2$ der Fischpreis. Der Papierproduzent löst dann:

$$p_1 X_p\left(l_1\right) - w l_1 =: \pi_p \to \max_{l_1}. \tag{3}$$

Die notwendige Bedingung für eine Lösung von (3) ist

$$p_1 \, X_p'\left(\bar{l}_1\right) = w.^4 \tag{4}$$

Da implizit unterstellt ist, daß sich beide Unternehmen im vollständigen Wettbewerb befinden, birgt (4) keine besondere Überraschung: Entsprechend der Aussage der Grenzproduktivitätstheorie wird das Papierunternehmen solange Arbeit

---

4    $X'$ steht für die Ableitung $dX_p\left(\bar{l}_1\right)\big/dl_1$, der Querstrich deutet an, daß es sich um einen optimalen Wert handelt.

einsetzen, bis das Grenzprodukt der Arbeit gleich dem Reallohn ist. Der Fischzüchter löst eine sehr ähnliche Aufgabe:

$$p_2 X_F\left(l_2, a\left(\overline{X}_P\right)\right) - wl_2 =: \pi_F \to \max_{l_2}. \tag{5}$$

Notwendige Bedingung ist hier

$$p_2 \frac{\partial X_F\left(\overline{l}_2, a\left(\overline{X}_P\right)\right)}{\partial l_2} = w. \tag{6}$$

Wie man sieht, unterscheiden sich die Bedingungen (4) und (6) in struktureller
Hinsicht nicht voneinander. Der einzige Unterschied besteht darin, daß in (6) die
Schadstoffemission, die bei der gewinnmaximalen Papierproduktion $\overline{X}_P$ anfällt,
als Argument in der Produktionsfunktion auftaucht. Das ändert allerdings nichts
daran, daß auch in der Fischzucht solange Arbeit eingesetzt wird, bis ihr Grenzprodukt dem Reallohn entspricht. Um zu zeigen, daß der durch (4) und (6) cha-
rakterisierte Produktionsplan nicht effizient ist, nutzen wir die Tatsache aus, daß
Gewinnmaximierung dann zu effizienten Ergebnissen führt, wenn Externalitäten
nicht vorliegen. In unserem Beispiel wird der externe Effekt dadurch verursacht,
daß der Papierproduzent zwar die Fischproduktion beeinträchtigt, dies bei seiner
Produktionsplanung jedoch nicht berücksichtigt. Das ändert sich natürlich, wenn
sowohl die Papierfabrik als auch die Fischzucht ein und demselben Unternehmen
gehören. Ein solches Unternehmen maximiert den Gesamtgewinn aus beiden
Produktionsstätten und berücksichtigt dabei selbstverständlich die Auswirkungen
der Papierherstellung auf die Fischzucht. Das Optimierungsproblem hat dann die
Gestalt:

$$p_1 X_P\left(l_1\right) + p_2 X_F\left(l_2, a\left(X_P\left(l_1\right)\right)\right) - wl_1 - wl_2 = \pi \to \max_{l_1, l_2}. \tag{7}$$

Als notwendige Bedingungen erhalten wir in diesem Fall:

$$p_1 X_P'\left(\overline{l}_1\right) + p_2 \frac{\partial X_F\left(\overline{l}_2, \overline{a}\right)}{\partial a} a'\left(\overline{X}_P\right) X_P'\left(\overline{l}_1\right) - w = 0 \tag{8}$$

und

$$p_2 \frac{\partial X_F(\bar{l}_2, \bar{a})}{\partial l_2} - w = 0. \tag{9}$$

Der Unterschied zu dem Fall zweier unabhängig agierender Unternehmen wird deutlich, wenn wir (8) geeignet umformen:

$$\left[ p_1 + p_2 \frac{\partial X_F(\bar{l}_2, \bar{a})}{\partial a} a'(\bar{X}_P) \right] X_P'(\bar{l}_1) = w. \tag{8'}$$

(8') ist nun relativ leicht zu interpretieren. Da die Verschmutzung des Flusses die Fischzucht beeinträchtigt, ist $\partial X_F / \partial a$ negativ, und damit auch der zweite Summand in der eckigen Klammer. Im Vergleich zu Bedingung (4) muß damit gemäß (8') der Faktor Arbeit in der Papierproduktion so eingesetzt werden, daß er im Optimum ein höheres Grenzprodukt realisiert als im Fall ohne Berücksichtigung der Fischproduktion. Bei Gültigkeit des Ertragsgesetzes, gemäß dem der Grenzertrag eines Faktors mit steigendem Faktoreinsatz sinkt, bedeutet das, daß eine effiziente Produktionsplanung einen geringeren Arbeitseinsatz (und entsprechend geringeres Produktionsvolumen) in der Papierfabrik verlangt als bei unkoordiniertem Verhalten. Offensichtlich führt die Vernachlässigung der Flußverschmutzung in (3) bzw. (4) dazu, daß zuviel Papier und entsprechend zuwenig Fisch produziert wird, solange die Externalität besteht.

Durch einfaches Umstellen der Bedingungen (4) und (8') gelangt man zu einer etwas anderen Interpretationsmöglichkeit, bei der die Auswirkungen externer Effekte sehr deutlich werden:

$$X_P'(\bar{l}_1) = \frac{w}{p_1} \tag{4'}$$

$$X_P'(\bar{l}_1) = \frac{w}{p_1 + p_2 \dfrac{\partial X_F(\bar{l}_2, \bar{a})}{\partial a} a'(\bar{X}_P)}. \tag{8''}$$

Auf der linken Seite von (4') und (8'') steht jeweils das Grenzprodukt der Arbeit in der Papierindustrie. Gemäß der Grenzproduktivitätstheorie muß dieses im Gewinnmaximum gleich den realen Faktorkosten sein[5]. Man erkennt sofort, daß die Berücksichtigung der Auswirkungen der Verschmutzung $a(\overline{X}_p)$ auf die Fischproduktion $X_F(l_2, a(\overline{X}_p))$ dazu führt, daß die Faktorkosten entsprechend höher ausfallen als bei Vernachlässigung dieses Effektes (die rechte Seite von (8") ist größer als die rechte Seite von (4')). Diese Interpretation leuchtet unmittelbar ein: Um zu einem effizienten Produktionsplan zu gelangen, müssen alle Kosten, die mit der Papierproduktion verbunden sind, berücksichtigt werden, und dazu zählen eben auch die, die in Form eines reduzierten Ertrages in der Fischindustrie auftreten.

Wir wollen uns an dieser Stelle kurz klarmachen, warum eine solche Betrachtung externer Effekte hilfreich ist, um das mit Umweltgütern verbundene Allokationsproblem zu verdeutlichen. Unser Ziel war es zunächst, Umweltgüter als knapp und wertvoll zu charakterisieren. Das hier betrachtete Gut „sauberes Wasser" ist offensichtlich knapp, denn andernfalls würde die Flußverschmutzung bei der Fischproduktion keine Rolle spielen. Zugleich hat sauberes Wasser auch einen Wert, denn geringere Verschmutzung erhöht die Fischproduktion. Nun gilt diese Charakterisierung für alle bei der Produktion eingesetzten Faktoren. Auch „Arbeit" ist knapp und hat einen Wert. Die Besonderheit im Falle der Umweltressource besteht im Fehlen eines Preises! Weil ein solcher Preis nicht existiert, wird die Ressource nicht gemäß ihres Wertes eingesetzt. Dieser Punkt wird anhand folgender Überlegung besonders deutlich:

Bisher haben wir die von der Papierfabrik verursachte Verschmutzung nur unter dem Aspekt gesehen, daß es sich dabei um Kosten der Papierherstellung handelt, die nicht richtig, d. h. nicht verursachungsgemäß zugeordnet werden. Man kann die Externalität (bzw. deren Vermeidung) jedoch auch als ein Gut begreifen. Das Papierunternehmen produziert eben nicht nur Papier, sondern auch Umweltverschmutzung. Diese Sichtweise erlaubt u. a. ein tieferes Verständnis dafür, warum der erste Hauptsatz der Wohlfahrtsökonomie nicht gilt, wenn externe Effekte auftreten. Bei der Herleitung dieses Satzes wird nämlich vorausgesetzt, daß für jedes Gut ein Markt existiert. Diese Voraussetzung ist im Falle externer Effekte offensichtlich verletzt. Für das Gut „Schadstoffvermeidung" existiert kein Markt, das Marktsystem ist unvollständig und kann darum die effiziente Allokation aller Ressourcen nicht leisten. Daß ein vollständiges Marktsystem tatsächlich zu einem effizienten Produktionsplan führen würde, läßt sich anhand unseres Beispiels leicht zeigen. Nehmen wir an, die Fischerei könnte von der Papierfabrik das Gut

---

[5]    Die durch den Arbeitseinsatz in dem Papierunternehmen verursachte Produktionseinschränkung in der Fischzucht wird hier als "Kosten" des Faktors Arbeit begriffen.

„Senkung der Wasserverschmutzung" kaufen, indem es dafür bezahlt, daß die Abwassermenge a reduziert wird. Der Preis, den es dafür zu zahlen bereit wäre, hängt natürlich davon ab, wie eine Abwasserreduzierung den Gewinn der Fischzucht beeinflußt. Bezeichnen wir mit r die Gewinneinbuße bei marginaler Abwasserzunahme, dann gilt

$$r = \frac{d\pi_F}{da} = \frac{\partial \pi_F(l_2, a)}{\partial l_2} \frac{dl_2(a)}{da} + \frac{\partial \pi_F(l_2, a)}{\partial a}. \tag{10}$$

Da $l_2$ bereits optimal gewählt ist, reduziert sich (10) zu

$$r = \frac{\partial \pi_F(l_2, a)}{\partial a} = p_2 \frac{\partial X_F(l_2, a)}{\partial a}. \tag{11}$$

Der Betrag von r gibt uns den Wert einer Abwassereinheit an, gemessen in Einheiten „entgangenen Gewinns aus Fischzucht". Insofern ist es gerechtfertigt, $p_3 :=$ |r| als Schattenpreis einer Einheit vermiedenen Abwassers zu interpretieren. Stellen wir uns nun vor, es gäbe einen vollkommenen Markt, auf dem der Papierproduzent Abwasservermeidung zum Schattenpreis $p_3$ anbietet. Dann hat seine Gewinnfunktion die Gestalt

$$\pi_P = p_1 X_P(l_1) + p_3 a(X_P(l_1)) - wl_1 \tag{12}$$

Wenn wir voraussetzen, daß der Abwasservermeidungsmarkt bei dem Schattenpreis geräumt wird, dann können wir unter Verwendung von (12) Aussagen über das Marktgleichgewicht machen. Notwendige Bedingung für ein Maximum von (12) ist

$$p_1 X_P'\left(\bar{l}_1\right) + p_3 a'\left(\bar{X}_P\right) X_P'\left(\bar{l}_1\right) = w. \tag{13}$$

Einsetzen von (11) in (13) führt zu

$$\left(p_1 + p_2 \frac{\partial X_F(l_2, a)}{\partial a} a'\left(\bar{X}_P\right)\right) X_P'\left(\bar{l}_1\right) = w, \tag{14}$$

und (14) ist offensichtlich identisch mit (8'), der Bedingung für eine gesamtwirtschaftlich effiziente Produktionsplanung.

Wenn also das Papierunternehmen mit seiner Abwasservermeidung Handel treiben würde und dadurch ein Markt für dieses „Gut" entstünde, dann wäre eine effiziente Allokation gesichert. Die Frage ist nur: Kann man damit rechnen, daß solche Märkte für Externalitäten entstehen? Die Antwort darauf wird sich schwieriger gestalten, als es auf den ersten Blick erscheinen mag. Ein Markt kann nur dann entstehen, wenn der Handel mit Externalitäten zum Vorteil beider Marktseiten ist, wenn sich also sowohl der Verursacher des externen Effekts als auch der Geschädigte durch freiwillige Tauschvorgänge besserstellen können. Es wird sich jedoch zeigen, daß die Möglichkeit eines für alle Seiten vorteilhaften Tausches nicht ausreicht, um die Entstehung eines Marktes zu garantieren. Sie reicht nicht einmal aus, um sicherzustellen, daß es zu Verhandlungen zwischen Verursacher und Geschädigtem kommt, bei denen eine effiziente Allokation der Externalitäten ausgehandelt werden kann. Das ist durchaus überraschend, denn zumindest der Geschädigte scheint doch einen massiven Anreiz zu besitzen, mit dem Verursacher in Verhandlungen zu treten. Der Fischzüchter könnte beispielsweise den Papierproduzenten dafür bezahlen, daß er weniger Abwasser in den Fluß leitet und so ein Arrangement finden, das für beide Seiten vorteilhaft ist. Die Idee, daß solche Verhandlungsmöglichkeiten im Falle externer Effekte bestehen, und daß sie auch zur Schaffung einer effizienten Ressourcenzuteilung genutzt werden, scheint einen Weg zu weisen, auf dem man die unangenehme Schlußfolgerung, daß mit der Existenz externer Effekte notwendig ineffiziente Allokationen verbunden sind, vermeiden könnte.

Eine durchaus verlockende Aussicht, denn solange mit externen Effekten die Diagnose verbunden ist, daß der Markt bei der Aufgabe einer effizienten Ressourcenzuteilung versagt, ist die Reichweite des ersten Hauptsatzes der Wohlfahrtsökonomie natürlich stark eingeschränkt. Angesichts der Vielzahl von Externalitäten, die in der Realität beobachtbar sind, wäre dieser Satz, und damit die aus ihm ableitbare positive Beurteilung dezentraler Wirtschaftssysteme, nur noch anwendbar auf einen kleinen Bereich rein privater Güter, bei deren Produktion und Konsum keinerlei externe Effekte entstehen. Es kann daher nicht überraschen, daß die 1960 erschienene Arbeit von RONALD H. COASE „The Problem of Social Costs" von der wissenschaftlichen Gemeinschaft sehr bereitwillig aufgegriffen wurde. In dieser Arbeit formulierte COASE nämlich ein Theorem, das im Kern behauptet, daß immer dann, wenn bestimmte Voraussetzungen erfüllt sind, externe Effekte im Zuge von Verhandlungen „internalisiert" werden und Pareto-effiziente Allokationen entstehen.

# 1.3 Das Coase-Theorem

## 1.3.1 Ursprüngliche Fassung: Farmer und Viehzüchter

Um das Coase-Theorem in seiner Bedeutung richtig einschätzen zu können, muß man sich seines dogmengeschichtlichen Hintergrundes bewußt sein. Die Arbeit von RONALD COASE ist als Reaktion zu verstehen auf die maßgeblich durch A.C. PIGOU Anfang dieses Jahrhunderts geprägte traditionelle Sicht, nach der externe Effekte ein Marktversagen verursachen, das nur durch Eingriffe des Staates geheilt werden kann. Konkret schlug PIGOU vor, den *Verursacher* eines externen Effektes mit einer Steuer zu belegen, deren Höhe genau dem Schaden entspricht, der durch die Externalität verursacht wird. Auf diese Weise sollen die tatsächlich anfallenden Kosten dem Verursacher zugerechnet werden, um so den externen Effekt zu internalisieren. Wir werden uns zu einem späteren Zeitpunkt noch genauer mit diesem Konzept – der sogenannten Pigou-Steuer – auseinandersetzen. Vorläufig ist nur interessant, daß PIGOU und nachfolgend die überwiegende Mehrzahl der Ökonomen in der Existenz externer Effekte einen unmittelbaren Anlaß für staatliche Eingriffe in das Marktgeschehen sahen. Externe Effekte wurden als „soziale Kosten" charakterisiert, die nur durch den lenkenden Eingriff des Staates vermieden bzw. internalisiert werden können.

Angesichts der Vielzahl beobachtbarer externer Effekte ist mit dieser Sicht eine sehr weitgehende Legitimation staatlicher Interventionen verbunden. Es gibt kaum einen Bereich moderner Wirtschaftssysteme, in dem es bei der Produktion und dem Konsum von Gütern vollkommen ohne externe Effekte abgeht. In allen diesen Fällen können sich staatliche Planer auf die Zustimmung der Marktversagenstheoretiker berufen, wenn sie in den Marktprozeß eingreifen. Es ist daher leicht verständlich, daß die Pigousche Sicht der Dinge bei den Ökonomen, die staatlichen Eingriffen eher skeptisch gegenüberstehen, nicht auf Gegenliebe stieß. Besonders ausgeprägt ist das Mißtrauen gegenüber staatlicher „Einmischung" in den Wirtschaftsprozeß traditionell innerhalb der „Chicagoer Schule", der neben so bekannten Ökonomen wie DEMSETZ oder MILTON FRIEDMAN auch COASE angehört. Dessen Intention bestand folgerichtig darin, den Nachweis zu erbringen, daß aus der Existenz externer Effekte nicht automatisch die Notwendigkeit staatlichen Handelns folgt, sondern die beteiligten Wirtschaftssubjekte aus sich heraus in der Lage sind, zu einer effizienten Lösung zu gelangen.

Seine grundlegende Idee, die letztlich zu dem nach ihm benannten Theorem
führt, läßt sich relativ leicht anhand eines Beispiels verdeutlichen, das auch
COASE selbst benutzt. Nehmen wir an, die Gebiete eines Farmers und eines Vieh-
züchters grenzen direkt aneinander und sind nicht durch einen Zaun getrennt. Da
Kühe sich selten freiwillig an solche Gebietsaufteilungen halten, entsteht dem
Farmer durch streunendes Vieh ein Verlust in Form von Ernteeinbußen. Ober-
flächlich betrachtet ist offensichtlich der Viehzüchter Verursacher eines externen
Effekts. Auf den ersten Blick ist damit jedoch kein ernstzunehmendes Problem
verbunden, denn es scheint vollkommen klar zu sein, daß der Viehzüchter dem
Farmer einen Schaden zufügt und daß er für diesen Schaden aufkommen muß.
Und in der Tat, bei Gültigkeit des Verursacherprinzips wird der externe Effekt in
Form von Schadenersatzleistungen ausgeglichen. Die einzige Voraussetzung dafür ist, daß das Eigentumsrecht des Farmers eindeutig definiert ist und der Staat
die Voraussetzungen dafür schafft, daß dieses Recht auch durchgesetzt werden
kann. Aber ist mit einer solchen Haftungsregel auch die Voraussetzung dafür geschaffen, daß es zu einer *effizienten* Berücksichtigung der Externalität kommt?

Die erste wichtige Einsicht, die COASE in seinem Aufsatz vermittelt, besteht
darin, daß das Verursacherprinzip bzw. die Zuweisung des Eigentumsrechtes an
den „Geschädigten" keineswegs die einzig mögliche und auch nicht die einzig
legitime Ausgestaltung des Eigentumsrechtssystems ist. Das Problem externer
Effekte, so das entscheidende Argument, sei *wechselseitiger* bzw. *reziproker* Natur. Wenn der Viehzüchter gezwungen wird, den Farmer zu entschädigen oder
die Kosten für einen Weidezaun zu übernehmen, so entsteht ihm dadurch ein
Nutzenverlust, und es ist nach COASE nicht einzusehen, warum dieser a priori geringer einzuschätzen ist als der Schaden, der dem Farmer entsteht. Dabei ist die
Frage der ethischen Bewertung vorläufig vollkommen ausgeklammert. Aus ökonomischer Perspektive geht es allein um den Vergleich der Nutzenverluste, die
bei unterschiedlichen Haftungsregeln demjenigen auferlegt werden, der für den
entstandenen Schaden aufkommen muß. In einer Situation, in der ein Individuum
A einem anderen Individuum B durch eine beliebige Aktivität externe Kosten
auferlegt, lautet demnach die ökonomisch relevante Frage nicht, wie A von seiner
Handlung abgehalten werden kann, sondern:

> *"The real question that has to be decided is: should A be allowed to
> harm B or should B be allowed to harm A?"*[6]

---

[6]   COASE (1960), S.2.

Haftungsregeln sind unmittelbar mit Eigentumsrechten verbunden. Wenn dem Farmer das Eigentumsrecht an dem von ihm bewirtschafteten Land zuerkannt wird, so leitet sich daraus direkt ein Haftungsanspruch gegenüber dem Viehzüchter ab. Gehört umgekehrt das Land dem Viehzüchter, so kann er für den Schaden, den seine Kühe anrichten, nicht verantwortlich gemacht werden, und dem Farmer bleibt nur die Möglichkeit, seinerseits den Viehzüchter zu entschädigen, wenn er von ihm verlangt, einen Zaun zu ziehen. Der entscheidende Punkt ist nun, daß es aus effizienztheoretischer Sicht überhaupt nicht darauf ankommt, *wie* die Eigentumsrechte gestaltet sind. Wichtig ist nur, *daß* Eigentumsrechte definiert sind. Das Coase-Theorem besagt nämlich, daß es immer dann, wenn ein vollständiges System „einklagbarer" Eigentumsrechte existiert, durch direkte Verhandlungen der beteiligten Parteien möglich ist, eine effiziente Internalisierung des externen Effektes zu erreichen. Auf das Beispiel angewendet bedeutet dies: Egal, ob dem Farmer oder dem Viehzüchter das Ackerland gehört, die durch das streunende Vieh entstehenden Kosten werden bei Verhandlungen Berücksichtigung finden; entweder in Form von Schadenersatzleistungen an den Farmer oder in Form von Kompensationszahlungen an den Viehzüchter.

Die Bedeutung dieses Theorems dürfte vor dem geschilderten dogmengeschichtlichen Hintergrund klar sein. Wenn es wirklich Gültigkeit besitzt, dann folgt aus der Existenz externer Effekte keineswegs mehr die Notwendigkeit staatlicher Intervention. Vielmehr hat der Staat allein noch dafür zu sorgen, daß ein funktionierendes System von Eigentumsrechten und Institutionen zu deren „Überwachung" existiert. Er setzt gewissermaßen nur noch den juristischen Rahmen, innerhalb dessen die Individuen durch frei geführte Verhandlungen dann zu effizienten Lösungen gelangen. Brauchen wir uns also um die Berücksichtigung externer Effekte gar nicht so große Sorgen zu machen? Können wir dem Staat getrost die Eingriffserlaubnis im Falle von Externalitäten entziehen, ihn gewissermaßen auf „Nachtwächterstaat"-Format zurechtstutzen? Für alle die, die gegenüber staatlichen Institutionen ein gewisses Mißtrauen hegen, fürwahr ein verlockender Gedanke. Allerdings: Die Gültigkeit des Coase-Theorems ist Voraussetzung für solche Schlußfolgerungen, und die Frage, ob und vor allem wann es gilt, bedarf noch einer näheren Betrachtung.

Bereits COASE hat eingeräumt, daß sein Theorem nur unter einer auf den ersten Blick sehr restriktiven Bedingung gilt. Es wird nämlich vorausgesetzt, daß Verhandlungen ohne Transaktionskosten durchgeführt werden können. Um die Bedeutung dieser Voraussetzung richtig einschätzen zu können, muß man folgende Implikation des Ansatzes von COASE berücksichtigen: Der Hinweis auf die

Bedeutung von Eigentumsrechten wirkt über den Bereich externer Effekte hinaus. Aus der Sicht des sogenannten Property-Rights-Ansatzes, dessen Grundlagen COASE in der gleichen Arbeit legt, in der er auch sein Theorem entwickelt, erscheinen Tauschvorgänge grundsätzlich als ein Handel mit *Rechtskomponenten*. Wenn wir ein Paar Schuhe kaufen, erwerben wir in Wahrheit nicht das Gut „Schuhe", sondern das Gut „Eigentumsrecht an einem Paar Schuhe". Unter Transaktionkosten versteht man nun alle Kosten, die im Zusammenhang mit dem Tausch von Eigentumsrechten auftreten können, und dazu zählen die direkten Kosten von Verhandlungen ebenso wie die der Spezifizierung, Durchsetzung und Überwachung von „exklusiven Verfügungsrechten". Es dürfte leicht einzusehen sein, daß die Internalisierung externer Effekte sehr schnell an zu hohen Transaktionkosten scheitern kann, denn eine Verhandlungslösung wird natürlich nur dann erreicht werden, wenn die Transaktionskosten geringer sind als die durch Verhandlungen realisierbaren Nutzengewinne. Dieser Punkt gewinnt vor allem dann an Bedeutung, wenn größere Gruppen von Individuen durch Externalitäten betroffen sind bzw. zu den Verursachern gehören. Daß die Verhandlungskosten mit der Zahl der Verhandlungspartner sehr stark wachsen, dürfte unmittelbar einleuchten.

Folgt aus diesem Umstand aber nicht, daß das Coase-Theorem nur für einen unrealistischen Extremfall gilt (nämlich den ohne Transaktionskosten) und also keine *relevante* Lösung des Externalitätenproblems anzubieten hat? Diese Schlußfolgerung wäre möglich, aber sie ist nicht zwingend. Aus der Existenz von Transaktionskosten folgt nicht unmittelbar die Rückkehr zur Pigouschen Sichtweise und dem damit verbundenen Ruf nach staatlichem Handeln. Im Gegenteil, die Vertreter der Chicagoer Schule würden eine solche Konsequenz weit von sich weisen. Sie würden vielmehr folgendermaßen argumentieren: Wenn es wegen zu hoher Transaktionkosten zu keiner Internalisierung externer Effekte kommt, dann ist das lediglich ein Zeichen dafür, daß eine Berücksichtigung der externen (oder sozialen) Kosten gesamtwirtschaftlich nicht wünschenswert ist, weil eben die Nutzengewinne, die dabei erzielt werden könnten, geringer sind als die damit verbundenen (Transaktions-) Kosten. Akzeptiert man diese Sicht, so sind externe Effekte nicht länger ein Zeichen für die Ineffizienz einer Allokation, sondern signalisieren, daß unter dem gegebenen Eigentumsrechtssystem eine Internalisierung keine Pareto-superiore Verbesserung des Allokationsergebnisses bedeuten würde.

Es ist nicht einfach, aus den Ansätzen der „Chicago-School" die „richtigen" Lehren zu ziehen. Mehrere Schlußfolgerungen sind möglich. In Chicago würde man wohl der folgenden zustimmen: Existieren externe Effekte, so sind zwei

Möglichkeiten denkbar. Erstens: Durch Verhandlungen zwischen Verursacher und Geschädigtem lassen sich Nutzengewinne realisieren, die größer sind als die dabei auftretenden Transaktionskosten. In einem solchen Fall werden Verhandlungen stattfinden, und es kommt zu einer Pareto-effizienten Internalisierung der Externalität auch ohne staatlichen Eingriff. Zweitens: Kommt es zu keiner freiwilligen Übereinkunft zwischen Verursacher und Geschädigten, so zeigt dies, daß die Nutzengewinne einer Internalisierung geringer sind als die Transaktionskosten und folglich die Berücksichtigung der externen Kosten nicht effizient sein kann. Staatliches Eingreifen kann auch in diesem Fall nicht erwünscht sein, denn es hätte notwendig Effizienzeinbußen zur Folge. Folgt man dieser Argumentation, so ist staatlichem Handeln damit jeglicher Spielraum genommen.

Eine andere Schlußfolgerung ist weniger radikal: Der mit dem Coase-Theorem verbundene Erkenntnisgewinn besteht demnach vor allem darin, daß man bei der Beurteilung von Allokations*ergebnissen* auch die Kosten berücksichtigen muß, die der jeweilige Allokations*mechanismus* bzw. das institutionelle Arrangement, in dem Tauschvorgänge ablaufen, verursacht. Ein solcher Institutionenvergleich erlaubt staatliches Handeln immerhin für den Fall, daß durch den Eingriff zentraler, staatlicher Planer nachweislich die Transaktionskosten so weit gesenkt werden, daß eine Internalisierung von Externalitäten zu einem Effizienzgewinn führt. Allerdings haben auch bei dieser Interpretation das Coase-Theorem bzw. der Transaktionskostenansatz eher die Tendenz, externe Effekte, die nicht durch freiwillige Vereinbarungen internalisiert werden, in ihrem Bestand zu konservieren, denn staatliche Maßnahmen sind eben unter den *Vorbehalt* gestellt, nachzuweisen, daß durch sie die Effizienzsteigerung möglich ist, die den „Privaten" auf Grund zu hoher Transaktionskosten nicht gelingt. Kritiker sprechen in diesem Zusammenhang von einer Zementierung des Status quo, etwa nach dem Motto: So wie die Dinge sind, müssen sie effizient sein, denn wären sie es nicht, würden sich private Akteure finden, die die möglichen Effizienzgewinne für sich ausnutzen.

Bedeutet das nun, daß wir das Phänomen externer Effekte, das wir tagtäglich beobachten, als unabänderbar akzeptieren müssen? Folgt aus dem Transaktionskostenkonzept nicht zwingend, daß jede Umweltschutzmaßnahme, die nicht ohnehin von den beteiligten Produzenten und Konsumenten durchgeführt wird, abgelehnt werden muß, weil sie offensichtlich ineffizient wäre? Schlußfolgerungen dieser Art können nur dann gezogen werden, wenn das Coase-Theorem, so wie es in seiner ursprünglichen Form formuliert wurde, *richtig* ist. Lange Zeit schien daran kein Zweifel zu bestehen, und erst in den letzten Jahren hat sich die Diskussion in eine Richtung entwickelt, die das Coase-Theorem in einem anderen Licht erscheinen läßt.

## 1.3.2 Die spieltheoretische Fassung

Das Coase-Theorem sagt uns etwas über den Ausgang von Verhandlungen zwischen zwei Individuen. Genauer gesagt enthält es zwei Aussagen in bezug auf eine Situation, in der eine Externalität Ursache für Ineffizienz ist:

— Wenn Verursacher und Geschädigter über ein für beide vorteilhaftes Abkommen verhandeln, dann werden sie ein ökonomisch effizientes Verhandlungsergebnis erzielen, und
— eine Veränderung der Eigentumsrechte oder Haftungsregeln mag zwar die *Verteilung* tangieren, ändert aber an der *Effizienz* des Verhandlungsergebnisses nichts.

COASE hat diese Aussage nicht in Form einer empirisch überprüfbaren *Hypothese*, als eine Behauptung über die Realität formuliert, sondern als ein *Theorem*! Genaugenommen handelt es sich jedoch weder um eine Hypothese noch um ein Theorem, sondern schlicht um eine Behauptung, deren Beweis noch aussteht. COASE argumentiert ausschließlich anhand von Beispielen, liefert also keinen formalen Beweis und macht nur einen Teil der Voraussetzungen, unter denen seine Behauptung gilt, explizit (Eigentumsrechte müssen definiert und kostenlos durchsetzbar sein, es treten keine Transaktionskosten auf). Implizit werden noch mindestens zwei weitere Voraussetzungen gemacht: Beide Akteure sind vollständig informiert, und sie streben eine für beide Seiten vorteilhafte Vereinbarung an. Daß diese letztgenannten Voraussetzungen tatsächlich benötigt werden, wird deutlich, wenn man das Coase-"Theorem" mit den Mitteln der Spieltheorie zu formulieren versucht. COASE selbst hat sich dieser Mittel nicht bedient, und so war es anderen vorbehalten, durch eine rigorose spieltheoretische Beweisführung die Behauptung von COASE in den „Rang" eines Theorems zu erheben.

Wie wir noch sehen werden, hat diese „rigorose" Behandlung jedoch nicht nur den Beweis des Theorems gebracht, sie hat auch dazu geführt, daß das Coase-Theorem einiges von seiner Bedeutung einbüßen mußte. Allerdings hat es erstaunlich lange gedauert, bis es zu einer befriedigenden spieltheoretischen Klärung des gesamten Komplexes gekommen ist, und obwohl diese heute vorliegt, hat sie bisher kaum in die jenseits der Spieltheorie geführte Diskussion um Externalitäten Eingang gefunden.

Die Theorie der Spiele [7] behandelt Situationen, in denen sich einzelne Akteure strategisch verhalten können, indem sie, ähnlich wie bei einem Gesellschaftsspiel, aufeinanderfolgende Züge derart ausführen, daß sie bei jedem Zug aus einer gegebenen Menge von möglichen Zügen auswählen. Dabei berücksichtigen sie die jeweiligen Gegenzüge des oder der Mitspieler ebenso wie zufällige Ereignisse. Die Anwendung dieser Theorie auf ökonomische Zusammenhänge geht auf grundlegende Arbeiten von VON NEUMANN und MORGENSTERN (1944) sowie NASH (1950, 1951) zurück. Insbesondere die Arbeiten von NASH haben lange Zeit für eine Dichotomisierung der Spieltheorie gesorgt, die erst in den letzten Jahren von einer neueren einheitlicheren Sichtweise abgelöst wurde. Diese Dichotomie bestand in der mehr oder weniger strikten Unterscheidung zwischen kooperativer und nichtkooperativer Spieltheorie. Der entscheidende Unterschied zwischen den beiden bestand darin, daß im kooperativen Fall die Spieler untereinander bindende Absprachen treffen konnten, während bei nichtkooperativen Spielen diese Möglichkeit ausgeschlossen war. Aus heutiger Perspektive trifft diese Form der Charakterisierung der beiden Zweige nicht mehr ganz zu, denn vielfach werden mehrstufige nichtkooperative Spiele betrachtet, in denen sich die Spieler u. a. auch für Strategien entscheiden können, bei denen sie sich einer Selbstbindung unterwerfen und dadurch bindende Kontrakte zustande kommen.

Bleiben wir jedoch zunächst bei der herkömmlichen Differenzierung, so ist klar, daß COASE implizit ein kooperatives Spiel unterstellt. Um die Vorstellung konkreter zu machen, sei noch einmal unser Beispiel aus Abschnitt 1.2.3 bemüht. Man stelle sich vor, der Besitzer der Papierfabrik und der Inhaber der Fischzucht säßen zusammen in einem Raum und berieten sich über das für beide beste Ausmaß der Abwasserbelastung des Flusses. Die Bedingung (8') definiert uns die Menge aller Pareto-effizienten Produktionspläne. Die Intuition, die hinter dem Coase-Theorem steht, besagt nun: Wenn beide Unternehmer vollständig informiert sind, dann werden sie sich auf einen Produktionsplan einigen, der (8') erfüllt, denn bei jeder anderen Verabredung bestünde ja die Möglichkeit, daß einer der beiden Verhandlungspartner besser gestellt wird, ohne daß sich der andere verschlechtert. M.a.W., es scheint plausibel, daß die beiden erst dann den Raum

---

[7]  Da wir uns im folgenden immer wieder spieltheoretischer Konzepte bedienen werden, sei dem Leser, der mit den Grundlagen der Spieltheorie nicht vertraut ist, die Vorablektüre des Anhanges I empfohlen.

verlassen werden, wenn sie einen bindenden Vertrag unterschrieben haben, der einen Produktionsplan vorsieht, der (8') erfüllt.

So überzeugend diese Intuition auf den ersten Blick erscheint, so wenig hält sie einer näheren Überprüfung stand. Man muß sich dazu klarmachen, daß kooperative Spieltheorie nicht heißt, daß sich Individuen kooperativ im Sinne unseres Alltagsverständnisses verhalten. Die an den Verhandlungen Beteiligten haben nicht die Gesamtwohlfahrt oder den Gesamtgewinn im Auge, sondern ausschließlich ihren privaten Vorteil. Sowohl der Papierunternehmer als auch der Fischzüchter werden deshalb nur dann einer Pareto-effizienten Lösung zustimmen, wenn diese in ihrem jeweiligen Eigeninteresse liegt. A priori ist dabei keineswegs sicher, daß einer der Verhandlungspartner nicht versuchen wird, einen Vertrag zu schließen, der zwar keine effiziente Produktionsplanung vorsieht, ihn aber dennoch besser stellt als eine Vereinbarung, die (8') erfüllt, und es ist ebenfalls keineswegs sicher, daß ein solcher Versuch nicht auch erfolgreich sein könnte. Um solche ineffizienten Verhandlungsresultate ausschließen zu können, müßte die Theorie den Verhandlungsvorgang beschreiben. Genau hier liegt aber die Schwäche der kooperativen Spieltheorie, denn wie die Verhandlungspartner letztlich zu einer Einigung gelangen, wird durch sie nicht thematisiert.

URS SCHWEIZER (1988) hat auf ein weiteres Problem aufmerksam gemacht, das entsteht, wenn das Coase-Theorem mit Mitteln der kooperativen Spieltheorie illustriert wird. Sobald Transaktionskosten ins Spiel kommen, die so hoch sind, daß bindende Verträge aus Kostengründen nicht mehr vereinbart werden können, ist man gezwungen, vom kooperativen zu einem nichtkooperativen Konzept überzugehen. Das bedeutet jedoch, daß ein und dasselbe Theorem mit zwei verschiedenen Lösungskonzepten zu behandeln ist. Abgesehen davon, daß damit eine befriedigende theoretische Klärung der Gültigkeit dieses Theorems nicht mehr gegeben ist, stellt sich natürlich die Frage, welches Konzept angewendet werden soll, wenn mittlere Transaktionskosten vorliegen.

Aus diesen Überlegungen lassen sich folgende Forderungen an eine spieltheoretische Analyse des Coase-Theorems ableiten: Sie sollte erstens zeigen, *wie* die Verhandlungspartner zu einer Einigung gelangen, und sie sollte sich zweitens dabei eines einheitlichen Konzepts bedienen, das unabhängig von der Höhe der Transaktionkosten ist. Daß diese Forderungen mittlerweile erfüllbar sind (und auch erfüllt wurden), hängt mit der Entwicklung zusammen, die die Spieltheorie in den letzten 15 Jahren genommen hat. Ganz allgemein hat sich nämlich die Erkenntnis durchgesetzt, daß die kooperative Spieltheorie die zentrale Frage, wie effiziente Verhandlungslösungen erreicht werden, unbeantwortet läßt. Diese Frage ist deshalb von solcher Bedeutung, weil ihre Beantwortung Voraussetzung dafür ist, Aussagen darüber abzuleiten, *ob* effiziente Lösungen bei rationalem Verhalten (also Verhalten im Eigeninteresse) auch tatsächlich erreicht werden können. Was nützt die Erkenntnis der kooperativen Spieltheorie, daß effiziente Verhandlungsresultate existieren, wenn nicht klar ist, ob eigennützige Spieler sich überhaupt auf ein solches Resultat einigen können? Die Konsequenz aus dieser Einsicht war, daß man der nichtkooperativen Spieltheorie erheblich mehr Bedeutung zumaß und insbesondere versuchte, kooperative Spielsituationen auf nichtkooperative zurückzuführen. Dazu bedurfte es eines neuen Instrumentariums, das es ermöglichte, freiwillige Vertragsangebote, also Kooperation, in nichtkooperative Spiele als mögliche Strategie zu integrieren. Mit dem sogenannten Konzept „teilspielperfekter Gleichgewichte" stellte REINHARD SELTEN (1975) ein solches Instrumentarium vor, und mit dessen Hilfe gelang es in der Folgezeit, Verhandlungssituationen, die bis dahin durch kooperative Ansätze charakterisiert wurden, mit Mitteln der nichtkooperativen Spieltheorie zu analysieren. Damit eröffnet sich natürlich zugleich die Möglichkeit, das Coase-Theorem einer genaueren Untersuchung zu unterziehen, die über die aus der kooperativen Spieltheorie gewonnene Intuition hinausgeht.

Um das Analyseverfahren der nichtkooperativen Spieltheorie zu verdeutlichen, kehren wir noch einmal zu unserem Beispiel zurück. Die Situation der beiden Verhandlungspartner sei dabei allerdings durch eine etwas vereinfachte Notation wiedergegeben, die sich weitgehend an die Darstellung bei SCHWEIZER (1988) anlehnt. Es seien

$$P = A(x) \quad \text{und} \quad F = B(y) - S(x, y) \tag{15}$$

die Auszahlungsfunktionen der Papierfabrik P bzw. der Fischzucht F. A und B sind dabei Gewinnfunktionen *ohne* externen Effekt, die allein von den jeweiligen Faktoreinsätzen x, y abhängen. Die Externalität wird durch S(x, y) beschrieben, wobei (15) die Situation charakterisiert, in der der Fischzüchter die Kosten der Flußverschmutzung tragen muß. Dies entspricht einem institutionellen Arrangement, in dem P keine Haftung für den von ihm verursachten Schaden zu übernehmen hat oder das alleinige Eigentumsrecht an dem Fluß besitzt. Wir können (15) als die *Normalform* eines Spiels begreifen, bei dem die beiden Spieler durch Wahl einer optimalen Strategie (x bzw. y) ihre Auszahlungen maximieren wollen. Die Regeln für dieses Spiel können nun unterschiedlich gestaltet werden. Bei einem einstufigen, nichtkooperativen Spiel würden sie beinhalten, daß beide unabhängig voneinander und ohne Absprachen zu treffen ihre Strategie wählen. In einem solchen Fall bestünde zwischen P und F ein wesentlicher Unterschied. P verfügt nämlich über eine sogenannte *dominante Strategie*, denn er kann seinen optimalen Faktoreinsatz unabhängig davon bestimmen, was F tut. Egal wie F sich verhält, für P ist es immer optimal, x so zu wählen, daß

$$A_x\left(x^N\right) = 0.^8 \tag{16.1}$$

F ist hingegen in seiner Strategiewahl nicht unabhängig von P. Seine optimale Strategie ist vielmehr gegeben durch

$$B_y\left(y^N\right) - S_y\left(x^N, y^N\right) = 0. \tag{16.2}$$

Die Gleichungen (16.1) und (16.2) bzw. die Strategien $x^N$, $y^N$ sind ein *Nash-Gleichgewicht* für das durch (15) definierte Spiel. Als Nash-Gleichgewicht bezeichnet man nämlich eine Situation, in der sich keiner der Spieler durch Änderung seiner Strategie verbessern kann, weil für jeden Spieler gilt, daß seine Strategie die beste Antwort auf die Strategie des Gegenspielers ist[9]. Daß dieses Gleichgewicht nicht effizient ist, wird deutlich, wenn wir uns die notwendige Bedingung für ein Maximum der Gesamtauszahlung ansehen:

$$A_x\left(x^E\right) - S_x\left(x^E, y^E\right) = 0 \tag{17.1}$$

$$B_y\left(y^E\right) - S_y\left(x^E, y^E\right) = 0. \tag{17.2}$$

Bis jetzt reproduziert unsere spieltheoretische Betrachtung die Ergebnisse, die wir in Abschnitt 1.2.3 erzielt haben. (16.1,2) ist analog zu (4) bzw. (6), und (17) entspricht Bedingung (8). Das kann nicht weiter überraschen, denn bisher haben wir noch keinerlei Verhandlung zwischen P und F modelliert. Bevor wir dies tun, wollen wir uns kurz klarmachen, daß die Einführung einer strikten Haftung des Papierfabrikanten für die von ihm verursachten Schäden nicht zu einer effizienten Lösung führt. Die Normalform des entsprechenden Spiels hat die Gestalt:

---

[8] $A_x$ bezeichnet die Ableitung von A(x) nach x, es wird unterstellt, daß (16.1) notwendig und hinreichend für ein Maximum von A(x) ist. $x^N$ und $y^N$ bezeichnen die optimalen Strategien in dem betrachteten Spiel.

[9] Dabei wird vorausgesetzt, daß jeder Spieler davon ausgeht, daß der Gegenspieler seine Strategie im Gleichgewicht nicht ändert (Nash-Verhalten).

$$P = A(x) - S(x,y); \quad F = B(y).$$

Die Nash-gleichgewichtigen Strategien dieses Spiels $x^H$, $y^H$ berechnen sich aus den notwendigen Bedingungen

$$A_x\left(x^H\right) - S_x\left(x^H, y^H\right) = 0 \tag{16.3}$$

$$B_y\left(y^H\right) = 0. \tag{16.4}$$

Eine effiziente Lösung verlangt, daß beide Spieler die Auswirkungen der Flußverschmutzung berücksichtigen. In (16.1,2), also ohne Haftung von P, tut dies jedoch nur F. Nach Einführung der Haftung ist es allein P, der die Folgen der Emission beachtet, und das ist genausowenig effizient. Die Haftungsregel verändert die Verteilung des Schadens und unter Umständen auch dessen Höhe – ohne dabei Effizienz zu erzeugen. Der Vergleich von (16.1,2) mit (16.3,4) macht jedoch klar, warum COASE betont, daß externe Effekte reziproker Natur sind.

Wir werden nun Verhandlungen einführen, und zwar in Form eines mehrstufigen nichtkooperativen Spiels der folgenden extensiven Form: Auf der ersten Stufe schlägt der Fischzüchter dem Papierproduzenten einen Vertrag vor, in dem die Zahlung eines Betrags der Höhe Z als Gegenleistung dafür geboten wird, daß der Faktoreinsatz des Papierunternehmens (und damit natürlich die Flußverschmutzung) das Niveau X nicht übersteigt. Auf der zweiten Stufe kann das Papierunternehmen diesen Vertrag annehmen oder ablehnen. Im ersten Fall wird es den Faktoreinsatz X wählen, im zweiten Fall darüber hinausgehen und $x^N$ Faktormengen einsetzen. Auf der dritten Stufe wird schließlich der Fischzüchter seinen Faktoreinsatz entsprechend der von P auf der zweiten Stufe getroffenen Entscheidung optimal anpassen.

Das bereits erwähnte Konzept teilspielperfekter Gleichgewichte erlaubt nun, die Gleichgewichte eines solchen Spiels zu bestimmen. Der „Trick" besteht bei diesem Lösungskonzept darin, daß man gewissermaßen das Pferd von hinten aufzäumt, d. h., man beginnt mit der letzten Stufe. Auf dieser letzten Stufe wird F das y wählen, das $B(y) - S(x,y)$ maximiert, wobei diese Wahl natürlich davon abhängt, wie P sich auf der zweiten Stufe entschieden hat. Diese Entscheidung fällt zwischen $x^N$ und X, denn wenn P den Vertrag ablehnt, dann wird er $x^N$ wählen, weil dann $A(x^N)$ der für ihn maximal erreichbare Payoff ist. Formal sieht die Entscheidung, die P in Abhängigkeit von dem Vertragsvorschlag [X,Z] trifft, folgendermaßen aus:

$$x = x(X, Z) = X, \quad \text{wenn} \quad A\left(x^N\right) \leq A(X) + Z \qquad (18)$$

$$x = x(X, Z) = x^N, \quad \text{wenn} \quad A\left(x^N\right) > A(X) + Z. \qquad (19)$$

(18) impliziert, daß P den Vertrag auch dann akzeptieren wird, wenn dieser ihm den gleichen Payoff sichert, den er auch bei Ablehnung erhalten würde. Wie wird der Vertrag aussehen, den F vorschlägt? Es leuchtet sofort ein, daß der Fischzüchter eine Seitenzahlung in Höhe von

$$Z = A\left(x^N\right) - A(X) \qquad (20)$$

anbieten wird, denn er weiß, daß dann der Vertrag akzeptiert wird, während er bei jeder niedrigeren Zahlung abgelehnt würde. Offeriert F einen Vertrag, der (20) erfüllt, so beläuft sich seine Auszahlung auf

$$F = B(y(X)) - S(X, y(X)) - Z. \qquad (21)$$

Es ist klar, daß (21) dann maximal wird, wenn F den Vertrag [X,Z] mit

$$X = x^E; \quad Z = A\left(x^N\right) - A\left(x^E\right) \qquad (22)$$

anbietet, denn das Papierunternehmen realisiert in jedem Fall, mit oder ohne Vertrag, $P = A(x^N)$, so daß der Payoff von F dann maximal wird, wenn die Gesamtauszahlung ihr Maximum annimmt. Das teilspielperfekte Gleichgewicht des hier betrachteten Spiels ist also identisch mit der effizienten Faktorallokation $(x^E, y^E)$.

Was haben wir damit erreicht? Zunächst ist nun klar, daß es zur Behandlung des Coase-Theorems der kooperativen Spieltheorie nicht bedarf. Verhandlungslösungen lassen sich auch dann mit den Mitteln der nichtkooperativen Spieltheorie

nachweisen, wenn keine Transaktionskosten vorliegen. Weiterhin haben wir gezeigt, daß das Coase-Theorem tatsächlich ein *Theorem* ist, denn wir haben den
formalen Beweis erbracht, daß rationale Verhandlungspartner zu einer effizienten
Vereinbarung gelangen. Können wir also sagen, daß damit nachgewiesen ist, daß
die Vermutung von COASE richtig war? Genaugenommen können wir das nicht,
denn wir haben nur gezeigt, daß unter bestimmten *Bedingungen* Effizienz zu erwarten ist. Machen wir uns einmal klar, wie diese Bedingungen aussehen. Selbstverständlich dürfen keine Transaktionskosten vorliegen, d. h. den Vertrag anzubieten, zu akzeptieren und zu erfüllen darf keine Kosten verursachen. Zwar
könnte es auch bei positiven Transaktionskosten durchaus noch zu einer Vereinbarung kommen, vorausgesetzt diese Kosten sind hinreichend niedrig, aber das
Ergebnis wäre nicht mehr effizient.

Die Bedingung, daß keine Transaktionskosten vorliegen, kennen wir bereits
von COASE, aber es müssen auch noch andere Voraussetzungen erfüllt sein, an die
COASE anscheinend nicht gedacht hat. So muß gewährleistet sein, daß Verursacher und Geschädigter miteinander kommunizieren können, denn nur dann kann
es zu einem Vertragsvorschlag kommen. Das Spiel, das die beiden miteinander
spielen, muß nach Spielregeln ablaufen, die Kommunikation zulassen. Ist dagegen Kommunikation aus irgendwelchen Gründen nicht möglich, so wäre $(x^N, y^N)$
das Nash-Gleichgewicht des Spiels [10].

Neben der Möglichkeit freier Kommunikation geht bei dem hier vorgeführten
Beweis noch eine weitere, äußerst restriktive Bedingung ein: Beide Verhandlungspartner müssen vollständig informiert sein. Restriktiv ist diese Bedingung,
weil dabei eingeschlossen ist, daß jeder Spieler auch die Gewinnfunktion des anderen kennt. Das ist natürlich ein ausgesprochen starkes Informationserfordernis,
denn A(x) und B(y) sind natürlich nur P bzw. F bekannt. Kann man erwarten,
daß die Spieler diese „private" Information preisgeben? A priori kann man es sicherlich nicht, jedenfalls nicht in dem Sinne, daß sie ihre Gewinnfunktionen
wahrheitsgemäß mitteilen. Würde z.B. der Fischzüchter den Papierproduzenten
fragen, welchen Wert $A(x^N)$ annimmt (diese Information benötigt er, um sein Angebot Z bestimmen zu können), so wird er vermutlich keine ehrliche Antwort
erhalten, denn der Papierproduzent kann seinen Payoff dadurch steigern, daß er

---

[10]  Genaugenommen ist dies keine zusätzliche Voraussetzung, denn man kann fehlende Kommunikationsmöglichkeiten natürlich als unendlich hohe Transaktionskosten interpretieren. Insofern schließt die Voraussetzung fehlender Transaktionskosten bereits ein, daß Kommunikation möglich ist. Daß dieser Punkt hier gesondert aufgeführt wird hat vornehmlich *didaktische* Gründe, denn Transaktionskosten in Form von eingeschränkten Kommunikationsmöglichkeiten werden im folgenden eine wichtige Rolle spielen.

einen Wert angibt, der höher ist als der „wahre" Gewinn, den er beim Faktoreinsatz $x^N$ erwirtschaftet.

Unter den Spielregeln, die wir in unserem mehrstufigen Spiel festgelegt haben, führen freiwillige Verhandlungen also nur dann zu einem effizienten Ergebnis, wenn beide Spieler vollständig informiert sind. Sind sie es dagegen nicht,
d. h., kennen sie nur ihre eigene Bewertungsfunktion und nicht die des Verhandlungspartners, so ist unter den hier beschriebenen Regeln Effizienz kaum noch zu
erwarten. Das ist natürlich ein ernstzunehmendes Problem, denn es ist völlig klar,
daß in realen Situationen unvollständige Information der Normalfall sein dürfte.
Es stellt sich deshalb die Frage, ob überhaupt Spielregeln denkbar sind, bei denen
die Verhandlungsteilnehmer auch bei unvollständiger Information zu effizienten
Ergebnissen gelangen. Es leuchtet unmittelbar ein, daß es dazu notwendig ist, daß
die Individuen ihre wahren Bewertungen offenbaren. Die Spieltheorie hat sich
dieser Frage angenommen und im Rahmen der sogenannten „Theory of Incentives" (TI) untersucht, ob Verhandlungsprozeduren existieren, die zu effizienten
Resultaten führen und bei denen es für die Teilnehmer beste Strategie ist, die
Wahrheit zu sagen.

Die TI ist alles andere als eine leicht zugängliche Theorierichtung. Der formale Aufwand, der notwendig ist, um zu Aussagen auf diesem Gebiet zu gelangen, ist hoch. Da sich „Anreizfragen" außerdem in den verschiedensten Kontexten diskutieren lassen, ist die Literatur zu diesen Fragen recht unübersichtlich und
nur schwer strukturierbar. Andererseits kommt man um die Beschäftigung mit der
TI kaum herum, wenn man sich über die tatsächliche Gültigkeit des Coase-Theorems Klarheit verschaffen will. Wir werden uns daher einige wichtige Ergebnisse
dieser Theorie genauer ansehen, allerdings ohne auf die dahinterstehende Mathematik näher einzugehen[11].

Für unsere Analyse des Coase-Theorems ist zunächst eine Arbeit von MYERSON
und SATTERTHWAITE (1983) von Interesse, in der in einem sehr allgemeinen Kontext das Problem bilateraler Verhandlungen bei unvollständiger Information behandelt wird. Untersucht wird folgende Situation: Ein Verkäufer und ein Käufer
verhandeln über den Preis eines Gutes. Der Verkäufer bewertet das Gut mit $v_1$,
der Käufer mit $v_2$, und beide kennen die Bewertung des anderen nicht. Im Rahmen der TI untersucht man die Eigenschaften von sogenannten „Mechanismen"
oder „Anreizschemata", durch die der Verhandlungsprozeß charakterisiert ist [12].

---

[11] Eine Annäherung an den Formalismus, der mit der TI verbunden ist, wird im Anhang II versucht, in dem zwei Modelle explizit vorgestellt werden

[12] Aus diesem Grund spricht man im Zusammenhang mit der TI auch oft vom „mechanism design".

MYERSON und SATTERTHWAITE betrachten einen Mechanismus, mit dessen Hilfe
zwei Fragen beantwortet werden sollen, nämlich 1) ob das Gut überhaupt ver-
kauft wird und 2) zu welchem Preis. Der Verhandlungsvorgang läuft folgendermaßen ab: Käufer und Verkäufer berichten einem „Koordinator" oder „broker"
ihre Bewertungen $v_1$ und $v_2$ (die natürlich nicht der „Wahrheit" entsprechen müssen), und dieser entscheidet dann, ob es zu einem Verkauf kommt und zu welchem Preis. Formal läßt sich der dabei wirksame Mechanismus durch die Funktionen $p(v_1,v_2)$ und $x(v_1,v_2)$ beschreiben. Dabei bezeichnet $p(v_1,v_2)$ die Wahrscheinlichkeit dafür, daß es zu einem Handel kommt und $x(v_1,v_2)$ die gegebenenfalls zu leistende Zahlung des Käufers an den Verkäufer. An einen solchen Mechanismus lassen sich nun verschiedene Forderungen stellen:

*1) Anreizkompatibilität*

Der Mechanismus ist anreizkompatibel, wenn es sich für jeden Verhandlungsteilnehmer auszahlt, die Wahrheit zu sagen. Dabei muß man sich allerdings über die
genaue Bedeutung des Begriffs „auszahlen" klar sein. Mitunter wird gefordert,
daß wahrheitsgemäße Angabe der Bewertungen *dominante* Strategie sein muß, d.
h., ein Mechanismus ist nur dann anreizkompatibel, wenn es *immer* die beste
Strategie ist, die Wahrheit zu sagen, ganz gleich, was die Verhandlungspartner
tun. MYERSON und SATTERTHWAITE verwenden eine schwächere Forderung, die
darin besteht, daß wahrheitsgemäße Präferenzoffenbarung zu einem Bayes/Nash-
Gleichgewicht führt. Ein solches Gleichgewicht liegt vor, wenn die Verhandlungspartner unter der Voraussetzung, daß alle anderen nicht lügen, ihren erwarteten Nutzen gerade dann maximieren, wenn sie ihre wahre Bewertung preisgeben. Wir werden später noch sehen, daß der Unterschied zwischen beiden Kon-
zepten eine wichtige Rolle in der TI spielt.

*2) Individuelle Rationalität*

Ein Mechanismus ist individuell rational, wenn jeder Verhandlungteilnehmer ex
ante, d. h., solange er nur seine eigene Bewertung kennt, einen nicht negativen
Erwartungsnutzen bei Teilnahme am Verhandlungsprozeß errechnet. Rationale
Individuen werden in diesem Fall am Verhandlungsprozedere teilnehmen, weil
sie erwarten können, einen Vorteil daraus zu ziehen. Zu beachten ist allerdings,
daß damit nicht gesagt ist, daß jeder Teilnehmer auch tatsächlich ex post einen
Vorteil realisiert!

*3) Ex post-Effizienz*

Die Definition von ex post-Effizienz ist kontextabhängig. In dem konkreten Fall, den MYERSON und SATTERTHWAITE untersuchen, ist der durch p(·) und x(·) beschriebene Mechanismus offensichtlich dann effizient, wenn er dafür sorgt, daß *immer dann* und *nur dann*, wenn der Käufer das Gut höher bewertet als der Verkäufer, ein Handel zustande kommt. Formal muß ein ex post-effizienter Mechanismus die Bedingung erfüllen:

$$p(v_1, v_2) = 1, \text{ wenn } v_1 < v_2$$

$$p(v_1, v_2) = 0, \text{ wenn } v_1 > v_2 \qquad \text{(EP)}$$

MYERSON und SATTERTHWAITE haben nun überprüft, ob es einen Mechanismus gibt, bei dessen Anwendung alle drei Eigenschaften zugleich erfüllt sind, und ihr Resultat ist ebenso eindeutig wie destruktiv: Kein anreizkompatibler, individuell rationaler Verhandlungsmechanismus kann ex post-effizient sein.

Welche Bedeutung hat dieses Ergebnis für das Coase-Theorem? Zunächst muß betont werden, daß man das Theorem von MYERSON und SATTERTHWAITE direkt auf die Verhandlungssituation übertragen kann, in der sich unser Papierfabrikant und der Fischzüchter befinden. Wir brauchen dabei nur die Flußverschmutzung als das Gut zu begreifen, über dessen Verkauf P und F verhandeln. Das heißt: Wenn die beiden nur ihre jeweils eigene Bewertung der Flußverschmutzung kennen, dann ist bei direkten Verhandlungen zwischen ihnen nicht immer damit zu rechnen, daß sie ein effizientes Ergebnis erzielen.

Dem aufmerksamen Leser wird an dieser Stelle eine gewisse „Ungereimtheit" nicht entgangen sein. MYERSON und SATTERTHWAITE behandeln den Fall einer Verhandlung über ein *privates* Gut, also ein Gut, für das exklusive Verfügungsrechte existieren. Zwar können wir den Fall externer Effekte, so wie wir ihn bisher dargestellt haben, „passend" umdeuten, indem wir aus der Externalität gewissermassen ein privates Gut machen, aber eine einfache Erweiterung unseres Modells macht deutlich, daß dies nicht immer möglich ist. Nehmen wir an, das Wasser unseres Flusses käme bereits verschmutzt bei der Papierfabrik an. Der Verursacher für diese Verschmutzung sei aus irgendeinem Grund nicht zur Verantwortung zu ziehen. Wenn nun sowohl P als auch F auf sauberes Wasser angewiesen sind, so könnten sie darüber nachdenken, eine Kläranlage zu bauen, die beide mit selbigem versorgt. Eine solche Kläranlage wäre nun aber *kein* privates Gut, sondern ein *öffentliches*. Das typische Kennzeichen öffentlicher Güter ist, daß das *Ausschlußprinzip* nicht mehr funktioniert, d. h., daß exklusive Verfügungsrechte entweder nicht existieren oder nicht durchgesetzt werden können. Genau dies wäre im Falle der Kläranlage gegeben: Ist sie einmal gebaut, kann weder der Papierfabrikant noch der Fischzüchter von der Nutzung ausgeschlossen werden. Man kann sich leicht klarmachen, daß eine solche Konstellation für das Umweltproblem sehr viel charakteristischer ist, als die bisher betrachtete Situation, in der es genau *einen* Verursacher und *einen* Geschädigten gibt. Dies ist insofern ein wichtiger Punkt, als die von MYERSON und SATTERTHWAITE benutzte Bedingung (EP) für ex post-Effizienz im Fall eines öffentliches Gutes nicht mehr verwendet werden kann. Seien $v_1$, $v_2$ die Nutzen, die P und F aus einer Kläranlage ziehen würden, und seien C die Herstellungskosten für diese Anlage, dann ist ein Verhandlungsmechanismus ex post-effizient, wenn

$$p(v_1, v_2) = 1, \text{ wenn } \quad v_1 + v_2 > C$$

$$p(v_1, v_2) = 0, \text{ wenn } \quad v_1 + v_2 < C \qquad \text{(EÖ)}$$

Im Fall eines öffentlichen Gutes ist ex post-Effizienz also dann gegeben, wenn die Verhandlungen immer dann und nur dann zur Erstellung des Gutes führen, wenn die *Summe* der Nutzen größer ist als die Kosten für die Produktion des Gutes.

Auf den ersten Blick unterscheiden sich (EP) und (EÖ) erheblich voneinander, so daß es keineswegs klar zu sein scheint, daß das Resultat von MYERSON und SATTERTHWAITE auf bilaterale Verhandlungen über ein öffentliches Gut übertragen werden kann. Aber der aufmerksame Leser, dem dieser Punkt vielleicht aufgefallen sein mag, sei beruhigt. Erst kürzlich haben nämlich LINHART, RADNER und SATTERTHWAITE (1989) gezeigt, daß (EP) und (EÖ) *äquivalente Bedingungen* sind. Allerdings gilt das nur im Zwei-Personen-Fall! Sobald mehr als zwei Personen an den Verhandlungen beteiligt sind, gilt diese Äquivalenz nicht mehr!

Dieser letzte Punkt führt uns zu einer interessanten Frage: Was geschieht eigentlich, wenn wir die Anzahl der Verhandlungsteilnehmer erhöhen? Eine durchaus wichtige Frage, denn gerade in bezug auf Umweltprobleme ist der Zwei-Personen-Fall eher die Ausnahme. Bei Verhandlungen um den Kauf bzw. Verkauf eines *privaten* Gutes erweist sich eine größere Anzahl von Verhandlungsteilnehmern als durchaus „segensreich". GRESIK und SATTERTHWAITE (1989) haben nämlich gezeigt, daß mit wachsender Anzahl die Verhandlungsergebnisse gegen die effiziente Lösung konvergieren. Aber wie gesagt: Sobald mehr als zwei Personen verhandeln, sind die Effizienzbedingungen (EP) und (EÖ) nicht mehr äquivalent, und deshalb kann dieses Resultat auch nicht auf den Fall öffentlicher Güter unmittelbar übertragen werden. Aber vielleicht erhalten wir wenigstens ein ähnliches Ergebnis für diesen Fall?!

RAFAEL ROB (1989) ist dieser Frage nachgegangen[13]. In seinem Modell verursacht ein Unternehmen (z. B. unsere Papierfabrik) durch die Realisierung eines bestimmten Projektes einen externen Schaden bei n Personen (z. B. den Anwohnern des Flusses). Die Höhe des individuell erlittenen Schadens kennt allerdings nur jeder einzelne Anwohner. ROB führt einen Mechanismus ein, bei dem das Unternehmen den Anwohnern Entschädigungen in Höhe von $x = (x_1,...,x_n)$ zahlt. Das Projekt wird nur dann realisiert, wenn alle Anwohner zustimmen (also mindestens in Höhe ihres wahren Schadens entschädigt werden). Wird das Projekt durchgeführt, erzielt es einen Gewinn R. Der Mechanismus ist entsprechend (EÖ) offensichtlich dann ex post-effizient, wenn das Projekt dann und nur dann realisiert wird, wenn R größer ist als die Summe der individuellen Schäden. Auch an diesen Mechanismus lassen sich nun die bereits bekannten Forderungen stellen: Anreizkompatibilität ist dann gegeben, wenn es für die Anwohner beste Strategie ist, dem Unternehmen ihre wahre Schadenshöhe zu berichten, und der Mechanismus ist individuell rational, wenn der erwartete Nutzen jedes Anwohners bei Teilnahme an dem Verhandlungsprozeß nicht negativ werden kann.

ROBS Resultate bestätigen das Ergebnis von MYERSON und SATTERTHWAITE nicht nur, sie verschärfen es sogar in gewisser Hinsicht. Zunächst stellt ROB fest, daß es in der Tat keinen Mechanismus gibt, der mit Sicherheit zu einer effizienten Entscheidung führt, d. h., mit einer gewissen Wahrscheinlichkeit wird das Projekt realisiert, obwohl R kleiner ist als die Summe der Einzelschäden, oder das Projekt wird abgelehnt, obwohl der Gewinn daraus größer wäre als der entstehende Gesamtschaden. Die Verschärfung des MYERSON-SATTERTHWAITE-Resultats besteht darin, daß ROB nachweisen kann, daß die Wahrscheinlichkeit für eine *effiziente* Entscheidung um so kleiner ist, je größer die Anzahl der Geschädigten wird. Und nicht nur das, anhand eines numerischen Beispiels macht er klar, daß bereits für kleine n $(10 < n < 20)$ diese Wahrscheinlichkeit nahe bei Null liegt.

---

[13] In Anhang II ist das Modell ROB'S ausführlich dargestellt.

M.a.W., die Chance, daß Verhandlungen zwischen Verursacher und Geschädig-
ten zu effizienten Resultaten führen, ist selbst dann äußerst gering, wenn die
Gruppe der Geschädigten relativ klein ist. Im Fall des öffentlichen Gutes hat die
Erhöhung der Anzahl der Verhandlungsteilnehmer also den genau gegenteiligen
Effekt wie im Fall eines privaten Gutes. Anstatt daß sie uns der Effizienz nähert,
vergrößert sie die Wahrscheinlichkeit für Ineffizienz!

Das Coase-Theorem behauptet, daß externe Effekte keine staatlichen Eingriffe
erforderlich machen, sondern durch freiwillige Verhandlungen Effizienz erreicht
werden kann. Unsere Überlegungen haben gezeigt, daß dies jedoch offensichtlich
nur für den sehr unrealistischen Fall zutrifft, in dem (1) keine Transaktionskosten
vorliegen, (2) Individuen frei kommunizieren können und (3) vollständige Information herrscht. Die Ergebnisse der TI zeigen, daß selbst dann, wenn kostenlose
Verhandlungen möglich sind, kaum mit effizienten Resultaten gerechnet werden
kann. Der Grund dafür ist letztlich darin zu sehen, daß die Individuen den Umstand, daß sie exklusive Informationen besitzen, *strategisch* ausnutzen können.
Die spieltheoretische Analyse hat damit gezeigt, daß das Coase-Theorem zwar
tatsächlich ein „Theorem" ist, aber eines, das nur für einen äußerst unwahr-
scheinlichen Spezialfall gilt.

Es ist in gewisser Weise erstaunlich, daß dieses Ergebnis bisher kaum zur
Kenntnis genommen wurde. Auch in neueren Veröffentlichungen wird das Coase-Theorem zumeist nur im Zusammenhang mit dem Transaktionskostenproblem
diskutiert. Dies muß um so mehr verwundern, macht man sich klar, welche Bedeutung dieses Resultat im Hinblick auf die eingangs geschilderte Pigou-Coase-
Kontroverse hat. Wie groß diese Bedeutung tatsächlich ist, hat FARRELL (1987)
deutlich gemacht, als er auf folgenden Punkt hinwies:

Bei der Auseinandersetzung um die Frage, wie externe Effekte am besten internalisiert werden können, geht es im Kern darum, ob dezentralen oder zentralen
Lösungen der Vorzug gegeben werden soll. Die Pigou-Steuer steht dabei für die
zentrale, die Verhandlungslösung für die dezentrale Variante. Viele Ökonomen,
und vor allem die Vertreter der Chicago-School, halten dezentrale Allokationsmechanismen grundsätzlich für überlegen und begründen dieses Urteil u. a. mit
einem Argument, das VON HAYEK bereits 1945 unterbreitet hat. Ausgangspunkt
dieses Arguments ist die Annahme, daß Allokationsmechanismen um so besser
funktionieren, je mehr Informationen sie nutzen. Um die Zuteilung von Ressourcen und Gütern effizient zu gestalten, muß bekannt sein, an welcher Stelle sie
ihre größte Produktivität entfalten oder den größten Nutzen stiften. Diese Information liegt jedoch niemals in konzentrierter Form vor, sondern ist „verstreut" in

Form von dezentraler, privater Information. Der Vorteil dezentraler Allokationsmechanismen besteht darin, daß bei ihnen die Entscheidung über die Verwendung von Ressourcen und Gütern denjenigen überlassen bleibt, die im Besitz dieser Informationen sind und die sie daher nutzen können. Ein zentraler Planer wäre niemals in der Lage, die ungeheure Menge von Informationen zu bewältigen,
die bei all den Produktions- und Konsumentscheidungen innerhalb einer Ökonomie relevant sind – ganz abgesehen davon, daß er vermutlich bereits bei dem
Versuch scheitern würde, überhaupt erst in den Besitz dieser Information zu gelangen. Die Überlegenheit dezentraler Entscheidungen leitet sich also unmittelbar
aus der Existenz privater Information ab. Die Überlegungen zum Coase-Theorem
haben nun aber gezeigt, daß dezentrale Verhandlungen *gerade dann* nicht zur
effizienten Internalisierung externer Effekte führen, *wenn* private Information
existiert! Das aber bedeutet, daß die Hayeksche Argumentation nicht auf den Fall
externer Effekte übertragbar ist. Das, was im Fall von Tauschvorgängen, bei denen keine Externalitäten entstehen, *für* Dezentralisation spricht, wird dann, wenn
externe Effekte auftreten, plötzlich zum Argument *gegen* dezentrale Verhandlung. Der Grund für diese Umkehrung liegt darin, daß es sich im Falle externer
Effekte auszahlen kann, private Information nicht oder nicht wahrheitsgemäß
preiszugeben, während es sich bei „normalen" Tauschvorgängen zumeist als
vorteilhaft erweist, sich gemäß der wahren Gegebenheiten zu verhalten[14]. Um es
an unserem Beispiel deutlich zu machen: Der Papierunternehmer wird am Arbeitsmarkt die Menge nachfragen, die er wirklich benötigt, um seinen Gewinn zu
maximieren, und es ist daher sicherlich besser, ihm diese Nachfrageentscheidung
zu überlassen, anstatt sie einem zentralen Planer zu überantworten. Wird der
gleiche Unternehmer jedoch von dem Fischzüchter gefragt, welchen Wert eine
Verschmutzungseinheit für ihn hat, so wird er vermutlich einen zu hohen Wert
angeben, und zwar aus dem gleichen Grund, aus dem er „am Arbeitsmarkt" ehrlich ist, denn nunmehr maximiert eine falsche Antwort seinen Gewinn.

Zusammenfassend können wir damit feststellen, daß das Coase-Theorem nicht
dazu führt, daß wir uns über externe Effekte keine Gedanken mehr zu machen

---

[14] Die Arbeit von MYERSON und SATTERTHWAITE zeigt zwar, daß es auch bei privaten Gütern Situationen gibt, in denen sich private Information strategisch nutzen läßt, aber auf kompetitiven Märkten mit hinreichend großer Anzahl von Akteuren verschwindet diese Möglichkeit. Das entsprechende Resultat von GRESIK und SATTERTHERWAITE zeigt, daß das üblicherweise für kompetitive Märkte unterstellte *Preisnehmerverhalten*, das ja gerade strategisches Verhalten ausschließt, als rationale Strategie der am Markt agierenden Parteien gedeutet werden kann.

brauchen. Mit ihm läßt sich die Unvollständigkeit des Marktsystems nicht heilen, wir können nicht hoffen, daß die fehlenden Märkte durch freiwillige Verhandlungen ersetzt werden. Allerdings bedeutet das nicht automatisch, daß damit der Staat aufgerufen ist, aktiv zu werden. Die Privaten verfehlen zwar das Effizienzziel, aber woher sollen wir wissen, ob der Staat es besser macht? Bevor wir uns allerdings mit der Frage befassen, welche Möglichkeiten dem Staat eigentlich bleiben und wie sie zu beurteilen sind, müssen wir zunächst das Problem noch etwas näher beschreiben. Bisher haben wir nämlich das Umweltproblem in einer sehr speziellen Ausprägung als externen Effekt der Handlung *eines* Wirtschaftssubjektes beschrieben, bei dem es nur *einen* Geschädigten gibt. Das aber hat zur Folge, daß zwei wesentliche Aspekte des Umweltproblems bis jetzt nicht berücksichtigt wurden.

Solange insgesamt nur zwei Personen beteiligt sind, ist die Annahme, daß Verhandlungen möglich sind und dabei nur vernachlässigbare Transaktionskosten entstehen, durchaus plausibel. Warum sollte unser Fischzüchter nicht einmal dem Papierfabrikanten einen Besuch abstatten und ein ernstes Wort in Sachen Flußverschmutzung mit ihm reden? Was aber geschieht, wenn solche Verhandlungen a priori ausgeschlossen sind, weil die Anzahl der Geschädigten und/oder der Verursacher so groß ist, daß solche Verhandlungen prohibitiv hohe Transaktionskosten verursachen?

Neben den Transaktionskosten blieb bisher ein zweites Phänomen relativ unbeachtet, das fast immer mit Umweltproblemen einhergeht, und das wir bisher nur eher beiläufig angesprochen haben: Sobald mehr als nur ein Individuum durch die Aktivitäten eines Verursachers betroffen ist, bekommt die Beseitigung des „externen Schadens" den Charakter eines *öffentlichen Gutes*. Um diesen Aspekt noch einmal deutlich zu machen, stellen wir uns vor, wir hätten es mit mehreren Fischzüchtern zu tun. Baut die Papierfabrik nun eine Kläranlage oder reduziert ihren Faktoreinsatz, so profitieren alle Züchter, unabhängig davon, ob sie sich an den dabei entstehenden Kosten beteiligen oder nicht. Das Ausschlußprinzip funktioniert nicht, und das Gut „sauberes Flußwasser" wird zu einem öffentlichen Gut. Wie werden sich die Fischzüchter in einer solchen Situation verhalten? Werden sie zusammenarbeiten und gemeinsam die Kosten der Flußreinigung tragen? Oder werden sie „schwarzfahren", indem sie sich darauf verlassen, daß man ihnen die Nutzung des sauberen Wassers nicht verwehren kann, auch wenn sie sich an den Kosten nicht beteiligen?

Sowohl die Existenz von Transaktionskosten als auch der öffentliche Charakter von Umweltgütern stellt natürlich gegenüber der bisher analysierten Situation eine erhebliche Verschärfung des Problems dar – die Resultate von ROB machen dies bereits deutlich. Da wir schon für den Fall ohne Transaktionskosten und mit nur einem Betroffenen festgestellt haben, daß eine effiziente Lösung auf dem Verhandlungswege, d. h. durch freiwillige Vereinbarungen der Beteiligten, nicht erreicht werden kann, könnte man argumentieren, daß sich die Betrachtung dieser verschärften Problemlage eigentlich erübrigt. Wir wollen sie trotzdem anstellen, und zwar aus mehreren Gründen. Zum einen hätten wir andernfalls wesentliche Aspekte des Umweltproblems in ihrer Struktur nicht erfaßt und die Darstellung der theoretischen Grundlagen der Umwelttheorie wäre unvollständig. Zum anderen wird sich zeigen, daß durch die Einbeziehung der neuen Aspekte das ökonomische Grundproblem sehr viel deutlicher und besser faßbar wird. Das Problem der wahrheitsgemäßen Präferenzoffenbarung ist beispielsweise nur sehr schwer experimentell oder empirisch analysierbar, und die Mechanismen, die im Rahmen der TI diskutiert werden, sind eher abstrakte Gebilde, bei denen es schwer fällt, eine ökonomische Intuition zu bilden. Die Probleme, die mit der Erstellung öffentlicher Güter verbunden sind, lassen sich dagegen wesentlich plastischer darstellen, und sie sind im Experiment simulierbar bzw. empirisch beobachtbar. Schließlich werden uns gerade die experimentellen und empirischen Befunde zu diesem Problembereich zeigen, daß die Aussichten auf eine Lösung des Umweltproblems vielleicht doch nicht so düster sind, wie sie im Lichte der TI erscheinen mögen.

# 1.4    Dilemmata

## 1.4.1    Das klassische Beispiel: Gefangenen-Dilemma

Das Problem, mit dem wir uns in diesem Abschnitt beschäftigen wollen, läßt sich folgendermaßen umreißen. Eine Gruppe von Personen ist durch die Zahlung individueller Beiträge in der Lage, ein Gut zu produzieren, von dessen Nutzung kein Gruppenmitglied ausgeschlossen werden kann, weil es sich um ein öffentliches Gut handelt. Verhandlungen zwischen den Gruppenmitgliedern sind aufgrund prohibitiv hoher Transaktionskosten ausgeschlossen. Die in einer solchen Situation ökonomisch interessante Frage lautet: Wird es zur Erstellung des Gutes kommen, und wird es in einer effizienten Menge produziert werden?

Um etwas darüber zu lernen, welche Schwierigkeiten in solchen Situationen auftreten und wie man ihrer Herr werden könnte, bedienen wir uns wiederum eines spieltheoretischen Konzepts. Obwohl wir letztendlich Situationen beschreiben wollen, in denen viele Akteure beteiligt sind, werden wir dabei zunächst „klein" anfangen und einen Fall betrachten, in dem nur zwei Personen auftreten. Gemeint ist das berühmte Gefangenen-Dilemma. Es dürfte nicht auf den ersten Blick klar sein, was die Dilemma-Situation, die wir gleich darstellen werden, mit dem Umweltproblem zu tun hat. Aber es wird sich relativ schnell zeigen, daß das Gefangenen-Dilemma nicht nur direkte Einblicke in die grundlegende Struktur des Umweltproblems erlaubt, sondern auch als Ausgangspunkt für weitere Betrachtungen dienen kann, bei denen dann mehr als zwei Personen einbezogen werden.

Versetzen wir uns für einen Augenblick in einen Gerichtssaal irgendwo in den USA. Zwei Gefangene sitzen in separaten Zellen und haben keinerlei Möglichkeit, miteinander Kontakt aufzunehmen. Sie sind einer gemeinsam begangenen Tat angeklagt, die man ihnen jedoch nicht nachweisen kann. Der Richter unterbreitet nun beiden folgendes Angebot: Gesteht nur einer von beiden, so wird der Geständige sofort auf freien Fuß gesetzt, und der andere muß für 6 Jahre hinter Gitter. Gestehen beide, so müssen sie für je 5 Jahre hinter schwedische Gardinen, und gestehen beide nicht, so wird ihnen eine Strafe von einem Jahr für ein kleineres Delikt auferlegt, das man ihnen auch ohne Geständnis nachweisen kann. Diese „Kronzeugenregelung" ist vor allem aus dem amerikanischen Strafrecht bekannt, darum haben wir die Handlung in die USA verlegt. Wir können diese Si-

tuation als ein Spiel auffassen, dessen Normalform die folgende Tabelle wie-
dergibt.

*Spieler II*

|  | gesteht (G) | gesteht nicht (N) |
|---|---|---|
| gesteht (G) | 5 , 5 | 0 , 6 |
| gesteht nicht (N) | 6 , 0 | 1 , 1 |

*Spieler I*

Tabelle 2 (Auszahlungen: Spieler 1, Spieler 2)

Beide Spieler müssen sich zwischen zwei möglichen Strategien entscheiden,
nämlich zu gestehen (G) oder nicht zu gestehen (N). Es ist klar, daß die Regeln,
nach denen dieses Spiel abläuft, den Abschluß bindender Verträge zwischen den
Gefangenen ebensowenig zulassen wie freiwillige Verhandlungen, in deren Verlauf eine Selbstbindung der Spieler vereinbart werden könnte. Als Lösungskonzept kommt daher nur die nichtkooperative Spieltheorie in Frage. Ein Spiel mit
Hilfe dieses Konzepts zu analysieren bedeutet, daß man untersucht, ob es Nash-
gleichgewichtige Strategiekombinationen gibt. Im Fall des Gefangenen-Dilemmas
ist dies eine relativ leichte Aufgabe, denn hier existiert ein eindeutiges Nash-
Gleichgewicht in dominanten Strategien. Um dieses Gleichgewicht aufzuspüren,
brauchen wir uns nur in die Situation der Spieler zu versetzen. Für welche Strategie wird sich Spieler I entscheiden, wenn er a) rational handelt und b) das Ziel
hat, möglichst wenige Jahre im Knast zu verbringen? Die Antwort ist einfach: Er
wird gestehen, denn: Wenn Spieler II gesteht, ist (G) die beste Antwort, die I darauf geben kann (da 5 < 6). Gesteht Spieler II nicht, so ist (G) ebenfalls beste
Antwort für I, denn dann kann er sich (auf Kosten von II) als Kronzeuge die
Freiheit erkaufen, während er andernfalls zu einem Jahr verurteilt würde. Für
Spieler I ist (G) also unabhängig davon, was Spieler II tut, immer die beste Antwort, d. h. (G) ist für ihn dominante Strategie. Für Spieler II gilt natürlich die
gleiche Überlegung. Auch für ihn ist (G) dominante Strategie, und somit ist
(G,G) das eindeutige Nash-Gleichgewicht dieses Spiels.

Der Staatsanwalt wird mit diesem Resultat sicherlich zufrieden sein, die Gefangenen können es natürlich nicht. (G,G) ist für sie keine effiziente Lösung, denn mit (N,N) existiert ein Strategiepaar, bei dem sich beide besser stünden, oder anders ausgedrückt: Das Nash-Gleichgewicht des Spiels ist nicht Pareto-effizient. Die Gefangenen befinden sich in einem echten Dilemma! Gerade weil beide die für sie beste Strategie wählen, müssen sie 5 Jahre absitzen, obwohl sie mit einem Jahr hätten davonkommen können. Wie kommt es zu diesem für die Gefangenen sicherlich unbefriedigenden Resultat? Ganz offensichtlich liegt das Problem in den Spielregeln. Dadurch, daß durch sie jegliche Kommunikation ausgeschlossen ist, hat keiner der Spieler die Möglichkeit, die Freifahrer-Option des anderen auszuschalten. Sobald einer von den beiden „dichthält", ist es für den anderen rational zu gestehen, ohne daß der nicht Geständige dies verhindern könnte. Daß die Ineffizienz des Gleichgewichts tatsächlich auf die Regeln zurückzuführen ist, wird deutlich, wenn man das Spiel unter „geeigneteren" Regeln ablaufen läßt.

Nehmen wir beispielsweise an, die Gefangenen dürften miteinander verhandeln und könnten bindende Verträge abschließen. Nehmen wir weiter an, die Verhandlungen liefen nach folgender Regel ab: Spieler I unterbreitet im ersten Schritt Spieler II einen Vertrag, indem er ihm eine Strategiekombination vorschlägt. Im zweiten Schritt kann Spieler II diesen Vertrag annehmen oder ablehnen. Lehnt er ihn ab, treffen beide im dritten Schritt ihre Strategieentscheidung unabhängig voneinander. Diese Spielregeln sind offensichtlich denen sehr ähnlich, die wir im vorangegangenen Kapitel benutzt haben, um eine nicht-kooperative Lösung bilateraler Verhandlungen zu modellieren. Entsprechend werden wir auch hier das Konzept teilspielperfekter Gleichgewichte benutzen, um das Nash-Gleichgewicht dieses Gefangenen-Spiels zu ermitteln. Wir beginnen also mit der dritten Stufe: Beide Spieler wissen, daß, wenn der Vertragsvorschlag abgelehnt wird, das Resultat auf dieser Stufe (G,G) sein wird, denn dann befinden sich beide wieder im Gefangenen-Dilemma. Also wird Spieler II jeden Vertrag annehmen, der ihn besser stellt als (G,G). Andererseits wird Spieler I natürlich nur einen Vertrag anbieten, der ihm ebenfalls ein besseres Ergebnis bringt als (G,G). Da nur der Vertrag (N,N) beide Bedingungen erfüllt, wird Spieler I diesen vorschlagen, und Spieler II wird ihn akzeptieren. Unter den neuen Spielregeln ist also die effiziente Lösung (N,N) ein „teilspielperfektes Gleichgewicht".

Wichtig ist in diesem Zusammenhang, daß wir die effiziente Lösung nicht dadurch erreichbar machen, daß wir den Gefangenen nunmehr andere Motive unterstellen. Nach wie vor handeln beide ausschließlich im Eigeninteresse und haben keineswegs das „Gemeinwohl" im Sinn. Daß die Gefangenen das Dilemma vermeiden können, liegt ausschließlich an den veränderten Spielregeln, denn nun können sie selbstbindende Angebote unterbreiten und dadurch die Freifahrer-Optionen gewissermaßen aus dem Spiel nehmen. Dadurch stehen nur noch die Strategiekombinationen (G,G) und (N,N) zur Auswahl, und es ist klar, daß sich beide dann für (N,N) entscheiden werden. Allerdings müssen wir dieses Resultat mit einer sehr wesentlichen Einschränkung versehen. Die Änderung der Spielregeln muß dergestalt sein, daß die Einhaltung des Vertrages gewährleistet werden kann. Genau darin liegt das Problem. Der Vertrag ist nämlich nicht „self-inforceing". Das bedeutet, daß es für die Vertragspartner nicht rational ist, den Vertrag zu erfüllen. Sollte beispielsweise Spieler I seinen Teil des Vertrages erfüllen und nicht gestehen, so ist es für Spieler II beste Strategie, den Vertrag zu brechen.

Man kann sich dieses Problem auch noch etwas anders verdeutlichen. Ein Vertrag, der die gegenseitige Verpflichtung zur Kooperation enthält, ist gleichbedeutend damit, daß die Spieler sich zu nicht rationalen Verhalten verpflichten. Wie glaubwürdig ist diese Verpflichtung? Wenn beide Spieler strikt rational sind und wenn beide Spieler wissen, daß beide Spieler strikt rational handeln, dann werden beide nicht daran glauben, daß der andere den Vertrag einhält. Technisch gesprochen: Wenn Rationalität der Spieler *Common Knowledge* [14] ist, dann ist eine Selbstbindung, die die Verpflichtung zur Kooperation enthält, nicht möglich, weil diese Verpflichtung im Widerspruch zu der Voraussetzung rationalen Verhaltens steht. Mitunter wird dieses Problem auch als das Commitment-Problem bezeichnet. Angewandt auf unser Beispiel der Gefangenen besteht es darin, daß die beiden Spieler ohne die tätige Mithilfe eines Dritten nicht in der Lage sein werden, den Vertrag, der ihnen schon nach einem Jahr die Freiheit bringt, abzuschließen. Ein solcher Dritter müßte in der Lage sein, den beiden Spielern für den Fall des Vertragsbruches glaubhaft Sanktionen anzudrohen, um so die Einhaltung des Vertrags zu einer rationalen Stategie zu machen.

In diesem Sinne besteht also tatsächlich für unsere Gefangenen die Möglichkeit, dem Dilemma zu entgehen, allerdings nur eine theoretische, denn es ist kaum anzunehmen, daß sich der Staatsanwalt auf die neuen Spielregeln (inklusive der Einschaltung eines Schiedsrichters) einlassen wird. Auf diesen Gedanken sind wohl auch einige interessierte Kreise der Unterwelt gekommen und haben versucht, Abhilfe zu schaffen. Beispielsweise ist das berühmte Schweigegesetz

---

[14] Der Begriff Common Knowledge ist ein Terminus technicus der Spieltheorie. Rationalität ist für die Spieler des Gefangenen-Dilemmas dann Common Knowledge, wenn beide wissen, daß beide Spieler rational sind, sie weiterhin wissen, daß beide wissen, daß beide rational sind, sie außerdem wissen, daß beide wissen, daß beide wissen, daß beide rational sind, usw.

der Mafia, die Omerta, u.a. auch eine „Spielregel", die das Gefangenen-Dilemma auszuschalten versucht. Indem die Strategie (G) mit dem Tode bedroht wird, ändert sich natürlich die Situation grundlegend: Unter dieser Regel ist auch ohne direkte Absprache (N) dominante Strategie für beide Gefangenen. Die Omerta löst das Commitment-Problem, denn unter den Regeln der Omerta ist die Verpflichtung zu schweigen höchst glaubwürdig.

Warum aber sollte nun das Gefangenen-Dilemma auch für Nichtmafiosi interessant sein, und was hat es mit dem Umweltproblem zu tun? Der Zusammenhang zum Umweltproblem wird schnell deutlich, wenn wir zu unseren Fischzüchtern zurückkehren. Angenommen, unterhalb der Papierfabrik sind zwei Züchter ansässig. Nehmen wir weiterhin an, durch Zahlung eines Betrages Z = 5 sei der Papierfabrikant dazu zu bewegen, eine Kläranlage zu bauen, weil diese Seitenzahlung die Kosten der Flußsäuberung deckt. Der zusätzliche Gewinn, den jeder der beiden Fischzüchter $F^1$ und $F^2$ aus dem sauberen Wasser zieht, betrage $\pi = 4$. Die Fischzüchter haben die Entscheidung zu treffen, ob sie sich je zur Hälfte an den Kosten der Kläranlage beteiligen (Strategie K) oder nicht (Strategie S). Die Auszahlungsmatrix des Spiels hätte folgende Gestalt:

*Spieler 2*

|   | K | S |
|---|---|---|
| **K** | 1.5 , 1.5 | -1 , 4 |
| **S** | 4 , -1 | 0 , 0 |

*Spieler 1*

Tabelle 3 (Auszahlungen: Spieler 1, Spieler 2)

Im Unterschied zu dem in Tabelle 2 wiedergegebenen Auszahlungsplan existiert hier ganz offensichtlich mehr als eine Pareto-effiziente Strategiekombination[15]. Effizienz ist bereits dann gesichert, wenn das Klärwerk gebaut wird, unabhängig davon, wer es bezahlt. Dennoch befinden sich die beiden Fischzüchter in einem Gefangenen-Dilemma, jedenfalls dann, wenn sie die Entscheidung zwischen (K) und (S) unabhängig voneinander treffen müssen. Für beide wäre in einem solchen Fall (S) dominante Strategie: Gleichgültig, ob $F^2$ nun (K) oder (S) wählt, in beiden Fällen ist für $F^1$ die Strategie (S) die beste Antwort. Da für $F^2$ die gleiche Überlegung gilt, ist (S,S) das Nash-Gleichgewicht dieses Spieles und damit ausgerechnet das Strategienpaar, das nicht Pareto-effizient ist.

Nun sind Fischzüchter in aller Regel nicht in Zellen eingesperrt, sondern können sich frei bewegen. Was sollte also unsere beiden Züchter davon abhalten, miteinander in Verhandlungen zu treten, um dem Dilemma durch den Abschluß eines Vertrages zu entgehen, in dem sich beide verpflichten, einen Teil der Kosten zu übernehmen? Lassen wir solche Verhandlungen zu, so sind wir damit bei genau den Problemen, die wir im zweiten Abschnitt diskutiert haben. Wenn beide vollständig informiert sind, werden sie sich einigen, und das Klärwerk wird gebaut. Kennen die Fischzüchter dagegen nur den eigenen Gewinn, den sie aus dem Projekt erzielen und nicht den des Verhandlungspartners, so wissen wir aus den Arbeiten von MYERSON und SATTERTHWAITE bzw. RAFAEL ROB, daß keineswegs sicher ist, ob es zum Bau der Kläranlage kommt.

Nur am Rande sei erwähnt, daß bei vollständiger Information die Spieltheorie zwar die Prognose erlaubt, daß es zu einer Einigung kommt, wie diese jedoch aussieht, d. h., wer welchen Anteil an den Gesamtkosten trägt, ist nicht eindeutig vorauszusagen. Diese Kostenaufteilung wird von dem Verhandlungsprozedere abhängen, etwa davon, wer als erster einen Vorschlag unterbreitet und wieviele Verhandlungsrunden zugelassen sind. Man kann solche Verhandlungen als ein Spiel begreifen, bei dem es um die Aufteilung eines „Kuchens" vorgegebener Größe zwischen zwei Kontrahenten geht. Die Fischzüchter verhandeln, wie der Gesamtgewinn aus der Kläranlage ($2\pi - 5 = 3$) aufgeteilt wird. Innerhalb der Spieltheorie werden solche Spiele als „Nullsummenspiele" bezeichnet. Der interessierte Leser sei auf SUTTON (1986) verwiesen, der einen Überblick über diese Theorierichtung gibt.

Ziel dieses Abschnittes ist es, das Problem der Erstellung öffentlicher Güter für den Fall zu thematisieren, in dem Verhandlungen wegen zu hoher Transaktionskosten ausgeschlossen sind. Das Gefangenen-Dilemma-Spiel hat den Vor-

---

[15] Pareto-Effizienz ist dabei als maximale Gesamtzahlung zu verstehen. Im Gefangenen-Dilemma (Tab.2) wird der Gesamtpayoff bei (N,N) maximal. Um diese Strategiekombination jedoch als einziges Pareto-Optimum bezeichnen zu können, müssen wir Kompensationszahlungen zulassen. Andernfalls wären auch (N,G) und (G,N) Pareto-effizient, weil sich ohne Kompensation nicht beide Spieler verbessern können.

teil, daß man an ihm relativ leicht die grundlegende Problemstruktur dieses Falls erkennen kann. Allerdings benötigt man schon eine etwas konstruiert wirkende „Story", um plausibel zu machen, warum es zu keinen Verhandlungen kommt. Aus diesem Grund sollte das Gefangenen-Dilemma auch eher als didaktisches Instrument gesehen werden und nicht als Abbild realer Probleme. Erheblich realistischer und für die Analyse des Umweltproblems relevanter sind dagegen Situationen, die man als soziale Dilemmata bezeichnet, und die in ihrer Struktur dem Gefangenen-Dilemma entsprechen.

## 1.4.2    The Tragedy of the Commons: Soziale Dilemmata

Das Phänomen sozialer Dilemmata ist vor allem durch eine Arbeit von HARDIN (1969) in das Bewußtsein der wissenschaftlichen Gemeinschaften gerückt worden. Um darzustellen, was HARDIN als „Tragedy of the Commons" bezeichnet und was seither Forscher verschiedener Fachrichtungen beschäftigt, werden wir unser Fischzüchterbeispiel verlassen und uns einem durchaus realen Problem zuwenden, das sich treffend als soziales Dilemma charakterisieren läßt.

Das Problem, das gemeint ist, dürfte jedem Bewohner einer Großstadt nur zu gut bekannt sein. Regelmäßig kollabiert in unseren Städten zur Rush-hour der gesamte Straßenverkehr. Tausende von Autos überfluten wie auf Kommando die Stadt, verstopfen die Straßen, veranstalten einen Höllenlärm, verpesten die Luft und verderben selbst dem gutmütigsten Innenstadtbewohner die Laune. Die Kosten, die dabei entstehen, sind gewaltig, und sie treffen alle Beteiligten. Die Autofahrer verlieren eine Menge Zeit und Nerven im mühevollen Stop and Go Verkehr und bei der schier aussichtslosen Jagd nach einem Parkplatz. Der Lärm und die Luftverschmutzung belasten alle, die sich im Innenstadtbereich aufhalten, beeinträchtigen Gesundheit und Wohnqualität der Anwohner. Die Schäden an Gebäuden, die von den aggressiven Autoabgasen verursacht werden, sind kaum abzuschätzen. Die Vorteile, die die Benutzung des Autos gegenüber anderen Verkehrsmitteln bringt, sind dagegen vergleichsweise gering. Angesichts der Tatsache, daß in vielen Städten der Verkehr teilweise vollkommen zum Erliegen kommt, ist der Zeitgewinn im Vergleich zur Benutzung öffentlicher Verkehrsmittel oder des Fahrrades oft minimal. Der Fußweg vom mühsam erkämpften Parkplatz zum Büro oder Geschäft ist in der Regel länger als der zur nächsten Bushaltestelle.

Wohl die meisten Autofahrer haben sich angesichts dieser Zustände schon einmal überlegt, daß es eigentlich viel besser wäre, wenn alle sich darauf einigen würden, auf das Auto zu verzichten. Die Vorstellung, daß man ungehindert über die Straßen flanieren kann, ohne Angst haben zu müssen, über den Haufen gefahren zu werden und den Einkaufsbummel ohne Lärm und Abgasgeruch genießt, mag für viele verlockend sein. Aber warum fahren dann alle doch wieder mit dem Auto in die Stadt? Die Antwort darauf lautet: weil sie sich in einem sozialen Dilemma befinden.

Um klarzumachen, was damit gemeint ist, sei wiederum die Spieltheorie bemüht. Aus der Sicht jedes einzelnen Autofahrers verursacht der Verzicht auf seinen fahrbaren Untersatz Kosten in Form von Zeitverlust, Einschränkungen der Beweglichkeit etc. Seien $b_i$ die Kosten des i-ten Autofahrers. Nimmt er diese Kosten auf sich, so trägt er damit zur Produktion eines öffentlichen Gutes bei, nämlich des Gutes „Umweltqualität der Innenstadt". Bezeichnen wir dieses Gut mit z, so ist[16]

$$\beta \sum_{i=1}^{n} b_i = z \qquad (23)$$

gewissermaßen eine Produktionsfunktion, die angibt, wie hoch die Umweltqualität in Abhängigkeit von den geleisteten Beiträgen ist. Der Parameter $\beta$ ist ein Maß für die „Produktivität" dieser individuellen Beiträge. Es ist klar, daß ein Beitrag in Höhe von $b_i$ nicht einen Zuwachs des öffentlichen Gutes in gleicher Höhe auslösen wird, d. h., in aller Regel wird $\beta < 1$ sein. In unserem Beispiel dürfte $\beta$ sogar sehr nahe bei Null liegen, denn wenn ein einzelner Autofahrer auf sein Fahrrad umsteigt, wird dies die Umweltsituation in der Innenstadt praktisch nicht verändern. Unter Verwendung von (23) können wir nun leicht die Auszahlungsfunktion für den i-ten Autobenutzer berechnen, wenn wir davon ausgehen, daß z von allen Spielern in gleichem Umfang konsumiert wird:

$$\pi_i = z - b_i = \beta(v_i + b_i) - b_i = b_i(\beta - 1) + \beta v_i , \qquad (24)$$

wobei $v_i = \sum_{j \neq i} b_j$ die Beiträge bezeichnet, die alle außer i erbringen.

---

[16] b und z stelle man sich jeweils als Größen vor, die die Dimension "Nutzeneinheiten eines privaten Numéraire-Gutes" haben.

In dem Spiel, das wir hier betrachten, ist es das Ziel jedes Teilnehmers, durch geeignete Wahl seines Beitrags die Auszahlung $\pi$ zu maximieren. Gleichung (24) macht nun deutlich, daß für rationale Spieler b=0 eine *dominante* Strategie ist! Da $\beta < 1$, ist es für den einzelnen Spieler immer die beste Strategie, keinen Beitrag zu leisten, unabhängig davon, was die anderen tun. Auf unser Beispiel übertragen bedeutet dies: Das beste, was einem Spieler passieren kann, ist, daß alle anderen auf ihr Auto verzichten, nur er selbst nicht. Er könnte die nahezu bestmögliche Umweltqualität konsumieren und dabei ungestört mit seinem Wagen durch die Stadt fahren. Wenn umgekehrt alle anderen ihr Auto benutzen, wird dies auch unser i-ter Spieler tun, denn wenn er nicht mit dem Auto fahren würde, müßte er Kosten auf sich nehmen, ohne einen Ertrag zu erzielen, da sich die Umweltqualität durch seinen Verzicht nicht spürbar verbessert. Das Ergebnis des Spiels ist angesichts dieser Überlegungen klar und kann allmorgendlich in den Großstädten betrachtet werden: Alle Spieler wählen ihre dominante Strategie und finden sich im Stau wieder.

Ein wichtiger Punkt dabei ist, daß sich dieses Resultat auch dann einstellen wird, wenn für alle Spieler (i=1,...,n) gilt

$$\pi_i = z - b_i > 0, \tag{25}$$

also alle eine Situation vorziehen, in der niemand das Auto benutzt (wenn alle ihre dominante Strategie spielen, ist $\pi = 0$!). Wenn (25) gilt, haben wir es mit einer Situation zu tun, die der des Gefangenen-Dilemmas sehr ähnlich ist, denn hier wie dort ist dann das Nash-Gleichgewicht des Spiels nicht Pareto-effizient. Anders formuliert: Gerade weil alle die für sie individuell beste Strategie spielen, stellt sich ein Resultat ein, das für alle schlechter ist als dasjenige, das erreicht worden wäre, wenn alle eine Strategie gewählt hätten, die für sie „schlechter" als b = 0 ist. Individuell *rationales* Verhalten führt zu einem kollektiv *nicht rationalem* Ergebnis.

Nun könnte man auf den Gedanken kommen, daß die Ursache für das soziale Dilemma darin zu suchen ist, daß die Anzahl der Spieler so groß und die Wirkung der einzelnen Beiträge (gemessen durch $\beta$) so klein ist. Aber dies ist ein Trugschluß, wie das folgende numerische Beispiel zeigen wird.

Eine Gruppe von 10 Leuten kann ein öffentliches Gut produzieren. Der Beitrag, den jeder zu leisten hat, betrage 1, $\beta$ sei 0,5. Tabelle 4 gibt den Auszahlungsplan für einen beliebigen Spieler wieder, der unter Verwendung von Gleichung (24) leicht zu berechnen ist.

| Außer i zahlen | 9 | 8 | 7 | 6 | 5 | 4 | 3 | 2 | 1 | 0 |
|---|---|---|---|---|---|---|---|---|---|---|
| Spieler i zahlt Beitrag | 4 | 3,5 | 3 | 2,5 | 2 | 1,5 | 1 | 0,5 | 0 | -0,5 |
| Spieler i zahlt keinen Beitrag | 4,5 | 4 | 3,5 | 3 | 2,5 | 2 | 1,5 | 1 | 0,5 | 0 |

Tabelle 4

Wie man sofort erkennt, ist der Wert in der unteren Zeile immer größer als der in der oberen. Ganz gleich, wieviele Mitspieler einen Beitrag leisten, aus der Sicht des einzelnen Spielers ist es immer beste Strategie, sich vornehm zurückzuhalten und nichts zu bezahlen. Auch hier sind wir wieder in der typischen Dilemma-Situation: Würden alle einen Beitrag leisten, könnte jeder eine Auszahlung von 4 Einheiten erreichen, verhalten sich alle individuell rational, gehen sie gemeinsam leer aus.

Dennoch haben kleine Gruppen gegenüber großen Vorteile in einer solchen Dilemma-Situation. In kleinen Gruppen lassen sich nämlich relativ leicht Spielregeln einführen, die verhindern, daß es zu dem Dilemma kommt. In Abschnitt 2 haben wir gelernt, daß bei vollständiger Information Verhandlungen zu einem effizienten Ergebnis führen können. Bei einer Gruppe von 10 Leuten sind solche formellen Verhandlungen, die zum Abschluß selbstbindender Verträge führen, zwar komplizierter als im Zwei-Personen-Fall, aber man kann sich durchaus vorstellen, daß sie ohne allzu große Transaktionskosten möglich sind. Im Gegensatz dazu dürfte es gänzlich ausgeschlossen sein, daß sich alle Autofahrer auf dem Verhandlungswege darauf einigen, ihr Auto stehen zu lassen.

In kleinen Gruppen sind Verhandlungen oftmals gar nicht notwendig, weil abgestimmtes, „kooperatives" Verhalten auf gewissermaßen informellem Wege erreicht wird. Wenn eine Belegschaft aufgefordert wird, Beiträge zur Finanzierung des Betriebsfestes zu leisten, wird natürlich jeder „freiwillig" seinen Obolus entrichten und keinesfalls an dem Fest teilnehmen wollen, ohne sich an den Kosten zu beteiligen. Der Grund ist offensichtlich: In einer kleinen, überschaubaren Gruppe funktionieren soziale Sanktionsmechanismen, die kooperatives Verhalten belohnen und „Schwarzfahrer" bestrafen. Wer verdirbt es sich schon gern mit den Kollegen, nur um ein paar Mark zu sparen? Solche Sanktionsmechanismen sind nichts anderes als Spielregeln, bei deren Gültigkeit individuell rationales Verhalten zu Kooperation führt, weil sie es erlauben, das Commitment-Problem zu lösen. Überspitzt formuliert erfüllen solche Sanktionsmechanismen im Prinzip die gleiche Funktion wie das Schweigegesetz der Mafia. Im Gegensatz dazu ist es unmittelbar einsichtig, daß es bei großen Gruppen erheblich schwerer fällt, Regeln einzuführen, die das Commitment-Problem lösen. Wie sollte der Autofahrer schon sanktioniert werden, der doch nichts anderes tut als tausende andere auch! Warum sollte gerade *er* mit Mißachtung gestraft werden, und *wer* sollte ihn strafen?

Fassen wir zusammen: Im Kontext des Gefangenen-Dilemmas haben wir diskutiert, welche Möglichkeiten bestehen, auf dem Verhandlungswege Kooperation zu erreichen. Dieses Problem stellt sich bei einem sozialen Dilemma großer Gruppen gar nicht erst, denn Verhandlungen sind wegen der prohibitiv hohen Transaktionskosten ohnehin nicht möglich. Informelle Verhaltensabstimmungen durch soziale Sanktionen sind nur schwer durchzusetzen, wenn die Gruppe groß ist. Andererseits scheint aber kooperatives Verhalten, d. h. Verzicht auf die Freifahrer-Option, unbedingt geboten, denn sonst führt individuell rationales Verhalten zu ineffizienten Resultaten. Aber gibt es überhaupt einen Weg, der an diesen Resultaten vorbeiführt, solange wir unterstellen, daß sich die Individuen rational verhalten? Konkreter gefragt: Existieren Spielregeln, die Kooperation zur individuell rationalen Handlungsalternative werden lassen, zur „besten Strategie"?

An dieser Stelle gilt es deutlich zu machen, daß solche Spielregeln nicht *allein* darin bestehen können, an das Gute im Menschen, an sein Umweltbewußtsein oder sein Verantwortungsgefühl zu appellieren. In einer sozialen Dilemma-Situation bedeutet ein solcher Appell nichts anderes, als daß von dem einzelnen erwartet wird, daß er sich irrational verhält. Selbst für den umweltbewußtesten Autofahrer gilt, daß allein sein Beitrag an dem Umweltproblem überhaupt nichts ändert. Weder er selbst, noch irgendein anderer hätte einen Nutzen davon, wenn er auf sein Auto verzichten würde. Ein Ausweg aus dem Dilemma kann nur darin bestehen, daß alle gemeinsam ihren Beitrag leisten und jeder einzelne sich dabei darauf verlassen kann, daß alle anderen „mitziehen". Diese Form der Abstimmung, der Kooperation gilt es zu erreichen, und es stellt sich die Frage, wie dies geschehen soll, wenn die Individuen weder formelle noch informelle Vereinbarungen treffen können.

Auf den ersten Blick scheint es eine einfache Lösung für soziale Dilemmata zu geben: Der Staat könnte Kooperation durch gesetzliche Vorschriften erzwingen und so eine Pareto-effiziente Allokation herbeiführen. Im Falle des Innenstadtverkehrs wären beispielsweise nur ein paar Verkehrsschilder aufzustellen, und schon wäre das Problem gelöst. Ganz so einfach ist die Sache aber nicht. Staatlich erzwungene Kooperation wäre dann angebracht, wenn (25) für alle Individuen erfüllt ist, d. h., wenn alle eine autofreie Innenstadt höher bewerten als die Kosten, die ihnen durch den Autoverzicht entstehen. *Wüßte* ein staatlicher Planer, der das Ziel verfolgt, den Gesamtnutzen aller Individuen zu maximieren, daß Gleichung (25) für alle i=1,...,n gilt, müßte er in der Tat ein Fahrverbot aussprechen. Die Frage ist jedoch: Kann man damit rechnen, daß der Planer diese Information erhält? Die Gleichung (25) ist in gewisser Weise eine vereinfachte Darstellung, denn in ihr tauchen nur Auszahlungen auf. Genaugenommen müßten wir jedoch *Präferenzen* betrachten, denn letztlich geht es um die individuelle Bewertung des öffentlichen Gutes. Die für den Planer relevante Information wäre also, ob für alle Individuen gilt, daß

$$u_i(z^*, -b_i) > u_i(0,0), \qquad (26)$$

wobei $u_i$ die Nutzenfunktion des i-ten Individuums ist und $z^*$ die Menge des öffentlichen Gutes bezeichnet, die entsteht, wenn alle ihren Beitrag leisten (also das Auto zu Hause lassen). Gleichung (26) macht deutlich, daß die für den Planer entscheidende Information *privater* Natur ist, denn welchen Nutzen ein Individuum aus dem Konsum des öffentlichen Gutes zieht, weiß natürlich nur das Individuum selbst. Das führt uns zu einer Fragestellung, die in ähnlicher Form bereits im vorausgegangenen Abschnitt auftauchte. Dort ging es darum, ob damit zu rechnen ist, daß Individuen bei bilateralen Verhandlungen um die Produktion eines öffentlichen Gutes ihre wahren Präferenzen offenbaren werden. Wir waren zu dem Ergebnis gekommen, daß davon nicht ohne weiteres auszugehen ist. Hier stellt sich nun die Frage, ob die Mitglieder einer großen Gruppe einem zentralen Planer ihre Präferenzen verraten werden. Und wiederum ist es a priori keineswegs klar, ob sie dies tun werden, zumindest dann nicht, wenn die Beiträge, die vom Planer festgelegt werden, von den Präferenzbekundungen abhängen. Wir werden uns zu einem späteren Zeitpunkt noch ausführlich mit diesem Problem befassen, aber soviel sei schon jetzt verraten: Die Einführung eines Planers ändert praktisch nichts an den negativen Resultaten, die wir im bilateralen Fall erhalten haben. M.a.W., wir können uns keineswegs darauf verlassen, daß der Staat in der Lage ist, soziale Dilemmata zu beseitigen, weil überhaupt nicht gesichert ist, daß er die Informationen, die er dazu benötigt, auch besitzt. Wir tun also gut daran, zunächst intensiv zu prüfen, ob es nicht auch ohne Planer geht, ob nicht auch die Individuen selbst, gewissermaßen aus eigener Kraft, den Weg aus dem Dilemma finden können. Bevor wir allerdings damit beginnen, sollten wir uns zunächst einmal klarmachen, warum der Analyse sozialer Dilemmata überhaupt so große Bedeutung im Zusammenhang mit dem Umweltproblem zukommt.

Wenn wir von *dem* Umweltproblem sprechen, dann ist damit in Wahrheit eine Vielzahl von Einzelproblemen gemeint, die verschiedene Umweltgüter betreffen. Eine Gemeinsamkeit haben alle diese Probleme jedoch: Fast immer besitzen die Güter oder Ressourcen, um die es dabei geht, Eigenschaften eines öffentlichen Gutes. Ob wir die Qualität der Luft, die Reinheit des Wassers unserer Flüsse oder den Verschmutzungsgrad der Meere nehmen, immer handelt es sich um Güter, die insofern öffentlich sind, als in der Regel niemand von ihrer Nutzung ausgeschlossen werden kann. Und noch eine zweite Gemeinsamkeit kommt hinzu: Fast immer handelt es sich um Güter, die nur dadurch produziert werden können, daß die Mitglieder großer Gruppen Beiträge leisten. Um die Luftqualität zu verbessern, müssen viele Emittenten Maßnahmen zur Vermeidung von Schadstoffemissionen durchführen, um reines Flußwasser zu gewinnen, müssen alle Anlieger Anstrengungen zur Abwasserklärung unternehmen, um das Ozonloch zu schließen, müssen weltweit die Unternehmen und die Konsumenten auf den Gebrauch von FCKWs verzichten. Öffentliche Güter und Produktion durch große Gruppen sind aber genau die Zutaten, aus denen soziale Dilemmata gemacht sind. Liegt es da nicht nahe zu vermuten, daß viele Umweltprobleme entstehen, weil sich die Menschen in einem solchen Dilemma befinden?

Eine Detailbetrachtung konkreter Umweltprobleme bestärkt diesen Verdacht. Der einzelne Autobenutzer, durch dessen Auspuffrohre u.a. $CO_2$ freigesetzt wird, das für den Teibhauseffekt verantwortlich ist, verhält sich vollkommen rational, wenn er auf seinen Wagen nicht verzichtet. Täte er es, würde das den Treibhauseffekt nicht verhindern. Die einzige Folge wäre, daß er Kosten zu tragen hätte. Brandrodungen sind *eine* Ursache für die Vernichtung der tropischen Regenwälder und die damit einhergehenden Probleme (Klimaveränderungen, Verlust von Tier- und Pflanzenarten). Selbst wenn dem einzelnen Wanderbauern bekannt ist, daß die Rodungen zur Folge haben können, daß eine Klimaveränderung seine eigene Lebensgrundlage zerstört, ist es für ihn dennoch rational, den Urwald abzubrennen. Verzichtet er auf die Rodung, wird dadurch das Problem nicht beseitigt, sondern bleibt im vollen Umfang bestehen. Führt er dagegen die Rodung durch, so kann er aus den Erträgen des so gewonnenen Landes für etwa zwei Jahre seinen Lebensunterhalt bestreiten. Auch im Zusammenhang mit der Nutzung regenerierbarer Ressourcen treffen wir auf Dilemma-Situationen. Beispielsweise sind viele Fischarten durch Überfischung in ihrem Bestand gefährdet. Aus der Sicht des einzelnen Fischers ist dies kein Grund, seine Fangmengen zu reduzieren, selbst dann nicht, wenn durch die Überfischung die Art ausgerottet wird und der Fischer seine Existenzgrundlage einbüßt. Die Art könnte sich nur dann regenerieren, wenn alle weniger fangen. Reduzieren jedoch alle Fischer ihre Fangmengen, so ist die Schwarzfahrerpositon erst recht profitabel: Die Art wird erhalten, und der Schwarzfahrer kann seine Netze bis zum Rand füllen.

An den Beispielen Regenwald und Fischfang wird auch deutlich, daß nicht nur auf der Ebene der Individuen Dilemma-Situationen entstehen können, sondern daß auch Nationen in ein soziales Dilemma geraten können. Warum sollte beispielsweise Brasilien auf die Nutzung der natürlichen Ressourcen des Regenwaldes verzichten? Selbst das riesige Brasilien wäre nicht in der Lage, durch einen Verzicht auf eine solche Nutzung das Klimaproblem zu lösen. Die Gruppe der Staaten, auf deren Territorium sich tropische Regenwälder befinden, könnten nur gemeinsam dieses Problem lösen. Aber es ist immer das gleiche: Ganz egal, wie sich die anderen Länder verhalten, aus der Sicht des einzelnen Staates ist es immer die beste Strategie, das Teakholz zu ernten, den Wald zu roden. Spätestens, wenn sich auf diesem Niveau Dilemma-Situationen ergeben, erübrigt sich der Ruf nach dem sozialen Planer vollends. Es existiert keine Weltregierung oder eine vergleichbare Institution, die die Funktion eines solchen Planers übernehmen könnte. Wie schwer es selbst kleinen Staatengruppen fällt, in Dilemma-Situationen zu effizienten Lösungen zu gelangen, zeigt noch einmal das Beispiel Fischfang. Zahlreiche und zähe Verhandlungen zwischen den Fischereistaaten über Fangquoten und Mengenbeschränkungen haben nicht verhindern können, daß es immer wieder zur Überfischung einzelner Arten gekommen ist. Das Beispiel Walfang zeigt, daß trotz internationaler Abkommen, trotz offenkundiger Bedrohung vieler Walarten einzelne Nationen den Verlockungen der Schwarzfahrer-Option nicht widerstehen konnten.

All diese Beispiele machen deutlich, daß sich viele, wenn nicht gar die meisten Umweltprobleme auf die Existenz sozialer Dilemmata zurückführen lassen. Die zentrale Frage, die sich daraus ableitet, lautet: Wie entsteht kooperatives Verhalten in Dilemma-Situationen? Gibt es Mechanismen, die dafür sorgen, daß rationale, im Eigeninteresse handelnde Individuen nicht die Schwarzfahrerposition wählen, sondern freiwillig Beiträge zur Erstellung öffentlicher Güter leisten?

Um eine Antwort auf diese Frage zu finden, werden wir folgendermaßen vorgehen: Zunächst werden wir uns ansehen, wie sich Menschen tatsächlich in Dilemma-Situationen verhalten (Kap 1.5). Dazu werden wir uns mit einigen der zahlreichen experimentellen Untersuchungen befassen, die zu dieser Frage durchgeführt worden sind. Dabei wird sich herausstellen, daß Kooperation durchaus stattfindet. Individuen betätigen sich keineswegs immer als Freifahrer. Der nächste Schritt muß natürlich sein, zu klären, welche „Ratio" hinter diesem kooperativen Verhalten steckt. Hinweise auf eine mögliche Erklärung werden wir u.a. bei Ansätzen finden, die die Entstehung von Verhaltensnormen zu erklären versuchen (Kap 1.6), und bei der Theorie sequentieller Spiele (Kap 1.7). Den Abschluß bildet die Betrachtung eines Problems, das bereits kurz angesprochen wurde. Was geschieht, wenn freiwillige Kooperation nicht stattfindet und der Staat in Form des sozialen Planers versucht, ein effizientes Angebot öffentlicher Güter zu erstellen?

# 1.5    Experimentelle Befunde

Wie verhalten sich Menschen, wenn sie mit Dilemma-Situationen konfrontiert werden? Die Prognose der Spieltheorie ist unmißverständlich: Rationale eigennützige Individuen werden ihre dominante Strategie wählen, d. h., sie werden sich für die Schwarzfahrer-Option entscheiden. Eine so eindeutige und in gewissem Sinne „radikale" Prognose fordert natürlich Widerspruch heraus. Schließlich können wir in der Realität durchaus kooperatives Verhalten beobachten. Viele Menschen leisten zum Beispiel freiwillig Spenden für wohltätige Zwecke, spenden Blut oder sind ganz einfach hilfsbereit. Ein anderes, bemerkenswertes Beispiel für Kooperation ist die hohe Beteiligung an demokratischen Wahlen. Jeder Wähler weiß, daß seine Stimme keinerlei Einfluß auf das Wahlergebnis hat – trotzdem nehmen 80-90 % der Wahlberechtigten die Mühe auf sich, die nun einmal mit der Stimmabgabe verbunden ist. Widerlegen solche Beispiele die Spieltheorie? Oder handelt es sich dabei um Fälle, in denen gar keine Dilemma-Situation vorliegt, weil Sanktionsmechanismen existieren, die dafür sorgen, daß sich Schwarzfahren nicht lohnt?

Angesichts der Komplexität realer gesellschaftlicher Situationen und der damit verbundenen Entscheidungssituation der beteiligten Individuen erscheint es schwierig, wenn nicht gar unmöglich, allein durch empirische Beobachtungen die spieltheoretische Prognose zu bestätigen oder zu widerlegen. Aber eine andere Methode der Überprüfung drängt sich geradezu auf: das Experiment. Im „Labor" lassen sich die Bedingungen, unter denen Versuchspersonen darüber entscheiden, ob sie kooperieren wollen oder nicht, gezielt setzen und verändern. Auf diese

Weise müßten Rückschlüsse darauf möglich sein, ob und unter welchen Voraussetzungen sich Menschen in Dilemma-Situationen kooperativ verhalten. Angesichts dieser Möglichkeit kann es nicht verwundern, daß innerhalb verschiedener
Fachrichtungen eine Menge Phantasie darauf verwendet worden ist, Versuchsanordnungen zu finden, mit denen das Kooperationsphänomen untersucht werden
kann. Aufgrund seiner relativ einfachen Struktur ist dabei das Gefangenen-Dilemma ein besonders bevorzugter Gegenstand experimenteller Forschungen gewesen. So berichtet DAWES (1980), daß innerhalb der Psychologie nicht weniger
als 1.000 (!) Experimente bekannt sind, bei denen das Gefangenen-Dilemma untersucht wurde. Aber wie verläßlich sind diese Experimente? Kann man sich a)
auf die psychologische Methodik verlassen, und ist es b) sinnvoll, Zwei-Personen-Spiele zu betrachten?

Wir wollen zu a) an dieser Stelle nur anmerken, daß es durchaus Gründe gibt,
die gegen die Methode sprechen, mit der Psychologen Experimente durchführen.
Auch b) muß einigermaßen skeptisch behandelt werden, denn es spricht vieles
dafür, daß in Zwei-Personen-Situationen Aspekte eine Rolle spielen, die in der
anonymen Situation des sozialen Dilemmas nicht zum Tragen kommen. Kurz
gesagt folgt daraus, daß wir zur experimentellen Überprüfung der im Kontext des
sozialen Dilemmas abgeleiteten *Freifahrerhypothese* Experimente mit mehr als
zwei Personen brauchen, die die methodischen Schwächen der Psychologen vermeiden: Wir brauchen *ökonomische Experimente*. Solche gibt es in nicht geringer
Zahl. Da allerdings die experimentelle Ökonomik noch immer die Rolle einer
Randdisziplin spielt, die insbesondere in der Ausbildung von Ökonomen kaum
vorkommt, ist es angebracht, an dieser Stelle einige methodische Vorbemerkun-
gen zur experimentellen Ökonomie zu machen. Die Bedeutung, die Experimente
innerhalb der ökonomischen Forschung mittlerweile erlangt haben, rechtfertigt
es, dabei etwas ausführlicher zu sein – auch wenn wir dabei von der eigentlichen
Umweltökonomik ein wenig abkommen.

# 1.5.1   Die experimentelle Methode [17]

Lange Zeit galt die Ökonomik, im Unterschied sowohl zu den Naturwissen-
schaften als auch zur Psychologie, als eine prinzipiell *nicht experimentelle
Disziplin* – und zwar nicht nur in der Anschauung des breiten Publikums, sondern

---

[17] Dieses Kapitel ist zu einem großen Teil identisch mit dem Kapital 1 aus WEIMANN 1993.
Dort findet sich ein sehr ausführlicher Überblick über Experimente zur Freifahrer-Problematik.

auch der Ökonomen selbst. An dieser Einschätzung haben auch die ersten experimentellen Arbeiten Anfang der 60er Jahre zunächst wenig ändern können. Seit
dieser Zeit allerdings verzeichnet die experimentelle Methode eine monoton
wachsende Akzeptanz unter Ökonomen und ist mittlerweile in vielen Bereichen
der wissenschaftlichen Gemeinschaft als fester Bestandteil des methodischen Instrumentariums etabliert.

Dennoch handelt es sich bei dem Experiment noch immer um eine relativ
neue und keineswegs „alltägliche" Analysemethode. Aber nicht nur aus diesem
Grund erscheint es sinnvoll, dieses Kapitel mit einigen methodischen Vorbemer-
kungen einzuleiten. Wie bereits angedeutet, stehen ökonomische Experimente in
einem sehr engen verwandtschaftlichen Verhältnis zu psychologischen Experimenten. Dies gilt insbesondere für Experimente, die sich mit Freifahrerproblemen
befassen. Die Ähnlichkeit der von beiden Disziplinen angewendeten Methoden
sollte jedoch nicht darüber hinwegtäuschen, daß es zwischen ihnen einige entscheidende Unterschiede gibt, die sich bereits aus der Tatsache ergeben, daß
ökonomische Experimente bestimmte, spezifische Elemente aufweisen, die in einem engen Zusammenhang mit der Art und Weise stehen, in der Ökonomen gewohnt sind, Theorien zu bilden und Erklärungen beobachtbarer Phänomene zu
gewinnen.

Im Idealfall haben ökonomische Experimente *primär* die Aufgabe, Theorien
zu testen. Dies ist insofern ein idealer Fall, als er voraussetzt, daß eine empirisch
überprüfbare Theorie existiert. Die Tatsache, daß dies nicht immer der Fall ist,
hat dazu beigetragen, daß Experimente auch noch zu anderen Zwecken benutzt
werden als zur „bloßen" Theorieüberprüfung. In einigen Fällen – und Freifahrerexperimente zählen dazu – haben Experimente durchaus so etwas wie „theoriebildende" Funktionen.

Betrachten wir jedoch zunächst den Idealfall. Warum sollte eine *experimentelle* Überprüfung von Theorien sinnvoll sein? Die Vorteile des Laborversuchs werden besonders deutlich, wenn wir ihn mit der üblichen Praxis, dem ökonometrischen „Feldversuch" vergleichen. Was geschieht, wenn wir eine Theorie mit den
üblichen ökonometrischen Methoden zu überprüfen versuchen? Um diese Frage
zu beantworten, muß man sich zunächst die Struktur der zu testenden Theorie
ansehen. Üblicherweise besteht sie aus zwei Teilen: den Annahmen, die die An-
wendungsbedingungen der Theorie spezifizieren, und den Schlüssen, die mit Mitteln der Logik aus eben diesen Annahmen gezogen werden können. Wäre da
nicht der Anspruch auf empirische Relevanz, es gäbe keinen Grund, eine solche
Theorie zu testen. Wenn derjenige, der sie entwickelte, richtig gerechnet hat,

wenn er die Logik richtig gebrauchte, dann ist die Theorie in dem Sinne richtig, als die Schlüsse, die gezogen werden, tatsächlich aus den Voraussetzungen folgen. Wenn nur das gezeigt werden soll, erübrigt sich jede weitere Überprüfung. Wenn jedoch die Theorie eine in der Realität wiederfindbare Kausalität aufdecken soll, wenn sie also nicht die Funktion eines idealtypischen Referenzpunktes hat, sondern einen empirischen Anspruch erhebt, dann ist der Test unverzichtbar.

Was aber wird getestet? Genaugenommen werden beide Teile der Theorie überprüft, sowohl die Annahmen als auch die Schlußfolgerungen. Aus diesem Grund ist es ratsam, sich zu vergegenwärtigen, was eigentlich in den Annahmen einer Theorie steckt. Zunächst wird durch die Angabe der modellexogenen und endogenen Parameter die Umgebung beschrieben, in die die Theorie eingebettet ist. Von zentraler Bedeutung ist in diesem Zusammenhang die Ceteris-paribus-Klausel. Sie ist für die modellhafte Abbildung unverzichtbar und sie enthält eine entscheidende Hypothese bezüglich der realen Welt. Mit ihr wird behauptet, daß alles das, was durch sie aus dem Blickfeld des Modells gerät, auch tatsächlich keinen Einfluß auf das zu erklärende reale Phänomen besitzt. Die Ceteris-paribus-Annahme ist geradezu der Scheideweg zwischen Modell und Realität. Bei der Konfrontation des Modells mit empirischen Daten wird dieser Scheideweg überschritten, denn es ist klar, daß sich die Umgebung, in der die Daten erhoben wurden, insofern von der im Modell geschaffenen Umgebung unterscheidet, als in ihr die Ceteris-paribus-Annahme nicht gilt.

Ein zweiter Annahmenbereich betrifft die Institutionen, oder allgemeiner die Spielregeln, die im Modell als gültig unterstellt werden. Zentraler Bestandteil dieser Spielregeln ist die Auszahlungsfunktion, deren Angabe voraussetzt, daß Annahmen hinsichtlich des Verhaltens der Individuen, bzw. hinsichtlich ihrer Motive und Ziele getroffen werden.

Ganz gleich, welche konkrete Gestalt alle diese Annahmen haben, es ist klar, daß das durch sie spezifizierte Modell niemals eine exakte Abbildung der Realität sein kann, sondern allenfalls eine Annäherung. Aus diesem Grund wird das Modell bei einer ökonometrischen Überprüfung um eine stochastische Variable erweitert, gewissermaßen um einen stochastischen Apparat, der alle die Einflüsse erfassen soll, die im Modell nicht abgebildet werden, in der Realität aber Einfluß auf die abhängigen Variablen besitzen.

Fassen wir zusammen, so bleibt festzuhalten, daß im Rahmen eines ökonometrischen Tests keineswegs nur ein Kausalzusammenhang überprüft wird. Es werden vielmehr ganz verschiedene Dinge gleichzeitig getestet: Ist die Ceteris-paribus-Klausel richtig angewendet? Stimmen die Hypothesen bezüglich der Handlungsmotive? Herrschen in der Realität die Spielregeln, die im Modell unterstellt wurden? Stimmen die Annahmen über den stochastischen Teil der Schätzgleichungen? Alle diese Fragen sollen mit Hilfe des jeweiligen Schätzverfahrens beantwortet werden, und zwar ausschließlich dadurch, daß angegeben wird, wie gut das Modell die Daten zu erklären vermag. Reicht dies für die Beantwortung der vielen Fragen?

Experimentelle Ökonomen sind in dieser Hinsicht sehr skeptisch. VERNON SMITH (1989) beispielsweise glaubt, daß weder falsifizierende noch bestätigende Testergebnisse besonderen Aussagewert besitzen. Im ersten Fall ist nicht klar, welcher der verschiedenen Teile der Theorie das Scheitern verursacht hat, und im zweiten Fall kann nicht ausgeschlossen werden, daß mehrere Fehler sich in ihrer Wirkung aufgehoben haben, so daß im Ergebnis die Daten durch das falsche Modell richtig erklärt werden.[18]

Der entscheidende Vorteil, den Experimente an dieser Stelle geltend machen können, besteht darin, daß sie die Möglichkeit eröffnen, die Gültigkeit der Annahmen, die im Modell getroffen wurden, *zu kontrollieren*. Im Labor lassen sich exakt die Bedingungen schaffen, die in der Theorie als gültig unterstellt wurden. Insbesondere ist es unter Laborbedingungen möglich, die Ceteris-paribus-Klausel zu erfüllen. Das hat zur Folge, daß die verschiedenen Theorieelemente voneinander getrennt werden können und einer jeweils separaten Überprüfung zugänglich sind. Insbesondere ermöglicht dies eine zweistufige Überprüfung von Theorien: Wenn sie sich unter Ceteris-paribus-Bedingungen im Labor bewähren, so können die Annahmen bezüglich der endogenen Modellparameter und die Verhaltenshypothesen als bestätigt gelten. In einem zweiten Schritt kann dann der „Scheideweg" überschritten werden, d. h. die Überprüfung der Ceteris-paribus-Klausel erfolgen, indem das Modell mit der Realität konfrontiert wird.

Experimente werden vielfach als „zu einfach" oder „zu artifiziell" kritisiert. Der Einwand besteht darin, daß man bestreitet, daß es möglich sein kann, mit Hilfe von Laboruntersuchungen Schlüsse bezüglich realen Verhaltens zu ziehen. Dabei werden zwei Dinge übersehen: Solange sich Experimente damit befassen, Theorien zu überprüfen, kann sie der Vorwurf der zu großen Einfachheit nicht treffen. Dieser Vorwurf müßte dann nämlich gegen die Theorie gerichtet werden, die zu simpel strukturiert ist, denn das Experiment versucht, Theorien möglichst im Maßstab 1:1 abzubilden. Das zweite Mißverständnis besteht darin, daß in Experimenten der Versuch gesehen wird, Realität im Labor zu *simulieren*. Wollte man dies versuchen, so wäre in der Tat Skepsis angezeigt. Aber es handelt sich

---

[18]  HEY (1991) argumentiert sehr ähnlich, wenn auch etwas weniger radikal als SMITH.

bei ökonomischen Experimenten grundsätzlich nicht um Simulationen, nicht um den Versuch, irgendetwas nachzustellen. Vielmehr geht es darum, *reale Situationen kontrolliert zu schaffen*. Den Versuchspersonen in einem Experiment soll nicht Realität vorgegaukelt werden, es wird nicht so getan „als ob", sondern die Spieler werden in *reale Situationen* versetzt, in denen sie es mit *realen Mitspielern* zu tun haben, in denen sie *reale Entscheidungen* treffen, in denen es um *reales Geld* geht. Dies alles geschieht in einer vom Experimentator kontrollierten Umgebung, und es ist diese Kontrolle, die den Laborversuch von dem unterscheidet, was gemeinhin als „reale Welt" bezeichnet wird. Mit der gleichen Argumentation läßt sich dem Vorwurf begegnen, Experimente seien ohne Aussagewert, weil sie die Versuchspersonen in eine künstliche Situation versetzen, die nichts mit realen Entscheidungen gemein habe. Wenn die im Labor geschaffene Situation zwar derjenigen entspricht, die die Theorie thematisiert, aber dennoch keinen Bezug zu realen Phänomenen aufweist, dann kann das nur heißen, daß die Theorie, die es zu überprüfen gilt, die Ceteris-paribus-Klausel falsch benutzt, daß sie wichtige Einflußfaktoren aus der Betrachtung ausschließt.[19]

Wir haben bisher den „Idealfall" betrachtet, in dem Experimente benutzt werden, um eine Theorie zu überprüfen. Wie bereits angedeutet, haben Experimente mitunter auch theoriebildende Funktion. Insbesondere entsteht eine solche immer dann, wenn beobachtbares Verhalten im Widerspruch zu grundlegenden verhaltenstheoretischen Annahmen der ökonomischen Theorie steht. Kommt es zu einer Differenz zwischen Verhaltens*theorie* und *beobachtetem* Verhalten, so ist dies ein Ereignis, dem nicht ohne weiteres durch Modifikation der Theorie begegnet werden kann. Die entscheidungslogische Fundierung der ökonomischen Theorie ist auf einige zentrale Voraussetzungen hinsichtlich rationalen Verhaltens angewiesen. Diese Annahmen haben fundamentale Bedeutung – nicht nur für die einzelne Theorie, sondern für das gesamte ökonomische Theoriegebäude. Aus diesem Grund können sie nicht einfach suspendiert werden, wenn sie in Widerspruch zu Beobachtungen geraten, die im Experiment gemacht werden.

Üblicherweise werden die zentralen Verhaltensannahmen der ökonomischen Theorie nicht empirisch begründet, sondern a priori eingeführt. Ihre Legitimität beziehen sie im wesentlichen aus der großen Allgemeinheit, die sie in Anspruch nehmen können und die sicherstellt, daß sehr viele, sehr unterschiedliche Verhaltensweisen und Handlungsmotive durch sie abgedeckt sind. Wenn nun von diesen Annahmen abgewichen werden soll, weil nur so die Erklärung eines beob-

---

[19] Zu einer Auseinandersetzung mit einer Reihe weiterer, ähnlich gelagerten Vorwürfen gegen die experimentelle Methode vgl. HEY (1991), S. 11 ff.

achtbaren Phänomens möglich erscheint, so wird diese Abweichung in der Regel nicht in einer noch größeren Allgemeinheit der Verhaltensannahme bestehen[20], sondern in einer eher spezielleren Hypothese bezüglich der Motive menschlichen Handelns. Eine solche *spezielle* Hypothese bedarf jedoch der eigenständigen Begründung, will sie sich nicht des Vorwurfs der Ad-hoc-Annahme aussetzen, und eine solche Begründung vermag das Experiment in Form eines empirischen Belegs zu liefern.

In zwei wichtigen Fällen haben Experimente die Funktion, alternative Verhaltenshypothesen zu finden und zu begründen, nämlich bei der Erklärung kooperativen Verhaltens in Freifahrerexperimenten und bei der Analyse rationalen Verhaltens unter Unsicherheit. Mit ersterem werden wir uns im folgenden auseinandersetzen, zu letzterem seien an dieser Stelle einige kurze Bemerkungen gemacht. Üblicherweise wird Verhalten unter Unsicherheit in ökonomischen Modellen mit Hilfe der von Neumann-Morgenstern-Axiomatik abgebildet. Beginnend mit dem *Allais-Paradoxon*[21] wurden allerdings schon früh experimentelle Beobachtungen gemacht, die im Widerspruch zu der Erwartungsnutzenhypothese standen. Weitere bekannte „Anomalien" in diesem Zusammenhang sind das Ellsberg-Paradoxon (ELLSBERG 1961*)* oder die Präferenz-Umkehrung (KAHNEMAN UND TVERSKY 1979). Experimente haben in diesem Zusammenhang einerseits dazu gedient, die Abweichungen des beobachtbaren Verhaltens unter Unsicherheit von den Prognosen der Erwartungsnutzentheorie aufzudecken, und lieferten andererseits wertvolle Anregungen für Modifikationen der Axiomatik, wie sie beispielsweise in der Regret-Theorie (vgl. LOOMES und SUGDEN 1982) oder der Prospect-Theorie (KAHNEMAN und TVERSKY 1979) zum Ausdruck kommen.[22] Es sei an dieser Stelle nicht näher auf die verschiedenen Experimente eingegangen, die in diesem Zusammenhang durchgeführt worden sind[23]. Wichtig ist jedoch die Feststellung, daß in diesem Fall die Aufgabe experimenteller Forschung nicht

---

[20]  Vielfach würde dies nämlich die Verhaltenstheorie in eine reine Tautologie überführen, die dann erst recht nicht mehr in der Lage wäre, irgendetwas zu erklären.

[21]  Das ALLAIS bereits 1952 in einem Experiment beobachtete. Allerdings blieben die Arbeiten von ALLAIS lange Zeit unbeachtet. Vgl. zur Geschichte des Allais-Paradoxons ALLAIS UND HAGEN *(1979).*

[22]  Für einen ausgezeichneten Überblick sowohl über die Anomalien im Zusammenhang mit der Erwartungsnutzenhypothese als auch über die Alternativen vgl. MACHINA 1989. Eine neuere experimentelle Arbeit auf diesem Gebiet liefert LOOMES 1991.

[23]  Einen Überblick liefert HEY 1991, *Part II.*

allein die Überprüfung von Theorien war, sondern die experimentelle Beobachtung zusätzlich in den Dienst der Entdeckung neuer Erklärungsansätze gestellt
wurde.

Welche methodischen Folgerungen ergeben sich aus den bisher beschriebenen
Funktionen ökonomischer Experimente? Es seien hier nur zwei genannt, die insofern eine wichtige Rolle spielen, als sie ökonomische von einem großen Teil psychologischer Experimente abgrenzen.[24]

Beide Folgerungen leiten sich aus der Überlegung ab, daß ein Experiment nur
dann seiner Funktion gerecht werden kann, wenn mit ihm eine Theorie quasi *abgebildet* wird. Das bedeutet erstens, daß im Experiment den Spielern genau die
Anreize gegeben werden müssen, die in der zugrundeliegenden Theorie als wirksam angesehen werden. Das heißt konkret, daß sich ökonomische Experimente
monetärer Anreize bedienen müssen, denn die ökonomische Theorie geht davon
aus, daß es materielle Anreize sind, die verhaltenssteuernd wirken. Zweitens bedeutet dies, daß die Spieler auch tatsächlich in die Entscheidungssituation versetzt werden müssen, die im Experiment erzeugt werden soll. Das wiederum setzt
voraus, daß die Spieler davon ausgehen können müssen, daß die Regeln, die ihnen als gültig mitgeteilt werden, auch tatsächlich gelten. Das ist nur dann zu erwarten, wenn in ökonomischen Experimenten Versuchspersonen nicht hinters
Licht geführt werden, wenn im Experiment grundsätzlich genau das geschieht,
was der Experimentator den Spielern mitteilt. Die Glaubwürdigkeit des Experi-
mentators ist von erheblicher Bedeutung. Ist sie nicht mehr gegeben, d. h., gehen
die Versuchsteilnehmer davon aus, daß das, was der Experimentator sagt, nicht
den tatsächlichen Gegebenheiten entspricht, dann wäre keine Kontrolle mehr
über die Bedingungen, unter denen die Entscheidungen der Spieler fallen, gegeben – und damit wäre die zentrale Eigenschaft experimenteller Untersuchungen
verlorengegangen.

Zweifellos sind die beiden genannten methodischen Grundsätze wichtig und
ihre Bedeutung wird von allen, die ökonomische Experimente benutzen, betont.
Dennoch ist die Frage, wie puristisch diese Grundsätze anzuwenden sind, durchaus umstritten. Was die monetären Anreize angeht, so ist offensichtlich, daß
kaum entschieden werden kann, wann ein solcher Anreiz stark genug ist, um allein handlungsleitend zu sein. Wie wollte man ausschließen, daß sich die Spieler
auch von anderen Motiven als dem der Einkommenserzielung leiten lassen? Vielfach hat sich gezeigt, daß experimentelle Resultate, die in Experimenten ohne

---

[24] Für eine ausführliche Darstellung methodischer Details sei wiederum auf HEY 1991 verwiesen.

monetäre Anreize erzielt wurden, in Experimenten mit monetärem Anreiz bestätigt werden konnten.[25] Auf der anderen Seite spricht vieles dafür, daß das Verhalten der Versuchsteilnehmer nicht unabhängig von der Höhe der Auszahlungen sein dürfte. Die Schwierigkeit besteht oftmals darin, daß bei Versuchen, in denen sich die Teilnehmer in einer Weise verhalten, die nicht im Einklang mit der ökonomischen Entscheidungstheorie steht, die Vermutung geäußert wird, das Verhalten der Spieler würde schon „richtig" ausfallen, wenn nur die Auszahlungen hoch genug wären. Diese Vermutung ist insofern wenig ergiebig, als nicht klar ist, was „hoch genug" heißt – und deshalb die Vermutung immer geäußert werden kann.

Man wird davon ausgehen können, daß die Frage, wie hoch monetäre Anreize gesetzt werden müssen, immer umstritten bleiben wird. Aufschluß könnte nur die systematische Variation der Auszahlungshöhe schaffen, die aber vielfach an dem damit einhergehenden erheblichen finanziellen Aufwand scheitert. Somit bleibt man auf Plausibilitätsüberlegungen angewiesen, wie etwa die, daß Auszahlungen so zu gestalten seien, daß sie bei durchschnittlichem Erfolg des Spielers dem Lohnsatz entsprechen, der bei alternativer Verwendung der eingesetzten Zeit erzielt worden wäre, und bei erfolgreichem Verhalten deutlich über diesem Satz liegt (vgl. dazu HEY 1991, der diese Faustregel einführt).

Auch die Frage, wie ehrlich der Experimentator zu sein hat, wird nicht ganz einheitlich gesehen. Mitunter – so hat es den Anschein – führt kein Weg um eine (Not-?) Lüge herum, wenn man bestimmte Resultate erzielen will. Allerdings ist bei diesem Punkt höchste Sensibilität angebracht. Wenn man bereit ist, zuzugestehen, daß Spielern in Ausnahmefällen die Unwahrheit gesagt werden darf, dann müssen die Grenzen innerhalb derer solche Ausnahmen zulässig sind, sehr eng gezogen werden. Auf gar keinen Fall darf es zu einer Situation kommen, wie sie für *psychologische* Experimente typisch ist. Unter Psychologen (und vor allem auch unter Psychologiestudenten, die in fast allen Fällen die Versuchspersonen stellen) ist es nahezu *Common knowledge*, daß der Experimentator in der Regel die Unwahrheit sagt. Die von Psychologen durchgeführten Freifahrerexperimente sind zum überwiegenden Teil in einer Weise gestaltet, bei der die Versuchspersonen manipulierte Informationen erhalten. Welchen Wert haben Beobachtungen, wenn mehr oder weniger klar ist, daß die Spieler *davon ausgehen*, daß beispielsweise ihre Auszahlungen durch den Experimentator manipuliert werden? Insofern ist es keine Überheblichkeit, wenn wir Experimenten bevorzugen, die der ökonomischen Methodik folgen, sondern allein Ausdruck der Besorgnis hinsichtlich

---

[25]  Vgl. SMITH 1989, S. 163.

der Verläßlichkeit psychologischer Ergebnisse.[26] Dessen ungeachtet werden wir
unseren kurzen Überblick über die wichtigsten experimentellen Befunde mit zwei
Arbeiten beginnen, die nicht unbedingt als eindeutig „ökonomische" Experimente
bezeichnet werden können.

## 1.5.2    Freifahrerexperimente

Angesichts der eindeutigen theoretischen Prognose uneingeschränkten Freifahrerverhaltens in sozialen Dilemmasituationen ist es naheliegend, Experimente zunäckt dafür zu nutzen, um zu überprüfen, ob sich „reale" Menschen entsprechend dieser Prognose verhalten. Der Versuch von SCHNEIDER UND POMME-
REHNE (1981) diente deshalb folgerichtig dem Ziel "to get an idea of the importance
of free riding in the real world" (p. 690).

Um zu erfahren, wie stark der Freifahrer-Anreiz tatsächlich ist, benutzten SCHNEI-
DER UND POMMEREHNE keinen üblichen Laborversuch, sondern einen geschickt ge-
stalteten Feldversuch. 47 Ökonomiestudenten der Universität Zürich wurde angeboten, Vorabexemplare eines Lehrbuches zu erwerben, das von einem Zürcher Professor geschrieben worden war und für die Prüfungsvorbereitung der Studenten einen
erheblichen Wert besaß. In einer ersten Stufe wurden den Studenten (angeblich von
einer Repräsentantin des Verlages) mitgeteilt, daß 10 Exemplare versteigert würden.
Zu diesem Zweck konnte jeder Student ein verdecktes Gebot abgeben, und die 10
höchsten Gebote erhielten ein Lehrbuch.

Nachdem die Gebote abgegeben worden waren, unterbreitete die Verlagsreprä-
sentantin ein paar Tage später folgenden erweiterten Vorschlag: Wenn die Studenten,
zusammen mit zwei ähnlich großen Gruppen an anderen Universitäten, insgesamt
einen Betrag von 4.200 Franken bieten würden, dann wäre der Verlag in der Lage, jedem ein Exemplar zukommen zu lassen, gleichgültig wieviel er geboten hatte. Auf
dieser Stufe des Experiments eröffnet sich für den einzelnen erstmals eine Freifahrer-
option. Zwar ist die Wahrnehmung dieser Option keine dominante Strategie, da es

---

[26] Es sei an dieser Stelle betont, daß dahinter tatsächlich kein "ökonomischer Chauvinismus"
steckt. Ein solcher wäre schon deshalb nicht angebracht, weil viele "ökonomische" Freifahrerexperimente von Psychologen durchgeführt worden sind.

sich um ein diskretes öffentliches Gut handelt, aber die Wahrscheinlichkeit, gerade den entscheidenden Beitrag zu leisten ist angesichts der Gruppengröße und des hohen Betrages relativ gering.

Die dritte Stufe des Experiments wurde dadurch ermöglicht, daß den Studenten mitgeteilt wurde, daß die erforderlichen 4.200 Franken nicht erreicht wurden. Nachdem dies bekanntgegeben worden war, ließ der Lehrbuchautor verkünden, daß es ihm gelungen sei, eine Stiftung zu finden, die sich bereiterklärt, die Differenz zwischen den studentischen Beiträgen und den geforderten 4.200 Franken zu übernehmen. Dabei wurden unter dieser "Spielregel" neue Gebote eingeholt. In dieser dritten Stufe ist es nun allerdings *dominante Strategie* keinen Beitrag zu leisten, denn ganz gleich wieviel jemand zu zahlen bereit ist, er/sie kommt auf jeden Fall in den Besitz des Buches. Die folgende Tabelle zeigt die Durchschnittsgebote in den drei Stufen (in Schweizer Franken).

| Stufe 1 | Stufe 2 | Stufe 3 |
|---------|---------|---------|
| 27,62   | 26,57   | 16,86   |

Tabelle 5: SCHNEIDER UND POMMEREHNE S. 697

Das Ergebnis dieses Versuchs ist durchaus typisch: Freifahrerverhalten läßt sich nachweisen, aber es ist bei weitem nicht so stark ausgeprägt, wie es die Existenz einer dominanten Strategie vermuten läßt. Insbesondere zeigt sich, daß im Falle diskreter öffentlicher Güter, bei dem der eigene Beitrag zumindest mit einer gewissen Wahrscheinlichkeit darüber entscheidet, ob alle in den Genuß des öffentlichen Gutes kommen, die Bereitschaft zum Freifahrerverhalten sehr viel geringer ausgeprägt ist als im "reinen" Fall. Allerdings kann die Kooperationsbereitschaft, die sich auf der zweiten Stufe zeigt, nicht mit einem rationalen Kalkül begründet werden. Wenn man davon ausgeht, daß die Spieler in der ersten Runde ihre wahre Zahlungsbereitschaft geäußert haben, so ist in der zweiten Runde praktisch kein Freifahrerverhalten festzustellen, obwohl die Wahrscheinlichkeit, den entscheidenden Beitrag geleistet zu haben, sehr gering war. Die auf der dritten Stufe abgegebenen Gebote legen eine Interpretation nahe, die als typisch für viele Freifahrerexperimente gelten kann. Offensichtlich ist die *strikte Freifahrerhypothese*, die darin besteht, daß die Spieler ihre dominante Strategie spielen, zu verwerfen. Dennoch wird die Freifahreroption in einem gewissen Umfang wahr-

genommen, so daß es gerechtfertigt erscheint, von einer Art "schwachem Freifahrerverhalten" zu sprechen.

Wie bereits gesagt ist der Versuch von SCHNEIDER und POMMEREHNE kein
ökonomisches Experiment im eigentlichen Sinne, denn er fand nicht im Labor
und damit nicht unter vollständig kontrollierten Bedingungen statt. Außerdem
wurden die Versuchspersonen manipuliert, denn tatsächlich gab es keine „Ver-
lagsrepräsentantin" und keinen Lehrbuch-Sponsor. Mit ähnlichen Einschränkungen ist ein Versuch zu versehen, der fast zeitgleich von zwei Psychologen durchgeführt wurde und einige Berühmtheit erlangt hat:

Die Untersuchung von MARWELL und AMES (1981) kann für sich in Anspruch
nehmen, eine der umfangreichsten und aufwendigsten ihrer Art zu sein. In den
meisten anderen Untersuchungen konnten beispielsweise nur relativ kleine Gruppen von 4–8 Personen teilnehmen, MARWELL und AMES hatten immerhin 32
Versuchspersonen zur Verfügung. Durch einen kleinen Trick wurde die Gruppe
zusätzlich erweitert. Das gesamte Experiment wurde per Brief bzw. Telefon ab-
gewickelt. Darum konnte man den Versuchspersonen erklären, die Gruppenstärke
betrüge 80 Personen – wie gesagt, MARWELL und AMES sind Psychologen und
selbige nehmen es mit der Wahrheit in Experimenten nicht immer ganz genau (im
Unterschied zu Ökonomen).

Die Versuchsanordnung ist zunächst relativ einfach: Die Spieler hatten weder
untereinander Kontakt, noch wußten sie, wer an dem Spiel teilnimmt. Sie wurden
ausführlich von einem Experimentator instruiert und mit einer Anzahl von Spielmarken ausgestattet. Diese Marken konnten sie in zwei verschiedene „Anlagefor-
men" investieren, nämlich in eine „private" und in eine „öffentliche". Bei der privaten Anlage erhielten sie einen sicheren „Return" von 1 Cent pro Marke, unabhängig davon, was die anderen Spieler taten. Jede in die öffentliche Anlage investierte Marke brachte einen Return von 2,2 Cent, allerdings wurde dieser
gleichmäßig auf alle Spieler verteilt, also auch auf die, die nichts in die öffentliche Anlage eingezahlt hatten. Aus individueller Sicht war damit die private Investition immer vorzuziehen, obwohl der höchste Payoff dann erreicht wurde, wenn
alle ihre gesamte Anfangsausstattung in die öffentliche Anlage investierten.

Das Ergebnis des Experiments war: Im Durchschnitt investierten die Versuchspersonen 42 % ihrer Spielmarken in das öffentliche Gut. Damit bestätigt das
Experiment nicht die Freifahrer-Hypothese der Spieltheorie. Es zeigt aber andererseits, daß die Gruppe weit von einer Pareto-effizienten Lösung entfernt blieb,
denn diese wäre erst bei 100 % erreicht. MARWELL und AMES haben ihr Experi-

ment in insgesamt 12 verschiedenen Versionen durchgeführt. Dabei wurden jeweils einzelne Elemente der Versuchsanordnung geändert. So verkleinerten sie die Gruppen, erhöhten die Auszahlungen, verteilten die Anfangsausstattungen ungleichmäßig oder versahen die Versuchsteilnehmer mit zusätzlichen Informationen über das Verhalten der anderen Mitspieler. Die Resultate waren fast immer identisch mit dem des ersten Experiments, d. h., zwischen 40 und 50 % der Spielmarken wurden in die öffentliche Anlage gesteckt. Aber es gab zwei bemerkenswerte Ausnahmen. Die erste trat auf, als die Auszahlungen erhöht wurden. MARWELL und AMES stellten einerseits fest, daß das Verhalten der Versuchspersonen in diesem Fall signifikant davon abhing, welcher Instrukteur die Teilnehmer über die Spielbedingungen informiert hatte und andererseits, daß insgesamt der Anteil der öffentlichen Anlage zurückging. Die Schlußfolgerungen aus diesen Beobachtungen sind klar: Erstens wurde offensichtlich nicht das notwendige Maß an Anonymität erreicht, denn der persönliche Kontakt zwischen Spieler und Experimentator beeinflußte das Ergebnis, und zweitens hängt die Kooperationsbereitschaft von den Kosten ab, die mit dem Verzicht auf die Freifahrer-Option verbunden sind.

Die zweite Abweichung von den sonst erzielten Ergebnissen sollte den Leser ein wenig nachdenklich stimmen. MARWELL und AMES führten ihre Experimente mit Psychologiestudenten durch. Nur ein einziges Mal machten sie eine Ausnahme und spielten das Spiel mit Studenten der Wirtschaftswisssenschaften. Prompt fiel die Quote der öffentlichen Anlage auf 20 %! Sind Ökonomen weniger kooperativ als andere Menschen? Oder sind sie rationaler?!

Diese Frage steht seit dem Erscheinen der Arbeit von MARWELL und AMES auf der Tagesordnung experimenteller Ökonomen. Erst kürzlich ist sie in Arbeiten von CARTER und IRONS (1991) und von FRANK, GILOVICH UND REGAN (1993) wieder aufgeworfen worden [27]. FRANK ET AL. stützen im wesentlichen die Vermutung von MAWELL und AMES. Sowohl die Auswertung anderer Arbeiten zu diesem Thema als auch eigene von FRANK ET AL. durchgeführte Versuche zeigen, daß sich Ökonomiestudenten im Vergleich zu den Studenten anderer Fächer

---

[27] Insbesondere letztgenannter Artikel hat dabei sogar ein internationales Presseecho erfahren (in Deutschland berichtet beispielsweise der SPIEGEL darüber). Diese Echo ist insofern nicht verwunderlich, als FRANK ET AL. ein in der Öffentlichkeit seit langem bestehendes Vorurteil gegenüber Ökonomen zu bestätigen scheinen – wobei der Umstand, daß ihr Artikel in einem hochrangigen *ökonomischen* Journal erschien, dieser Bestätigung natürlich besonderes Gewicht verleiht.

weniger kooperativ verhalten [28]. Die experimentellen *Beobachtungen* sind dabei recht eindeutig – aber wie so oft ist ihre *Interpretation* keineswegs eindeutig. FRANK ET AL. haben beispielsweise festgestellt, daß sich die Kooperationsbereitschaft der Studenten anderer Fachrichtungen mit fortschreitendem Studium erhöht. Höhere Semester leisten in Freifahrerexperimenten höhere Beiträge als Studienanfänger – es sei denn, es handelt sich um Ökonomiestudenten. Bei denen tritt dieser Effekt nämlich nicht auf. Offensichtlich *lernen* sie während ihre Studiums etwas über die Struktur sozialer Dilemmata und über rationales Verhalten in solchen Situationen. Ein vielleicht noch wichtigerer Punkt ist dabei, daß Ökonomiestudenten nicht nur selbst etwas über individuelles Rationalverhalten lernen, sondern auch wissen daß *die anderen Ökonomiestudenten* (mit denen sie das Experiment spielen) gelernt haben, was Rationalität im Gefangenendilemma gebietet. Aus diesem Grund dürften Ökonomiestudenten bezüglich des Verhaltens der Mitspieler eine andere Erwartung haben als ihre Kommilitonen aus anderen Fächern. Verhalten sich die Spieler in einem Gefangenen-Dilemma strikt rational, so ist es zwar gleichgültig, welche Erwartung über das Verhalten des Gegenspielers besteht, denn in diesem Fall existiert eine dominante Strategie. Die Experimente zur Freifahrerproblematik zeigen aber gerade, daß sich Individuen nicht strikt rational verhalten, und sie zeigen, daß das Verhalten der Gegenspieler durchaus eine Rolle spielt – und damit auch die Erwartungen bezüglich dieses Verhaltens. So hat sich in Experimenten von WEIMANN (1994) gezeigt, daß Spieler eine stark ausgeprägte *Ausbeutungsaversion* besitzen: Wenn die anderen freifahren, ist niemand bereit zu kooperieren. Wenn also Ökonomiestudenten wissen, daß ihre Mitspieler das Gefangenen-Dilemma und die beste Strategie in diesem Spiel kennen, liegt es dann nicht nahe, daß sie eher befürchten, „ausgebeutet" zu werden und deshalb nicht kooperieren? In diesem Fall wäre die geringe Kooperation der Ökonomen allein darauf zurückzuführen, daß unter ihnen die dominante Strategie im Gefangenen-Dilemma *Common Knowledge* ist.

Die experimentelle Ökonomik hat sich in den letzten 10 Jahren natürlich nicht nur mit der Frage befaßt, wie kooperativ Ökonomiestudenten sind. Vielmehr hat

---

[28] Die Fairneß gebietet es, darauf hinzuweisen, daß FRANK ET AL. in ihre Untersuchungen auch Professoren einbezogen haben. Sie veranstalteten nämlich eine Umfrage unter mehr als 1.000 Hochschullehrern, in der sie u.a. danach fragten, wieviel freiwillige Spenden geleistet wurden. Die Ökonomen gaben dabei signifikant niedrigere Werte an als ihre Kollegen aus anderen Fachbereichen. Zur Ehrenrettung der Zunft sei hinzugefügt, daß sich bei dieser Umfrage auch zeigte, daß Ökonomen genausoviel freiwille Arbeit in gemeinnützigen Organisationen leisten wie andere und fast genauso fleißig zur Wahl gehen wie ihre Kollegen – ob letzteres positiv oder negativ zu bewerten ist, sei dem Leser überlassen.

es eine Vielzahl von Arbeiten gegeben, die sich ganz allgemein mit der Freifahrer-Problematik auseinandersetzen. Dabei hat sich eine bestimmte Versuchsanordnung als *Standard* herausgebildet, die zwar in wesentlichen Teilen der von MARWELL und AMES entspricht, in einem Punkt aber einen deutlichen Unterschied aufweist: Standard-Freifahrerexperimente sind grundsätzlich keine „Oneshot-Spiele", sondern werden *wiederholt* gespielt. Das bedeutet, daß die Spieler mehrmals hintereinander entscheiden müssen, ob sie kooperieren oder defektieren wollen. Die Begründung für die Notwendigkeit solcher wiederholter Spiele ist recht einfach. Sie besteht im wesentlichen darin, daß nur bei Spielwiederholung sichergestellt werden kann, daß die Spieler ihre Freifahrermöglichkeit auch tatsächlich erkennen. Wenn Spiele mehrfach ausgeführt werden, dann können Lerneffekte ausgenutzt werden, wie sie auch in der Realität eine erhebliche Rolle spielen dürften. Selbstverständlich ändert die Wiederholung des Spiels dessen Regeln im Vergleich zum „einfachen" Gefangenen-Dilemma in nicht unerheblicher Weise und man kann sich durchaus vorstellen, daß es möglich ist, daß diese Regeländerung dazu führt, daß Kooperation zu einer rationalen Strategie wird. Wir werden die Theorie zu dieser Frage zu einem etwas späteren Zeitpunkt nachreichen. An dieser Stelle sei nur festgestellt, daß auch bei Spielwiederholung gilt, daß im Nash-Gleichgewicht Kooperation keine rationale Strategie ist.

Wir wollen uns die Standard-Versuchsanordnung anhand eines Experiments von ISAAK und WALKER aus dem Jahre 1988 ansehen. Dieses Experiment eignet sich deshalb besonders gut als Demonstrationsobjekt, weil in ihm einige Ergebnisse mit großer Deutlichkeit beobachtet wurden, die sich als *reproduzierbar* im Standard-Freifahrerexperiment erwiesen haben.

Wie bei MARWELL und AMES standen auch bei dem Versuch von ISAAK und WALKER die Spieler vor der Entscheidung, eine ihnen ausgehändigte Anfangsausstattung entweder in eine private oder eine öffentliche Anlage zu investieren. Gespielt wurde in Gruppen zu 4 oder zu 10 Personen, jeder Spieler erhielt eine Ausstattung von $Z_i$. Das Spiel wurde jeweils 10 Mal gespielt; die Anzahl der Wiederholungen war den Spielern ex ante bekannt. Jede in die private Anlage investierte Marke führte zu einer Auszahlung von einem Cent, die Erträge der öffentlichen Anlage wurden so gestaltet, daß die Spieler entweder 0,3 oder 0,75 Cent pro investierter Marke erhielten. Insgesamt berechnete sich die individuelle Auszahlung damit wie folgt:

$$\pi_i = Z_i - m_i + \frac{G}{N}\left(\sum_{j \neq i} m_j + m_i\right).$$

Dabei ist N die Anzahl der Spieler und G/N (Cent) der Marginale-Pro-Kopf-Ertrag (MPCR) einer in die öffentliche Anlage investierten Marke. Das Experiment wurde mit Hilfe eines Computernetzes durchgeführt und es wurden ausschließlich erfahrene Versuchspersonen eingesetzt, die bereits früher einmal an einem Freifahrerexperiment teilgenommen hatten. Die folgende Tabelle zeigt die insgesamt vier Versuchsanordnungen:

| Experiment | Gruppengröße | MPCR | Ausstattung |
|:---:|:---:|:---:|:---:|
| 4L | 4 | .3 | 62 |
| 4H | 4 | .75 | 25 |
| 10L | 10 | .3 | 25 |
| 10H | 10 | .75 | 10 |

Tabelle 6: ISAAK UND WALKER 1988, S. 188

Die folgende Abbildung gibt die Durchschnittsbeiträge in den einzelnen Anordnungen wieder

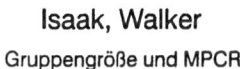

Isaak, Walker

Gruppengröße und MPCR

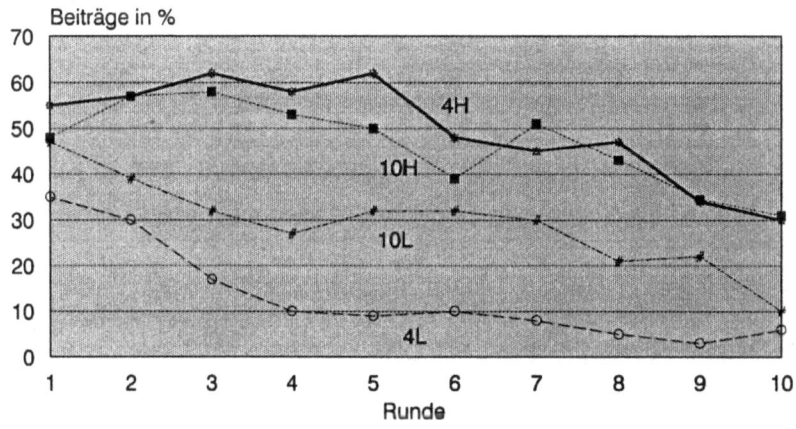

Abbildung 3

Die Resultate sind eindeutig interpretierbar. Bezüglich der Freifahrerhypothese bestätigt sich, was sich bereits bei MARWELL und AMES gezeigt hat: Es kommt weder zu striktem Freifahrerverhalten noch zu einer effizienten Erstellung des öffentlichen Gutes im Sinne einer Lindahl-Lösung. Auch bezüglich der Gruppengröße und des MPCR sind die Ergebnisse deutlich. Während die Gruppengröße keinen signifikanten Einfluß auf das Beitragsverhalten zu haben scheint (zwischen 4H und 10H besteht kein signifikanter Unterschied) ist der MPCR von erheblicher Bedeutung. Bei der Interpretation der letzten Beobachtung ist zu bedenken, daß der MPCR den *Preis* für kooperatives Verhalten bestimmt, denn dieser besteht in der Differenz zwischen dem (konstanten) Ertrag der privaten Anlage und dem MPCR. Das bedeutet: In den H-Anordnungen war der Verzicht auf Freifahrerverhalten *billiger* als in den L-Anordnungen.

Daß die Freifahrerhypothese in ihrer strikten Version zu verwerfen ist, zeigte sich nicht erst in dem Versuch von ISAAK UND WALKER, sondern war auch das Ergebnis anderer Experimente, auf die hier nicht eingegangen werden kann. Fast alle *reproduzierbaren* Beobachtungen, die in diesen Experimenten gemacht wurden, finden sich auch bei ISAAK und WALKER, und können an Abbildung 3 nachvollzogen werden. Im wesentlichen liefert das Standard-Freifahrerexperiment sowie vergleichbare Versuchsanordnungen folgende Resultate:

*   Die strikte Freifahrerhypothese muß als weitgehend falsifiziert angesehen werden. Die Anfangsbeiträge in die öffentliche Anlage bewegen sich zwischen 40% und 60% der effizienten Beitragshöhe.

*   Bei wiederholter Durchführung des n-Personen GD-Spiels *fallen* die individuellen Beiträge tendenziell.

*   Bei bekannter Anzahl von Spielwiederholungen ist ein deutlicher Schlußrundeneffekt festzustellen, d. h., der Durchschnittsbeitrag erreicht in der letzten Runde mit hoher Wahrscheinlichkeit sein absolutes Minimum.

*   Auch in der One-Shot-Version des n-Personen-GD-Spiels wählen die Versuchsteilnehmer nicht ihre dominante Strategie. Dies gilt sowohl für einmal durchgeführte Spiele als auch für die Schlußrunden in wiederholt durchgeführten Spielen.

\*   Bei wiederholten Spielen ist in allen Runden sowohl kooperatives als auch schwach oder stark ausgeprägtes Freifahrerverhalten beobachtbar.

\*   Die Höhe des MPCR der öffentlichen Anlage (der Grenznutzen aus dem öffentlichen Gut) hat einen signifikant positiven Einfluß auf die Kooperationsbereitschaft.

Man sollte sich an dieser Stelle noch einmal vergegenwärtigen, daß *keine* der genannten Beobachtungen mit der Prognose der ökonomischen Theorie in Einklang zu bringen ist. Wir sind nicht in der Lage, unter Verwendung des ökonomischen "model of man", die im Standard-Freifahrerexperiment gemachten Beobachtungen zu erklären. Ganz besonders deutlich wird dies an einem Punkt, der auf den ersten Blick durchaus für die Annahme ökonomisch rationalen Verhaltens spricht: Der Schlußrundeneffekt könnte zumindest als ein entsprechender Hinweis gelten. Aber wenn die Versuchspersonen im letzten Spiel ihre Beiträge reduzieren, weil sie erkennen, daß sie über eine *dominante* Strategie verfügen, warum antizipieren selbst erfahrene Spieler dies nicht in den vorangehenden Runden? Und wenn die Spieler ihre dominante Strategie erkennen, warum folgen sie ihr nicht, sondern leisten auch im letzten Spiel noch signifikant positive Beiträge?

Wirklich befriedigende Antworten auf diese und andere Fragen, die das Freifahrerexperiment aufwirft, liegen bis heute nicht vor. Ein Grund dafür dürfte die Tatsache sein, daß die Mehrzahl der Experimente nicht dem Ziel diente, mögliche *Erklärungen* für kooperatives Verhalten zu testen oder zu entwickeln, sondern sich darauf konzentrierten zu prüfen, *ob* Kooperation beobachtet werden kann oder nicht.

Das Experiment von ANDREONI (1988) kann vor diesem Hintergrund als ein Einschnitt betrachtet werden, denn es befaßt sich explizit nicht mehr mit der Frage, ob Menschen Freifahrer sind, sondern mit zwei Hypothesen, die erklären wollen, warum sie es nicht sind, bzw. warum sie es im Standard-Freifahrerexperiment nicht sind. Die erste bezeichnet ANDREONI als *Lern-Hypothese* die zweite als *Strategie-Hypothese*. Erstere erklärt den immer wieder beobachtbaren Beitragsrückgang im Standard-Freifahrerexperiment damit, daß die Versuchsteilnehmer erst im Spielverlauf lernen, daß sie über eine Freifahrermöglichkeit verfügen. Der Beitragsrückgang wird deshalb als Ausdruck eines zunehmenden Lernerfolges der Versuchsteilnehmer interpretiert. Die zweite Hypothese besagt, daß die

Beiträge, die die Spieler in die öffentliche Anlage leisten, *strategisch* begründet sind – wobei "strategisch" nicht im engen spieltheoretischen Sinne zu verstehen ist, denn welche Strategie die Spieler dabei verfolgen, wird nicht konkretisiert. Hinter der Hypothese steht vielmehr die Vorstellung, daß die Versuchsteilnehmer versuchen, ihre Mitspieler in irgendeiner Weise zu beeinflussen, um sie zur Kooperation zu bewegen. Gelingt dies dadurch, daß man selbst Beiträge leistet, so könnten diese einen Netto-Vorteil erzeugen. ANDREONI überprüft die Strategie-Hypothese durch einen Vergleich der beiden folgenden Anordnungen:

*Stranger:*

Aus einer Gruppe von 20 Versuchspersonen werden vier Gruppen gebildet, die ein Standard-Freifahrerexperiment spielen. Jeder Spieler erhält pro Runde 50 Spielmarken, die private Anlage zahlt pro Marke 1 Cent, die öffentliche Anlage 0,5 Cent pro Spieler. Das Experiment läuft über 10 Runden, aber vor jeder Runde werden die Fünfergruppen mit Hilfe eines Zufallsgenerators *neu zusammengestellt*. Keiner der Spieler weiß daher, mit welchem der anderen 19 Spieler er die nächste Runde bestreiten wird. Auf diese Weise wird eine Situation geschaffen, in der eine Beeinflussung der anderen Spieler praktisch ausgeschlossen wird. Da die n+1-te Runde mit anderen Mitspielern bestritten wird als die n-te, ist es sinnlos, in der n-ten Runde zu kooperieren, um die Mitspieler zu Kooperation in der nächsten Runde anzuregen. In gewisser Weise befinden sich die *Stranger* 10 mal in einer One-shot-Situation.[29]

*Partner:*

Die Partner spielten das Spiel in der gleichen Weise wie die Stranger, aber in festen Gruppen, d. h., die Spieler wußten, daß sie die 10 Runden mit den gleichen Mitspielern bestreiten würden. Es dürfte offensichtlich sein, daß dann, wenn strategische Überlegungen Ursache der Kooperation sind, dieses Motiv bei den Partnern stärker ausgeprägt sein müßte als bei den Strangern. In beiden Anordnungen wurde den Spielern nach jeder Runde mitgeteilt, wieviel insgesamt in die öffentliche Anlage investiert wurde. Abbildung 4 gibt die Duchschnittsbeiträge von Strangern und Partnern wieder. Beide Experimente wurden zwei mal durchgeführt, so daß n (Partner) = 30 und n (Stranger) = 40.

---

[29] Dies gilt insofern nur eingeschränkt, als es in frühen Runden relativ wahrscheinlich ist, daß Mitspieler in diesen Runden später noch einmal in der gleichen Gruppe sein werden. Allerdings wurden die Experimente anonym durchgeführt, so daß eine Identifizierung der Mitspieler in späteren Runden nicht möglich war. Jeder einzelne mußte sich damit sagen, daß er auch von den anderen Spielern nicht erkannt werden würde, nicht identifiziert werden kann.

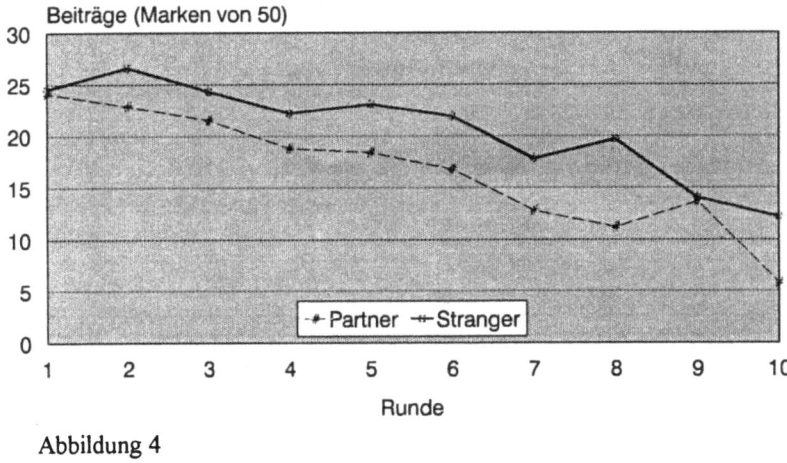

Abbildung 4

Das Resultat ist sehr überraschend: In allen 10 Runden leisten die Stranger, also diejenigen, die den *geringeren* Anlaß haben, sich strategisch zu verhalten, *höhere* Beiträge als die Partner. Dabei wächst die Differenz bis zur Runde 8 und erreicht in der letzten Runde ihren zweithöchsten Wert. Darüber hinaus weisen beide Kurven den bereits bekannten fallenden Verlauf auf und insbesondere bei den Partnern ist ein stark ausgeprägter Schlußrundeneffekt zu verzeichnen.

Abbildung 4 macht deutlich, daß die Hypothese, daß Beiträge im Standard-Freifahrerexperiment strategisch motiviert sind, bzw. darauf abzielen, die Mitspieler zur Kooperation zu bewegen, nicht zu überzeugen vermag. Diese Einsicht wird auch durch die Tatsache nicht verändert, daß das überraschende Resultat ANDREONIS, in einem kürzlich vom Autor durchgeführten Experiment nicht reproduziert werden konnte. Bei WEIMANN (1994) wiesen Stranger und Partner keinerlei signifikante Verhaltensunterschiede auf – eine Beobachtung, die ebenfalls nicht mit der Strategie-Hypothese in Einklang gebracht werden kann.

Die Lern-Hypothese untersucht ANDREONI durch folgende Anordnung: In jeweils einem der beiden Partner und Stranger Experimente wurde nach 10 Runden ein zuvor nicht angekündigter "Restart" durchgeführt, d. h., den Spielern wurde mitgeteilt, daß unerwarteterweise noch Zeit für ein zweites Experiment sei. Auch dieses Experiment war auf 10 Runden angesetzt, wurde dann jedoch nach der dritten Runde abgebrochen. Abbildung 5 zeigt das Ergebnis.

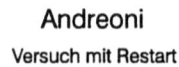

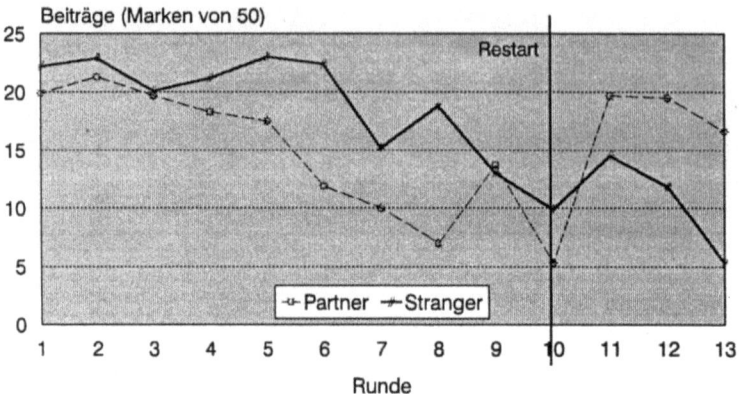

Abbildung 5

Die unterschiedliche Wirkung des Restart ist offensichtlich. Während die Partner fast exakt zu dem Verhalten zurückkehren, das sie während der ersten drei Runden gezeigt haben, leisten die Stranger sehr schnell (bereits ab Runde 12) genauso geringe Beiträge wie am Ende des ersten Spiels. Während die Stranger den Restart als eine bloße Fortsetzung des Spiels begreifen, beginnen die Partner das Spiel von neuem. Wenn das Absinken der Beiträge allein darauf zurückzuführen sein soll, daß die Spieler ihre Freifahrermöglichkeit erst im Spielverlauf lernen, dann dürfte ein solcher Verhaltensunterschied nicht auftreten, denn Partner und Stranger hatten die gleichen Lernmöglichkeiten.

Allerdings sollte diese Beobachtung nicht zu dem Schluß führen, daß Lerneffekte im Freifahrerexperiment keine Rolle spielen. In den Experimenten von WEIMANN zeigt sich, daß ein Teil der Spieler sehr wohl bereit ist, die Freifahreroption wahrzunehmen – nachdem sie sie gelernt haben.

Das Experiment von ANDREONI untersucht zwar Hypothesen, die das Ausbleiben des erwarteten Freifahrerverhaltens in den einschlägigen Experimenten erklären wollen, aber allein mit dem Ergebnis, daß die beiden naheliegenden Erklärungen nicht zu überzeugen vermögen. Wir wissen nach wie vor nicht, warum

Individuen selbst dann noch Beiträge in die öffentliche Anlage leisten, wenn es dominante Strategie ist, dies *nicht* zu tun. Wir haben nur eine ungefähre Vorstellung davon, warum es zu einem Absinken der Beiträge bei Spielwiederholung kommt, und wir können den Schlußrundeneffekt nicht überzeugend erklären.

Das ökonomische *model of man*, die Vorstellung des *homo oeconomicus* hat sich in vielerlei Hinsicht bewährt. Unter normativen Gesichtspunkten ist dieses Konzept unverzichtbar: Wie sollte beispielsweise die Notwendigkeit staatlichen Handelns *wissenschaftlich* nachgewiesen werden, wenn *nicht* von der Rationalität der Menschen ausgegangen würde? Mit dem Verweis auf angebliche Irrationalität ließe sich jeglicher staatliche Eingriff rechtfertigen. Auch bei der Entwicklung formaler Modelle – deren Wert wohl unbestritten sein dürfte – ist das Modell des homo oeconomicus von ungeheurem Wert. Das alles ändert nichts an der empirischen Tatsache, daß sich Menschen nicht in jedem Fall rational verhalten. Für experimentelle Ökonomen ist es mittlerweile ausgemacht, daß der homo oeconomicus nur eine sehr unvollständige Beschreibung menschlichen Verhaltens erlaubt – und Freifahrerversuche sind eines der Beispiele, an denen sich die Differenz zwischen „wirklichen Menschen" und dem Modell besonders deutlich zeigt.

Wenn es aber nicht allein die Ratio ist, die die Menschen lenkt und ihr Handeln bestimmt, was ist dann noch verhaltensbestimmend? Wir werden in den nächsten Kapiteln dazu einige Antwortversuche skizzieren. Zuvor seien jedoch zwei vorbereitende Bemerkungen gemacht. Die erste dient dazu, die Erwartungen etwas zu dämpfen. Der Versuch, menschliches Verhalten in Form einer allgemeinen Verhaltenstheorie zu erfassen, ist bisher gescheitert und er wird bis auf weiteres scheitern. Wir sind von einer solchen Theorie etwa so weit entfernt wie die Medizin von der Heilung aller Krankheiten. Bisher sind wir allenfalls in der Lage, Teile dessen zu verstehen, was menschliches Handeln bestimmen kann. Die Integration der verschiedenen Mosaiksteine zu einem Gesamtbild steht erst am Anfang.

Die zweite Bemerkung bezieht sich auf einige Beobachtungen, die einen Hinweis darauf liefern können, in welcher Richtung die Suche nach einer überzeugenden Verhaltenstheorie weitergehen könnte. FRANK ET AL. haben gezeigt, daß es hinsichtlich der Kooperationbereitschaft offensichtlich unterschiedliche *Typen* gibt. Der Ökonomiestudent ist im Mittel ein anderer „Typus" als der Psychologie- oder Biologiestudent. Unterschiedliche Typen sind auch in anderen Experimenten bobachtet worden. Um diesen Punkt zu demonstrieren sei zum Abschluß ein Vergleich zwischen zwei Experimenten mit identischem Versuchsaufbau angestellt, nämlich dem Partner Experiment von ANDREONI 1988 und einem in Dortmund durchgeführten Experiment (vgl. WEIMANN 1994). Der einzige Unterschied zwischen beiden Experimenten besteht darin, daß ANDREONIS Versuchspersonen amerikanische Studenten der Wirtschaftswissenschaften waren, während das Dortmunder Experiment mit deutschen Studenten des gleichen Faches durchgeführt wurde.

## Andreoni - Dortmund

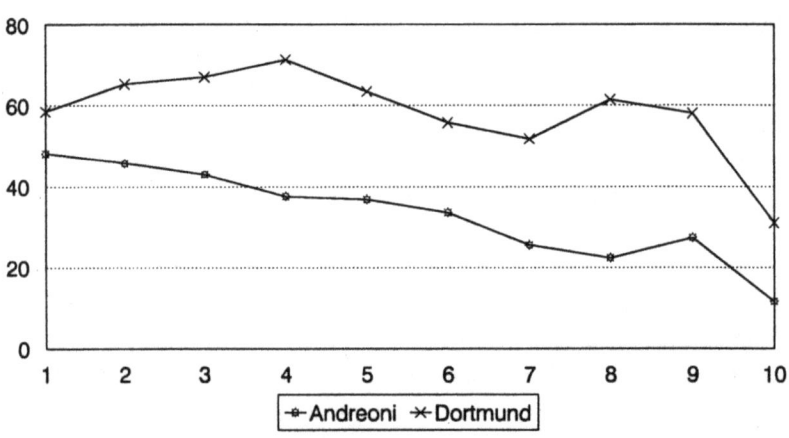

Abbildung 6

Abgesehen davon, daß dieser Vergleich die Aussage, Ökonomen seien weniger kooperativ, relativiert [30], zeigt er eben sehr deutlich, daß sich zwischen amerikanischen und deutschen Studenten ein Unterschied ausmachen läßt, der es gerechtfertigt erscheinen läßt, von unterschiedlichen Typen zu sprechen. Wir werden in Kürze auf diesen Punkt zurückkommen.

---

[30] Zumindest insofern, als die Aussage zunächst nur für amerikanische Studenten gemacht werden kann. Um sie zu verallgemeinern müßten entsprechende Vergleiche zwischen deutschen Psychologen und Ökonomen angestellt werden.

# 1.6 Philanthropen und Kantianer

Sieht man sich die experimentellen Befunde etwas genauer an, so fällt auf, daß das Verhalten der einzelnen Versuchspersonen eine erstaunliche Stabilität aufweist. Bei MARWELL und AMES beispielsweise reagierten die Psychologiestudenten unter den verschiedensten Rahmenbedingungen gleich. Deutliche Verhaltensänderungen traten erst auf, als die Teilnehmer aus einer anderen Bezugsgruppe, nämlich den Ökonomiestudenten, ausgewählt wurden. Ähnliche Konstanz zeigte sich auch in anderen Experimenten.

Der Verdacht drängt sich auf, daß der Kooperationsbeitrag nur zu einem geringen Teil von den im Experiment geschaffenen Umständen abhängt, und daß Bedingungen, die bei den Versuchspersonen selbst zu suchen sind, eine wichtige Rolle spielen. Um es in der Terminologie der Psychologen zu formulieren: Ob und in welchem Umfang jemand kooperiert, kann weitgehend von der Konditionierung der Einzelperson abhängen. Übersetzt in die Sprache der Wirtschaftswissenschaften bedeutet das, daß Menschen *Präferenzen* für Kooperation besitzen, die zwar von Individuum zu Individuum unterschiedlich stark ausgeprägt sein können, die jedoch dazu führen, daß Verhaltensweisen gezeigt werden, die lediglich von der Dilemma-Situation selbst abhängen, jedoch unabhängig sind von konkreten Umständen wie Gruppengröße, Beiträge der anderen usw.

Wie aber hat man sich diesen Vorgang vorzustellen? Der pauschale Verweis auf irgendwelche Präferenzen ist eher vage. Eine genauere Charakterisierung müßte Angaben darüber machen, wie die Präferenzen aussehen, bei deren Existenz nutzenmaximierende Individuen freiwillig auf ihre Schwarzfahrer-Option verzichten. Für einen Ökonomen ist dies eine ungewöhnliche Forderung, denn in der wirtschaftswissenschaftlichen Theoriebildung sind wir es gewohnt, gerade keine inhaltlichen Forderungen an individuelle Präferenzen zu stellen. Aus gutem Grund werden sonst beliebige Präferenzen zugelassen, und man bemüht sich, Modelle zu entwickeln, die von größtmöglicher Allgemeinheit sind. Die einzige inhaltliche Aussage, die in solchen Modellen über Präferenzen gemacht wird, besteht in der Annahme, daß für jedes Individuum „mehr besser ist als weniger". Kooperation bedeutet nun aber gerade, daß Individuen freiwillig auf etwas verzichten, daß sie mit „weniger" zufrieden sind, obwohl sie „mehr" haben könnten. Es ist klar, daß man ein solches Verhalten nicht allein mit den üblichen Annahmen über Präferenzen und der damit verbundenen üblichen Vorstellung von Rationalität erklären kann.

Die vielleicht naheliegendste Antwort auf die Frage, wie die Präferenzen eines kooperativen Menschen aussehen, besteht in der These, solche Menschen seien Philanthropen. Sie leisten Beiträge, weil sie als Altruisten nicht nur egoistisch ihr eigenes Interesse im Auge haben, sondern ihnen auch das Gemeinwohl, das Wohlergehen der anderen, am Herzen liegt. Es ist relativ leicht, sich klarzumachen, daß dies zwar eine naheliegende, aber keine sehr überzeugende Erklärung ist. Betrachten wir dazu noch einmal das Beispiel mit dem Innenstadtverkehr.

Man kann sich vorstellen, daß es sehr wohl Autofahrer gibt, denen nicht nur an der eigenen Bequemlichkeit gelegen ist, sondern die sich auch Gedanken über die Situation der Anwohner machen. Wird ein solcher, altruistischer Autofahrer seinen Wagen stehenlassen? Wohl kaum, denn Altruismus impliziert nicht Irrationalität, und ein rationaler Autobenutzer weiß, daß sein Verzicht die Lage der Innenstadtbewohner nicht verbessern kann – niemand würde es merken, wenn ein Auto weniger in die Stadt fährt. Wir stehen wieder vor dem gleichen Problem, das sich auch im Falle rein „egoistischer" Präferenzen stellte, und das ist kein Wunder, denn das „Gemeinwohl" ist genauso ein öffentliches Gut wie die Umweltqualität der Innenstadt. Für den Philanthropen, der Nutzen daraus zieht, daß es anderen besser geht, macht es keinen Unterschied, ob das Gemeinwohl durch seinen eigenen Beitrag gesteigert wird oder den anderer. Das bedeutet, daß sich wiederum eine Schwarzfahrer-Option eröffnet, und der rationale Altruist wird diese wahrnehmen.

Neben diesem relativ einfachen Argument spricht noch ein weiterer Grund gegen die These, daß kooperatives Verhalten durch Altruismus erklärt werden kann. Wenn Menschen wirklich wie Philanthropen handeln, dann müßte sich das mit der Philanthropie verbundene Öffentliche-Guts-Problem besonders deutlich in den Fällen zeigen, in denen Beiträge ausschließlich zu dem Zweck geleistet werden, die Situation anderer zu verbessern, also beispielsweise bei Spendenaktionen, Hilfsmaßnahmen für Bedürftige usw. Tatsächlich wird in der Literatur die *staatliche* Durchführung solcher Hilfs- und Umverteilungsprogramme mit dem Hinweis darauf gerechtfertigt, daß bei privaten Spendenaktionen wegen der bestehenden Schwarzfahrer-Option nicht damit gerechnet werden kann, daß tatsächlich das Maß an Umverteilung oder Hilfeleistung entsteht, das sich die Spender wünschen (Vgl. dazu z.B. ARROW 1963, FRIEDMAN 1962 und SEN 1977). SUGDEN (1984) hat diese Argumentation in einem formalen Modell auf ihre Plausibilität überprüft und ist dabei zu dem Schluß gekommen, daß die Altruismus-Hypothese mit den beobachtbaren empirischen Tatsachen nicht zu vereinbaren ist. Verkürzt läßt sich seine Begründung folgendermaßen wiedergeben:

Sei $U(x_i,z)$ die Nutzenfunktion des Individuums i, wobei $x_i$ privater Konsum ist und z ein durch Spenden erstelltes öffentliches Gut (z.B. ein Hilfsfonds für die Opfer einer Katastrophe oder etwas ähnliches), das gemäß Gleichung (23) produziert wird[31]. Sei p der „Preis" einer Einheit dieses Gutes und $y_i$ das Haushaltseinkommen. Die Budgetrestriktion, unter der die Individuen ihren Nutzen maximieren, hat dann die Gestalt

$$x_i + pb_i - y_i = 0. \tag{26}$$

Gemäß (23) setzt sich z zusammen aus den Beiträgen der n-1 anderen Spender und dem eigenen Beitrag $b_i$. Bezeichnen wir die Beiträge aller anderen mit

$$v_i = \sum_{j \neq i} b_j, \tag{27}$$

so können wir das Optimierungsproblem des Haushalts in folgender Form angeben:

$$U(x_i, z) \rightarrow \max \tag{28}$$

unter der Nebenbedingung

$$x_i + p(z - v_i) = y_i. \tag{29}$$

Sei nun $z^*(y_i, v_i)$ und $x_i^*(y_i, v_i)$ Lösung von (28) mit

$$z^*(y_i, v_i) = v_i + b_i^*(y_i, v_i),$$

dann ist

$$\frac{\partial z^*}{\partial v_i} = 1 + \frac{\partial b_i^*}{\partial v_i} \tag{30-1}$$

---

[31] Zur Vereinfachung unterstellen wir allerdings, daß $\beta=1$ sei.

und

$$p \frac{\partial z^*}{\partial y_i} = p \frac{\partial b_i^*}{\partial y_i} \ . \tag{30-2}$$

Wir können $z^*$ als Funktion $z^*(p, y_i + p v_i)$ auffassen, so daß

$$\frac{dz^*}{dv_i} = p \frac{\partial z^*}{\partial y_i} \tag{30-3}$$

und damit

$$+ \frac{\partial b_i}{\partial v_i} = \frac{dz}{dv_i} = p \frac{\partial z}{\partial y_i} = p \frac{\partial b_i}{\partial y_i}$$

bzw.

$$\frac{\partial b_i}{\partial v_i} = p \frac{\partial b_i}{\partial y_i} - 1 =: m_i - 1. \tag{31}$$

SUGDEN benutzt nun diese Gleichung, um zu zeigen, daß das „Altruismus-Modell" im Widerspruch zu empirischen Beobachtungen steht. Die linke Seite von (31) gibt die Veränderung der Beitragsleistungen des i-ten Spenders bei marginaler Erhöhung der von anderen geleisteten Spenden an. Der Term

$$p(\partial b_i / \partial y_i) =: m_i$$

auf der rechten Seite von (31) bezeichnet die marginale Konsumquote für das öffentliche Gut. $m_i$ gibt also an, welchen Anteil einer zusätzlichen Einkommenseinheit das Individuum in sein Spendenaufkommen investieren würde. Empirische Untersuchungen lassen den Schluß zu, daß $m_i < 0{,}2$ eine realistische Abschätzung darstellt. Das bedeutet, daß die rechte Seite von (31) deutlich von Null verschieden ist, nämlich einen Wert $< -0{,}8$ annimmt. SUGDEN argumentiert nun, daß $\partial b_i / \partial v_i$ sehr nahe bei Null liegen müsse, weil nicht zu beobachten sei, daß Menschen ihre Spende spürbar reduzieren, wenn das Gesamtaufkommen marginal wächst. Weiterhin sei keineswegs ausgeschlossen, daß $\partial b_i / \partial v_i > 0$ gilt, denn andernfalls ließe sich nicht erklären, wie große Spendenaufkommen entstehen, die über einen längeren Zeitraum hinweg anwachsen.

SUGDENS Argumentation wird durch eine Untersuchung von KINGMA (1989) im wesentlichen bestätigt. KINGMA schätzte die Einkommens- und Preiselastitität freiwilliger Beiträge zur Finanzierung lokaler Radiosender in den USA. Der Vorteil, den KINGMAS Schätzung gegenüber anderen Untersuchungen aufweist, besteht darin, daß sie auf disaggregierten Daten beruht, d. h. auf Daten, die sich auf das individuelle Beitragsverhalten beziehen. Andere empirische Arbeiten zum gleichen Thema verwenden dagegen aggregierte Größen. KINGMA berechnet aufgrund seiner Schätzung eine Preiselastizität von 0,43 und eine Einkommenselastizität von 0,99. Damit ist $m_i < 0,2$ sicherlich eine zutreffende Abschätzung. Für $\partial b_i / \partial v_i$ berechnet er einen Wert von 0,015, d. h. eine Steigerung des Gesamtaufkommens führt zwar tatsächlich zu einem Rückgäng der individuellen Beiträge, aber längst nicht in dem Maße, wie dies durch Gleichung (31) nahegelegt wird. Der Widerspruch zwischen empirischem Resultat und der theoretischen Prognose ist offensichtlich: Wenn die Theorie richtig wäre, könnte nicht gleichzeitig $m_i < 0,2$ und $\partial b_i / \partial v_i$ nahe Null gelten.

Obwohl die Argumentation SUGDENS durchaus überzeugend ist und eigentlich ausreicht, um die Erklärungskraft des Altruismus-Modells in Frage zu stellen, sei noch auf eine zweite Argumentationslinie hingewiesen, die weitaus bekannter geworden ist als die Überlegung von SUGDEN. Genau genommen handelt es sich weniger um eine Argumentationslinie als vielmehr um eine Kontroverse, die um die Relevanz des Altruismus-Modells geführt worden ist und die sich an einigen *Neutralitätseigenschaften* dieses Modells entzündete.

Ausgelöst wurde die Debatte durch Arbeiten von WARR (1982) sowie ROBERT (1984), in denen nachgewiesen wurde, daß das Altruismus-Modell impliziert, daß es (im Nash-Gleichgewicht) zu einer vollständigen Verdrängung privater Spenden (Crowding-out) kommt, falls der Staat einen Beitrag zur Erstellung des öffentlichen Gutes (des Spendenaufkommens) leistet. WARR (1983) ergänzt dieses Resultat um die Erkenntnis, daß gleiches auch für Einkommensumverteilungen gilt. Wie auch immer die Einkommensverteilung verändert wird, auf das Spendenaufkommen wirkt sich dies nicht aus. Intuitiv lassen sich diese überraschenden Implikationen des Altruismus-Modells folgendermaßen erklären: Aus der Sicht des einzelnen Spenders ist es vollkommen unerheblich, *wer* das öffentliche Gut bereitstellt. Wenn der Staat dies erledigt, so braucht er selbst es nicht zu tun,

d. h., er kann sich dann im gleichen Maße aus dem Spendengeschäft zurückziehen, in dem der Staat sich engagiert.

Natürlich stehen diese Modellimplikationen im krassen Widerspruch zu empirischen Beobachtungen. Es kommt zwar durchaus zu Crowding-out, aber empirische Schätzungen besagen, daß dies nicht im Verhältnis von 1:1 geschieht, sondern von etwa 1:0,15 bis 1: 0,2 [32]. Ein staatlicher Beitrag von 1,- DM führt zu einem Rückgang des privaten Spendenaufkommens von 0,15 bis 0,2 DM und keineswegs zu perfektem Crowding-out wie es das Altruismus-Modell prognostiziert.

Die Frage, ob damit das Altruismus-Modell als irrelevant zu klassifizieren ist, oder ob die Differenz zwischen Modellprognose und Empirie beseitigt werden kann, hat eine ganz Zeit die Literatur beherrscht. Zunächst hat BERNHEIM (1986) nachgewiesen, daß die Neutralitätseigenschaften des Altruismus-Modells noch viel weiter gehen, als WARR und ROBERT gezeigt hatten. Er kommt zu dem Ergebnis, daß sowohl Lump-Sum-Steuern als auch verzerrende Steuern oder Transfers und Subventionen privat erstellter öffentlicher Güter „will have no effect on the private consumption of any individual, nor on chosen labor supplies, nor on the total levels of public goods provided." (BERNHEIM 1986, S. 792).

Die Gegenposition wird von BERGSTROM, BLUME und VARIAN (1986) besetzt, die in einer vielzitierten Arbeit eine sehr ausführliche und rigorose Analyse des Altruismus-Modells durchführen [33]. Das zentrale Resultat dieser Analyse besteht in einer Bestätigung der Neutralitätseigenschaften des Altruismus-Modells, verbunden mit einer deutlichen Relativierung der Bedeutung dieser Modelleigenschaft. Diese kommt dadurch zustande, daß die Autoren zeigen können, daß perfekte Neutralität nur dann vorliegt, wenn entweder alle Mitglieder der Gesellschaft Beiträge zur Bereitstellung des öffentlichen Gutes leisten oder nur innerhalb der Gruppe der „Spender" umverteilt wird, wobei außerdem die Umverteilung nur in engen Grenzen erfolgen darf. Angesichts der Tatsache, daß es sehr viel realistischer ist, davon auszugehen, daß es sowohl Spender als auch Nicht-Spender gibt, scheint damit das Modell gerettet, denn in solchen „realistischen Fällen" folgt aus dem Altruismus-Modell eben keine perfekte Neutralität.

---

[32]  Vgl. dazu KINGMA 1989 sowie ABRAMS und SCHMITZ 1978, 1984.

[33]  Der an dieser Arbeit interessierte Leser sei darauf hingewiesen, daß der Beweis des zentralen Theorems 3 (in dem die Eindeutigkeit des Nash-Gleichgewichts behauptet wird), in diesem Papier offensichtlich mißverständlich ist. In der Zwischenzeit sind jedenfalls bereits zwei neue Fassungen dieses Beweises veröffentlicht: Vgl. BERGSTROM, BLUME und VARIAN 1992, sowie FRASER 1992.

Läßt sich also kooperatives Verhalten doch durch die Existenz altruistischer Präferenzen erklären? Können wir an der Rationalitätsannahme weiter festhalten und müssen nur eine spezielle, wohlbegründbare Präferenzannahme hinzufügen? ANDREONI (1988b) schüttet eine gehörige Portion Wasser in den Wein. Er untersucht, was geschieht, wenn man das Modell von BERGSTROM ET AL. auf große Gruppen anwendet. Das ist durchaus folgerichtig, denn das Modell beschreibt schließlich Spendenverhalten in großen Gruppen. Die Resultate, zu denen er dabei gelangt, sind im Hinblick auf die empirische Relevanz des Modells vernichtend, denn ANDREONI kann zeigen, daß bei großen Gruppen die Neutralitätseigenschaft in vollem Umfang erhalten bleibt. Darüber hinaus impliziert das Modell, daß bei einer großen Gruppe nur ein geringer Teil der Gruppenmitglieder Spenden leistet – und zwar der reichste Teil. Beide Resultate stehen im krassen Widerspruch zu empirischen Befunden. Wie abwegig die Implikationen des Altruismus-Modells sind, macht ANDREONI mit der folgenden treffenden Charakterisierung der Neutralitätseigenschaft deutlich. Die vom Modell implizierte Neutralität würde zur Folge haben, daß „even manna from heaven cannot be expected to increase the budget of the church" (1988b, S. 71).

Zusammenfassend können wir damit feststellen, daß sich kooperatives Verhalten nicht einfach durch die Annahme altruistischer Präferenzen erklären läßt. Damit erweist sich der naheliegendste Weg, die beobachtbare Kooperation mit dem ökonomischen Verhaltensmodell in Einklang zu bringen, als nicht gangbar. Aber was ist der Grund? Wo liegt der Fehler des Modells? Welche Alternative ist geeignet, eine bessere Erklärung kooperativen Verhaltens zu liefern? Wenn Menschen nicht aus Selbstlosigkeit freiwillige Beiträge leisten, aus welchem Grund tun sie es dann?

SUGDEN schlußfolgert aus seinen Überlegungen, daß die einzige Möglichkeit einer Erklärung darin besteht, die Rationalitätsannahme fallenzulassen, d. h. nicht länger davon auszugehen, daß Menschen immer danach streben, ihren individuellen Nutzen zu maximieren. Stattdessen müsse man konzedieren, daß in manchen Situationen menschliches Verhalten durch *Normen* gesteuert wird. ANDREONI (1988b) kommt zu einer ganz ähnlichen Schlußfolgerung. Eine Norm hat man sich dabei als eine bedingte Verhaltensvorschrift vorzustellen, etwa der Art: „Wenn Ereignis A eintritt, dann tue B".

Diese Form der Verhaltenssteuerung hat nicht mehr allzuviel mit den Kalkülen zu tun, die ein im Sinne der Wirtschaftstheorie rationales Individuum üblicherweise anstellt. Vielmehr scheint hier der psychologische Begriff der Konditionierung eine adäquate Beschreibung zu sein. Bedeutet das, daß wir uns von dem homo oeconomicus verabschieden müssen, wenn wir Umweltökonomik betreiben wollen? Ein solcher Schluß wäre fatal.

Wir haben bereits darauf hingewiesen, daß das ökonomische Verhaltensmodell nicht in Anspruch nehmen kann, menschliches Verhalten umfassend zu beschreiben. Menschen handeln nicht immer rational. Das ändert allerdings nichts daran, daß die Ökonomik auf der Grundlage des Rationalitätsaxioms beträchtliche Erfolge bei der Beschreibung von Handlungsweisen und bei der Prognose derselben vorzuweisen hat. Beispielsweise bestätigt die Empirie genauso wie das Experiment, daß sich die Akteure auf realen Märkten oder „Labormärkten" sehr wohl rational verhalten. Die Annahme der Rationalität menschlichen Verhaltens aufgrund der Beobachtung „nicht rationaler Kooperation" einfach über Bord zu werfen, wäre höchst leichtfertig, und zwar aus zwei Gründen: Erstens zeigen sowohl die Freifahrerexperimente als auch die Alltagserfahrung, daß es neben kooperativem, kollektiv rationalem Verhalten auch ausgeprägte Freifahrerneigungen gibt. Es ist ein immer wiederkehrendes Phänomen, daß Kooperation in unterschiedlichem Ausmaß und zu unterschiedlichen Anlässen erfolgt, ohne daß offensichtlich wäre, was die Kooperationsfähigkeit der Individuen steuert. Eine zufriedenstellende „Theorie kooperativen Verhaltens" müßte in der Lage sein, beides zu erklären: die Kooperation und die eigennützige Vorteilsnahme. Und das führt zu dem zweiten Grund für die weitere Verwendung der Rationalitätsannahme. Die ökonomische Verhaltenstheorie kann zwar Kooperation nicht erklären, aber den „rationalen Verzicht" auf kooperatives Verhalten. Ihr komperativer Vorteil gegenüber anderen Erklärungsansätzen besteht gerade darin, daß sie individuelle Rationalität mit kaum steigerbarer Präzision abzubilden vermag. Wenn menschliches Verhalten *auch* durch die Ratio gesteuert wird – und wer wollte ernsthaft daran zweifeln – dann wäre es fahrlässig, diesen Aspekt menschlichen Handelns *nicht* mit Hilfe des ökonomischen „model of man" zu analysieren.

Aber ist man nicht gezwungen, im Zusammenhang mit Verhaltensnormen auf die Annahme, daß Menschen sich rational verhalten, gänzlich zu verzichten? Man ist es nicht. Vielmehr eröffnen sich gerade dann, wenn weiterhin Rationalität unterstellt wird, interessante Fragestellungen, die sich aus den folgenden drei Grundproblemen ergeben:

[1]   Nehmen wir an, eine Gesellschaft könne darüber entscheiden, welche Normen oder besser welche Ethik Gültigkeit besitzen soll. Nehmen wir weiterhin an, diese Entscheidung würde von Menschen getroffen, die

nicht wissen, welchen Platz sie in der Gesellschaft einnehmen werden. Auf welche Vorschriften werden sie sich einigen, wenn sie rational handeln? Eine solche Form der Ableitung (und impliziten Rechtfertigung) von Normen wird mitunter auch als mikroökonomische Fundierung bezeichnet. Es handelt sich dabei um einen zutiefst *normativen* Vorgang – und damit um eine Analyse in der die Aufgabe der Rationalitätsannahme kaum zu begründen wäre.

[2]    Wenn wir unterstellen, daß sich Menschen rational in dem Sinne verhalten, daß sie sich konsistent an bestimmten Normen orientieren, dann stellt sich die Frage, wie die Normen aussehen, die in manchen Fällen dazu führen, daß Kooperation erfolgt, in anderen aber unterbleibt.

[3]    Die Feststellung, daß es Normen sind, die unser Verhalten steuern, wirft natürlich sofort die Frage auf, wie es zu deren Entstehung kommt. Warum sollten sich rationale Menschen gemäß einer bestimmten Norm verhalten? Wie sieht der Prozeß aus, der schließlich zur Konditionierung führt, wodurch sind Normen veränderbar? Lassen sich solche Prozesse auf der Grundlage der Rationalitätsannahme beschreiben? Wie sehen die Alternativen aus, welche ergänzenden Erklärungsmöglichkeiten (neben der Rationalität) für das Entstehen von Normen gibt es?

Wir werden uns im folgenden vor allem mit dem dritten Fragenkomplex etwas näher befassen, und zwar aus folgendem Grund: Wenn die Existenz von Normen für das Entstehen von Kooperation von entscheidender Bedeutung ist, und wenn weiterhin Kooperation für die Bewältigung von Umweltproblemen notwendig ist, dann erhält die Frage, wie es zur Bildung von Normen kommt, natürlich ein ganz erhebliches Gewicht. Bevor wir uns jedoch mit diesem Thema näher beschäftigen, seien zu den ersten beiden Problemkomplexen einige kurze Anmerkungen gemacht.

Auf die Frage, welche Ethik rationale Individuen für eine Gesellschaft wählen würden, gibt es drei prominente Antworten. Die Hauptrollen in der langen akademischen Diskussion um dieses Problem waren innerhalb der ökonomischen Gemeinschaft lange Zeit von RAWLS bzw. seiner „Theorie der Gerechtigkeit" und den Vertretern des Utilitarismus, allen voran HARSANYI, besetzt. Geführt wurde die Auseinandersetzung zwischen Rawlsianern und Utilitaristen vor allem im Kontext des Verteilungsproblems, und die gegensätzlichen Positionen manifestierten sich dabei in den unterschiedlichen Auffassungen über die Gestalt der sozialen Wohlfahrtsfunktion. Begreift man die Wohlfahrt einer Gesellschaft W als eine Funktion des Nutzens aller Gesellschaftsmitglieder $W = W(U_1,...,U_n)$, so läßt sich das ethische Grundproblem in der Tat an der Frage festmachen, mit welcher Gewichtung die einzelnen individuellen Nutzenwerte $U_i$ in die soziale Wohlfahrt eingehen. RAWLS kommt zu dem Schluß, daß rationale Individuen sich darauf verständigen werden, den Nutzen des jeweils am schlechtesten gestellten zu maximieren. Die Utilitaristen halten von einer solchen besonderen Gewichtung des Nutzens eines Gesellschaftsmitgliedes nicht viel, sondern vertreten die Auffassung, daß die Gesamtwohlfahrt nichts anderes sei als die ungewichtete Summe der Einzelnutzen.

Wir wollen auf die mit der sozialen Wohlfahrtsfunktion verbundene Diskussion nicht weiter eingehen. Erwähnt sei jedoch HARSANYIS Idee des sogenannten „Regel-Utilitarismus", denn sie führt uns zurück zur Frage individueller Verhaltensnormen. HARSANYI benutzt als Wohlfahrtsmaß W das arithmetische Mittel der Einzelnutzen, dessen Maximierung natürlich äquivalent zur Maximierung der Summe aller Nutzenwerte ist. Ein Individuum, das sich der utilitaristischen Ethik verpflichtet fühlt, wird sich so verhalten, daß $\sum U_i/n$ maximiert wird. Ein Regel-Utilitarist wird sein Verhalten aber nicht nur an dieser Maximierungsaufgabe orientieren, sondern er wird zusätzlich unter der Voraussetzung handeln, daß alle anderen Menschen genau die gleiche Verhaltensentscheidung treffen wie er selbst. Die Wichtigkeit dieser zusätzlichen Voraussetzung dürfte unmittelbar einsichtig sein: Nur der Regel-Utilitarist ist in der Lage, soziale Dilemmata zu vermeiden, denn ein Individuum, das zwar den durchschnittlichen Nutzen maximieren will, aber davon ausgeht, daß alle Gesellschaftsmitglieder ihre Entscheidung unabhängig voneinander treffen, wird in einer Dilemma-Situation die dominante Strategie wählen, weil allein durch seinen Kooperationsbeitrag die gesellschaftliche Wohlfahrt nicht gesteigert werden kann.

HARSANYIS Regel-Utilitarismus wurde hier erwähnt, weil dieses Konzept starke Ähnlichkeit mit der dritten Antwort auf die Frage nach einer rationalen Ethik hat. Diese dritte Antwort wurde von IMMANUEL KANT gegeben, und sie besteht in seinem berühmten *kategorischen Imperativ*. Die mit diesem Begriff umschriebene Norm fordert, daß Menschen so handeln, wie sie wünschen, daß andere handeln mögen. Die Implikationen einer solchen Norm für den uns hier interessierenden Kontext sind klar: In einer Dilemma-Situation möchte natürlich jeder, daß die anderen sich kooperativ verhalten. Folgen alle dem kategorischen Imperativ, so werden demnach alle Beiträge leisten.

Fassen wir kurz zusammen. Das beobachtbare kooperative Verhalten ist weder durch das übliche Nutzenmaximierungskalkül, noch durch die Einbeziehung altruistischer Präferenzen zu erklären. Offensichtlich spielen jedoch Normen eine wichtige Rolle. Die Konzepte von RAWLS, HARSANYI und KANT bieten Antworten auf die Frage, welche Normen „vernünftige" oder zumindest rationale Individuen zur Verhaltenssteuerung der Gesellschaftsmitglieder wählen würden. Sie liefern jedoch *keine* Erklärung des tatsächlich beobachtbaren Verhaltens. Dieses ist ja gerade dadurch gekennzeichnet, daß es in manchen Fällen zur Kooperation kommt, in anderen jedoch nicht. Ein Regel-Utilitarist oder ein Kantianer müßte jedoch *immer* kooperieren. Anders formuliert: Keine der vorgeschlagenen Verhaltensnormen liefert eine konsistente Erklärung dessen, was sich in der Realität abspielt. Damit aber sind wir bei dem zweiten Fragenkomplex angelangt: Welche Normen „passen" zu der Beobachtung, daß Kooperation eben *nicht immer* erfolgt?[34]

SUGDEN (1984) bietet eine Antwort auf diese Frage an. Er geht dabei von der Beobachtung aus, daß Menschen immer dann zu Kooperationsbeiträgen bereit sind, wenn auch andere solche Beiträge leisten. Im Gegensatz zum Kantschen Prinzip steht die Beteiligung an der Erstellung eines öffentlichen Gutes in der Realität offenbar unter der Bedingung, daß sich auch andere beteiligen. SUGDEN bezeichnet die hinter einer solchen „bedingten" Kooperationsbereitschaft stehende Norm als „principle of reciprocity" und präzisiert ihren Inhalt folgendermaßen:

Sei G eine Gruppe von Menschen und i ein Mitglied dieser Gruppe. Jedes Gruppenmitglied, außer i, leistet einen Beitrag zur Produktion eines öffentlichen Gutes in Höhe von mindestens b Einheiten. Außerdem habe Mitglied i eine Vorstellung davon, wie hoch seiner Meinung nach der optimale Beitrag $b^*$ ist, den alle Gruppenmitglieder leisten müßten, um eine aus seiner Sicht wünschenswerte Versorgung zu erreichen. Das „principle of reciprocity" besagt nun, daß dann, wenn $b^*$ ≥ b gilt, i sich verpflichtet fühlen wird, mindestens b beizutragen. Die Norm verlangt also weder, daß Menschen in jedem Fall kooperieren müssen, noch daß sie den Beitrag leisten, den sie „eigentlich" von anderen erwarten. Im Kern enthält sie lediglich das „Verbot", eine Schwarzfahrerposition einzunehmen. Wenn andere kooperieren, dann ist es gemäß des „principle of reciprocity" moralisch verwerflich, keinen *eigenen* Beitrag zu leisten.

---

[34] Neben der Frage der Konsistenz von Normen im Hinblick auf beobachtbares Verhalten stellt sich noch ein weiteres, grundsätzliches Problem im Zusammenhang mit der mikroökonomischen Fundierung von Normen, nämlich die Frage, ob solche überhaupt implementierbar sind. Vgl. dazu WEIMANN (1991).

Gegenüber dem kategorischen Imperativ oder dem Regel-Utilitarismus hat die von SUGDEN vorgeschlagene Norm in der Tat den Vorteil, daß sie *konsistent* ist im Hinblick auf die empirischen Befunde. Anders formuliert: Die Beobachtung, daß es in manchen Fällen zu Kooperation kommt und in anderen Fällen nicht, steht nicht im Widerspruch zu der Behauptung, daß sich Menschen gemäß des „principle of reciprocity" verhalten. Andererseits ist diese Konsistenz allerdings auch kein Beweis dafür, daß Menschen tatsächlich die von SUGDEN beschriebene Norm verinnerlicht haben. Ganz allgemein dürfte jede Hypothese über die normativen Grundlagen menschlichen Verhaltens nur schwerlich empirisch zu überprüfen sein [35]. Allerdings ist dies kein allzugroßes Manko, denn man muß sich fragen, was gewonnen wäre, wenn der Nachweis gelänge, daß SUGDENS Vermutung richtig ist. Es wäre nicht viel, denn auf die entscheidende Frage, wie Kooperation entsteht, gibt seine Hypothese keine Antwort. Die Behauptung, daß Beiträge geleistet werden, wenn andere dies bereits tun, erklärt nicht, warum Menschen in bestimmten Fällen zu kooperieren beginnen und es in anderen unterlassen. Im Gegenteil: Wenn sich Menschen wirklich gemäß dieses Prinzips verhalten, dann kann es eigentlich zu gar keiner Kooperation kommen, denn dazu müßten zumindest einige Individuen den Anfang machen und Beiträge leisten, obwohl es bisher noch niemand sonst tat. Dazu hat jedoch niemand Veranlassung, denn ein solches Verhalten wäre weder rational, noch entspräche es der verinnerlichten Norm.

Auch wenn SUGDENS Hypothese richtig sein sollte, so kann sie nicht die ganze Wahrheit enthalten. Was nach wie vor fehlt, ist eine *Erklärung* für die beobachtbaren Unterschiede in bezug auf die Kooperationsbereitschaft der Menschen. Eine solche Erklärung dürfte allerdings nur dann zu erwarten sein, wenn man

---

[35] Allerdings kann man versuchen, die Motive im Experiment nachzuvollziehen. Die diesbezüglich durchgeführten Experimente von WEIMANN (1994) zeigen, daß es wenig Anlaß gibt zu glauben, daß Kooperation Kooperation anregt. Man kann allenfalls zeigen, daß (wie bereits erwähnt) fehlende Kooperationsbereitschaft „anderer" die Kooperationsbereitschaft des einzelnen stark reduziert. Sehr kooperatives Verhalen der „anderen" regt dagegen nicht zu erhöhten Kooperationsanstrengungen an. Insofern widerlegen die bisher vorliegenden Experimente die Hypothese von Sudgen.

sich mit der Frage auseinandersetzt, wie Normen entstehen, und darum werden wir uns nunmehr mit zwei Ansätzen befassen, die versuchen, eine Antwort auf diese Frage zu geben.

# 1.7 Tit for Tat und Kooperation als sozialer Austausch

Der erste der beiden Ansätze, die wir im folgenden betrachten wollen, knüpft unmittelbar an die spieltheoretische Analyse des Gefangenen-Dilemmas (GD) an. Wie wir gesehen haben, war nicht zu kooperieren die dominante Strategie im einfachen GD-Spiel. „Einfach" bedeutet dabei, daß dieses Spiel nur einmal gespielt wird, ohne Wiederholung. Was aber geschieht, wenn zwei Personen ein GD-Spiel mehrfach spielen? Wie sehen dann die optimalen Strategien aus? Es ist zumindest vorstellbar, daß man in einem solchen Fall tatsächlich zu anderen Ergebnissen gelangt, denn nunmehr können die Spieler versuchen, das Verhalten des Gegenspielers in zukünftigen Spielen durch ihre Strategieentscheidung zu beeinflussen. Bei der Darstellung der experimentellen Untersuchungen wurde ja bereits darauf hingewiesen, daß die Frage, ob ein Spiel nur einmal oder mehrfach gespielt wird, durchaus von Bedeutung sein kann. Die Theorie zu diesem Punkt wollen wir nunmehr nachreichen.

Ein GD-Spiel, das mehrfach wiederholt wird, ist von erheblich komplizierterer Struktur als das One-shot-game, das wir bisher betrachtet haben. Die *Aktionen*, die die Spieler in jeder Runde durchführen können, sind nach wie vor N (kooperieren) und G (nicht kooperieren). Eine *Strategie* ist nun jedoch eine Regel, die dem Spieler sagt, welche Aktion er in jeder Spielrunde wählen soll, in Abhängigkeit von den zuvor beobachteten Spielausgängen. Für welche Strategie sich rationale Spieler entscheiden werden, hängt in starkem Maße von der konkreten „Spielgestaltung" ab. Betrachten wir nun zunächst den Fall, daß das GD-Spiel aus Abschnitt 1.4.1 n-mal wiederholt wird, wobei n endlich und beiden Spielern bekannt ist.

Wir haben in den vorangegangenen Abschnitten bereits mehrstufige Spiele untersucht und waren dabei so vorgegangen, daß wir jeweils mit der letzten Stufe begonnen haben. Wenden wir diese Methode nun auch hier an, so führt dies zu folgender Überlegung:

In der n-ten und damit letzten Runde befinden sich die beiden Spieler in der gleichen Situation wie beim einfachen GD-Spiel ohne Wiederholung. Folglich ist beim n-ten Durchgang (G) dominante Strategie und (G,G) Nash-Gleichgewicht. Dann ist jedoch auch in der n-1-ten Runde G die beste Antwort, denn der einzige Grund, von dieser Strategie abzuweichen und N zu spielen, besteht darin, durch kooperatives Verhalten den Gegenspieler zur Kooperation in zukünftigen Runden zu veranlassen. Dies kann unter anderem durch die implizite Drohung geschehen, zukünftig G zu spielen, falls der Gegenspieler seinerseits nicht kooperiert. Diese Drohung ist in der vorletzten Runde nicht mehr wirksam, denn beide Spieler wissen, daß im letzten Spiel in jedem Fall G gespielt wird. Folglich ist im n-1ten Durchgang G dominante Strategie. Die gleiche Argumentation kann nun auf den n-2ten, dann auf den n-3ten bis zum ersten Durchgang angewendet werden, so daß wir schließlich die Strategie „Wähle immer G" als teilspielperfektes Gleichgewicht erhalten.

Dieses Resultat ist eine Ausprägung des sogenannten „Chainstore-Paradoxons" (SELTEN 1978), das immer dann entsteht, wenn durch Rückwärtsinduktion ein perfektes Gleichgewicht konstruiert werden kann. Im Unterschied zum One-shot-game ist die Strategie (immer G) keine dominante Strategie, denn man kann sich durchaus Strategien überlegen, auf die (immer G) nicht die beste Antwort ist. Aber (immer G) ist die *einzige* Nash-gleichgewichtige Strategie in diesem Spiel. Dies wird anhand folgender Überlegung noch etwas deutlicher: Eine Strategie, die für das letzte Spiel N vorsieht, kann nicht Nash-gleichgewichtig sein, denn der Spieler kann sich dadurch verbessern, daß er für den n-ten Durchgang N durch G ersetzt. Dann kann aber auch keine Strategie Nash-gleichgewichtig sein, die im vorletzten Spiel N vorsieht, was wiederum zur Folge hat, daß N auch in Runde n-2 im Nash-Gleichgewicht nicht auftreten kann, und durch Rückwärtsinduktion bleibt schließlich (immer G) als einzig mögliches Nash-Gleichgewicht übrig.

Voraussetzung für dieses Resultat ist der Umstand, daß es ein definitiv *letztes* Spiel gibt, bzw. ein Spiel, von dem beide Spieler wissen, daß es das letzte sein wird. Besteht diese Voraussetzung nicht, etwa weil das Spiel unendlich oft wiederholt wird, ist Rückwärtsinduktion nicht möglich, und das Chainstore-Paradoxon tritt nicht auf. Unendliche Spielwiederholung verändert die Situation grundlegend. Hatten wir im endlichen Fall ein eindeutiges Gleichgewicht, so stellt sich nunmehr heraus, daß es eine Vielzahl von Gleichgewichten gibt: Sowohl die Strategiekombination (immer G/immer G) als auch (immer N/immer N) sind perfekte Gleichgewichte, und das sogenannte *Folk-Theorem* sagt uns, daß wir bei unendlicher Spielwiederholung für jede Aktionenkombination, die in einem endlichen Teilspiel möglich ist, ein teilspielperfektes Gleichgewicht des ge-

samten Spiels finden können, für das diese Kombination das eindeutige Gleichgewicht des Teilspiels ist[36].

Nun ist die Annahme unendlicher Spielwiederholungen nicht eben realistisch,
aber es gibt eine andere Voraussetzung, die vielleicht den gleichen Zweck erfüllt.
Reicht es nicht anzunehmen, daß die Spieler nicht *mit Sicherheit* wissen, *welches*
das letzte Spiel ist? Schließlich: Solange mit einer gewissen Wahrscheinlichkeit
noch ein nächstes Spiels folgt, läßt sich die oben präsentierte Argumentation
nicht mehr anwenden. Reicht also die Annahme eines ungewissen Endes, um
Kooperation als rationale Strategie in einem wiederholt gespielten Gefangenen-
Dilemma nachzuweisen? Leider besteht auch im Zusammenhang mit dieser Annahme ein nicht zu unterschätzendes konzeptionelles Problem. Die Wahrscheinlichkeit für ein nächstes Spiel muß nämlich *von Null weg beschränkt* sein, d. h.,
auch im Grenzübergang darf sie nicht verschwinden. Wird beispielsweise das
unsichere Spielende durch die Annahme eingeführt, daß es mit der Wahrscheinlichkeit w zum Zeitpunkt t < T noch ein nächstes Spiel gibt, so erhalten wir die
gleichen Resultate wie bei endlicher Wiederholung, wenn T < ∞ gilt. Um dies zu
verhindern, muß man deshalb fordern, daß *in jedem Zeitpunkt* mit Wahrscheinlichkeit w noch ein nächstes Spiel erfolgt. Angesichts der nun einmal endlichen Lebensdauer eines Menschen ist es jedoch höchst problematisch, auch
dann noch von einer strikt positiven Wahrscheinlichkeit für ein nächstes Spiels
auszugehen, wenn unendliche Zeiträume betrachtet werden.

Es gibt keinen leichten Ausweg aus dem Chainstore-Paradoxon. Allein die
Wiederholung des GD reicht nicht aus, um Kooperation für rationale Akteure
erreichbar zu machen. Diese Erkenntnis ist durchaus erstaunlich, denn durch die
Spielwiederholung wird das GD in einer Weise verändert, die es auf den ersten
Blick möglich machen sollte, Kooperation zu *erzwingen*. Durch die Spielwiederholung eröffnet sich nämlich die Möglichkeit, das Verhalten des Mitspielers zu
sanktionieren. Kooperation kann durch Kooperation belohnt, defektierendes Verhalten durch Einstellung der Kooperation bestraft werden. Eine gebräuchliche
allgemeine Bezeichnung für solcherlei Belohnung oder Vergeltung in wiederholten Spielen ist der Begriff „Reziprozität". Innerhalb des ökonomischen Erklä-
rungsansatzes stellt sich allerdings die Frage, ob ein strategischer Einsatz von
Reziprozität im GD-Spiel individuell rational ist. Auf den ersten Blick könnte

---

[36] Dieses Theorem wird übrigens deshalb "Folk-Theorem" genannt, weil kein Mensch weiß, wer
es zuerst entwickelt hat. Vgl. dazu auch *Rasmusen* (1989), sowie die Ausführungen in Anhang I.

man denke, daß dies der Fall sein dürfte, denn durch den Einsatz von Vergeltungsandrohungen sollte es möglich sein, das Kardinalproblem zu lösen, das rationale Individuen daran hindert, im GD zu kooperieren: das „Commitment-
Problem" (Vgl. 1.4.1). Wenn Sanktionen *glaubwürdig* angedroht werden können,
kann dies Kooperation tatsächlich zur besten Antwort werden lassen. Das Problem ist: Bei endlicher Anzahl von Spielwiederholungen kommt unausweichlich
der Punkt, an dem die Drohung, Defektion zu bestrafen, nicht mehr glaubhaft ist:
In der vorletzten Runde wissen beide Spieler, daß in der letzten Runde (die ja der
one-shot-Situation entspricht) Kooperation nicht rational ist. Die Drohung, in der
letzten Runde nicht zu kooperieren ist deshalb unglaubwürdig, denn ein rationaler Spieler wird in jedem Fall in der letzten Runde nicht kooperativ sein. Damit
aber läßt sich auch angesichts der Möglichkeit Drohungen auszusprechen das
Rückwärtsinduktionsargument anwenden, das zu dem Chain-store-Pradoxon
führt.

Vor diesem Hintergrund ist es auf den ersten Blick erstaunlich, daß innerhalb
der Spieltheorie eine Strategie Karriere machen konnte, die nichts anderes ist als
die einfachste Form von Reziprozität: TIT FOR TAT (TFT). Diese Strategie besteht
darin, in der ersten Runde kooperativ zu spielen und in allen weiteren Runden die
Strategie zu wählen, die der Mitspieler in der Vorrunde gewählt hat. TFT-Spieler
bestrafen ihre Mitspieler augenblicklich, falls diese defektieren, lassen sich aber
ebenso schnell wieder versöhnen, wenn der Gegenüber reumütig zur Kooperation
zurückkehrt. Es dürfte dem Leser leichtfallen, sich klarzumachen, daß in endlich
wiederholten GD-Spielen TFT kein perfektes Gleichgewicht sein kann. Wenn
TFT das Kooperationsproblem rationaler Spieler nicht lösen kann, warum ist diese Strategie dann so bedeutsam? Sie ist es deshalb, weil das Kooperationsproblem für strikt rationale Spieler offensichtlich nicht lösbar ist und deshalb Abweichungen von der strikten Rationalitätsannahme Bedeutsamkeit für die Erklärung beobachtbarer Kooperation gewinnen – und bei diesen Abweichungen spielt
TFT eine bedeutende Rolle.

Wir sind an einem Punkt, an dem wir bei der Analyse des GD kaum noch weiterkommen, wenn wir darauf beharren, daß Menschn sich in GD-Situationen
strikt rational verhalten. Angesichts dieser Situation stellt sich eine methodische
Grundsatzfrage. Soll man gänzlich auf rationale Kalküle verzichten, um Kooperation zu erklären oder soll man die Rationalitätsvoraussetzung nur so weit aufgeben, wie eben notwendig? Beide Wege sind gegangen worden und in beiden
Fällen hat TFT eine Rolle gespielt. Beginnen wir mit dem Versuch, so wenig Rationalität wie möglich bei der Erklärung kooperativen Verhaltens aufzugeben.
Das Modell, mit dem dieser Versuch unternommen wird, hat einen einprägsamen

Namen, es ist das berühmte „gang of four"-Modell von KREPS, MILGROM, ROBERTS und WILSON (1982). In diesem Modell wird vorausgesetzt, daß einer der beiden Spieler (z.b. Spieler 1) nicht vollständig davon überzeugt ist, daß Spieler 2 strikt rational handelt. Vielmehr geht Spieler 1 mit einer gewissen – unter Umständen sehr kleinen – Wahrscheinlichkeit davon aus, daß Spieler 2 ein TFT-Spieler ist. Ist die Tatsache, daß Spieler 1 über den Typ von Spieler 2 nur unvollständig informiert ist, *Common Knowledge*, d. h., weiß auch Spieler 2 davon, so resultieren in dem „gang of four"-Modell Gleichgewichte, bei denen zumindest in den ersten Spielwiederholungen Kooperation erfolgt. Der Grund für diese Kooperation ist, daß Spieler 2 auch dann, wenn er kein TFT-Spieler ist, Gründe hat, sich so zu verhalten, als sei er einer, denn er kann davon ausgehen, daß – zumindest für eine gewisse Zeit – das Commitment-Problem lösbar ist, weil Spieler 1 ihn für nicht rational hält.

Die Veränderung, die das ursprüngliche GD-Spiel erfahren muß, damit Kooperation möglich wird, besteht in der Einführung einer ganz speziellen *Informationsasymmetrie*. Sie ist vor allem deshalb speziell, weil sie lediglich eine bestimmte Form nicht rationalen Verhaltens zuläßt – eben TFT. Gerade darin liegt aber die Schwäche des „gang of four"-Modells. Man muß sich fragen, ob es wirklich überzeugend ist, beispielsweise kooperatives Verhalten in Freifahrerexperimenten dadurch zu erklären, daß eine genau dosierte Menge der genau richtig bestimmten Irrationalität eingeführt wird [37]. Tatsächlich dürfte dies keine sehr plausible Erklärung sein. Die minimalistische Strategie, die Rationalitätsannahme nur so wenig wie möglich einzuschränken, um Kooperation erzeugen zu können, ist damit zwar erfolgreich, aber das resultierende Modell erlaubt es nicht, die nun einmal beobachtbaren Phänomene auf befriedigende Art und Weise zu erklären. Wie steht es mit alternativen Ansätzen, die stärker von der gewohnten Rationalitätsannahme abweichen?

Die wahrscheinlich international bekanntesten Arbeiten zum Kooperationsproblem stammen von AXELROD (1980, 1980b, 1981, 1984, 1986). AXELROD bedient sich eines Instrumentariums, das sich sehr deutlich von dem üblichen Handwerkszeug unterscheidet, mit dem in der Ökonomik Modelle geschmiedet werden, das aber inzwischen immer mehr Beachtung gefunden hat und weit über das Niveau verfeinert worden ist, das AXELROD benutzte. Gemeint ist die „evolutionäre Spieltheorie", oder „evoeconomics". Der Erfolg AXELRODS ist nicht zuletzt auf

---

[37] Daß es tatsächlich einer sehr genauen Dosierung und Wahl der Abweichung von der Rationalitätsannahme bedarf, haben im übrigen FUDEBERG und MASKIN 1986 gezeigt.

die ungewöhnliche Form zurückzuführen, in der er dieses Instrumentarium einsetzte.

Man stelle sich eine Population mit n Mitgliedern vor, die folgendes „Spiel" spielen: In jeder Runde werden zufällig Paare gebildet und jedes der Paare spielt ein wiederholtes GD-Spiel. Dabei verfolgt jedes Populationsmitglied eine ihm eigene Strategie, die es von Anfang an festgelegt hat und während des Spiel nicht mehr ändern kann. Die Auszahlungen, die die Spieler in dem wiederholten GD-Spiel erzielen, bestimmen ihre *evolutionäre Fitneß*, die darüber entscheidet, wieviele Nachkommen sie haben, d. h., wie oft die von ihnen verfolgte Strategie in der nächsten Spielrunde in der Population vertreten sein wird. Auf diese Weise wird ein Evolutionsprozeß simuliert, in dem solche Strategien überleben, die sich in wiederholten GD-Spielen als überlegen erweisen. Die Akteure in diesem Spiel sind keine rationalen Spieler im üblichen Sinne, vielmehr agieren sie wie fest programmierte Automaten oder Tiere, die ausschließlich ihrem genetischen Code folgen.

Die Besonderheit der von AXELROD verfolgten Methode besteht darin, daß er das oben skizzierte Evolutionsspiel mit einer Anzahl von Wissenschaftlern verschiedener Fachrichtungen in Form eines *Turniers* gespielt hat, das folgendermaßen ablief: Die Turnierteilnehmer formulierten eine Strategie, die sie während des wiederholten GD-Spiels anwenden wollten. Alle möglichen Strategien waren zugelassen, d. h., sowohl deterministische (Beispiel: „Kooperiere immer" oder „kooperiere bei jeder zweiten Wiederholung") als auch stochastische Strategien („kooperiere mit der Wahrscheinlichkeit 1/2") waren erlaubt. Diese Strategien traten gegeneinander an (auch gegen sich selbst), und zwar in Form einer Computersimulation.

Aus den AXELROD-Turnieren ging ein Spieltheoretiker als Sieger hervor: ANATOL RAPOPORT, und die erfolgreiche Strategie war (der Leser wird es ahnen) TFT. Wie ist dieses Ergebnis einzuordnen?

Eine Alternative zu dem Versuch, menschliches Verhalten als Ausdruck von Rationalität zu modellieren, besteht darin, von einer *genetischen Prägung* des Menschen auszugehen und zu fragen, ob kooperative Gene im Evolutionsprozeß überleben können oder nicht. Diesen Ansatz verfolgte AXELROD auf eine bestimmte Weise. Die evolutionäre Spieltheorie bedient sich einer etwas anderen Methodik, die an dieser Stelle kurz skizziert sei.

Auf den ersten Blick ist die Verwendung spieltheoretischer Methoden zur Analyse evolutionärer Vorgänge eine überraschende Variante. Schließlich sind wir es gewohnt, daß die Spieltheoretiker hyperrationale Individuen unterstellen, die in der Lage sind, auch die kompliziertesten Optimierungsprobleme zu lösen. Der Evolutionsprozeß kennt dagegen kein rationales Kalkül, sondern nur genetische Codes, denen die jeweiligen Individuen folgen. Und bei diesen Individuen kann es sich um Menschen, Tiere oder Pflanzen handeln. MAYNARD SMITH und PRICE (1973) haben gezeigt, daß es dennoch möglich ist, das spieltheoretische Instrumentarium auf die Evolution zu übertragen. An die Stelle des optimierenden Individuums tritt nämlich der evolutionäre Selektionsmechanismus des „Survival of the fittest". Die Payoffs in einem evolutionären Spiel sind nichts anderes als die Fitneß, d. h. die Fähigkeit, Nachkommen zu haben und durch sie die eigenen Gene weiterzugeben [38].

Wir wollen an dieser Stelle nicht allzuweit in die diesbezügliche Theorie einsteigen, aber einige wichtige Konzepte seien genannt [39]. Für die spieltheoretische Analyse evolutionärer Prozesse von entscheidender Bedeutung ist die Frage, welcher Dynamik die Auswahl der konkurrierenden Strategien folgt. Häufig zur Anwendung kommt die sogenannte *Malthus-Dynamik*, bei der sich der Anteil, in dem eine Strategie innerhalb einer Population vertreten ist, proportional zu der relativen Fitneß verändert, die diese Strategie im Vergleich zur Durchschnittsfitneß der gesamten Population erzielt.

Von besonderem Interesse ist natürlich die Frage, welche Strategien sich im Evolutionsprozeß durchsetzen werden bzw. welche Strategien den Angriffen von Mutanten (neu entstehenden Strategien) widerstehen können. Man stelle sich eine Situation vor, in der innerhalb einer Population nur noch eine einzige Strategie gespielt wird (beispielsweise TFT). Durch das Auftreten von Mutanten kann sich die Situation insofern verändern, als nunmehr ein kleiner Teil dieser Population plötzlich eine andere Strategie spielt (beispielsweise „kooperiere nie"). Das bedeutet, daß ein TFT-Spieler mit einer gewissen (durchaus geringen) Wahrscheinlichkeit auf einen solchen Mutanten trifft. Ist der Mutant überlebensfähig? Kann er sich weiter ausbreiten? Er kann beides nicht, wenn die in der Population vorherrschende Strategie *evolutionär stabil ist*, d. h. eine sogenannte *ESS* (evolutionary stable strategy) ist. Um evolutionär stabil sein zu können, muß sich die Strategie dadurch auszeichnen, daß sie zumindest solange eine höhere Fitneß

---

[38]  Tatsächlich wissen wir aus der Bologie, daß es im Evolutionsprozeß nicht um solche Dinge wie „die Erhaltung der Art" oder das „eigene Überleben" ging, sondern ausschließlich um die Weitergabe des eigenen Erbgutes. Nur Strategien, die das Ziel haben, sich selbst zu dublizieren können, können in der Evolution überleben. Die Biologie hat zahlreiche eindrucksvolle Belege für diese These gesammelt. Beispielsweise töten männliche Löwen, wenn sie ein Rudel von einem Rivalen übernehmen, als erstes alle Jungtiere ihres Vorgängers, um so zu erreichen, daß die Weibchen schneller in der Lage sind, ihre eigenen Jungen zu versorgen.

[39]  Der Interessierte Leser sei insbesondere verwiesen auf VAN DAMME 1991, KAP. 9.

realisiert als alle anderen Strategien, solange andere Strategien nur in relativ geringer Zahl innerhalb der Population vertreten sind. Eine notwendige Bedingung für evolutionäre Stabilität ist deshalb, daß eine Strategie *beste Antwort auf sich selbst* sein muß.

Kehren wir zurück zu AXELROD bzw. zum Kooperationsproblem. Die entscheidende Frage ist, ob ein „kooperatives Gen" einen Selektionsvorteil verschafft oder die Fitneß eher mindert. Intuitiv sollte man annehmen, daß altruistisches oder kooperatives Verhalten in einem Survival of the fittest eher hinderlich sein dürfte und Kooperationsbereitschaft kaum zu besseren Durchsetzungschancen führt. In der Tat ist die Strategie „niemals kooperieren" eine ESS. Wenn eine Population überwiegend aus Defektoren besteht, haben kooperative Mutanten keine Chance. Auf der Anderen Seite ist „immer kooperieren" *keine* ESS, d. h., die gutmütigen, kooperationsbereiten Typen werden aussterben. Aber wie verhält es sich mit den wehrhaften kooperativen Typen, die mangelnde Kooperation des Gegenüber bestrafen? TFT – und das ist eine durchaus ernüchternde Erkenntnis – ist evolutionär nicht stabil. TFT erfüllt nicht einmal die notwendige Bedingung, beste Antwort auf sich selbst zu sein, geschweige denn die hinreichenden Bedingungen für eine ESS. Das folgende Beispiel macht den entscheidenden Punkt deutlich:

Nehmen wir an, in einer Population existieren zunächst nur TFT-Typen. Durch Mutation treten dann zwei neue Typen auf den Plan, nämlich K-Typen, die immer kooperieren und D-Typen, die nie kooperieren. Die Malthus-Dynamik wird in einem solchen Fall dazu führen, daß die Anzahl der Mutanten rasch wieder abnehmen wird. TFT-Spieler realisieren, wenn sie aufeinandertreffen, eine höhere Fitneß als ein D-Spieler, wenn er auf einen TFT-Spieler trifft, weil er die Vorteile der Kooperation nicht ausnutzen kann. Ausbeuten kann der D-Typ nur den K-Typen, und auf den trifft er selten, da die Population überwiegend aus TFT-Typen besteht. Die relative Fitneß der D-Typen wird also geringer ausfallen als die der TFT-Spieler. Wenn aber die D-Typen vor den K-Typen aussterben, dann bleibt es dabei, daß in der Population sowohl TFT als auch K-Typen existieren, denn beide Typen unterscheiden sich in ihrem Verhalten (und damit ihrer Fitneß) nicht voneinander, solange niemand defektiert. Das hat zur Folge, daß die K-Spieler in der Population relativ stark werden können – was wiederum schwerwiegende Folgen haben kann, denn wenn viele nicht wehrhafte, kooperative Mitglieder in einer Population existieren, dann verbessern sich natürlich die Chancen für neue D-Mutanten.

Die Konsequenzen, die sich für TFT-Populationen daraus ergeben können, haben YOUNG und FOSTER 1991 mit Hilfe einer Simulation verdeutlicht, bei der die drei genannten Strategien gegeneinander antraten. Abbildung 7 gibt einen Eindruck von dem Simulationsergebnis

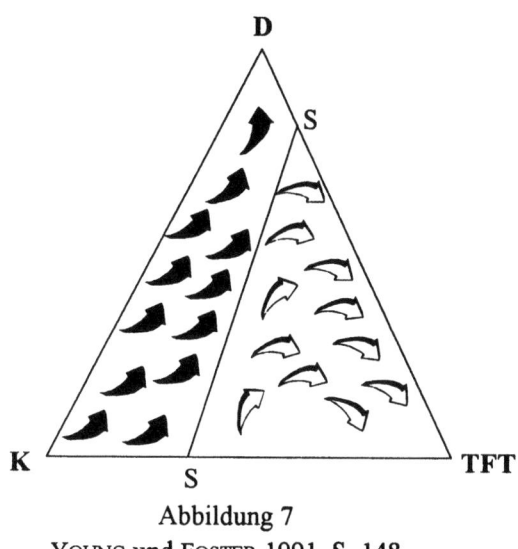

Abbildung 7
YOUNG und FOSTER 1991, S. 148

Das Dreieck gibt alle möglichen Verteilungen der drei Strategien in der Population an. In der K-Ecke beispielsweise haben wir es nur mit K-Typen zu tun, in der Mitte des Dreiecks sind alle Strategien mit einem Anteil von 1/3 vertreten u.s.w. Die Pfeile deuten an, in welche Richtung sich die Population in Abhängigkeit von der Anfangsverteilung entwickelt. Die Linie SS bildet dabei eine kritische Grenze. Rechts von SS führt die Selektion in einen Zustand mit ausschließlich TFT- und K-Typen, d. h. auf die Linie K-TFT. Links von SS behalten die D-Typen langfristig die Oberhand. Der entscheidende Punkt ist: Wenn die D-Typen ausgestorben sind, kann es zu einer Entwicklung entlang der K-TFT-Linie nach links kommen, d. h., die K-Typen gewinnen an Bedeutung. Wird dabei die SS-Linie überschritten, reichen bereits wenige D-Mutanten, um schließlich in einen stabilen Zustand zu geraten, in dem nur noch D-Typen existieren.

Man wird der evolutionären Spieltheorie mit den wenigen Ausführungen, die wir bisher gemacht haben, sicherlich nicht gerecht, denn es handelt sich dabei mittlerweile um ein ausgedehntes und ausgereiftes Anwendungsgebiet der Spieltheorie mit wachsender Bedeutung. Allerdings, wenn die wenigen Bemerkungen bisher beim Leser den Eindruck erweckt haben sollten, daß es offensichtlich doch nicht so einfach ist, nachzuweisen, daß Kooperation im Evolutionsprozeß entstehen und überleben kann, so ist dieser Eindruck durchaus erwünscht, denn genau das ist der Fall. Man kann soweit gehen, zu sagen, daß solange die Kooperationspartner zufällig zusammengeführt werden und die Mitglieder einer Population keine Gelegenheit haben, sich ihre Partner selbst zu wählen, die kooperativen Typen grundsätzlich einen Selektionsnachteil haben, weil sie der Ausbeutung durch Defektoren mehr oder weniger schutzlos ausgeliefert sind.

Das Bild ändert sich erst dann grundlegend, wenn kooperative Typen in der Lage sind, die Vorteile die sich aus *wechselseitiger* Kooperation ergeben, auch tatsächlich zu vereinnahmen. Das wird dann möglich, wenn die Spieler innerhalb einer Population kooperative Typen auf irgendeine Art *identifizieren* können. Ist ein kooperativer Spieler in der Lage, zu erkennen, ob er sich einem K- oder einem D-Typ gegenübersieht, so kann er wählen – und er wird natürlich den wählen, mit dem er einen Kooperationsvorteil realisieren kann. Wie aber sollte ein solches „Erkennen" funktionieren? ROBERT FRANK hat in seinem inzwischen sehr bekannt gewordenen Buch „Passion Within Reasons. The Strategic Role of the Emotions" (1988) eine diesbezügliche These aufgestellt, die einige Plausibilität besitzt.

Der Grundgedanke FRANKS ist der folgende. Ganz offensichtlich besteht der Mensch nicht nur aus genetischer Prägung und Ratio, er besitzt darüber hinaus einen ausgeprägten *emotionalen Apparat*. Welche Funktion könnten Emotionen haben? Sind auch sie nicht eher hinderlich im Selektionsprozeß? Keineswegs! Im Gegenteil, FRANK macht deutlich, daß Emotionen in die Lage versetzen, Vorteile einzustreichen, die einem vollkommen rationalen Menschen verschlossen bleiben. Ein einfaches Beispiel macht den entscheidenden Punkt deutlich. Man stelle sich zwei Menschen vor. A ist Besitzer einer Geldbörse, in der sich 100,- DM befinden. B ist in der Lage, A diese Börse zu stehlen, und er weiß, daß es für A erheblichen Aufwand bedeuten würde, wenn er nach einem solchen Diebstahl B zur Rechenschaft ziehen würde. Die Transaktionskosten einer Bestrafung von B wären um ein Vielfaches höher als die 100,- DM, die A in diesem Fall zurückerhalten würde. Verhalten sich beide strikt rational und ist Rationalität der Spieler Common Knowledge, so ist es für B beste Strategie, das Geld zu nehmen, denn er weiß, daß es für A nicht rational ist, ihn zu verfolgen. A wird also bei rationalem Verhalten sein Geld los. Wenn er jedoch in der Lage ist, dem B glaubhaft zu versichern, daß er ein Mensch mit ausgeprägtem Rachebedürfnis ist, der nicht eher ruhen würde, bis er B bestraft hätte, koste es, was es wolle, würde er den Diebstahl mit Sicherheit verhindern. Die glaubhafte Vermittlung einer nicht rationalen, sondern *emotionalen* Reaktion verschafft damit A gegenüber der rein rationalen Lösung einen erheblichen Vorteil.

Das Beispiel läßt sich leicht auf das GD übertragen. Wir wissen, daß es nicht rational ist, im GD zu kooperieren, aber was ist, wenn jemand aus der Kooperation als solcher einen Nutzen zieht? Kann er diese Eigenschaft – die natürlich stark mit der emotionalen Verfassung des betreffenden zusammenhängt – glaubhaft signalisieren, dann ist er unter Umständen in der Lage, einen gleich veranlagten Partner zu finden, mit dem er dann die Vorteile beiderseitiger Kooperation realisieren kann.

ROBERT FRANK geht noch ein Stück weiter. Er behauptet, daß es eine wesentliche Eigenschaft des emotionalen Systems sei, bestimmte innere Verfassungen *fälschungssicher* zu signalisieren [40]. Die Existenz von Emotionen, besser gesagt das Überleben des emotionalen Systems im Evolutionsprozeß wird damit verstehbar. Gefühle versetzen Menschen in die Lage, das Informationsproblem zu lösen, das sich dann stellt, wenn sie sich mit anderen Mitgliedern der Population zu Unternehmungen zusammentun, die die Struktur des GD aufweisen. Sie können sich dann nämlich mit denen zusammenschließen, die ebenfalls kooperationsbereit sind, und sind dadurch gegenüber den bedingungslos defektierenden D-Typen im Vorteil.

Auf diese Weise könnte es tatsächlich gelingen, zu zeigen, daß kooperative Gene in Verbindung mit der Fähigkeit, Kooperationsbereitschaft zu signalisieren, im Evolutionsprozeß überleben können, durchsetzungsfähig sind und ihre Träger nicht primär zum Opfer der D-Typen machen.

Wenn man an diese Erklärung des Kooperationsphänomens glauben will, dann muß man vor allem davon überzeugt sein, daß die genetische Prägung des Menschen sein Handeln zu einem sehr großen Teil bestimmt. Es dürfte müßig sein, an dieser Stelle den alten Streit, ob Verhalten nun genetisch determiniert ist oder durch Erziehung, Sozialisation und Lernen bestimmt wird, aufrollen zu wollen. Es ist einfacher und für unsere Zwecke hilfreicher, sich auf die Position zurückzuziehen, daß menschliches Verhalten zweifelsfrei nicht monokausal erklärt werden kann. Das, was wir an menschlichen Handlungen beobachten, ist

---

[40] Ein gutes Beispiel dafür ist das Weinen. Man kann sich doch zurecht fragen, warum eine solch merkwürdige Verbindung zwischen bestimmten Emotionen (Wut, Schmerz, Trauer) und der Absonderung von Flüssigkeit aus den Augen (die ja ansonsten eine völlig emotionslose Schutzfunktion hat) besteht. Dieser Zusammenhang bekommt Sinn, wenn wir das Weinen als ein (fast) fälschungssicheres Signal begreifen, das insbesondere kleinen Kindern und Babys in den rauen Zeiten des Neolithikums (in dem die Evolution des Menschen vor allem stattfand) geholfen haben dürfte, klarzumachen, daß sie in bestimmten Fällen Hilfe benötigen.

ganz bestimmt das Resultat genetischer Prägung, aber es ist auch das Ergebnis rationalen Kalküls und es ist mit Sicherheit beeinflußt von Momenten der Sozialisation und der kulturellen Einbindung des handelnden Individuums. Von einer integrierten Theorie, die in der Lage wäre, alle diese Aspekte zu berücksichtigen, sind wir, wie bereits gesagt, noch sehr weit entfernt. Aber es gibt erste Ansätze zu einer Integration.

HEINZ HOLLÄNDER (AER 1993) hat kürzlich einen Ansatz vorgestellt, der in diese Richtung geht. Die Integrationsleistung besteht darin, daß drei verschiedene Aspekte in einem Modell vereint werden: Die unbestreitbare Existenz und Bedeutung von Emotionen, die genetische Prägung des emotionalen Systems und die Fähigkeit zu rationalen Kalkülen. Die zugrundeliegende Idee, die auch bereits in Arbeiten von ADAM SMITH, MANDEVILLE und HOMANS zu finden ist, besteht darin, die Entstehung von Normen (beispielsweise der Norm, im GD zu kooperieren) als das Ergebnis eines sozialen Austauschprozesses zu begreifen, in dem Menschen Beiträge zur Erstellung öffentlicher Güter leisten, um dadurch soziale Anerkennung zu finden. Auf den ersten Blick ist dieser Gedanke nicht nur überzeugend, sondern scheint auf geradezu triviale Weise einen Ausweg aus der gesamten Problematik sozialer Dilemmata zu weisen. Aber ganz so einfach ist die Sache nicht. Warum sollte beispielsweise ein Individuum j einem anderen Individuum i Anerkennung zollen, obwohl der Beitrag, den i leistet, für die Kollektivgutversorgung des j überhaupt keine Bedeutung hat? Weitere Fragen schließen sich an: Wovon hängt die gezollte Anerkennung ab? Sozialer Austausch bedeutet, daß Menschen Anerkennung erfahren, selbst andere anerkennen und Beiträge leisten müssen. Existieren gleichgewichtige Situationen, in denen Geben und Nehmen zum Ausgleich gebracht wird, in denen die relevanten „Märkte" geräumt sind? Und schließlich: Ein Modell der Normentstehung kann nur dann wirklich überzeugen, wenn es sowohl erklärt, wie und warum es zur Kooperation kommt, als auch, warum Kooperation in bestimmten Fällen ausbleibt. Warum sollte sozialer Austausch mal zur Entstehung einer Norm führen und mal nicht?

Es würde an dieser Stelle zu weit führen, das Modell HOLLÄNDERS in aller Ausführlichkeit darzulegen[41], deshalb sei es hier nur in seinen Grundzügen vorgestellt:

Die n identischen Mitglieder einer Gruppe verfügen je über π Einheiten eines privaten Gutes. Wenn b Einheiten dieses Gutes zur Produktion des öffentlichen

---

[41] Der interessierte Leser sei auf den entsprechenden Literaturhinweis am Ende dieses Kapitels verwiesen.

Gutes z beigesteuert werden, verbleiben $p = \pi - b$ Einheiten zum privaten Konsum. Die Produktionsfunktion für das öffentliche Gut entspricht in ihrer Struktur Gleichung (23):

$$z = \frac{1}{n} \sum_{i=1}^{n} b_i \qquad (32)$$

Es ist sichergestellt, daß n hinreichend groß ist, um zu gewährleisten, daß der Beitrag eines einzelnen vernachlässigbar kleine Auswirkungen auf die Menge des öffentlichen Gutes hat. An dieser Stelle wird nun eine Größe eingeführt, die normalerweise in ökonomischen Modellen nicht vorkommt, weil sie nicht Gegenstand rationaler Kalküle ist, sondern ausschließlich emotional gesteuert wird. Gemeint ist die Anerkennung, die Individuen erfahren, wenn sie Beiträge zur Produktion von z leisten. Der dabei ablaufende Prozeß wird abgebildet durch einen Stimulus-Response-Mechanismus – mithin ein Mechanismus, dessen Existenz primär evolutionstheoretisch gedeutet werden kann. Die Stärke des auslösenden Stimulus hängt ab von der Beitragshöhe, und die auf den Stimulus erfolgende Anerkennung wird mit s(b) bezeichnet. HOLLÄNDER nimmt nun weiterhin an, daß die Individuen eine Präferenz für soziale Anerkennung besitzen, und zwar sowohl für die „absolute" Anerkennung s(b), als auch für die „relative" s(b) s(z), wobei s(z) die Anerkennung bezeichnet, die für einen durchschnittlichen Beitrag geleistet wird. Die Existenz einer solchen Präferenz läßt sich wiederum evolutionstheoretisch deuten. Allerdings ist eine solche Deutung nicht zwingend, denn die Vorliebe für soziale Anerkennung kann auch anerzogen sein.

Der insgesamt für das Individuum relevante Anerkennungswert berechnet sich als gewichtete Summe:

$$a = (1 - \alpha)s(b) + \alpha\big[s(b) - s(z)\big]; \quad 0 \le \alpha \le 1$$

$$\text{bzw.} \quad a = s(b) - \alpha s(z). \qquad (33)$$

Die Nutzenfunktion hat die Gestalt

$$u = u_p(p) + u_z(z) + u_a(a). \qquad (34)$$

Um die subjektive Wertschätzung eines Beitrags s(b) näher zu charakterisieren, führt HOLLÄNDER die „Anerkennungsrate" w ein, die er als Anerkennung pro Beitragseinheit definiert. Die insgesamt gespendete Anerkennung hängt wiederum vom absoluten und vom relativen Beitrag ab, so daß

$$s(b) = (1-\beta)wb + \beta w(b-z) = w(b-\beta z); \quad 0 \le \beta \le 1. \tag{35}$$

Einsetzen von (35) in (33) führt schließlich zu

$$a = w(b-\sigma z) \quad \text{mit} \quad 0 \le \sigma = \alpha + \beta - \alpha\beta \le 1 \tag{36}$$

Dem Parameter $\sigma$ kommt offensichtlich eine erhebliche Bedeutung zu. Er gibt u.a. Auskunft darüber, wie stark sich die Anerkennung am Status quo orientiert. Ist $\sigma = 1$, so erfährt ein Individuum erst dann Anerkennung, wenn es einen Beitrag leistet, der über dem Durchschnitt liegt. Ist dagegen $\sigma = 0$, so wird jeder auch noch so kleine Beitrag belohnt. Das Optimierungsproblem eines beliebigen Individuums hat damit folgende Gestalt:

$$u = u_p(\pi - b) + u_z(z) + u_a\left[w(b-\sigma z)\right] \to \max_b. \tag{37}$$

(37) ist für gegebene z und w durch geeignete Wahl von b zu maximieren. Aus den notwendigen Bedingungen für eine Lösung von (37) läßt sich die individuelle Beitragsangebotsfunktion $b(w,\sigma z,\pi)$ ableiten, für die gilt:

$b(w,\sigma z,\pi) > 0$   dann und nur dann, wenn

$$u_p{}'(\pi) < wu_a{}'(-w\sigma z).^{[42]} \tag{38-1}$$

---

[42] (38-1) erhält man durch Auswertung der notwendigen Bedingung für eine Lösung von (37) an der Stelle b=0.

Für b > 0 gilt

$$\frac{\partial b}{\partial w}, \frac{\partial b}{\partial \sigma z}, \frac{\partial b}{\partial \pi} > 0. \tag{38-2}$$

Die in (38-1) angegebene Bedingung macht deutlich, daß nur dann Beiträge geleistet werden, wenn die Anerkennungsrate w positiv und hinreichend groß ist. (38-2) zeigt, daß zunehmende Statusorientierung oder wachsende Anerkennung der anderen Individuen zu einer Zunahme des individuellen Beitrags führen und daß b offensichtlich ein superiores Gut ist.

w ist die Anerkennungsrate, die ein Individuum erfährt, wenn es einen Beitrag leistet. Da jedes Individuum aber sowohl Anerkennung erfährt als auch Anerkennung erteilt, benötigen wir ein Maß v, das die Anerkennungsrate des beitragleistenden Individuums bezeichnet.

Um die Frage beantworten zu können, warum ein Individuum jemanden für einen Beitrag belohnen soll, obwohl durch diesen Beitrag die Kollektivgutversorgung nicht spürbar verändert wird, unterstellt HOLLÄNDER, daß es zu einer gewissermaßen fiktiven Verallgemeinerung des beobachteten Verhaltens kommt. Das heißt, die subjektive Bewertung eines von Individuum i geleisteten Beitrags hängt von dem Nutzenzuwachs ab, den das beobachtende Individuum j erfahren würde, wenn alle Gruppenmitglieder sich so verhalten würden wie i. Dabei entsteht ein interessanter „trade-off". Auf der einen Seite führt eine Erhöhung der Beiträge aller zu einer besseren Kollektivgutversorgung (z steigt). Auf der anderen Seite verringert sich die Anerkennung, die jeder einzelne für seinen Beitrag erhält (vgl. Gleichung (36)), und damit geht natürlich ein Nutzenverlust einher. Steigt die Kollektivgutversorgung, so steigt damit zugleich die „Kompetitivität" des Belohnungssystems: Um das gleiche Maß an Anerkennung zu erhalten, müssen höhere Beiträge geleistet werden. Formal bestimmt HOLLÄNDER v durch die Grenzrate der Substitution zwischen π und z, also als den in Privatguteinheiten gemessenen Nutzengewinn einer Steigerung von z:

$$v := \frac{\partial u_z' / \partial z}{\partial u / \partial \pi} = \frac{u_z'(z) - \sigma w u_a'[w(b - \sigma z)]}{u_p'(\pi - b)}. \tag{39}$$

Die Gleichungen (38-1) und (39) machen deutlich, daß sich in diesem Modell in zweierlei Hinsicht ein Gleichgewichtsproblem stellt. (38-1) zeigt, daß der individuelle Beitrag b von z abhängt. Da alle Individuen als identisch angenommen

sind, existiert ein Beitragsgleichgewicht offenbar nur dann, wenn b = z erfüllt ist.
(39) macht deutlich, daß die gezollte Anerkennung v auch von der erhaltenen
Anerkennung w abhängt. Ein Anerkennungsgleichgewicht ist demnach dann gegeben, wenn v = w gilt. HOLLÄNDER untersucht, ob beide Gleichgewichtsbedin-
gungen simultan erfüllt sein können, und kommt zu dem Ergebnis, daß ein solches *soziales Gleichgewicht* mit z > 0 für gegebene π und σ dann existiert, wenn
die Statusorientierung σ hinreichend klein ist.

Inwieweit ist es nun gerechtfertigt, die Existenz eines sozialen Gleichgewichts
mit der Entstehung von Normen in Zusammenhang zu bringen? Wenn in diesem
Gleichgewicht z > 0 gilt, dann bedeutet dies, daß alle Individuen ihren Nutzen
gerade dann maximieren, wenn sie Beiträge in Höhe von b = z leisten und damit
auf die Schwarzfahrer-Option verzichten. Die Ursache für diesen Verzicht liegt
natürlich in den positiven oder auch negativen Sanktionen, mit denen individuelles Verhalten belegt wird. Handelt es sich bei diesen Sanktionen nicht um einen
einmaligen Vorgang, sondern um einen immer wiederkehrenden Prozeß, so liegt
die Vorstellung nahe, daß die Individuen das von außen an sie herangetragene
Sanktionssystem verinnerlichen. Die dabei ablaufenden psychologischen Vorgänge sollen hier nicht näher untersucht werden, aber man kann sich durchaus
vorstellen, daß eine Art Sozialisationsprozeß in Gang gesetzt wird, an dessen Ende es keiner expliziten Sanktionierung mehr bedarf, weil die Individuen die gesellschaftlich anerkannten Maßstäbe „richtigen" Verhaltens übernommen haben
und ihr individuelles Verhalten danach ausrichten.

Wir haben eingangs betont, daß eine Theorie der Normgenese nur dann überzeugen kann, wenn sie auch erklärt, warum es nicht *immer* zur Kooperation
kommt. Diesem Anspruch wird das Modell HOLLÄNDERS durchaus gerecht. Ob
es nämlich zu einem sozialen Gleichgewicht kommt, ist keineswegs sicher. Voraussetzung dafür ist neben einer hinreichend niedrigen Statusorientierung die
emotionale Fähigkeit der Menschen, Anerkennung zu vermitteln und in ihrem
eigenen Verhalten von der Anerkennung anderer abhängig zu sein. Es kann also
durchaus Situationen geben, in denen es nicht zu freiwilligen Beiträgen kommt,
in denen Kooperation nicht stattfindet. Ein weiterer Aspekt kommt hinzu:
HOLLÄNDER kann zeigen, daß die Bereitstellung des öffentlichen Gutes durch
freiwillige Beiträge der Bereitstellung durch Märkte oder den Staat überlegen
sein kann. Übernimmt beispielsweise der Staat die Aufgabe, z anzubieten und
finanziert dieses Angebot durch eine Steuer, so verschwindet dadurch der Anreiz,
freiwillige Beiträge zu leisten, denn es gibt keinen Grund mehr, einen Beitrag
durch soziale Anerkennung zu belohnen. Man kann sich leicht klarmachen, daß

ein staatliches Angebot Pareto-inferior gegenüber der ursprünglichen Allokation durch freiwillige Spenden ist, denn wenn die Individuen die gleichen Privatgutmengen, die sie zuvor in Form von freiwilligen Leistungen erbracht haben, nunmehr als Steuer entrichten, so entgeht ihnen der Nutzen aus sozialer Anerkennung, ohne daß eine Kompensation dieses Verlustes durch eine bessere Kollektivgutversorgung erfolgt. Der gleiche Effekt kann eintreten, wenn z durch private Unternehmen mit Gewinninteresse angeboten wird. Ein einfaches Beispiel mag dies illustrieren: Lange Zeit wurden Blutspenden ohne jede Gegenleistung erbracht, d. h., die Spender leisteten einen Beitrag, ohne einen direkten, materiellen Vorteil davon zu haben. Nachdem man dazu übergegangen war, Blutspender zu bezahlen, in gewissem Sinne also einen Markt für Spenderblut eingerichtet hatte, mußte man feststellen, daß das Spendenvolumen *zurückging*[43]. Die Vermutung liegt nahe, daß der Verlust an sozialer Anerkennung, der mit der neuen Praxis einherging, größer war als der materielle Anreiz. Verfolgt man diesen Gedanken weiter, so wird klar, daß Normen offensichtlich durch die Schaffung von Märkten verdrängt werden können. Das aber bedeutet, daß fehlende Kooperationsbereitschaft unter Umständen auf eine zunehmende Kommerzialisierung des gesellschaftlichen Lebens zurückzuführen ist.

Das Modell HOLLÄNDERS kann sicherlich nicht als vollständige und abschließende Darstellung des Normentstehungsprozesses betrachtet werden, denn einerseits läßt es noch zahlreiche Fragen offen[44], und andererseits fehlt bisher jegliche empirische Untersuchung der relevanten Hypothesen. Dessen ungeachtet weist das Modell gegenüber allen anderen Versuchen, die Entstehung von Normen zu erklären, erhebliche Vorteile auf. Vor allem kommt HOLLÄNDER mit einer sehr allgemeinen Annahme bezüglich individueller Präferenzen aus. Er benötigt lediglich die Voraussetzung, daß Individuen eine Präferenz für soziale Anerkennung besitzen, um die Etablierung von Normen erklären zu können. Des weiteren läßt sein Modell die Möglichkeit zu, daß es nicht zur Kooperation kommt, daß die entsprechende Norm nicht entsteht. Dabei werden die Ursachen, die zu einem

---

[43] Eindrucksvoll dargestellt wird dieser Zusammenhang bei TITMUSS (1971). Vgl. dazu auch ARROW (1975).

[44] Beispielsweise werden identische Individuen unterstellt, und es stellt sich die Frage, ob auch dann noch Gleichgewichte mit z > 0 existieren, wenn diese Annahme aufgegeben wird. Weiterhin ist die Frage der Kommunikation und Information innerhalb der Gruppe noch vollkommen ungeklärt. Welche Informationsvoraussetzungen müssen erfüllt sein, damit der soziale Austausch funktionieren kann, und ist damit zu rechnen, daß diese Voraussetzungen erfüllt werden?

solchen „Versagen" führen, aus dem Modell heraus erklärbar, weil die Bedingungen, die erfüllt sein müssen, damit Kooperation stattfinden kann, explizit angegeben sind. Insgesamt ist das Modell HOLLÄNDERS sicherlich erst ein Anfang auf dem Weg zu einer ökonomischen Analyse kooperativen Handelns, aber es ist ein Modell, das deutlich macht, daß eine Integration der verschiedenen Zugänge zur Erklärung menschlichen Verhaltens möglich ist, und zwar in einem *ökonomischen Modell* möglich ist. Vor allem deshalb ist es ein sehr vielversprechender Ausgangspunkt für weitere Forschungen auf diesem Gebiet.

# 1.8    Der Staat als Ersatz für freiwillige Kooperation?

Bei unseren bisherigen Überlegungen tauchte immer wieder die Frage auf, ob nicht der Staat für effiziente Lösungen sorgen könne. Es liegt in der Tat nahe, die Lösung des öffentlichen-Gut-Problems und die Überwindung sozialer Dilemmata dem Staat zu überlassen, denn beobachten wir nicht, daß in marktwirtschaftlichen Systemen staatliches Handeln vorwiegend diesen Aufgaben gewidmet ist?

Tatsächlich ist dies der Fall, aber eine solche Beobachtung „realer" Verhältnisse kann natürlich keine Bestätigung dafür sein, daß solche Lösungen effizient sind oder zumindest die bestmöglichen darstellen. Für die theoretische Analyse ist unbedingte Unvoreingenommenheit notwendige Voraussetzung, und eine in diesem Sinne vorurteilsfreie Betrachtung kann durchaus zu Ergebnissen führen, die in mehr oder weniger krassem Gegensatz zu dem stehen, was wir beobachten.

Im Abschnitt 1.3 haben wir uns mit der Frage beschäftigt, ob rationale Individuen durch freiwillig geführte Verhandlungen zu einer Internalisierung externer Effekte bzw. zu einer effizienten Bereitstellung öffentlicher Güter gelangen können, und wir waren zu dem Schluß gekommen, daß sie dazu wohl nicht in der Lage sein werden. Aber vielleicht ändert sich die Situation, wenn wir den Staat in diese Verhandlungen einschalten. Für das Scheitern der Verhandlungen war vor allem die Tatsache verantwortlich, daß die Teilnehmer über private Informationen verfügten und es keinen Mechanismus gab, der zugleich Anreize zur Aufdeckung dieser Information schafft und effiziente Resultate garantiert. Möglicherweise ist der Staat, gewissermaßen als unbeteiligter Dritter, in der Lage, Anreize so zu setzen, daß individuell rationales Verhalten zu wahrheitsgemäßer Präferenzoffenbarung und effizienten Resultaten führt. Die Frage, ob dies tatsächlich der Fall ist, läßt sich nicht mit einem klaren Ja oder Nein beantworten, sondern bedarf einer differenzierteren Betrachtung.

Grundsätzlich besitzt der Staat die Möglichkeit, Anreize in Form von Steuern und Subventionen zu setzen. Bereits Anfang der siebziger Jahre haben insbesondere CLARKE (1971) und GROVES (1973) untersucht, ob mit Hilfe dieser Instrumente ein Mechanismus entwickelt werden kann, der in dem Sinne anreizkompatibel ist, daß die Aufdeckung privater Informationen *dominante Strategie* für alle Individuen ist. Tatsächlich konnten CLARKE und GROVES zeigen, daß solche Mechanismen existieren. Allerdings hat dieses auf den ersten Blick erfreuliche Resultat einen Haken. LAFFONT und MASKIN (1979) haben nämlich nachgewiesen, daß das Steuersystem, mit dessen Hilfe die Anreize zur Präferenzoffenbarung geschaffen werden, nur in Ausnahmefällen zu einem ausgeglichenen Budget führt. Außerdem kann bei dem Clarke-Groves-Mechanismus nicht ausgeschlossen werden, daß die Steuerschuld eines Individuums höher ist als das verfügbare Einkommen. Diese beiden Eigenschaften lassen erhebliche Zweifel an der Praktikabilität und der Effizienz der von CLARKE und GROVES vorgeschlagenen Lösung aufkommen[45].

Unglücklicherweise haben alle Mechanismen, unter denen Informationspreisgabe *dominante Strategie* ist, die gleichen unangenehmen Nebenwirkungen. Um sie zu vermeiden, muß Anreizkompatibilität in einer schwächeren Form eingeführt werden. Wir haben eine solche schwächere Form bereits im Abschnitt 1.3 kennengelernt: Dort wurde ein Mechanismus als anreizkompatibel bezeichnet, bei dem Präferenzoffenbarung dann beste Strategie ist, wenn alle anderen Spieler ebenfalls die Wahrheit sagen. Eine zweite Möglichkeit der Abschwächung besteht darin, zu fordern, daß durch Preisgabe der privaten Information der *erwartete Nutzen* maximiert wird. D'ASPREMONT und GÉRARD-VARET (1979) benutzen die letztgenannte Variante und können zeigen, daß anreizkompatible erwartungsnutzenmaximierende Mechanismen existieren, die zu einem ausgeglichenen Budget führen und damit das beim Clarke-Groves-Mechanismus auftretende Problem lösen. Aber wieder sind es LAFFONT und MASKIN, die die Schwachstelle dieser Mechanismen aufdecken.

Bei der Behandlung bilateraler Verhandlungen hatten wir insgesamt drei Forderungen genannt, die ein Mechanismus zu erfüllen hat, und zwar Anreizkompa-

---

[45] Im Anhang II wird die Clarke-Groves-Steuer ausführlich erläutert. Dort finden sich auch weitere Literaturhinweise.

tibilität, Effizienz und individuelle Rationalität. LAFFONT und MASKIN machen deutlich, daß der von D'ASPREMONT und GÉRARD-VARET entwickelte Mechanismus nur den ersten beiden Forderungen gerecht wird, und sie zeigen darüber hinaus, daß es keinen Mechanismus geben kann, der zugleich anreizkompatibel, effizient und individuell rational ist.

Um dieses Ergebnis einschätzen zu können, müssen wir uns noch einmal ins Gedächtnis rufen, was individuelle Rationalität in diesem Zusammenhang bedeutet. Vereinfacht ausgedrückt stellt diese Eigenschaft sicher, daß rationale Individuen sich freiwillig den Regeln unterwerfen, die durch den Mechanismus vorgegeben sind, weil sie ex ante eine Steigerung ihres Nutzens erwarten. Es ist unmittelbar einsichtig, daß im Fall privater Verhandlungen ohne staatliche Beteiligung individuelle Rationalität eine unabdingbare Voraussetzung ist, weil anderenfalls der zur Anwendung kommende Mechanismus nicht sicherstellen würde, daß es überhaupt zu Verhandlungen kommt. Bei Anreizmechanismen, die durch den Staat gesetzt werden, sieht die Sache jedoch anders aus, denn dem Staat steht die Möglichkeit offen, die Individuen zur Teilnahme an dem Verhandlungsprozedere zu *zwingen*. Dieser Umstand ist von erheblicher Bedeutung. Zunächst wird damit klar, daß für den Erfolg staatlicher Bemühungen um eine effiziente Allokation öffentlicher Güter die individuelle Rationalität eines Anreizmechanismus keine notwendige Bedingung ist. Der von LAFFONT und MASKIN gelieferte Nichtexistenzsatz hat deshalb für staatliches Handeln längst nicht so verheerende Folgen wie etwa die Arbeit von MYERSON und SATTERTHWAITE für private Verhandlungen. Ganz im Gegenteil, letztendlich liefert die ökonomische Theorie ganz unvermittelt ein starkes Argument *für* staatliche Eingriffe: Die Unmöglichkeitssätze, die die TI (theory of incentives) hervorgebracht hat, resultieren vielfach aus der Forderung nach individueller Rationalität. Das aber bedeutet, daß allein der Staat in der Lage ist, effiziente Resultate im wahrsten Sinne des Wortes zu erzwingen, indem er den Individuen gar nicht erst die Wahl läßt, ob sie sich dem Anreizmechanismus unterordnen wollen oder nicht. Die dem Staat gegebene Macht erweist sich damit als hilfreiches Instrument zur Erlangung ökonomisch vernünftiger, d. h. effizienter Lösungen.

Angesichts der Tatsache, daß die ökonomische Theorie in aller Regel staatlichen Eingriffen in ökonomische Prozesse äußerst reserviert gegenübersteht, muß dieses Resultat überraschen. Ist man sonst von Ökonomen den Rat gewohnt, den Staat in seinen Möglichkeiten einzuschränken, so scheint in diesem Fall die genau gegenteilige Empfehlung opportun. Aber kann man als Ökonom mit einer solchen Empfehlung zufrieden sein? Es seien an dieser Stelle zwei Gründe genannt, aus denen man es eigentlich nicht kann.

Es wäre ganz sicher zu kurz gedacht, wenn man bei der Beurteilung staatlichen Handelns allein auf die *Resultate* sehen würde. Dem Effizienzgewinn, der durch die Einführung eines anreizkompatiblen Systems von Zwangsabgaben (Steuern) realisiert wird, stehen unter Umständen Kosten und Verluste gegenüber, die durch eben dieses System verursacht werden.

Eine Norm, die Schwarzfahren verbietet, kann sich nur dann durchsetzen, wenn sich Menschen dazu bereitfinden, diejenigen zu bestrafen, die gegen diese Norm verstoßen. Das Problem dabei ist, daß im Normalfall für niemanden Anreize bestehen, die Kosten einer solchen Bestrafung auf sich zu nehmen. Diese Situation ist vergleichbar mit derjenigen eines „Schwarzfahrers", der nicht bereit ist, auf den Vorteil zu verzichten, den er realisieren kann, wenn er seine private Information nicht preisgibt. Man könnte sich nun vorstellen, daß staatliche Institutionen die Bestrafung der Schwarzfahrer übernehmen. Menschen, die man dafür bezahlt, daß sie Normverstöße aufspüren und bestrafen, haben natürlich einen starken Anreiz, genau dies zu tun. Aber eine solche institutionelle Regelung ist mit erheblichen Kosten verbunden. Man braucht nicht einmal die Vorstellung eines Polizei- oder Überwachungsstaates zu bemühen, um sich klarzumachen, daß die Einrichtung eines staatlichen „Bestrafungssystems" sehr viel höhere Kosten verursacht, als entstehen würden, wenn die Menschen freiwillig auf ihre Schwarzfahrer-Option verzichten, weil sie die entsprechende Norm verinnerlicht haben. Abgesehen davon wäre ein solches System vermutlich gar nicht in der Lage, Kooperation im erforderlichen Umfang zu erzwingen. Wie wenig staatliche Überwachungsorgane auszurichten vermögen, wenn durch sie individuelles Verhalten unterdrückt werden soll, das von den Menschen nicht als moralisch verwerflich angesehen wird, zeigen die Erfahrungen, die die US-Regierung während der Prohibition machen mußte. Ihr Ziel, den Alkoholkonsum zu unterbinden, konnte sie zu keiner Zeit erreichen, aber die Kosten, die durch die vergeblichen Bemühungen entstanden, waren so hoch, daß sich die Administration schließlich genötigt sah, das Alkoholverbot aufzuheben.

Der zweite Grund, aus dem staatliche Zwangsmaßnahmen zur Lösung des Kooperationsproblems nicht uneingeschränkten Beifall finden, ist bereits bei der Behandlung des Holländer-Modells angesprochen worden: Erhebt der Staat Pflichtbeiträge zur Finanzierung öffentlicher Güter, so kann dies im Vergleich zu einer auf Freiwilligkeit basierenden Lösung zu Nutzeneinbußen führen. Freiwillig geleistete Beiträge erhöhen nicht nur die Menge des öffentlichen Gutes, sondern stiften auch direkten Nutzen in Form von sozialer Anerkennung, und diese geht im Falle erzwungener Beiträge verloren.

Insgesamt fällt damit die Beurteilung staatlicher Eingriffe zwiespältig aus. Auf der einen Seite entstehen durch sie Kosten und Nutzeneinbußen in einem nicht zu unterschätzenden Ausmaß. Auf der anderen Seite jedoch sind sie immer dann die Ultima ratio, wenn freiwillige Kooperation, aus welchen Gründen auch immer, nicht entsteht. Letzteres scheint im Zusammenhang mit der Umweltproblematik eher die Regel denn die Ausnahme zu sein. Wir wissen noch sehr wenig darüber, wie Kooperation zustande kommt, aber eines dürfte feststehen: Wie auch immer der Prozeß aussieht, an dessen Ende rationale Individuen freiwillig Beiträge zur Erstellung öffentlicher Güter leisten, es ist ein Prozeß, der viel Zeit beansprucht. Alles deutet darauf hin, daß Kooperation nicht spontan entsteht. Die Lösung vieler Umweltprobleme erlaubt jedoch keinen Aufschub. Letztendlich kommt man daher auch aus ökonomischer Sicht nicht umhin, zuzugestehen, daß staatliches Handeln notwendige Bedingung für eine Lösung dieser Probleme ist. Dennoch sollte man sich bei der Diskussion der Möglichkeiten und Grenzen solchen Handelns jederzeit der Tatsache bewußt sein, daß der Staat keine erstbeste Lösung erreichen wird und mit seinem Eingreifen Kosten verbunden sind, die vermeidbar wären, käme es zu freiwilliger Kooperation.

Die Darstellung des umweltpolitischen Instrumentariums, im zweiten Teil dieses Buches, versucht diesem Aspekt so weit wie möglich Rechnung zu tragen. Ein grundsätzliches Problem, das in unmittelbarem Zusammenhang mit staatlichem Handeln steht, wird dabei allerdings ausgeklammert. Wir werden den Staat in der Rolle des „wohlwollenden Planers" behandeln, d. h., es wird unterstellt werden, daß der staatliche Entscheidungsträger das Ziel verfolgt, die Wohlfahrt der Gesellschaft zu maximieren. So angenehm die Vorstellung eines solchen Staates ist, so wenig selbstverständlich ist sie. Politiker und Bürokraten sind Menschen mit eigenen Interessen und Zielen, und es ist keineswegs sicher, daß diese immer mit dem Gemeinwohl in Einklang stehen. Um politisches Handeln befriedigend darstellen zu können, müßten die Eigeninteressen der Politiker einbezogen werden.

Die „Neue Politische Ökonomie", die in der Tradition von SCHUMPETER und DOWNS steht, tut dies und untersucht unter dieser Voraussetzung, wie demokratische Staatswesen „funktionieren". Alle Fragestellungen und Probleme, die sich in diesem Zusammenhang ergeben, werden im zweiten Teil vernachlässigt, obwohl sie von erheblicher Bedeutung sind. Wir werden uns vielmehr darauf konzentrieren, die Instrumente darzustellen, die einem „idealen" Staat zur Verfügung stehen, der sich vor die Aufgabe gestellt sieht, rationale Individuen aus sozialen Dilemmata herauszuführen. Daß dabei von einem „Idealstaat" ausgegangen wird und wir die Möglichkeit eines aus dem „Fehlverhalten" der politisch Handelnden resultierenden Staatsversagens per Definition ausschließen, hat folgenden Grund: Nur so können die Probleme deutlich werden, die dadurch entstehen, daß Individuen private Informationen besitzen, die sie strategisch einsetzen können. *Jeder* Planer ist mit den daraus resultierenden Schwierigkeiten konfrontiert, und wir werden im Ergebnis feststellen, daß selbst ein *„wohlwollender Planer"*, der keine eigenen Interessen verfolgt, sie nicht vollständig meistern kann. Um aber diesen Punkt klar herausstellen zu können, müssen wir vom Eigeninteresse der Politiker abstrahieren und zu der unrealistischen Fiktion eines idealen Staates greifen. Wir sollten dabei jedoch immer im Hinterkopf behalten, daß die Errichtung eines solchen Staates ein Problem für sich ist.

Zuvor allerdings werden wir uns mit einer Situation befassen, in der Politiker durchaus als eigennützige Akteure auftreten, und sich dennoch ganz im Sinne ihrer Wähler verhalten können. Die Rede ist von internationalen Verhandlungen über die Internalisierung globaler externer Effekte. Die Staatsmänner und Minister bekleiden dabei die Rolle des eigennützigen Individuums, das mit anderen über die Lasten der Internalisierung verhandelt. Allerdings: Es zeigt sich, daß auch diese Vorstellung eines Politikers, der „eigennützig" die Interessen seines Landes vertritt, eine Idealisierung darstellen dürfte – allerdings ebenfalls eine wohlbegründbare Idealisierung.

# 1. 9   Die Kooperation von Staaten

## 1.9.1   Die Notwendigkeit internationaler Kooperation

Das Umweltproblem besitzt globale Dimensionen. Diese Einsicht stand am Anfang unserer Überlegungen. Bisher sind wir jedoch implizit davon ausgegangen, daß die Individuen, die mit dem Problem der Bereitstellung öffentlicher Güter konfrontiert sind, einer Nation angehören. Wir haben uns unausgesprochen mit *nationalen* Umweltproblemen befaßt. Deutlich wird dieser Punkt vor allem an den Stellen, an denen der idealisierte soziale Planer ins Spiel kommt, denn es ist offensichtlich, daß im internationalen Kontext mit Macht ausgestattete, zentrale Institutionen nicht existieren. Es gibt keine Weltregierung, die in der Lage wäre, global öffentliche Güter anzubieten, die sie beispielsweise durch eine weltweit erhobene Steuer finanziert.

Die Frage, die sich angesichts unseres bisherigen Vorgehens stellt, ist natürlich, ob *nationale* Umweltpolitik ausreichen kann, um *internationale* Umweltprobleme zu lösen. Um es kurz zu machen: Sie kann es selbstverständlich nicht. Sie kann es insbesondere dann nicht, wenn Umweltgüter den Charakter von globalen öffentlichen Gütern haben, wenn also das Angebot dieser Güter weltweit erfolgt bzw. externe Effekte über Landesgrenzen hinweg wirken. Es ist unmittelbar einzusehen, daß in solchen Fällen das einzelne Land kaum in der Lage ist, für eine effiziente Allokation zu sorgen. Auf der Ebene der Nationalstaaten haben wir das gleiche Dilemma wie im Falle der Individuen: Individuell (national) rationales Verhalten führt zu kollektiv (global) nicht rationalen Resultaten. Für den einzelnen Staat ist es stets die beste Strategie, gerade soviel zur Bereitstellung global öffentlicher Güter beizutragen, daß der nationale Grenznutzen den nationalen Grenzkosten entspricht. Daß damit kaum eine effiziente Internalisierung externer Effekte erreicht werden kann, macht folgendes Beispiel deutlich:

Der bereits im Abschnitt 1.1 angesprochene Treibhauseffekt ist das gegenwärtig am stärksten diskutierte globale Umweltproblem. Die Emission von Treibhausgasen wirkt sich auf das globale Klima aus, nicht auf das regionale des Emittenten solcher Stoffe. $CO_2$- oder Methanemissionen verursachen potentiell an jeder Stelle der Erde Veränderungen. Einige Staaten erhoffen sich zwar durchaus positive Folgen einer Erwärmung der Erdatmospäre, aber ob der Treibhauseffekt Sibierien tatsächlich in eine Kornkammer verwandeln wird, ist angesichts der

Unsicherheiten, mit denen Klimamodelle nach wie vor behaftet sind, wenn man mit ihnen versucht, regionale Wirkungen zu prognostizieren, keineswegs ausgemacht. Insofern ist es keine allzu realitätsferne Annahme, wenn unterstellt wird, daß alle Staaten der Erde (zumindest mit einer gewissen Wahrscheinlichkeit) durch den Treibhauseffekt geschädigt werden. Das rationale Kalkül eines $CO_2$ emittierenden Staates besteht darin, den Einsatz fossiler Brennstoffe – und damit die $CO_2$-Emission – bis zu dem Punkt zu reduzieren, an dem die Grenzkosten der Emissionsreduktion dem *nationalen* Grenznutzen aus der Verringerung des Treibhauseffektes entsprechen. Die extern anfallenden Schäden in allen anderen Ländern der Erde werden in dieses Kalkül natürlich nicht eingehen. Welche Emissionsvermeidung wird ein rationaler Staat wählen? Die Antwort hängt u.a. davon ab, wie die nationale $CO_2$-Emission zum Treibhauseffekt beiträgt. Der Anteil der USA – des größten Treibhausgasemittenten weltweit – an der „Welttreibhausproduktion"[46]beträgt etwas über 17% (vgl. BAUER 1993, S. 30). Eine Reduzierung der Emission um 10 oder 20% wäre zwar mit erheblichen Kosten verbunden, könnte die Treibhausproduktion aber noch nicht einmal um 4% senken. Es ist höchst fraglich, ob eine Emissionsreduktion in dieser Größenordnung überhaupt einen meßbaren Effekt auf das Weltklima hätte. Mit anderen Worten: Selbst für den größten Treibhausgasemittenten gilt, daß eine rationale Abwägung der nationalen Kosten und Erträge einer Treibhausgaspolitik nur zu einer Randlösung führen kann. Die beste Strategie besteht darin, keine Emissionsvermeidung zu betreiben, denn selbige verursacht hohe Kosten aber fast keine nationalen Erträge.

Selbstverständlich wird die Randlösung um so eher das Ergebnis des nationalen Kalküls sein, je geringer der Anteil an der Treibhausproduktion ist. Folglich kann man kaum erwarten, daß es zu irgendeiner Schadstoffreduktion kommen wird, solange die Länder ausschließlich ihr nationales Selbstinteresse verfolgen. Wohlgemerkt: Dabei ist bereits vorausgesetzt, daß die Länder im Prinzip in der Lage wären, das nationale Kooperationsproblem durch entsprechendes kollektives Handeln zu lösen.

Das Treibhausproblem und die dabei resultierenden Randlösungen der nationalen Kalküle sind nur ein extremer Fall eines allgemeinen Phänomens. Auch

---

[46] Gemessen wird dieser Anteil durch einen sogenannten Treibhausindex. Bei dessen Ermittlung werden die Emission der verschiedenen Treibhausgase mit Faktoren gewichtet, die die jeweilige Treibhauswirkung berücksichtigen. Beispielsweise ist das Treibhauspotential von FCKW 11 und FCKW12 um ein vielfaches größer als das von $CO_2$, denn FCKWs bleiben erheblich länger in der Atmosphäre und reflektieren die Infrarotstralung stärker als $CO_2$. Vgl. dazu BAUER 1993, Seite 29 f.

wenn es im Interesse des einzelnen Landes läge, Schadstoffe zu vermeiden, weil die dadurch entstehenden individuellen (nationalen) Vorteile die Kosten überwiegen, wird das weltweit resultierende Vermeidungsniveau in jedem Fall zu gering sein, weil die extern anfallenden Gewinne aus Vermeidungsaktivitäten in das nationale Kalkül keinen Eingang finden. Deutlich verschärft wird die Gefahr massiver Ineffizienzen bei globalen externen Effekten durch folgenden Aspekt: Nehmen wir an, ein Land oder eine Gruppe von Ländern würde in erheblichem Umfang den Einsatz von fossilen Brennstoffen reduzieren, um so die $CO_2$-Emissionen zu verringern. Das hätte zur Folge, daß die Produktion von energieintensiven Produkten in diesen Ländern reduziert würde. Angesichts des internationalen Wettbewerbs um mobile Faktoren könnte dies zur Folge haben, daß diese Produktion lediglich in andere Länder verlagert wird, für die es nunmehr lukrativ werden kann, die entstandene Lücke zu schließen. Unter Umständen handelt es sich dabei um Länder, die bei der Verwendung fossiler Brennstoffe weniger effiziente Verfahren benutzen als die Länder, in denen die Produktion ursprünglich erfolgte. Der Effekt wäre, daß die Gesamtemission von $CO_2$ *steigen* würde. Zwar ließe sich diesem Effekt entgegenwirken, indem die Einfuhr der nunmehr im Ausland produzierten energieintensiven Güter beschränkt wird. Sind jedoch die $CO_2$-vermeidenden Länder ehemalige *Exporteure* der energieintensiven Produkte, haben sie keinerlei Möglichkeit, die konterkarrierenden Reaktionen anderer Länder zu verhindern. [47]

Daß Vermeidungsaktivitäten einzelner Länder oder Koalitionen von Ländern durch das rationale Verhalten anderer Länder neutralisiert werden können, ist in der Tat ein gravierendes Problem. Dabei müssen solche Reaktionen nicht unbedingt in einer Verlagerung der Produktion bestimmter Güter bestehen. Es sind durchaus sehr viel direktere Wirkungen denkbar. Beispielsweise würde eine $CO_2$-Politik, die auf eine massive Reduzierung des Ölverbrauchs hinausläuft, tendenziell dazu führen, daß der Weltmarktpreis für Rohöl sinken wird. Das dürfte sehr schnell zu Substitutionseffekten in den Ländern führen, die keine $CO_2$-Politik betreiben und zu einer insgesamt gesteigerten Nachfrage nach Rohöl beitragen. Auch wenn damit nicht die gesamten Erfolge der $CO_2$-Einsparungsversuche zunichte gemacht werden, so reduzieren die Preiswirkungen der Nachfrageeinschränkung eben doch die Nettovermeidungsmengen. [48]

---

[47]  Vgl. zu diesem Punkt POTERBA 1993, BOHM 1993, PERRONI und RUTHERFORD 1993.

[48]  Dabei ist natürlich die Frage, wie stark diese Ausgleichseffekte sind, von entscheidender Bedeutung. PERRONI und RUTHERFORD kommen beispielsweise zu dem Ergebnis, daß eine $CO_2$-Reduzierung der OECD-Staaten zwar zu erheblichen Preisänderungen auf den Energie-

Eine wirksame Bekämpfung des Treibhauseffekts bzw. eine ökonomisch effiziente Internalisierung des externen Effekts der Nutzung fossiler Brennstoffe ist damit nur dann möglich, wenn möglichst viele Länder miteinander kooperieren, d. h., wenn sie kollektiv über die Reduzierung klimaverändernder Emissionen beschließen. Das aber bedeutet nichts anderes, als daß sich auf der Ebene der Nationen das gleiche soziale Dilemma stellt, wie wir es auf der Ebene der Individuen kennengelernt haben. Das Treibhausproblem ist nicht der einzige Fall, in dem wir es mit einem internationalen Dilemma zu tun haben. Das Verschwinden der Ozonschicht, die zunehmende Entwaldung und Bodenerosion sind ebenso verwandte Problemstellungen wie der Artenschutz. Im Hinblick auf das Treibhausproblem gilt allerdings, daß wir bisher nur die *prinzipielle* Notwendigkeit von Kooperation aufgezeigt haben. Für die Dringlichkeit internationaler Abkommen entscheidend sind aber nicht prinzipielle Erwägungen, sondern die Frage, wie hoch die absoluten Vorteile einer internationalen Klimapolitik sind. Anders formuliert: Anstrengungen zur Verringerung des Treibhauseffekts sind nur dann sinnvoll, wenn die Kosten, die der Verzicht auf fossile Brennstoffe, FCKW- und Methanemissionen verursacht, spürbar niedriger sind als die Vorteile, die eine Abschwächung des Klimawandels mit sich bringt. Bezüglich der Einschätzung, daß *im Prinzip* nur durch internationale Kooperation dem Klimaeffekt entgegengewirkt werden kann, besteht unter allen beteiligten Wissenschaftlern Einigkeit. Ob aber die Nettovorteile einer solchen Politik ausreichen, um die enormen Anstrengungen zu rechtfertigen, die notwendig sind, um dem Klimawandel entgegenzuwirken, ist keineswegs unumstritten.

Die Frage, um die es letztlich geht, ist, ob das Klimaproblem zurecht so weit oben auf der Liste der „Weltprobleme" steht oder ob es sich nicht eher um einen „minor point" handelt. Verständlich wird diese Frage vor allem dann, wenn man an die enormen Opportunitätskosten denkt, die mit der Klimapolitik verbunden sein können. Ressourcen, die für den Klimaschutz eingesetzt werden, stehen für andere Projekte nicht mehr zur Verfügung. Jedes Jahr sterben allein 4 Millionen Kinder an den Folgen von Durchfallerkrankungen, die durch schlechte Wasserqualität verursacht sind. Wäre es nicht wichtiger, etwas an der hygienischen Grundversorgung zu ändern als am Klima? Das Beispiel zeigt, daß eine Oppor-

märkten und insbesondere zu einem Preisverfall beim Rohöl führt, daß aber die Ausgleichsreaktionen der Nicht-OECD-Länder lediglich ca. 10% des von der OECD eingesparten Potentials ausmachen würden. Es ist allerdings fraglich, ob dieses Resultat auch dann noch Bestand hat, wenn man die Wachstumpotentiale einiger nicht OECD-Staaten berücksichtigt. Wenn beispielsweise China mit einer konstanten Rate von 4% seinen Energieverbrauch steigert (eine eher konservative Schätzung), dann würde dieses Land in 56 Jahren so viel $CO_2$ emittieren wie heute die gesamte Welt.

tunitätskostenbetrachtung klarmacht, daß die Frage nach der Notwendigkeit internationaler Anstrengungen zur Klimaregulierung nicht schon dadurch als beantwortet gelten darf, daß wir ein prinzipielles Problem, ein soziales Dilemma ausgemacht haben. Es bedarf auch des Nachweises, daß der Nutzen des Klimaschutzes höher ist als der, der sich bei alternativer Verwendung der zum Klimaschutz eingesetzten Ressourcen einstellt.

Worin bestehen die Kosten und Nutzen einer Klimapolitik? Um diese Frage beantworten zu können, muß man sich Klarheit darüber verschaffen, welche Handlungsalternativen zur Wahl stehen. Grundsätzlich gibt es vier Möglichkeiten, auf ein sich veränderndes Klima zu reagieren:

[1] Man versucht, durch Reduzierung von Treibhausgasemissionen die Ursache des Übels zu bekämpfen, also gewissermaßen den Effekt selbst *abzumildern* bzw. im Extremfall ganz zu *verhindern*. Maßnahmen mit diesem Ziel verursachen Kosten, die im folgenden als „Vermeidungskosten" bezeichnet werden.

[2] Man versucht, sich möglichst optimal an das sich ändernde Klima *anzupassen*. Dabei können alle nur denkbaren Lebens- und Produktionsbereiche Gegenstand von Anpassungsverhalten sein. Als Beispiel seien Veränderung von Konsumgewohnheiten („indoor-" statt „outdoor-shopping") oder der Übergang zu klimaunabhängigen Produktionsweisen genannt. Viele solche Anpassungen an widrige Klimaverhältnisse hat es in der Vergangenheit bereits gegeben, und man kann ohne weiteres davon ausgehen, daß dieser Prozeß weitergehen wird. Ein Klimawandel würde ihn beschleunigen und eine solche Beschleunigung würde Kosten verursachen, die im folgenden als *Anpassungskosten* bezeichnet seien.

[3] Eine zur Zeit noch utopisch klingende Möglichkeit – die nichtsdestoweniger in der Wissenschaft ernsthaft diskutiert wird – ist das sogenannte Geoengineering. Damit ist die aktive Gestaltung des Klimas gemeint. Beispielsweise kann man versuchen, Ozon in die Atmosphäre einzubringen oder die Reflexion der Erdoberfläche dadurch zu erhöhen, daß bestimmte Stoffe in die Ozeane eingebracht werden.

[4] Man kann auf die unter [1]–[3] genannten Maßnahmen verzichten und die knappen Resourcen, die man dadurch spart, für andere Zwecke verwenden.

Die Alternative [3] wird im weiteren vernachlässigt, da sie zumindest gegenwärtig noch von geringer Bedeutung ist. [4] ist eine wichtige Variante, weil sie es
ermöglicht, einen Bezugspunkt für die Beurteilung der unter [1] und [2] genannten Maßnahmen zu liefern. Unter der Annahme, daß nichts zur Vermeidung des
oder zur Anpassung an den Klimawandel getan wird, lassen sich die Kosten ab-
schätzen, die der Klimawandel hervorruft. Diese Kosten nicht tragen zu müssen,
das ist der Vorteil, der sich aus Vermeidungs- und Anpassungsaktivitäten ergibt.

Es existiert mittlerweile eine Vielzahl von Versuchen, die verschiedenen Ko-
stengrößen, die für die Beurteilung einer Klimapolitik relevant sind, empirisch
abzuschätzen. Die wichtigsten Arbeiten dürften die von NORDHAUS 1993 und
CLINE 1992 sein. Darüber hinaus sind zu nennen: MANNE/RICHELS 1992,
PECK/TEISBERG 1991 sowie KOHLSTAD 1992. Einen Überblick liefert WEYANT
1993 und GASKINS/WEYANT 1993. Eine Sammlung sowohl globaler als auch re-
gionaler Schätzungen findet sich in KAYA ET AL. 1993. Lesenswert ist die Zusammenfassung der vorliegenden Ergebnisse durch AUSUBEL 1993.

Die Vielzahl der Arbeiten sollte nicht darüber hinwegtäuschen, daß es nach
wie vor erhebliche Unsicherheiten bezüglich der verschiedenen Kostenarten gibt.
Beispielsweise sind die Klimamodelle, die in den jeweiligen Abschätzungen benutzt werden, vergleichsweise einfach und ungenau. Das hängt vor allem damit
zusammen, daß die Klimaforschung bisher noch nicht in der Lage ist, die *regionalen* Folgen einer Klimaveränderung einigermaßen genau zu prognostizieren.
Genau diese ist aber für eine Abschätzung der Schäden unverzichtbar. Etwas einfacher ist die Abschätzung der Vermeidungskosten, die im wesentlichen mit Hilfe
sogenannter „rechenbarer Gleichgewichtsmodelle" oder „dynamischer Wachs-
tumsmodelle" wie dem DICE-Modell von NORDHAUS (1993) durchgeführt werden. Anpassungsmaßnahmen sind dagegen bisher nur unzureichend berücksichtigt worden, was dazu führt, daß die vorliegenden Abschätzungen der Klima-
schäden selbige systematisch *überschätzen* dürften. Wenn man versucht, die bisher vorliegenden Ergebnisse aller dieser Versuche zusammenzufassen, so zeigt
sich zwar kein einheitliches Bild, aber eine durchaus überraschende Tendenz.

Vergleichsweise unstrittig ist, daß die Kosten einer *Stabilisierung* des Klimas
prohibitiv hoch wären. Worum es gehen kann, ist, daß der bereits eingeleitete
Veränderungsprozeß abgeschwächt wird. NORDHAUS kommt dabei zu dem Ergebnis, daß der Spielraum dafür relativ gering ist. Auch bei einer sehr restriktiven
Reduzierung der Treibhausgasemissionen fällt die dadurch erreichte Temperatur-
senkung im Vergleich zur Alternative [4] vergleichsweise gering aus. Allerdings
ist dieses Resultat nicht unumstritten, insbesondere deshalb nicht, weil nach wie
vor unklar ist, ob sich das globale Klima nicht vielleicht „chaotisch" verhalten

könnte. In diesem Fall wäre es durchaus denkbar, daß durch das Überschreiten einer kritischen Temperatur Reaktionen ausgelöst werden, die nicht mehr prognostizierbar wären. Angesichts dieser Gefahr ist der von NORDHAUS unterstellte lineare (!) Zusammenhang zwischen $CO_2$-Konzentration und Temperatur nicht unproblematisch.

Wie hoch sind nun die Kosten einer Reduzierung der Treibhausgasemissionen? Eine relativ große Zahl von Untersuchungen kommt zu dem Resultat, daß sich die Kosten einer $CO_2$-Reduzierung um 20% bei etwa 2% des Welt-BSP bis zum Jahre 2040 bewegen würden (vgl. NORDHAUS 1993, WEYAND 1993, AUSUBEL 1993). Man beachte, daß sich die 20% nicht auf den Status quo beziehen, sondern auf den Emissionspfad, der sich einstellt, wenn keine Vermeidungsaktivitäten durchgeführt werden. Auch das DICE-Modell liefert ähnliche Werte, wobei Nordhaus zeigt, daß Vermeidungsmengen bis zu 10% relativ „billig" zu haben sind, darüber hinausgehende Reduktionen aber sehr teuer werden. Überhaupt besteht die größte Gemeinsamkeit aller Studien darin, daß sie zeigen, daß abrupte Änderungen zu dramatischen Folgen und extremen Kosten führen, während eine Politik der vorsichtigen Schritte vergleichsweise geringe Wachstumsverluste zur Folge hat.

Die Abschätzung der Schäden ist mit Abstand das am schwierigsten zu lösende Problem. Eine Reihe von Schätzungen kommen zu dem Ergebnis, daß eine unregulierte Klimaveränderung zu Kosten in Höhe von etwa 2% des Welt-BSP führt. NORDHAUS kommt beispielsweise zu dem Resultat, daß 3 Grad Erwärmung 1,33% des BSP kostet. Bei der Berechnung der Schäden ist der Diskontfaktor von entscheidender Bedeutung. Konsumverzicht zur Vermeidung des Klimawandels muß *heute* betrieben werden, die Früchte daraus fallen erst in einigen Jahrzehnten an. Es ist klar, daß angesichts dieser zeitlichen Struktur die Frage der Diskontierung besondere Bedeutung besitzt. Beispielsweise ist es die Wahl einer geringeren Diskontrate, die in erster Linie dazu führt, daß CLINE höhere Schäden berechnet als NORDHAUS.

Der Einwand, daß die vorliegenden Kostenschätzungen die Möglichkeit der Anpassung an den Klimawandel vernachlässigen, dürfte von einiger Bedeutung sein. Berücksichtigt man Anpassungsaktivitäten, so kann dies die Schadenshöhe unter Umständen beträchtlich verringern. Aus diesem Grund geht AUSUBEL von Schäden in der Größenordnung von 0 bis 2% aus.

Diese wenigen Zahlen und Ergebnisse dürften genügen, um deutlich zu machen, in welche Richtung die Politikempfehlungen gehen, die auf der Grundlage der Mehrzahl der bisher vorliegenden Untersuchungen abgegeben worden sind. Es wird ein „mittlerer Weg" (vgl. NORDHAUS, S. 28) vorgeschlagen, auf dem eine $CO_2$-Reduzierung erreicht werden kann, die relativ geringe volkswirtschaftliche Kosten verursacht. Ein großer Teil davon ließe sich allein durch eine weitere *Dekarbonisierung* der Energiegewinnung erreichen. Die verschiedenen fossilen Brennstoffe weisen sehr unterschiedliche Kohlenstoffanteile auf. Beispielsweise kann die Substitution von Kohle durch Erdgas die $CO_2$-Emissionen spürbar senken. Drastische Maßnahmen, wie sie vielfach gefordert werden, sind dagegen mit Hilfe der vorliegenden Modellrechnungen nicht zu begründen. Im Gegenteil, jede weitergehende $CO_2$-Reduzierung erscheint als ausgesprochen schädlich.

Wie bereits gesagt, die Einschätzung des Treibhausproblems ist keineswegs einheitlich. Während NORDHAUS als der exponierteste Vertreter einer Gruppe gelten kann, die bestenfalls für eine moderate Vermeidungspolitik eintritt, kommen andere zu erheblich höheren Gefahrenpotentialen und entsprechend weitergehenden Politikempfehlungen[49]. Es führt allerdings kaum ein Weg an der Erkenntnis vorbei, daß die Kosten der sogenannten „Klimakatastrophe" nicht so hoch zu sein scheinen, wie sie insbesondere in der öffentlichen Diskussion vielfach dargestellt werden. Der Grund dafür ist vor allem die lange Zeitspanne, in der sich der Klimawandel vollziehen wird. Die von vielen befürchtete Erwärmung um 3 Grad wird in den nächsten 100 Jahren erfolgen. Zeiträume dieser Größenordnung schaffen Raum für vielfache Anpassungsprozesse. Daß solche möglich und wahrscheinlich sind, lehrt die Geschichte. So hat sich der Anteil der landwirtschaftlichen Produktion – die naturgemäß am stärksten von Klimaveränderungen betroffen wäre – kontinuierlich verringert. In den entwickelten Ländern ist der größte Teil der Produktion vollkommen klimaunabhängig. Selbst die Lebensgewohnheiten haben sich immer weiter an die klimatischen Bedingungen angepaßt. Im regnerischen Mitteleuropa ist die Verlagerung von Großveranstaltungen in Hallen (man denke an Sportveranstaltungen) nur ein marginales Beispiel für solche Maßnahmen. Migration ist ein weiteres probates Mittel zur Anpassung an veränderte Klimabedingungen. Wenn es tatsächlich zu einem Anstieg des Meeresspiegels käme, würden in der Tat Küstenlandschaften unbewohnbar, die heute dicht besiedelt sind. Aber die Unbewohnbarkeit entsteht nicht von heute auf morgen. Die Menschen können der Flutwelle ausweichen.

An dieser Stelle sollte man noch einmal an die Opportunitätskosten einer Klimapolitik erinnern. Wenn die Staaten dieser Erde in den nächsten 60 Jahren tatsächlich 2% ihres BSP für die Verringerung der Treibhausgasemissionen ausgeben würden, dann bedeutete dies, daß die Welt ihr „grünes Budget", d. h. alle umweltrelevanten Ausgaben, verdoppelt. Angesichts der fatalen Folgen, die bei-

---

[49]  Vgl. beispielsweise BAUER 1993 oder CLINE.

spielsweise die mangelhaften Hygienebedingungen in den unterentwickelten Staaten haben, mag manchem eine solche Konzentration von Mitteln auf ein Phänomen, das wahrscheinlich nur zu geringen Wachstumseinbußen führt, ungerechtfertigt erscheinen. Steht das Klima zu unrecht auf dem ersten Platz der globalen Problemliste?

Man kann diese Frage auch ganz anders formulieren: Wie ist das Klimaproblem eigentlich auf den ersten Platz gelangt? Warum hat es zum Beispiel auf der Konferenz in Rio eine so herausragende Rolle gespielt? AUSUBEL (S. 567) äußert in diesem Zusammenhang eine durchaus böse Vermutung. Nachdem er auf die geringen Werte für die Schadensschätzungen hingewiesen hat, bemerkt er, daß diese „kleinen Zahlen" einige Menschen durchaus enttäuschen dürften, und zwar aus folgendem Grund:

> „One reason is that small impact numbers cause a political problem
> for budgets of science and environmentalism. High estimates of the
> cost of impacts have been used to justify large expenditures for re-
> search projects (...)"

Hat der Treibhauseffekt nur deshalb eine solch große Bedeutung, weil sich mit ihm Forschungsmittel locker machen lassen? Für den an die Annahme eigennütziger Individuen gewöhnten Ökonomen ist dieser Gedanke keineswegs abwegig, denn warum sollten Wissenschaftler weniger eigennützig sein als andere Menschen? Dennoch gibt es gute Gründe an der Interpretation AUSUBELS zu zweifeln.

Gehen wir davon aus, daß die kleinen Zahlen richtig sind, daß also tatsächlich der Nettovorteil einer Treibhausgasreduzierung gering ist. Die globale Betrachtung dieser geringen Vorteile verstellt den Blick darauf, daß die Lasten der Klimaveränderung ungleich verteilt sein werden. Die Lasten werden nämlich vor allem die Länder zu tragen haben, die einen hohen Anteil an landwirtschaftlicher Produktion aufweisen, einen geringen Kapitalstock und schwach ausgeprägte politische und gesellschaftliche Infrastrukturen – kurz gesagt die armen Länder. Die Industrienationen können mit ein paar Grad mehr vermutlich recht gut leben. Ihre Produkte werden nicht im Freien hergestellt, ihre Bewohner können sich auch vor widrigen Witterungen schützen. Es ist unzweifelhaft: Die Entwicklungsländer wären die Verlierer in einem klimatischen Verteilungsspiel. Das hätte Folgen, und zwar Folgen, die sich nicht auf die sogenannte dritte Welt beschränken lassen. Jede Wachstumsverzögerung in den armen Ländern verringert die Chance, das Bevölkerungswachstum auf einem einigermaßen erträglichen Niveau zu stoppen. Die Konsequenzen eines weiteren Wachstums der Weltbevölkerung haben wir bereits im Kapitel 1.1 besprochen. Sie würden im Falle einer klimatisch bedingten Wachstumsbeschränkung tendenziell verschärft. Es spricht einiges dafür, daß Klimaveränderungen Anpassungshandlungen provozieren, die mit Migration einhergehen. Eine veränderte Verteilung der Klimazonen wird die Verteilung der Menschen im Raum nicht unverändert lassen. Dies gilt um so eher, je höher die Bevölkerungszahlen in den betroffenen Gebieten sind. Kommt es in den nächsten 40-60 Jahren nicht zu einem demographischen Übergang in den Zentren des Bevölkerungswachstums, so könnte der von einer Klimaveränderung auf die Industrienationen ausgehende Migrationsdruck erheblich werden.

Aber nicht nur die von Migration ausgehenden Effekte lassen es geraten erscheinen, das Klimaproblem ernst zu nehmen. Wir haben schon darauf hingewiesen, daß sich das Klima unter Umständen „chaotisch" verhält. Das bedeutet nichts anderes, als daß die anthropogenen Klimaveränderungen Wirkungen entfalten könnte, die überhaupt nicht abschätzbar sind. Die Kosten des Treibhauseffekts wären sicherlich um ein Vielfaches höher, wenn es zu einem raschen Klimawechsel in Form katastrophenartiger Veränderungen käme. Eine solche Entwicklung kann nicht ausgeschlossen werden. Natürlich ist angesichts unsicherer zukünftiger Zustände die Risikopräferenz des einzelnen für die Beurteilung der Situation von Bedeutung, und damit nicht zuletzt Gegenstand subjektiver Bewertungen. Aber es gibt einen Aspekt, der dabei einige Beachtung verdient. Klimatische Veränderungen, die sich aus erhöhten Treibhausgaskonzentrationen ergeben, sind praktisch irreversibel. Das Phänomen der Irreversibilität begegnet uns auch in anderen Zusammenhängen. Beispielsweise ist das Aussterben von Arten (entgegen anderslautender Meldungen aus Hollywoods Jurassic Park) ein unumkehrbarer Vorgang. Berücksichtigt man diesen Punkt systematisch, so führt dies dazu, daß Ressourcen, deren Veränderung irreversibel ist, einen *Optionswert* erhalten (vgl. CHICHILINSKY/HEAL 1993), der sich folgendermaßen erklärt. Nehmen wir als Beispiel eine Tierart. Wird diese Art ausgerottet, so ist dies irreversibel, d. h., die Option, die Tierart zu nutzen, existiert nicht mehr. Wird die Art dagegen erhalten, werden auch sämtliche Nutzungsoptionen erhalten – unter anderem auch die Option, die Art später auszurotten. Wendet man diese Gedanken auf das Klimaproblem an, so besitzen klimaerhaltende Maßnahmen einen solchen Optionswert. Da sämtliche Nutzenabschätzungen diesen Wert nicht berücksichtigen, spricht dies für eine *systematische Unterschätzung der Vorteile* einer Treibhausgasemissionsreduzierung.

Diese beiden Punkte dürften bereits ausreichen, um zu begründen, warum die Notwendigkeit internationaler Kooperation nicht nur *prinzipiell* nachgewiesen werden kann, sondern auch unter Beachtung der absoluten Bedeutung des Klimaproblems. Ob diesem Problem tatsächlich der erste Rang auf der Agenda der Weltprobleme zukommt, mag dennoch bezweifelt werden. Der Grund dafür liegt in der Schwere der anderen Probleme, mit denen sich die Menschheit konfrontiert sieht. Extrem hohe Opportunitätskosten lassen es um so wichtiger erscheinen, die vorhandenen Ressourcen möglichst effizient zur Stabilisierung des Weltklimas einzusetzen. Notwendige Voraussetzung dafür ist die *Fähigkeit* der Länder zur Kooperation. Um die Möglichkeiten und Grenzen kooperativen Verhaltens von Nationen aufzuzeigen, hat sich wiederum die Spieltheorie als das angemessene Instrument erwiesen.

## 1.9.2  Auf eigene Faust?

Auf den ersten Blick dürften die theoretischen Überlegungen, die wir bisher zum Kooperationsproblem angestellt haben, im Hinblick auf die Aussichten auf kooperatives Verhalten von Staaten eher pessimistisch stimmen. Die experimentellen Arbeiten zum Freifahrerproblem hatten zwar gezeigt, daß sich Menschen in Gefangenendilemma-Situationen nicht als die strikten Freifahrer erweisen, als die sie sich gebären müßten, wenn sie individuell rational handelten. Aber Staaten sind keine Individuen. Ihr Verhalten wird durch kollektive Entscheidungen bestimmt, die auf die eine oder andere Art und Weise innerhalb der einzelnen Länder getroffen werden. Sind dabei die Mechanismen am Werk, die auf der Ebene der Individuen für Kooperation sorgen? Muß man nicht befürchten, daß die Repräsentanten eines Landes bei internationalen Verhandlungen weitaus eher bereit und in der Lage sind, sich rational zu verhalten, als Individuen in ihrem Alltag?

Diese Befürchtung ist durchaus nicht unangebracht und dennoch existiert ein überzeugender Grund für die Annahme, daß Kooperation zwischen Staaten zustandekommen kann, und zwar auch dann, wenn sich diese Staaten perfekt rational „verhalten". Der Grund ist letztlich das Folk-Theorem. Notwendig zu seiner Anwendung ist die Annahme unendlich oft wiederholter Spiele (vgl. Kap. 1.7) – mithin eine Annahme, die in dem Fall, daß Individuen gegeneinander spielen, wenig Sinn macht. Für einen idealen Planer ist es dagegen durchaus sinnvoll, von der unendlichen Existenz seines Landes auszugehen. Damit aber eröffnet sich die

Möglichkeit, die Kooperation von Staaten im Zusammenhang infiniter Spiele zu analysieren und damit werden kooperative Strategien – wie beispielsweise TFT – zu Gleichgewichtskandidaten.

Prinzipiell besteht durchaus die Möglichkeit zu internationaler Kooperation. Das bedeutet natürlich keineswegs, daß es auch tatsächlich zur Kooperation kommen muß. Im Gegenteil, die Freifahreroption steht insbesondere dann zur Verfügung, wenn die Gruppe der kooperierenden Länder groß ist. Die Versuchung, den „anderen" die Lasten der Klimastabilisierung zu überlassen, um selbst weiter von niedrigen Energiepreisen zu profitieren, dürfte nicht gerade gering sein, und sie wird um so größer, je weniger glaubwürdig die Androhung von Vergeltungsmaßnahmen ist. Die Glaubwürdigkeit solcher Drohungen aber nimmt mit der Größe der Gruppe ab.

Liegt es da aus der Sicht eines engagierten Klimaschützers nicht nahe zu fordern, daß die eigene Regierung mit gutem Beispiel vorangehen soll? Genau das ist eine vielfach von Umweltgruppen erhobene Forderung. Unilaterale Maßnahmen werden jedoch nicht nur in Wahlprogrammen grüner Parteien verlangt, in einigen wenigen Fällen werden sie bereits praktiziert. So hat beispielsweise Norwegen eine $CO_2$-Steuer erhoben – wohlwissend, daß die dadurch induzierten Emissionseinsparungen das zukünftige Klima nicht im geringsten beeinflussen können.

So naheliegend und verständlich Forderungen dieser Art auch sein mögen, ihre Realisierung könnte sich als kontraproduktiv erweisen. Dies ist das durchaus überraschende Ergebnis einer Analyse von HOEL 1991, deren Grundzüge im folgenden kurz skizziert seien.

Betrachtet wird ein Zwei-Länder-Modell, wobei man sich unter diesen Ländern durchaus auch Ländergruppen vorstellen kann [50]. Beide Länder emittieren einen sich gleichmäßig über das Gesamtterritorium ausbreitenden Schadstoff, aber sie betreiben auch Schadstoffvermeidung. $X_1$, $X_2$ sind die *Vermeidungsmengen* der beiden Länder. Der Nutzen aus Vermeidung hängt wegen der gleichmäßigen Ausbreitung des Schadstoffes von der Summe der Vermeidungsmengen ab: $B_i = B_i(X_1 + X_2)$. Die Vermeidungskosten hängen dagegen nur von den „eigenen" Vermeidungsanstrengungen ab: $C_i = C_i(X_i)$ . Ohne Kooperation der beiden Länder maximieren beide ihre Auszahlung aus Schadstoffvermeidung durch optimale Wahl der Vermeidungsmenge:

---

[50] Die Erweiterung der Ergebnisse auf n Länder ist nicht ohne Probleme, aber HOEL liefert zumindest ein einfaches Beispiel, in dem er zeigen kann, daß die im Zwei-Länder-Modell gewonnenen Ergebnisse übertragbar sind.

$$\max_{X_i} B_i(X_1 + X_2) - C_i(X_i). \tag{40}$$

Notwendige Bedingung für eine optimale Wahl von $X_i$ ist

$$B_i'(X_1 + X_2) = C_i'(X_i) . \tag{41}$$

Gleichung (41) definiert einen Zusammenhang zwischen der optimalen Vermei-
dungsmenge des Landes i und der von Land j gewählten Menge (i ≠ j). Dieser
Zusammenhang läßt sich durch die sogenannte *Reaktionsfunktion* $R_i(X_j)$ abbil-
den. $R_1(X_2)$ gibt die optimale Vermeidungsmenge des Landes 1 an, gegeben, daß
Land 2 gerade $X_2$ Mengeneinheiten vermeidet. Ein Nash-Gleichgewicht des
Spiels, in dem die beiden Länder simultan und ohne Verhaltensabstimmung ihre
Vermeidungsmengen bestimmen, ist durch den Schnittpunkt der Reaktionsfunk-
tionen festgelegt. Die folgende Abbildung zeigt dieses Gleichgewicht:

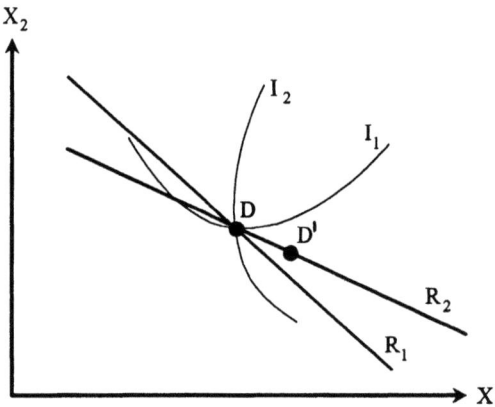

Abbildung 8

Der Punkt D in Abbildung 8 kennzeichnet das Nash-Gleichgewicht des Spiels. $I_1$
und $I_2$ sind Indifferenzkurven der beiden Länder. Im Gleichgewicht vermeiden
beide Länder positive Mengen des Schadstoffs. Das ist keine Selbstverständlich-
keit, vielmehr wird die Existenz einer inneren Lösung der Optimierungsaufgabe
(40) vorausgesetzt – eine durchaus nicht unkritische Annahme. Man kann sich
relativ leicht klarmachen, daß im Nash-Gleichgewicht keine effiziente Schad-
stoffallokation erreicht wird. Effizienz würde verlangen, daß beide Länder bei
ihren Entscheidungen jeweils auch die Vorteile berücksichtigen, die dem Nach-

barland durch ihre Vermeidungsanstrengungen entstehen. Die notwendige Bedingung für eine effiziente Lösung lautet entsprechend:

$$B_1'(X_1 + X_2) + B_2'(X_1 + X_2) = C_1'(X_1) = C_2'(X_2) \qquad (42)$$

Was bedeutet es nun, wenn ein Land einseitig Emissionsvermeidung betreibt? HOEL definiert unilaterale Vermeidungsaktivitäten als eine Situation, in der ein Land (z.B. Land 1) so agiert, als habe es die Auszahlungsfunktion $B_1(X_1 + X_2)$ + $h(X_1 + X_2) - C(X_1)$ mit $h > 0$. Die wahren Payoffs sind dabei allerdings nach wie vor durch (40) gegeben. Die notwendige Bedingung für ein Maximum der „falschen" Auszahlung ist dann:

$$B_1'(X_1 + X_2) + h = C_1'(X_1) \qquad (43)$$

Durch den zusätzlichen Vermeidungsaufwand h wird die Reaktionsfunktion von Land 1 nach rechts verschoben, so daß der Schnittpunkt mit der Reaktionsfunktion von Land 2 ebenfalls rechts von D in Abbildung 8 liegen muß (vgl. D'). Das neue Nash-Gleichgewicht ist dadurch gekennzeichnet, daß Land 1 mehr vermeidet und Land zwei seine Emissionsvermeidung einschränkt [$R_2'(X_1) < 0$]. Die Gesamtvermeidung nimmt jedoch zu, denn man kann zeigen, daß $-R_2'(X_1) < 1$ ist, Land 2 die zusätzliche Vermeidung von Land 1 also nicht vollständig kompensiert. Lohnt sich demnach einseitige Emissionsvermeidung? Sie lohnt sich bisher nur für Land 2, denn es kann die Früchte der zusätzlichen Anstrengungen von Land 1 genießen und seine eigenen Anstrengungen einschränken. Land 1 bleibt in einem nicht optimalen Zustand und kann nur hoffen, daß es zu einer kooperativen Lösung kommt, die beide Länder besserstellt. Damit kommen wir zu dem entscheidenden Punkt: Was geschieht, wenn die beiden Länder in Verhandlungen treten und sich auf ein bestimmtes Vermeidungsniveau einigen? Wie wirken sich dann die Vorleistungen von Land 1 aus?

Um diese Frage beantworten zu können, braucht man zunächst eine Vorstellung davon, wie eine kooperative Lösung aussehen könnte, d. h. davon, welches Ergebnis Verhandlungen zwischen beiden Ländern haben könnten. HOEL bedient sich einer sehr prominenten Lösung des Verhandlungsproblems, der sogenannten *Nash-Verhandlungslösung*. Selbige darf nicht mit dem Konzept des Nash-Gleichgewichts verwechselt werden. Während das Nash-*Gleichgewicht* ein Lösungskonzept der nicht kooperativen Spieltheorie ist, handelt es sich bei der

Nash-*Verhandlungslösung* um ein kooperatives Konzept. Genauer gesagt ist es eine axiomatisch fundierte Lösung für Zwei-Personen-Verhandlungsprobleme. Axiomatisch bedeutet dabei, daß die Nash-Lösung bestimmte Bedingungen erfüllt, die man vernünftigerweise von Verhandlungsergebnissen verlangen möchte. Man stelle sich beispielhaft vor, zwei Spieler verhandeln über die Aufteilung eines beliebigen Gegenstandes X. $X_1$ sei das, was Spieler 1 physisch erhält, $X_2$ der entsprechende Wert für Spieler 2. $u_1(X_1)$ und $u_2(X_2)$ messe die Nutzen der beiden Spieler. Wie muß man sich ein „vernünftiges" Verhandlungsresultat vorstellen? NASH formuliert 4 Forderungen, die er an die Verhandlungslösungen stellt:

[1]  Die Lösung soll Pareto-effizient sein, d. h., es soll nicht möglich sein, durch eine andere Lösung beide Spieler besserzustellen.

[2]  In einer symmetrischen Verhandlungssituation, in der beide Spieler die gleichen Auszahlungsfunktionen und die gleichen strategischen Möglichkeiten haben, soll auch das Verhandlungsergebnis symmetrisch sein, d. h. es soll gelten, daß $u_1*(X_2*) = u_2*(X_2*)$.

Die nächsten beiden Axiome stellen sicher, daß auch für nicht symmetrische Spiele eine Lösung existiert. Sie sind weit weniger intuitiv als die ersten beiden Forderungen:

[3]  *Lineare Invarianz*: Es bezeichne G ein Verhandlungsspiel, dessen kooperative Lösung $\{u_1*(X_1*), u_2*(X_2*)\}$ sei. Wird nun die Abbildung des Nutzens eines der beiden Spieler durch eine lineare Transformation verändert, (beispielsweise: $u_1` = a + bu_1$) dann soll für das neue Spiel G`, das aus dieser Transformation resultiert, das gleiche physische Verhandlungsresultat $\{X_1*, X_2*\}$ resultieren. Mit anderen Worten: Das Verhandlungsergebnis soll unabhängig davon sein, wie (mit welchem Maßstab) der Nutzen der beiden Spieler gemessen wird.

[4]  *Unabhängigkeit von irrelevanten Alternativen*: Werden aus der Menge aller möglichen Verhandlungsergebnisse eines Spiels G (alle erreichbaren Kombinationen von $\{X_1, X_2\}$) solche Kombinationen entfernt, die im Spiel G keine Verhandlungsergebnisse waren, dann soll das Verhandlungsergebnis in dem durch diese Veränderung entstehenden neuen Spiel G` das gleiche gleiche wie in G sein.

Wir wollen auf eine ausführliche Herleitung der Nash-Lösung verzichten [51] und uns auf eine grobe Skizze beschränken. Es seien $d_1$ und $d_2$ die Drohpunkte der beiden Spieler, d. h. die Nutzenwerte, die sie erreichen können, wenn es zu keiner Verhandlungslösung kommt. Dann ist die Nash-Verhandlungslösung durch das Paar $\{X_1{}^*, X_2{}^*\}$ gegeben, für das

$$\pi = \left(u_1\left(X_1^*\right) - d_1\right)\left(u_2\left(X_2^*\right) - d_2\right) \qquad (44)$$

maximal wird. Die Nash-Lösung maximiert also das Produkt aus den Nettovorteilen, die die Verhandlungen gegenüber der nicht kooperativen Lösung realisieren können. Geometrisch läßt sich die Nash-Lösung wie folgt veranschaulichen.

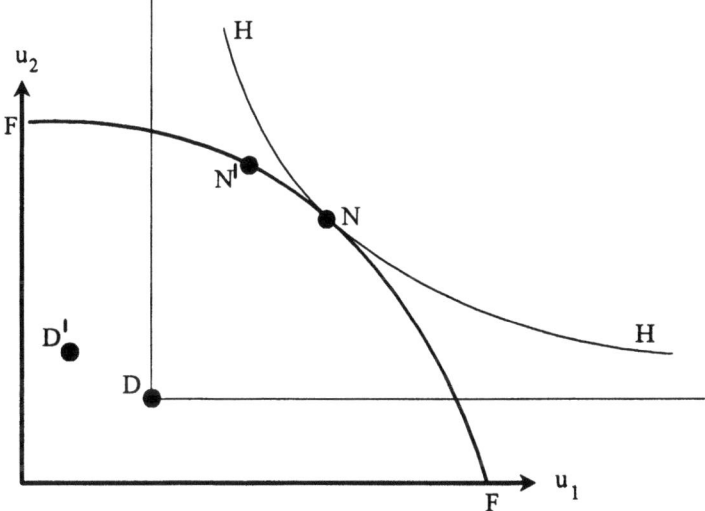

Abbildung 9

Die Linie FF ist der Ort aller Nutzenkombinationen, die prinzipiell erreichbar sind, D ist der Drohpunkt, also die Kombination, die sich einstellt, wenn es zu keiner Verhandlungslösung kommt. Der Punkt N ist die Nash-Lösung, die geometrisch durch den Tangentialpunkt von FF und HH gegeben ist. Dabei ist HH eine Hyperbel, die sich asymptotisch den Achsen nähert, deren Ursprung der Drohpunkt D ist. Auf diese Weise erhält man N als die Nash-Verhandlungslösung für

---

[51] Vgl. dazu HARSANYI 1987.

den Drohpunkt D. Entsprechend ist N` die Lösung für den veränderten Drohpunkt D`.

Diese Veränderung von D nach D`entspricht der in Abbildung 8, allerdings nunmehr im *Nutzenraum* dargestellt und nicht in dem durch die Vermeidungsmengen aufgespannten Raum. Durch die Verpflichtung von Land 1, auch dann, wenn es zu keiner Einigung kommt, über das im nicht kooperativen Fall optimale Vermeidungsniveau hinauszugehen, verschlechtert sich die ohne Kooperation erreichbare Nutzenposition (in D`ist der Nutzen von Land 1 kleiner als in D). Zugleich aber verschlechtert sich auch die Verhandlungssituation von Land 1. Der Drohpunkt trägt seinen Namen nicht zu Unrecht. Je besser ein Land in der nicht kooperativen Lösung abschneidet, desto glaubhafter kann es mit dem Abbruch der Verhandlungen drohen, wenn das andere Land einen Vorschlag unterbreitet, mit dem es nicht einverstanden ist. Land 1 verschlechtert also durch seine unilaterale Verpflichtung seine Verhandlungsposition. Die entscheidende Frage ist, wie sich dies auf die Gesamtemissionsmengen in der kooperativen Lösung auswirkt. Wird in N` insgesamt mehr oder weniger Schadstoff vermieden als in N?

Wie so oft in der ökonomischen Disziplin lautet die Antwort „es kommt darauf an". Wenn die Antwort, zu der HOEL gelangt, auch nicht eindeutig ist, so ist sie zumindest sehr intuitiv. Wie sich der Alleingang von Land 1 auswirkt, hängt von den Vermeidungskosten der beiden Länder ab. Wenn das Verhältnis der zweiten Ableitungen der Kostenfunktionen hinreichend groß ist, nämlich wenn gilt, daß

$$\frac{C_1''}{C_2''} > \frac{C_1' - B_1'}{C_2' - B_2'} \tag{45}$$

dann führt die einseitige Verpflichtung von Land 1 zu einer *Zunahme* der Gesamtemissionen bei Abschluß einer Verhandlungslösung im Sinne von Nash (relativ zu dem Verhandlungsresultat, das erreicht worden wäre, hätte Land 1 auf die Übernahme der einseitigen Verpflichtung verzichtet).

Die Bedingung (45) läßt sich folgendermaßen interpretieren. Der Übergang von N zu N` impliziert einen Nutzenverlust für Land 1 und einen Gewinn für Land 2. Der Gewinn von Land 2 entsteht durch die größere Emissionsmenge, die es bei der neuen Nash-Lösung realisiert, und der Verlust von Land 1 kommt dadurch zustande, daß dieses Land (aufgrund seiner unilateralen Selbstverpflichtung) mehr vermeiden muß als bei der Lösung N. Wenn nun $C_1''$ sehr hoch ist, die Grenzvermeidungskosten also stark ansteigen, dann entspricht dem Nutzenver-

lust, den das Land erleidet, eine relativ geringe Ausdehnung der Vermeidungsmengen, d. h., $X_1$ braucht nur um einen geringen Wert zu wachsen, um Land 1
bereits den Nutzenverlust zuzufügen, der in dem Übergang von N zu N` zum
Ausdruck kommt. Ist $C_2''$ sehr niedrig, dann entspricht dem *Nutzenzuwachs*, den
Land 2 erfährt, eine vergleichsweise starke Ausdehnung der Emissionen. Ist $C_1''$
im Verhältnis zu $C_2''$ hinreichend groß (entsprechend (45)), dann kommt es insgesamt zu einer höheren Emission in N`als in N.

Zusammenfassend zeigt sich, daß gut gemeinte Versuche, auf eigene Faust bei
der Klimasicherung voranzugehen, durchaus kontraproduktiv sein können. Allerdings hält HOEL für Umweltgruppen eine Alternative bereit. Die unerwünschte
Wirkung der unilateralen Verpflichtung bleibt aus, wenn das Land diese anders
formuliert. Es kann nämlich die Extraleistung, zu der es sich verpflichen möchte,
an das Zustandekommen eines Abkommens knüpfen. Dann bleibt der Drohpunkt
durch die Selbstverpflichtung unberührt und damit natürlich auch das Verhandlungsergebnis.

Selbstverständlich ist die Analyse von HOEL mit einigen Einschänkungen zu
versehen [52]. So wird die Wirkung eines positiven Beispiels, das durch unilaterale
Vermeidungsverpflichtungen gegeben wird, ebensowenig gewürdigt wie die Tatsache, daß die Selbstverpflichtung einzelner Länder den Abschluß eines Koope-
rationsvertrages durchaus erleichtern kann. Die Nash-Lösung charakterisiert lediglich Lösungen, die bestimmte Eigenschaften besitzen. Sie sagt nichts darüber
aus, ob und wie diese Lösungen erreicht werden können. Dennoch sollte man die
prinzipielle Möglichkeit eines durch Vorleistungen verursachten Anstiegs der Gesamtemissionen durchaus berücksichtigen. Im Hinblick auf das Klimaproblem sei
dazu kommentarlos angemerkt, daß beispielsweise die Grenzkosten einer $CO_2$-
Reduzierung in den Industrieländern vermutlich erheblich stärker steigen dürften
als in den unterentwickelten Ländern.

---

[52] Auf die HOEL selbst hinweist, vgl. S. 69.

# 1.9.3      Die Stabilität internationaler Abkommen

Das globale Spiel der Nationen um die Bereitstellung öffentlicher Güter ist in einem entscheidenden Punkt mit dem Spiel identisch, das Individuen spielen, wenn sie öffentliche Güter privat anzubieten versuchen: Kooperation verschafft allen Beteiligten gegenüber der nicht kooperativen Lösung Vorteile. Daß dem so ist folgt unmittelbar aus der Tatsache, daß das Nash-Gleichgewicht, das sich *ohne* Kooperation der Staaten einstellt, nicht Pareto-effizient ist. Ineffizienz bedeutet nichts anderes, als daß die prinzipielle Möglichkeit besteht, alle besserzustellen. Die Abbildung 9 hat diesen Punkt noch einmal verdeutlicht. Durch eine Verhandlungslösung können sich beide Staaten gegenüber ihrem Drohpunkt verbessern. Das bedeutet, daß die Bildung von Koalitionen, der Abschluß von Kooperationsvereinbarungen in jedem Fall für die beteiligten Länder *profitabel* sein kann. Internationale Kooperation kann Effizienzgewinne realisieren, die geeignet sind, alle Staaten besserzustellen.

An der prinzipiellen Profitabilität von Abkommen zur Internalisierung externer Effekte dürfte kaum Zweifel bestehen. Aber die Vorteilhaftigkeit von Kooperation bedeutet noch lange nicht, daß es bei rationalem Verhalten der Repräsentanten der einzelnen Staaten auch tatsächlich zu einer Zusammenarbeit kommt. Es bleibt zu prüfen, wie es um die Möglichkeiten bestellt ist, das internationale Dilemma zu lösen, das entsteht, weil es für alle Staaten die beste Strategie ist, die anderen kooperieren zu lassen, selbst aber die Freifahrt in Anspruch zu nehmen.

Wir haben uns bei der Beschäftigung mit sozialen Dilemmata über weite Strecken mit Situationen befaßt, in denen kein zentraler Planer existiert, der durch die Ausübung von Zwang Kooperation herbeiführen kann. Im Kontext nationaler Umweltprobleme ist die Konzentration auf eine rein dezentrale Bereitstellung der öffentlichen Umweltgüter damit zu begründen, daß auf diese Weise grundlegende Probleme offengelegt werden können. Im internationalen Kontext bleibt gar keine andere Wahl, als auf die dezentrale Lösung zu setzen, weil die Option einer zentral herbeigeführten, effizienten Allokation nicht existiert. Wie eingangs dieses Kapitels schon betont wurde: Eine Weltregierung, die die Staaten zu ihrem „Glück" zwingen kann, existiert nicht. Das bedeutet, daß internationale Abkommen nur dann wirksam werden können, wenn die Unterzeichnerstaaten *freiwillig* dem Abkommen beitreten, d. h., wenn es in ihrem Selbstinteresse liegt, den Vertrag zu *unterzeichnen* und ihn *einzuhalten*. Letzteres ist eine wichtige Restriktion. Die Weltgemeinschaft verfügt praktisch über keinerlei Mittel, mit denen sie die Einhaltung von Verträgen erzwingen könnte [53]. Daraus folgt unmittelbar, daß Abkommen, die die Unterzeichnerstaaten zu Emissionsvermeidungsanstrengungen verpflichten, die über das Maß hinaus gehen, das die Staaten im nicht kooperativen Fall wählen würden, nur dann *stabil* sind, wenn die Einhaltung des Abkommens beste Strategie für die Unterzeichnerstaaten ist. Die entsprechenden Verträge müssen so gestaltet werden, daß sie *selbstverstärkend* sind, weil sie Anreize so setzen, daß alle Unterzeichnerstaaten von sich aus bereit sind, den Vertrag zu erfüllen.

Man muß sich dabei der Tatsache bewußt sein, daß Umweltabkommen, wenn sie über die nicht kooperative Lösung hinausgehen sollen, so gestaltet werden müssen, daß sie zu Emissionsvermeidung verpflichten, obwohl die nationalen Grenzkosten der Vermeidung größer sind als der nationale Grenznutzen daraus. Warum sollte sich ein Staat auf ein solches Abkommen einlassen? Warum sollte die Einhaltung einer solchen Abmachung rational sein? Auf den ersten Blick scheinen die Aussichten auf die Erreichung stabiler Abkommen nicht besonders gut zu sein. Aber die politische Wirklichkeit stimmt hoffnungsvoll. Gegenwärtig existieren nämlich bereits etwa 150 internationale Umweltabkommen [54], die sich mit den verschiedensten Problemen befassen. Offensichtlich ist internationale Kooperation durchaus möglich. Allerdings darf man sich von der großen Anzahl der Abkommen nicht täuschen lassen. Gerade in bezug auf das $CO_2$-Problem sind bisher alle Versuche, eine internationale Vereinbarung zu erreichen, fehlgeschlagen. Der spektakulärste „Fehlschlag" war die UN-Konferenz für Umwelt und Entwicklung in Rio im Jahre 1992. Aber woran liegt es? Schließlich gibt es ein wichtiges Beispiel dafür, daß auch für globale Luftschadstoffe internationale Kooperation erreichbar ist. 1987 wurde das sogenannte Montrealer Protokoll unterzeichnet, das die Unterzeichnerstaaten zu erheblichen Einschränkungen bezüglich der Produktion und des Konsums von Substanzen verpflichtet, die in dem Verdacht stehen, die Ozonschicht der Erdatmosphäre anzugreifen. Dieses Abkommen wurde nur drei Jahre später in erheblicher Weise verschärft und auf weitere Substanzen ausgedehnt. Nicht nur das, mittlerweile haben über 50 Staaten das Montrealer Protokoll unterschrieben – eine Anzahl, die für ein solches Abkommen einmalig ist. Die Reduktion der weltweiten FCKW-Emissionen ist offen-

---

[53] Die jüngsten Kapitel der Weltgeschichte haben erneut gezeigt, daß selbst schwerste Verstöße gegen das Völkerrecht kaum wirksam zu ahnden sind. Wie wenig ist die internationale Staatengemeinschaft da in der Lage, Länder zu sanktionieren, die gegen Umweltabkommen verstoßen.

[54] Vgl. CARRARO und SINISCALCO 1993, S. 310.

sichtlich gelungen – warum ist es nicht möglich, gleiches für die Treibhausgase zu bewerkstelligen?

Um diese Frage zu beantworten, sei zunächst auf einige Besonderheiten des FCKW-Problems im Vergleich zum Treibhauseffekt hingewiesen, die insofern interessant sind, als sie sich sehr gut in Einklang bringen lassen mit einigen Ergebnissen theoretischer Analysen zur Stabilität internationaler Abkommen. Zunächst ist der Zusammenhang zwischen Emission und Schaden im FCKW-Fall zeitlich enger und wissenschaftlich gesicherter als bei der Emission von Treibhausgasen wie $CO_2$ [55]. Die ökonomische Bedeutung der FCKW ist weitaus geringer als die der fossilen Brennstoffe. Die nationalen Vermeidungskosten bei den FCKW sind deshalb erheblich geringer als bei $CO_2$, dafür sind die Grenzschäden (vor allem wegen der zeitlichen Nähe zur Emission) höher als bei $CO_2$. Das bedeutet, daß auch eine nicht kooperative Lösung im FCKW-Fall vermutlich erhebliche Vermeidungsanstrengungen der einzelnen Staaten vorsehen würde. Dies gilt nicht zuletzt deshalb, weil die FCKW-Produktion auf wenige Länder verteilt ist, die einzelnen Staaten also durchaus Einfluß auf den Zustand der Ozonschicht nehmen können, wenn sie die FCKW-Produktion drastisch verringern. BARRETT 1991 vermutete daher, daß das Montrealer Protokoll nicht dazu geführt hat, daß die Vermeidungsmengen gegenüber der nicht kooperativen Situation nennenswert angestiegen sind. Beim $CO_2$ hat dagegen kein Land einen Anreiz, unilateral besondere Anstrengungen zu unternehmen, d. h., die kooperative Lösung würde von der nicht kooperativen erheblich abweichen.

Dazu kommt, daß FCKW weltweit nur von einigen großen Produzenten hergestellt werden. Glücklicherweise sind diese Hersteller gleichzeitig auch die Produzenten der neu entwickelten FCKW-Substitute! POTERBA 1993 mutmaßt darüber hinaus, daß die Produzenten (die sich auf einem oligopolistischen Markt befinden) mit diesen Substituten höhere Gewinne erzielen können als mit FCKW. Von seiten der Produzenten ist daher gewiß kein Widerstand gegen ein weltweites FCKW-Verbot zu erwarten. Dieser letzte Punkt kann innerhalb unseres bisher gewählten Analyserahmens eigentlich nicht richtig gewürdigt werden, denn wir gehen nach wie vor von der Fiktion aus, daß bei internationalen Verhandlungen Politiker am Konferenztisch sitzen, die kein anderes Ziel haben, als die Wohlfahrt ihres Landes zu maximieren und die deshalb keine Rücksicht auf die partikularen Interessen der Produzenten von FCKW nehmen. Es ist allerdings vollkommen offensichtlich, daß die Existenz solcher Interessen sofort eine entschei-

---

[55]   Das Ozonloch ist eine empirische Tatsache, der Treibhauseffekt ist bisher nur in Modellrechnungen aufgetreten.

dende Rolle spielt, wenn man die Fiktion des wohlwollenden nationalen Planers aufgibt und eine realistischere Perspektive wählt.

Wie steht es nun um die theoretische Analyse der Stabilität internationaler Abkommen? Die diesbezüglich bisher vorliegenden Arbeiten sind allerneusten Datums und die wissenschaftliche Diskussion ist gegenwärtig „noch im Fluß". Angesichts der Tatsache, daß es vor allem das Klimaproblem ist, das das Zustandekommen internationaler Abkommen zu einem wichtigen Anliegen hat werden lassen, kann dies nicht verwundern, denn das Klimaproblem steht erst seit wenigen Jahren ganz oben auf der Tagesordnung. Wir müssen uns deshalb darauf beschränken, einen Überblick über einige zentrale Einsichten zu geben, die bisher gewonnen wurden, ohne behaupten zu können, daß damit alles gesagt sei, was es zu diesem Problem zu sagen geben wird.

Im folgenden sei eine Gruppe von Ländern, die ein Abkommen unterzeichnen, das sie zur Emissionsreduktion verpflichtet, als *Koalition* bezeichnet und entsprechend die Unterzeichner als *Koalitionäre*. Zuallererst gilt es, sich darüber Klarheit zu verschaffen, warum ein Land sich überhaupt an einer Koalition beteiligen sollte. Nehmen wir an, es existiere eine Koalition mit J Mitgliedern, die einen Vertrag geschlossen haben, der vorsieht, die für diese Koalition optimalen Schadstoffmengen zu vermeiden. Da bei der Ermittlung der Vermeidungsmengen der einzelnen Koalitionäre auch der Nutzen eingeht, den die J-1 anderen Mitglieder aus dieser Reduktion haben, ist klar, daß die Koalitionäre mehr vermeiden als in der nicht kooperativen Situation. Nehmen wir an, das Land j, das bisher Mitglied der Koalition war, überlegt sich, ob es austreten soll. Ein solcher Austritt hätte zwei Effekte: Einerseits würde Land j Vermeidungskosten sparen, andererseits würden die verbleibenden J-1 Koalitionäre nach dem Austritt von j ihre Emissionen erhöhen, denn sie würden den Nutzen, den j aus ihren Vermeidungsanstrengungen hat, nicht mehr berücksichtigen. Das Land j wird nur dann nicht aus der Koalition austreten, wenn der Vorteil aus Kostenersparnis geringer ist als der Nachteil aus der Verhaltensänderung der Restkoalition.

Dieser Gedankengang führt zu folgender formaler Definition für stabile Koalitionen. Insgesamt gebe es N Länder. $\alpha \leq 1$ sei der Anteil der Koalitionäre an N und $(1 - \alpha)$ der der nicht Koalitionäre. $\pi_K(\alpha)$ messe den Nettovorteil der $\alpha N$ Koalitionäre $\pi_N(1 - \alpha)$ den der $(1 - \alpha)N$ nicht Koalitionäre. In Anlehnung an BARRETT 1991 heiße eine Koalition *intern stabil,* wenn gilt

$$\pi_N\left(1 - \alpha + \frac{1}{N}\right) \leq \pi_K(\alpha). \tag{46}$$

In diesem Fall realisiert ein Koalitionär, wenn er in die Gruppe der nicht Koalitionäre übertritt, einen geringeren Nettovorteil als in der Koalition. Er hat also keinen Anreiz zum Austritt. Die Koalition ist *extern stabil*, wenn gilt

$$\pi_N(1-\alpha) \geq \pi_K\left(\alpha + \frac{1}{N}\right). \tag{47}$$

Ist (47) erfüllt, hat keiner der nicht Koalitionäre einen Anreiz, in die Koalition einzutreten. Eine Koalition ist insgesamt *stabil*, wenn sie sowohl intern als auch extern stabil ist.

Entscheidend für die Stabilität einer Koalition ist damit, daß der Austritt aus der Koalition *sanktioniert* wird. Die verbleibenden Koalitionäre drohen damit, daß sie ihre Emissionen ausweiten, wenn es zu einem Austritt kommt. Diese Drohung ist glaubwürdig, wenn die dann resultierenden geringeren Vermeidungsmengen das Resultat eines Optimierungskalküls sind, d. h. wenn es aus Sicht der verbleibenden Koalitionäre rational ist, die Vermeidungsanstrengungen zu reduzieren. Die Glaubwürdigkeit der Drohung ist nur dann gewahrt, wenn wir davon ausgehen, daß das Emissionsspiel unendlich oft gespielt wird. Nehmen wir an, es gäbe eine letzte Runde, dann wäre klar, daß die Koalition in dieser Runde nicht mehr halten würde, denn dann wäre es für alle Mitglieder dominante Strategie, die nicht kooperativen Vermeidungsmengen zu wählen. Damit würde aber auch die Drohung in der vorletzten Runde, den Vertragsbruch bzw. den Austritt aus der Koalition zu sanktionieren, wirkungslos, weil unglaubwürdig. Durch Rückwärtsinduktion folgt, daß Drohungen dann in allen Runden unglaubwürdig wären[56].

Wir haben bereits darauf hingewiesen, daß die Annahme unendlicher Spiele im Kontext internationaler Verhandlungen durchaus angebracht ist, so daß wir in der Tat davon ausgehen können, daß es möglich ist, glaubwürdige Drohungen der oben beschriebenen Form auszusprechen. Damit hätten wir die Frage, wie es möglich sein soll, daß eigennützige Staaten kooperative Abkommen treffen und einhalten, prinzipiell beantwortet. Offen bleibt allerdings die Frage, wie wirksam der dabei zum Einsatz kommende Mechanismus ist, d. h., wie groß Koalitionen werden können. Ganz offensichtlich hängt die Stärke der Drohung, die ein Land davon abhält, aus der Koalition auszutreten, von den Grenzkosten und -nutzen

---

[56] Dieser Punkt wird von den meisten Autoren unterschlagen, was durchaus Anlaß zu Mißverständnissen geben kann. Diesbezüglich exakt ist vor allem STÄHLER 1993.

aus Vermeidung ab. Man stelle sich eine Koalition mit einer großen Zahl von Mitgliedern vor. Sind die Grenzkosten der Vermeidung für Land j hoch, aber sein Grenznutzen aus Vermeidung gering, so werden die Restkoalitionäre bei einem Ausscheiden von Land j ihr Verhalten nur unwesentlich ändern, Land j wird aber hohe Vermeidungskosteneinsparungen verzeichnen können. Ist umgekehrt der Grenznutzen aus Vermeidung groß, die Kosten aber gering, so wird es kaum zu einem Austritt kommen, weil die dadurch gewonnenen Einsparungen gering ausfallen, die Reaktion der Restkoalition aber stark sein wird.

Die Frage nach der Größe stabiler Koalitionen ist bisher nicht in einem allgemeinen Modell beantwortet worden – wahrscheinlich ist sie allgemein auch nicht zu beantworten. Um dennoch zu einer Einschätzung zu gelangen, benutzt BARRETT 1991 eine Simulation, die auf folgende Standardannahmen aufbaut: Die insgesamt N Länder sind hinsichtlich ihrer Vermeidungskosten und des Nutzens aus Vermeidung identisch. Der Vorteil aus Vermeidung ist (unter Verwendung der in 1.9.2 eingeführten Notation):

$$B_i(X) = b\left[aX - \frac{X^2}{N}\right] \tag{48}$$

wobei $X = \sum_1^N X_i$ die Gesamtvermeidung ist. Die Vermeidungskosten sind ebenfalls quadratisch:

$$C_i(X_i) = c\frac{X_i^2}{2}. \tag{49}$$

Für diese Konstellation identischer Länder und konstanter Grenznutzen und Grenzkosten aus Vermeidung kann BARRETT zeigen, daß immer eine stabile Koalition existiert, unabhängig von N. Allerdings: Eine Simulation für N = 100 und verschiedene Wert von b und c zeigt, daß in den Fällen, in denen durch kooperatives Verhalten große Effizienzgewinne möglich sind [57], die resultierenden Koalitionen sehr klein ausfallen – sie umfassen nur zwei oder drei Länder.

---

[57]  Der Vorteil aus Kooperation ist dann besonders groß, wenn sowohl die Grenzvermeidungskosten als auch der Grenznutzen daraus sehr hoch sind. In diesem Fall unterscheidet sich die nicht kooperative Situation deutlich von der Koalitionslösung. Sind b und c (in (47) und (48)) beide klein, so wird sich eine Koalitionslösung kaum von der nicht kooperativen unterscheiden, denn die Differenz zwischen nationalen und internationalen Erträgen aus Vermeidung (und damit der Spielraum für Effizienzgewinne) ist relativ gering. Sind die Grenzkosten gering und der Vorteil daraus groß, so kommt es bereits in der nicht kooperativen Situation zu einem hohen Vermeidungsniveau, und eine Koalition wird kaum noch Effizienzgewinne realisieren können. Sind dagegen die Grenzkosten hoch, der -nutzen aber gering, lohnen sich so-

In dem Modell von BARRETT kann Kooperation selbst dann eine rationale Strategie der Länder sein, wenn es im unkooperativen Zustand zu einer Randlösung kommt, die nationalen Vermeidungsgrenzkosten also immer über dem nationalen Grenznutzen aus Vermeidung liegen. Ursache dafür ist die Verhaltensänderung der anderen Koalitionäre, die den Beitritt eines Landes dadurch belohnen, daß sie ihrerseits höhere Vermeidungsmengen realisieren. Diese Art der Begründung für Kooperation wird in mehreren Arbeiten verwendet und scheint sich als Standardannahme zu etablieren. Allerdings gibt es Alternativen, von denen zumindest zwei hier genannt seien.

BLACK, LEVI UND DE MEZA 1993 betrachten folgenden Kooperation erzeugenden Mechanismus: Ihre Idee besteht darin, Abkommen nur dann für gültig zu erklären, wenn eine bestimmte Mindestzahl J von Ländern ihnen beitritt. Gegeben eine solche Regel, kann beispielsweise der Nichtbeitritt von Land j zur Folge haben, daß daraufhin die Koalition scheitert und j um die Früchte der internationalen Vermeidungsanstrengungen gebracht würde. Ob j angesichts dieser Drohung beitritt oder nicht, hängt (neben den Kosten und Nutzen aus Vermeidung) davon ab, wie groß das Land die Wahrscheinlichkeit einschätzt, gerade das entscheidende J-te Land zu sein, d. h., die Wahrscheinlichkeit, daß gerade J-1 andere Länder das Abkommen unterschreiben. Nur in diesem Fall lohnt sich nämlich der Beitritt für j.

BLACK ET AL. betrachten ein Modell, mit dessen Hilfe sie die Frage zu beantworten suchen, wie groß J im optimalen Fall zu wählen ist. Diese Frage ist deshalb nicht einfach zu beantworten, weil es offensichtlich einen Trade off gibt. Wird J zu groß gewählt, kommt das Abkommen unter Umständen nicht zustande, wird es zu klein gewählt, lädt dies zu Freifahrerverhalten ein, und die resultierende Koalition wird nicht viel ausrichten. Die Autoren können die Frage analytisch nicht klären, aber sie untersuchen mit Hilfe einer Simulation, wieviele Länder einer Koalition unter der Bedingung beitreten würden, daß die Beitrittswahrscheinlichkeit für alle Länder gleich groß ist. Ein zunächst erstaunliches Ergebnis dieser Untersuchung ist, daß die Beitrittszahl relativ groß ist und um so größer wird, je größer die Gesamtzahl der Länder N ist. Die Erklärung dafür ist allerdings recht einfach: Je mehr Länder einem Abkommen beitreten, um so mehr profitiert jedes der N Länder von dem Zustandekommen der Koalition, d. h., um so mehr hat jedes Land auch zu verlieren, wenn die Koalition daran scheitert, daß eine Unterschrift zuwenig unter dem Abkommen steht.

---

wohl in der Koalition als auch in der unkooperativen Situation Vermeidungsanstrengungen nicht. Vgl. dazu BARRETT 1991.

Das Modell von BLACK ET AL. zeigt zwar, daß durch die Forderung einer Mindestteilnehmerzahl in erheblichem Umfang Kooperation erzeugt werden kann, aber die Idee hat einen entscheidenden Haken. In dem von BLACK ET AL. betrachteten Spiel entscheiden die Spieler simultan, ob sie dem Abkommen beitreten oder nicht. Die Resultate, die für dieses Spiel abgeleitet werden, gelten nur dann, wenn glaubhaft ausgeschlossen werden kann, daß es nach dieser Entscheidung zu neuen Verhandlungen kommt. Genau das scheint jedoch kaum möglich zu sein. Nehmen wir an, daß gerade J-1 Länder den Vertrag unterzeichnen. Die Drohung, diesen Vertrag deshalb für unwirksam zu erklären, weil ein einziger Unterzeichner fehlt, ist nicht glaubwürdig, wenn alle J-1 Koalitionäre durch das Abkommen gegenüber der nicht kooperativen Situation bessergestellt werden. Wenn aber die Drohung, daß es auch im Falle des Scheiterns nur eine Spielrunde geben wird, nicht glaubwürdig ist, dann ist damit der Mechanismus insgesamt nicht mehr wirksam.

DOCKNER UND VAN LONG 1993 beschreiten einen etwas anderen Weg. Sie untersuchen ein dynamisches Zwei-Länder-Spiel, in dem sie sogenannte „Triggerstrategien" zulassen. Dabei handelt es sich um Strategien, die versuchen, den Mitspieler durch Bestrafung auf den „rechten Weg", d. h. zu Kooperation zu bewegen [58]. Ihr zentrales Resultat besteht darin, daß dann, wenn man den Strategieraum geeignet beschränkt, ein Gleichgewicht existiert, das der Pareto-effizienten Vollkooperationslösung entspricht. Allerdings sind auch bei diesem Modell Bedenken angebracht, und zwar aus zwei Gründen:

1. Die Spieler dürfen nur *nicht lineare perfekte Markov-Strategien* verwenden (darin besteht die notwendige Einschränkung des Strategieraums), d. h., sie dürfen ihre Emissionsentscheidungen nur von dem Schadstoffbestand der Vorperiode abhängig machen, nicht jedoch von der „Geschichte" des Spiels. Markov-Spieler sind Spieler ohne Gedächnis. Diese Restriktion ist nur schwer zu begründen und dürfte kaum den empirischen Tatsachen entsprechen.

2. Die Verwendung von Triggerstrategien ist in einem Zwei-Personen-Spiel relativ unproblematisch. Aber wie sollten Bestrafungen erfolgen, wenn mehr als zwei Länder beteiligt sind? Bestrafungen haben nur dann einen Sinn, wenn sie selektiv wirken, d. h. den treffen, der von der kooperativen Lösung

---

[58] Gleichgewichte in solchen Strategien bedürfen wiederum der Annahme unendlicher Spiele.

abweicht – und nur den. Ausweitungen der Emissionsmengen treffen aber alle. Dazu kommt, daß die Androhung von Strafen in Spielen mit mehr als zwei Ländern vielfach nicht glaubhaft ist. Dies gilt im übrigen auch für Strafen, die in Form von Handelsbeschränkungen oder Kreditrestriktionen verhängt werden sollen [59]. Es ist daher sehr fraglich, ob Triggerstrategien im Hinblick auf das Klimaproblem oder vergleichbare internationale Umweltprobleme geeignete Instrumente zur Erzeugung von Kooperation sind [60].

Kehren wir damit zurück zu dem „Standardmodell" wie wir es bei BARRETT kennengelernt haben und wenden uns noch einmal der Frage zu, mit wieviel Kooperation wir in diesem Modell rechnen können. BARRETT war zu einem eher pessimistischen Ergebnis gekommen, und leider stimmen seine Resultate mit denen anderer Autoren in diesem Punkt überein. So zeigen auch CARRARO UND SINISCALCO, daß die Anzahl der Koalitionäre relativ klein ausfallen dürfte, und STÄHLER kommt zu dem Ergebnis, daß nur Zweierkoalitionen stabil sein können. Das letztgenannte Resultat wird in einem Modell abgeleitet, in dem nicht nur einmal über den Beitritt zu einer Koalition entschieden werden muß, sondern in dem explizit berücksichtigt wird, daß die Länder in jedem zukünftigen Zeitpunkt die Option besitzen, die Koalition zu verlassen bzw. den Vertrag zu brechen.

Diese Resultate scheinen auf den ersten Blick im Widerspruch zu der Beobachtung zu stehen, daß es tatsächlich eine große Zahl von Abkommen gibt. Aber diese Abkommen enthalten oft ein Element, das bisher noch unberücksichtigt geblieben ist. Außer der eigentlichen Verpflichtung zur Kooperation sehen sie vielfach Transferleistungen an bestimmte Koalitionäre vor (in den meisten Fällen an unterentwickelte Länder). Das wirft die prinzipielle Frage auf, ob und in welchem Umfang es möglich ist, durch Transferzahlungen Länder dazu zu bringen, einem Umweltabkommen beizutreten. Die Antwort, die CARRARO UND SINISCALCO auf diese Frage liefern, ist zunächst wenig ermutigend:

CARRARO UND SINISCALCO formulieren Bedingungen, die sie an die Transferzahlungen stellen. So soll die Koalitionserweiterung eine Pareto-Verbesserung erzeugen, und die Transfers müssen selbstfinanzierend sein, d. h. die Vorteile, die die Koalitionäre aus der Erweiterung der Koalition haben, müssen größer sein als die Transferleistung. Unter diesen Bedingungen besteht keine Möglichkeit, eine stabile Koalition durch Transfers zu erweitern (CARRARO UND SINISCALCO, Pro-

---

[59]   Vgl. zur Diskussion solcher Bestrafungsinstrumente HEISTER 1993.

[60]   Vgl. zu diesem Punkt auch CARRARO UND SINISCALCO 1993, S. 312

position 1).[61]Eine Vergrößerung der Koalition ist nur dann möglich, wenn die beteiligten Länder nicht rationale Selbstverpflichtungen (Commitments) eingehen.
Beispielsweise kann es dann zu einer Erweiterung kommen, wenn die „alten"
Koalitionäre sich dazu verpflichten, nach Aufnahme der „bestochenen" Länder in
der Koalition zu bleiben (Proposition 2). Die Koalition kann darüber hinaus weiter wachsen, wenn die neu hinzukommenden Koalitionäre ihrerseits Commitments abgeben oder wenn Länder, die nicht in der Koalition sind, andere „be-
stechen", um sie zum Eintritt in die Koalition zu bewegen. Bei allen diesen Varianten bleibt allerdings unklar, warum Länder solche Commitments abgeben sollten. Dazu kommt, daß die von CARRARO UND SINISCALCO benutzte Modellierung
als einstufiges Spiel darüber hinwegtäuscht, daß diese Selbstbindungen nicht nur
einmal, sondern immer wieder vorgenommen werden müssen. Es müßte deshalb
begründet werden, warum Länder immer wieder entgegen ihrem eigentlichen Interesse handeln sollten.

Das Standardmodell, das BARRETT, CARRARO UND SINISCALCO und andere
benutzen, verwendet einige Annahmen, die relativ weit von der Realität abweichen. Angesichts der Komplexität des Problems ist es eine sehr sinnvolle Strategie, zunächst mit Modellen zu hantieren, die zwar stark vereinfachen, aber dennoch erlauben, die zentralen Problemstrukturen offenzulegen. Der nächste Schritt
besteht dann in dem Versuch einer stärkeren Annäherung an die Realität. Die
modelltheoretische Analyse des internationalen Kooperationsproblems ist noch
sehr jung und aus diesem Grunde kann es nicht überraschen, daß der Abstand zur
Realität in vielen Fällen noch beträchtlich ist. Prinzipiell muß ein solcher Abstand kein Nachteil sein. Er ist nur dann problematisch, wenn er die Erklärung
wichtiger realer Phänomene verhindert.

BAUER 1993 unternimmt den Versuch, das Standardmodell in einem bestimmten Punkt stärker an die Realität heranzuführen. Sie argumentiert, daß es in hohem Maße unrealistisch sei, von *identischen* Ländern auszugehen. In der Tat ist
die Vorstellung, daß die USA und Liechtenstein keinerlei Unterschiede hinsichtlich der Kosten und Nutzen aus klimastabilisierenden Maßnahmen aufweisen,
alles andere als realistisch. Die Frage ist, *wie* der Länderunterschied modelliert
werden sollte, und welche Folgen die Berücksichtigung dieser Unterschiede für

---

61  STÄHLER kommt zu einem anderen Resultat. Ohne die Forderung nach Selbstfinanzierung des
    Transfers, aber in einem Modellkontext, der die permanente Drohung des Austritts aus der
    Koalition berücksichtigt, zeigt er, daß eine stabile Zweierkoalition durch Transfers zu einer
    Dreierkoalition erweitert werden kann.

die Beantwortung der zentralen Frage nach den Aussichten für kooperatives Verhalten hat.

BAUER unterscheidet die N Länder in ihrem Modell anhand ihrer Größe. Größenunterschiede äußern sich darin, daß ein Land i, wenn es doppelt so groß ist wie Land j, absolut einen doppelt so großen Schaden aus einer bestimmten Temperaturerhöhung hat. Das größere Land hat gegenüber dem kleineren einen Kostenvorteil bei der Schadstoffbeseitigung: Es ist in der Lage, die gleiche absolute Schadstoffmenge zu geringeren Kosten zu vermeiden als das kleinere Land. Koalitionen haben in dem Modell die gleiche Wirkung wie in dem von BARRETT, d. h., die Koalitionäre berücksichtigen bei der Entscheidung über ihr Vermeidungsniveau auch die Vorteile der anderen Koalitionsmitglieder. Nicht ganz unproblematisch ist die Annahme, daß der Grenznutzen aus Vermeidung für jedes Land konstant sei. Diese Annahme impliziert unter anderem, daß das Zustandekommen oder Scheitern einer Koalition das Verhalten der unbeteiligten Länder unbeeinflußt läßt. Insbesondere kommt es nicht dazu, daß die nicht Koalitionäre die Vermeidungsanstrengungen der Koalitionäre zum Anlaß nehmen, ihrerseits mehr zu emittieren.

Konstanter, aber größenabhängiger Grenzvorteil und mit der Landesgröße sinkende Grenzkosten der Vermeidung schlagen sich in folgender Auszahlungsfunktion der N Länder nieder [62] (unter Verwendung der hier eingeführten Notation):

$$\pi_i(X_i) = iX - \frac{X_i^2}{i} \quad , \qquad i = 1, \ldots, N. \tag{50}$$

Im nicht kooperativen Fall führt Maximierung von (50) zu folgenden Vermeidungsmengen:

$$X_i = \frac{i^2}{2}. \tag{51}$$

Die optimale Vermeidungsmenge wächst damit quadratisch mit der Größe des Landes – eine unmittelbare Folge des Kostenvorteils und des größeren absoluten Nutzens.

Wie wirkt sich diese Modellvariation auf die resultierenden Koalitionen aus? BAUER kann zeigen, daß *Zweierkoalitionen* grundsätzlich stabil sind und daß ein Land eine Zweierkoalition mit dem nächstkleineren oder dem nächstgrößeren Land allen anderen Koalitionen vorzieht. Das hat zur Folge, daß sich eine „pri-

---

[62] Vgl. BAUER ,S. 171.

märe Koalitionsstruktur" herausbildet, bei der es zu einem paarweisen Zusammenschluß der N Länder kommt. Die Frage ist, ob sich darüber hinaus größere Koalitionen vorstellen lassen. Ohne weiteres jedenfalls nicht, denn BAUER zeigt, daß alle Koalitionen mit mehr als zwei Mitgliedern nicht stabil sind, weil es für die Länder, die kleiner sind als der Koalitionsdurchschnitt, immer lohnend ist, die Koalition zu verlassen (S. 178). Dieses Resultat unterscheidet sich qualitativ nicht besonders von denen BARRETTS oder STÄHLERS. Auch in dem Modell von BAUER resultieren primär nur sehr kleine Koalitionen. Ein Trost könnte sein, daß es immerhin eine große Zahl von kleinen Koalitionen ist, die zur Internalisierung der externen Effekte der Treibhausgasemission gebildet werden. Tatsächlich ist dies aber nur ein sehr schwacher Trost. Wenn man bedenkt, daß im Hinblick auf das Treibhausproblem eine realistische Kosten- und Nutzeneinschätzung zu dem Ergebnis führen dürfte, daß die meisten Länder ohne Kooperation eine Randlösung realisieren werden, dann wird sich daran vielfach auch durch einen Zusammenschluß von zwei Ländern nichts oder nur wenig ändern.

BAUER kommt allerdings zu einem anderen Schluß. Sie argumentiert damit, daß die Zweierkoalitionen nunmehr wie ein einzelner Spieler betrachtet werden könnten. Das bedeutet: Ein Zusammenschluß von vier einzelnen Ländern wird nie zustandekommen, weil es sich für die beiden kleineren nicht lohnt, der Koalition anzugehören. Befinden sich aber je zwei der vier in einer Koalition und entscheidet nicht das einzelne Land, sondern die *Zweierkoalition* über den Beitritt, dann wird die Viererkoalition möglich. Dieser Gedanke läßt sich auf den Zusammenschluß zweier Viererkoalitionen zu einer Achterkoalition übertragen und schon nähern wir uns Größenordnungen, in denen Koalitionen auch im Hinblick auf den Treibhauseffekt wirksam etwas unternehmen können. Die Frage ist allerdings, ob man so ohne weiteres davon ausgehen kann, daß die zwei Koalitionäre mit einer Stimme sprechen. Die Stabilität einer Zweierkoalition hängt davon ab, daß wirksame Sanktionsmittel existieren, die glaubhaft angedroht werden können. Wie aber verhält es sich in einer Situation mit vier Koalitionären? Es bedürfte zur Stabilität dieser großen Koalition zunächst eines Mechanismus, der die Stabilität der beiden kleinen Koalitionen sichert. Bei vier Koalitionären ist aber die Wirksamkeit der selektiven Sanktionsmittel, die in der reinen Zweierkoalition gegeben ist, nicht mehr vorhanden, d. h., wenn ein Land sich durch Austritt aus der Viererkoalition besserstellen kann, dann wird es daran kaum zu hindern sein. Was also hält die Zweierkoalition in der Viererkoalition zusammen? Diese Frage bleibt unbeantwortet.

Das Modell von BAUER macht damit klar, daß es wohl nur dann zu größeren Koalitionen zwischen unterschiedlichen Ländern kommen wird, wenn es gelingt, in kleineren Koalitionen das Commitmentproblem zu lösen. Dazu müßten allerdings die Strategieräume der Länder größer sein, als sie es bei einem reinen Emissionsspiel sind. In Zeiten wachsender internationaler Integration und zunehmender Arbeitsteilung kann man durchaus hoffen, daß sich Möglichkeiten finden werden, Kooperation in kleinen Gruppen so zu verankern, daß diese Gruppen auch in größeren Koalitionen noch zu ihren Kooperationszusagen stehen müssen. Wahrscheinlich wird eine umfassende Analyse der Bedingungen, unter denen dies möglich ist, allerdings nur dann gelingen, wenn man einen weiteren Schritt in Richtung auf eine realitätsnähere Modellierung gegangen ist. Neben der Vorstellung identischer Länder, die BAUER zurecht als problematisch bezeichnet, dürfte es vor allem die Rolle des Planers, des Verhandlungsführers sein, die in den bisher vorliegenden Modellen zu stark idealisiert ist, um reale Koalitionsverhandlungen abbilden zu können. Die hier vorgestellten Arbeiten zeigen vor allem, welche grundsätzlichen Möglichkeiten einem Verhandlungsführer gegeben sind, dessen Ziel die Maximierung der Wohlfahrt seines Landes ist. Wie sich das Bild ändert, wenn wir von der Vorstellung eines solchen idealtypischen Planers abrücken, muß offen bleiben. Das bereits angesprochene Beispiel der FCKW-Reduzierung macht deutlich, daß die Berücksichtigung partikularer Interessen durch politische Akteure nicht zwangsläufig bedeuten muß, daß Kooperation erschwert wird.

# Zusammenfassung

Die Ausführungen im ersten Kapitels dienten vor allem dem Ziel, ein grundlegendes Verständnis für die Struktur vieler Umweltprobleme zu wecken. Dabei wurde diese Struktur aus einer bestimmten Perspektive betrachtet, die man als „ökonomisch-spieltheoretisch" bezeichnen könnte. Ökonomisch, weil die in Umweltprobleme verstrickten Individuen als rationale, im Selbstinteresse handelnde Menschen gesehen werden, und als Ziel die effiziente Allokation knapper Umweltressourcen angestrebt wird. Spieltheoretisch ist die Perspektive, weil sie die Handlungen der Individuen auf strategische Entscheidungen zurückführt, die in Situationen getroffen werden, die mit den Mitteln der Spieltheorie beschreibbar sind. Die nun folgende Zusammenfassung hat vor allem den Zweck, zu verhindern, daß die Fülle der dargestellten Theorieansätze den Blick für das „Gesamtbild", das sich aus dieser Perspektive ergibt, verstellt.

Ausgangspunkt war die Überlegung, daß externe Effekte ein charakteristisches Merkmal umweltökonomischer Probleme sind und daß gerade diese Effekte für Ineffizienzen verantwortlich zeichnen. Das Coase-Theorem behauptet nun, daß unter bestimmten Voraussetzungen externe Effekte im Zuge bilateraler Verhandlungen internalisiert werden. Die spieltheoretische Betrachtung des Coase-Theorems fördert jedoch die Erkenntnis zutage, daß dies dann *nicht* gilt, wenn die Verhandlungspartner private Informationen besitzen. Ist dies nämlich der Fall, können Individuen ihr Informationsmonopol strategisch nutzen, um ein Verhandlungsergebnis zu erzielen, das sie besserstellt als die Pareto-effiziente Allokation. Im Ergebnis zeigt damit die Analyse, daß rationale, im Selbstinteresse handelnde Individuen nicht in der Lage sein werden, externe Effekte durch direkte Verhandlungen zu internalisieren.

Das Coase-Theorem betrifft Situationen, in denen sich *ein* Verursacher und *ein* Geschädigter gegenüberstehen. Eine erhebliche Verschärfung des Problems tritt ein, sobald größere Gruppen von externen Effekten betroffen sind. Die spieltheoretische Beschreibung solcher Situationen führt zum Begriff des sozialen Dilemmas, das dadurch gekennzeichnet ist, daß individuell rationale Strategieentscheidungen zu kollektiv „irrationalen", Pareto-ineffizienten Gleichgewichten führen. Die Problemverschärfung resultiert aus der Tatsache, daß im Falle großer Gruppen externe Effekte den Charakter öffentlicher Güter annehmen, und sich damit den Individuen eine Schwarzfahrer-Option eröffnet, die bei individuell

rationalem Verhalten auch wahrgenommen wird. Das bedeutet: Individuelle Vorteilsnahme führt im bilateralen Fall zu strategischer Nutzung privater Information
und im Fall großer Gruppen zu Schwarzfahrerverhalten. Eine Lösung des Exter-
nalitäten- bzw. Öffentlichen-Gut-Problems könnten die Individuen aus eigener
Kraft deshalb nur dann erreichen, wenn sie sich in dem Sinne kooperativ verhielten, daß sie freiwillig auf die Wahrnehmung individueller Vorteile verzichten.

Die ökonomisch-spieltheoretische Analyse führt bis zu diesem Punkt zu einem
eindeutigen Resultat: Die mit externen Effekten verbundenen Allokationsprobleme, und damit eben auch die meisten Umweltprobleme, sind in einem dezentralen System, das allein auf individuellen Entscheidungen beruht, nicht zu lösen,
weil eine Lösung Kooperation und damit irrationales Verhalten voraussetzt. Dieses Resultat ist auch nicht dadurch zu verändern, daß man die Annahme fallen
läßt, Individuen handelten nur im Eigeninteresse. Auch für einen Philanthropen
ist kooperatives Verhalten in einem sozialen Dilemma „irrational". Das „Altruismus-Modell", das kooperatives Verhalten dadurch zu erklären versucht, daß es
unterstellt, der Nutzen, den andere aus Kooperation haben, sei Argument der individuellen Nutzenfunktion, scheitert insofern, als es Resultate produziert, die in
einem unüberbrückbaren Widerspruch zu empirischen Beobachtungen stehen.

Dessen ungeachtet zeigt sich allerdings, daß die Prognose strikten Freifahrerverhaltens in Gefangenen-Dilemma-Situationen weder empirisch noch experimentell gestützt werden kann. Sowohl in der Realität als auch im Experiment ist
kooperatives Verhalten beobachtbar. Damit ergibt sich gleich in zweierlei Hinsicht Anlaß, über das Phänomen „Kooperation" nachzudenken. Nämlich zum einen, um den Widerspruch zwischen Theorie und empirischer Beobachtung zu
klären, und zum anderen, weil Kooperation offenbar in vielen Fällen notwendige
Voraussetzung für die Lösung von Umweltproblemen ist.
Es stellt sich dabei sehr schnell heraus, daß mit den üblichen verhaltenstheoretischen Annahmen der Wirtschaftstheorie Kooperation nicht erklärbar ist. Ganz
offensichtlich spielen Normen eine entscheidende Rolle, die in Form verinner-
lichter Verhaltensanweisungen menschliches Verhalten steuern. Die Berücksichtigung solcher Normen bedeutet nun aber keineswegs, daß die ökonomisch-
spieltheoretische Sichtweise aufgegeben werden muß. Vielmehr stellt sich nunmehr die Frage, wie aus dieser Perspektive heraus die Entstehung von Normen zu
erklären ist. Die Diskussion diesbezüglicher Ansätze hat gezeigt, daß solche Erklärungen möglich sind. Zwar ist die Theorie bisher noch nicht zu abschließenden Resultaten gelangt, aber es hat sich gezeigt, daß der theoretische Nachweis

geführt werden kann, daß Kooperation nicht notwendig Irrationalität voraussetzt, wenn man bereit ist, evolutionsthoretisch und/oder verhaltenpsychologisch fundierte Verhaltensannahmen zu treffen.

Trotz dieses Ergebnisses bleibt festzustellen, daß man nicht damit rechnen kann, daß die bestehenden Allokationsprobleme allein durch kooperatives Verhalten gelöst werden können. Notwendig ist dazu auch der Einsatz zentraler Institutionen, die mit Hilfe von Anreizmechanismen und staatlichem Zwang dort zu Effizienzsteigerungen beitragen können, wo Kooperation nicht entsteht. Allerdings gilt es dabei zu bedenken, daß staatliches Handeln im Vergleich zu dezentralen, kooperativen Lösungen zusätzliche Kosten verursacht und deshalb immer nur den Rang eines Zweitbesten einzunehmen vermag.

Angesichts des globalen Charakters, den viele Umweltprobleme mittlerweile angenommen haben, stößt der Verweis auf den zentralen Planer jedoch zunehmend auf Grenzen. Zwischen Staaten kann Kooperation nicht durch eine zentrale Institution erzwungen werden. Insofern bedarf es einer genauen Prüfung der Frage, welche prinzipiellen Möglichkeiten Staaten besitzen, stabile Koalitionen einzugehen, in denen sich die Mitglieder wechselseitig zu kooperativem Verhalten verpflichten, das – für sich genommen – im Widerspruch zum Eigeninteresse des Staates steht. Dabei zeigt sich, daß Stabilität für kleine Staatengruppen und insbesondere im bilateralen Fall durchaus erreichbar ist. Schwierig gestaltet sich dagegen die Bildung größerer Koalitionen, die notwendig wäre, um beispielsweise dem Treibhauseffekt wirksam begegnen zu können.

# Teil II

# – Instrumente der Umweltpolitik–

# Überblick

Die Darstellung umweltökonomischer Instrumente erfolgt nach einem Gliede-
rungskriterium, das sich strikt am Effizienzziel orientiert. Einleitend werden
wir den Effizienzbegriff hinsichtlich seines methodologischen Hintergrundes betrachten, um dabei deutlich zu machen, worin die Besonderheit der am Effizienzbegriff orientierten ökonomischen Position besteht.

Die Erläuterung der Instrumente beginnt mit der Pigou-Steuer (2.2.1-2.2.2)
und damit mit dem Instrument, das (im Prinzip) first-best-Lösungen im Sinne von
Pareto-Effizienz erzeugen kann. Dabei wird sich zeigen, daß die in Teil I besprochenen Informationsprobleme eine Implementierung Pareto-effizienter Steuern
unmöglich macht. Im nächsten Schritt befassen wir uns daher mit Instrumenten,
die lediglich *Kosteneffizienz* herzustellen erlauben. Dabei unterscheiden wir den
Preis-Standard-Ansatz, der eine *Preissteuerung* vorsieht, und die Zertifikatlösung, die Kosteneffizienz durch *Mengensteuerung* erzeugt. Zum Abschluß betrachten wir die Auflagenpolitik als das Instrument, von dem am wenigsten erwartet werden kann, daß es zu effizienten Lösungen führt. Zur leichteren Orientierung sei das Gliederungsschema noch einmal graphisch veranschaulicht:

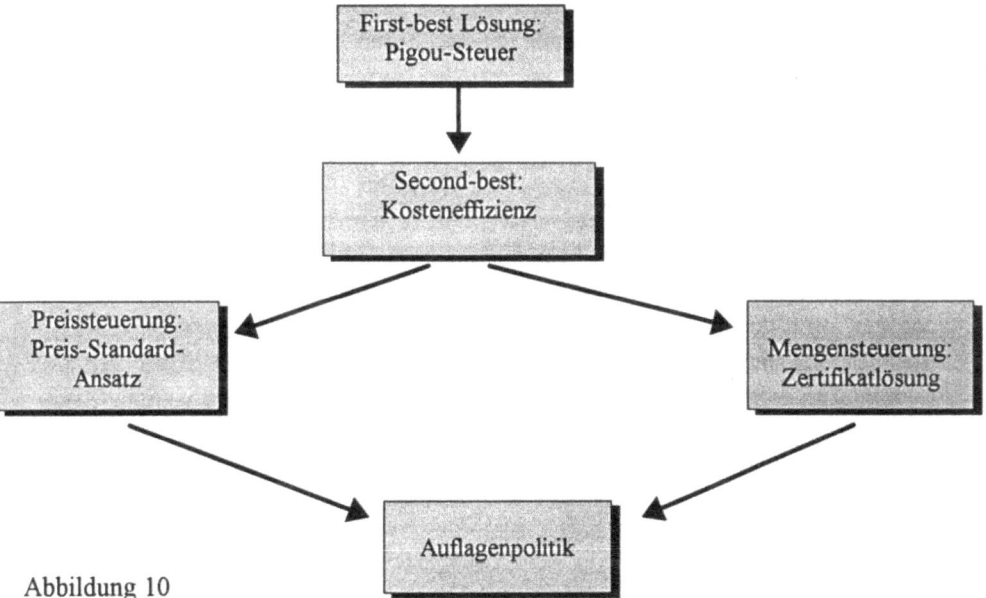

Abbildung 10

# 2.1 Umweltökonomik, Umweltpolitik und Ethik

Die ökonomisch-spieltheoretische Perspektive, aus der wir bisher das Umweltproblem betrachtet haben, kann sich nur dem erschließen, der bereit ist, die mit ihr verbundenen Werturteile und ethischen Grundpostulate zumindest aus methodischen Gründen zu akzeptieren. Vielen, die mit Modellen der Art, wie sie im ersten Teil beschrieben wurden, umgehen, ist die ethische Fundierung ihrer Methode kaum noch bewußt. Zu tief sind die grundlegenden Werturteile im ökonomischen Denken verwurzelt, zu selbstverständlich erscheinen fundamentale Annahmen, als daß sie noch als wertende Urteile wahrgenommen werden könnten. Solange sich ökonomische Theorie unter Ökonomen abspielt, gewissermaßen im geschlossenen Kreis, ist dieses fehlende Bewußtsein durchaus verständlich und von einem pragmatischen wissenschaftstheoretischen Standpunkt aus sogar zu begrüßen. Der bezüglich der Methode bestehende Konsens entlastet die wissenschaftliche Gemeinschaft von fortwährenden Grundsatzdebatten. Eine Wissenschaft, die sich ihrer Grundlagen nicht sicher ist, wird bei der Analyse ihres eigenlichen Erkenntnisobjektes kaum Fortschritte erzielen können[63].

Diese Situation ändert sich, sobald ökonomische Theorie auch Adressaten erreichen soll, die sich außerhalb des Zirkels der eingeweihten Fachwissenschaftler bewegen. Insbesondere ist dies dann der Fall, wenn ökonomische Theorien zum Zwecke der Beratung politischer Institutionen verwendet werden. An der Nahtstelle zwischen Umweltökonomik und Umweltpolitik wird ökonomische Wissenschaft fast zwangsläufig zur Politikberatung, denn spätestens dann, wenn die Möglichkeiten und Grenzen staatlichen Handelns thematisiert werden, wird Theorie zumindest im Grundsatz verwertbar. In einem solchen Verwertungszusammenhang wendet sich die Ökonomie nicht nur an den Politiker, sondern ihre Theorien konkurrieren in einem gewissen Sinne mit den theoretischen Ansätzen anderer politikberatender Instanzen, insbesondere anderer Fachwissenschaften. Spätestens an diesem Punkt verlangt es die wissenschaftliche Redlichkeit, daß die grundlegenden Werturteile der ökonomischen Theorie offengelegt werden, denn

---

[63] Dies gilt allerdings nur so lange, wie die methodischen Grundlagen den „eigentlichen" Erkenntniszielen auch tatsächlich dienlich sind. Um erkennen zu können, daß es zu Situationen kommen kann, in denen dies nicht mehr der Fall ist, muß man jedoch den pragmatischen Ansatz aufgeben. Vgl. dazu und zu der Frage, wie die Situation der Wirtschaftstheorie in diesem Zusammenhang zu beurteilen ist WEIMANN 1987.

nur dann ist eine rationale Diskussion konkurrierender Ansätze möglich. Wir werden uns aus diesem Grund die methodische „Basis" der ökonomischen Theorie ein wenig genauer ansehen, und wir werden sie mit den Wertprämissen anderer Fachwissenschaften vergleichen. Dieser Vergleich wird u.a. die Ursachen für die weitgehende Verständnislosigkeit aufdecken, mit der sich Ökonomen und Umweltwissenschaftler anderer Disziplinen oftmals gegenüberstehen.

Was hat Wirtschaftstheorie, bzw. was haben deren methodische Grundlagen überhaupt mit Ethik zu tun? Ganz grundsätzlich behandelt die ökonomische Wissenschaft die Frage, wie knappe Güter verwendet werden müssen, wenn die Wohlfahrt der Gesellschaft maximiert werden soll. Was aber ist die „Wohlfahrt" einer Gesellschaft? Antworten darauf bedürfen eines ethischen Systems, einer Grundüberzeugung, die Auskunft darüber gibt, wie unterschiedliche gesellschaftliche Situationen im Sinne von unterschiedlichen Güterallokationen bzw. -verteilungen zu bewerten sind. Bewertungsprobleme dieser Art stellen sich im Kontext des Umweltproblems nicht nur im Hinblick auf die Güterverwendung zu einem gegebenen Zeitpunkt, sondern darüber hinaus in Form intergenerationeller Verteilungsfragen: Wie sollen die Interessen zukünftiger Generationen bei der Entscheidung über die Verwendung von Umweltressourcen berücksichtigt werden? Die ethische Dimension des Umweltproblems wird an dieser Frage besonders deutlich.

Die Tatsache, daß im „Alltagsgeschäft" der Ökonomik ethische Grundprobleme praktisch nicht diskutiert werden, darf nicht darüber hinwegtäuschen, daß eine allseits akzeptierte moralphilosophische Basis nicht existiert. Vielmehr läßt sich bestenfalls ein gemeinsamer Nenner der miteinander konkurrierenden Ansätze benennen. Letztendlich handelt es sich bei allen ethischen Konzeptionen der Wirtschaftswissenschaften um *humanistische* Ansätze, deren Gemeinsamkeit in einem anthropozentrischen Weltbild besteht. Das bedeutet, daß alle Wertbegriffe zurückgeführt werden auf Kategorien des menschlichen Nutzens. Dinge erhalten *allein* dadurch einen Wert, daß sie dem Menschen Nutzen stiften. Die wohl älteste Moralphilosophie, die diese Grundannahme explizit ausformuliert hat und auf die Ökonomen Bezug nehmen, ist der klassische Utilitarismus, dessen hervorragendster Vertreter BENTHAM (1748-1832) war. Der klassische Utilitarismus macht die Glückseligkeit (oder die Wohlfahrt) eines jeden Individuums zu einer Quantität, die nichts anderes ist als der Saldo von Freuden und Leiden, der sich ermitteln läßt, da sowohl die Lust als auch die Unlust als meßbare Größen angenommen werden. Diese individuellen Quantitäten können nun ihrerseits zu einer gesellschaftlichen Gesamtgröße zusammengefaßt werden und bilden als Aggregat die Wohlfahrt der Gesellschaft. Während der klassische Utilitarismus die Gesamtwohlfahrt als entscheidende Orientierungsgröße ansah, führt die neoklassische Variante dieses Maß auf die Wohlfahrt jedes einzelnen zurück, indem sie zu zeigen versucht, daß die gesellschaftliche Wohlfahrt gerade dann ihr Maximum erreicht, wenn die Summe der Einzelnutzen maximiert wird[64]. Allerdings sind die Bedingungen, unter denen diese Identität zwischen gesellschaftlichem und individuellem Nutzenmaximum gilt, recht restriktiv, insbesondere dann, wenn nicht von einer gegebenen Einkommensverteilung ausgegangen wird.

Wie in Teil I bereits erwähnt (vgl. 1.6), läßt sich die utilitaristische Wohlfahrtsfunktion $W(\cdot)$ auffassen als Funktion der Nutzen aller Gesellschaftsmitglieder. Sind nun Einkommensumverteilungen zugelassen und läßt man die Anreizwirkungen solcher Umverteilungen unberücksichtigt, so hängt die angesprochene Identität entscheidend davon ab, welche Gestalt für die Nutzenfunktionen angenommen wird. Die Namen PIGOU und EDGEWORTH stehen dabei für die möglichen Extrempositionen[65]. Unterstellt man, wie dies u.a. PIGOU tat, daß der Grenznutzen des Einkommens abnimmt, und nimmt man für alle Individuen identische Grenznutzenfunktionen an, so ist klar, daß Maximierung der sozialen Wohlfahrtsfunktion verlangt, daß alle Individuen über gleiches Einkommen verfügen. Solange noch Einkommensunterschiede bestehen, kann die Gesamtwohlfahrt dadurch gesteigert werden, daß von den relativ reicheren zu den ärmeren umverteilt wird. Das Gegenstück zu dieser *egalitaristischen* Position entsteht, wenn (wie bei EDGEWORTH) unterschiedliche Nutzenfunktionen unterstellt werden, und zwar dergestalt, daß den reicheren ein relativ höherer Einkommensgrenznutzen zugestanden wird. Dann ist offensichtlich eine Umverteilung „von unten nach oben" wohlfahrtssteigernd und das Wohlfahrtsmaximum wird durch eine elitäre Gesellschaftsordnung realisiert. Das Maximin-Prinzip RAWLS' (vgl. 1.6) führt zu einer egalitaristischen Lösung, denn die Wohlfahrt des am schlechtesten gestellten Individuums kann erst dann nicht mehr gesteigert werden, wenn alle über das gleiche Einkommen verfügen.

Neben der elitären, der egalitaristischen und der Position RAWLS existiert mindestens noch eine vierte ethische Grundposition, und zwar der Liberalismus. Der Schwerpunkt der liberalen Ethik liegt in der Betonung individueller Frei-

---

[64]  Hauptvertreter des neoklassischen Utilitarismus ist HARSANYI. Vgl. dazu die in Teil I angegebene Literatur.

[65]  Vgl. dazu KNEESE und SCHULZ 1985, S. 204 ff.

heitsrechte und findet seinen prägnantesten Ausdruck im wohlbekannten Pareto-Kriterium. Im Kern fordert dieses Kriterium, daß gesellschaftliche Veränderungen des Status quo nur dann zulässig sind, wenn sie von allen Gesellschaftsmitgliedern getragen werden. Die moderne Wohlfahrtstheorie bedient sich dieses Kriteriums, und sie nimmt dabei in Kauf, daß das mit diesem „Maß" feststellbare Wohlfahrtsmaximum abhängt von der gegebenen Einkommensverteilung, denn effiziente Allokationen bei unterschiedlichen Verteilungen sind mit Hilfe des Pareto-Kriteriums nicht mehr unterscheidbar. Die Wohlfahrtstheorie bezieht eine moralische Grundposition, von der aus Verteilungsfragen nicht zu entscheiden sind, sie bleibt in diesem Punkt für Theorien „gerechter" Verteilung offen.

Ganz gleich jedoch, ob wir als Wohlfahrtsökonomen die Effizienz einer Allokation bei gegebener Verteilung untersuchen, oder die Frage „gerechter" Verteilung zwischen Individuen oder zwischen Generationen diskutieren, und ganz gleich, welche der genannten ethischen Grundpositionen wir dabei einnehmen, immer verwenden wir dabei den Nutzen, den Menschen aus den Dingen ziehen, als letztlich entscheidendes Maß. Dem stehen Positionen gegenüber, die von den Vertretern der „neuen naturalistischen Ethik" eingenommen werden und im Zuge der Umweltdiskussion in den letzten zwei Dekaden beträchtlich an Bedeutung gewonnen haben. KNEESE und SCHULZE (1985) geben einen Überblick über diese Positionen, der in gebotener Kürze folgendermaßen zusammengefaßt werden kann.

Die zentrale Frage einer naturalistischen Ethik lautet: Wenn die Entscheidung darüber, ob ein Gegenstand einen *Wert an sich* hat, ob er natürliche, gewissermaßen intrinsische Rechte besitzt, nicht mehr davon abhängt, ob er einen wie auch immer gearteten Nutzen stiftet, welches Kriterium soll dann verwendet werden? WATSON (1979) leitet aus der Philosophie KANTS Forderungen ab, die Wesen erfüllen müssen, damit sie als „moralisch beachtbar" gelten können. Obwohl die von ihm aufgestellten Forderungen (z.B. die Existenz eines freien Willens) strenggenommen nur von Menschen erfüllt werden, räumt WATSON auch bestimmten Tieren (Hunden, Delphinen) natürliche Rechte ein. Einen Schritt weiter geht WARNOCK (1980), indem er behauptet, daß allein die Fähigkeit, Schmerzen zu empfinden, das ausschlaggebende Kriterium für moralische Beachtung sei. GOODPASTER (1978) erkennt dieses Kriterium mit folgender Begründung nicht an: Die Fähigkeit, Schmerz zu empfinden, ist seiner Meinung nach nichts anderes als ein Mittel zum Überleben, und er fragt, warum die Evolution nicht auch Wesen hervorbringen sollte, die das Überlebensproblem ohne dieses Mittel zu lösen in der Lage sind, und mit welchem Recht man solchen Wesen die moralische Beachtbarkeit vorenthalten wolle. GOODPASTER folgert daraus, daß allein das Leben selbst ein brauchbares Kriterium sein könne: alles, was lebt, verdient moralische Beachtung. HUNT (1980) schließlich lehnt auch diese Einschränkung ab, und zwar mit folgender Begründung: Wenn man den Boden des Humanismus verläßt, den Wert der Dinge also „außerhalb" der menschlichen Existenz sucht, dann ist jedes einschränkende Kriterium letztlich willkürlich. Deshalb fordert er, auf jegliche Eingrenzung zu verzichten: Alles, ganz gleich, ob lebendig oder nicht, hat einen Wert, besitzt natürliche Rechte.

Es ist hier nicht der Ort, die verschiedenen moralischen Positionen zu diskutieren, aber es sei auf die Bedeutung hingewiesen, die die Unterschiede zwischen der anthropozentrischen Sicht der Ökonomen und der naturalistischen Ethik für die Umweltdiskussion besitzen. Insbesondere die wohlfahrtstheoretische Analyse des Umweltproblems zielt darauf ab, natürliche Ressourcen einer *effizienten* Verwendung zuzuführen. Dabei werden alternative, miteinander konkurrierende Nutzungsmöglichkeiten gegeneinander abgewogen und bewertet. Effizienz ist dann erreicht, wenn der Ausgleich zwischen den verschiedenen Nutzungsinteressen in einer Weise erfolgt ist, bei der bei gegebenem Ressourcenbestand keine Steigerung des Gesamtnutzens mehr möglich ist. Aus der Sicht des Naturalisten ist dagegen jede Nutzung natürlicher Ressourcen moralisch verwerflich, weil sie die intrinsischen Rechte der Dinge außer acht läßt. Für ihn besteht keine Nutzungskonkurrenz, sondern lediglich das natürliche Existenzrecht der Dinge. Mit der Position der Ökonomen wird er sich aus diesem Grund auch nur schwerlich anfreunden können, denn ein im ökonomischen Sinne effizienter Zustand schließt eben die aktive Nutzung von Ressourcen ein, und indem man diesen Zustand als „optimal" bezeichnet, wird damit zugleich die Mißachtung natürlicher Rechte implizit gerechtfertigt[66].

Wie immer, wenn es um grundlegende ethische Überzeugungen geht, ist eine Vermittlung zwischen den widerstreitenden Positionen nur schwer möglich und soll hier auch gar nicht erst versucht werden. Vielmehr sei an dieser Stelle ein Plädoyer für die ökonomische Sichtweise gehalten, und zwar aus folgendem

---

[66] Es soll an dieser Stelle nicht verschwiegen werden, daß es auch Ökonomen gibt, die eine naturalistische Auffassung vertreten. Zu ihnen gehört A.K. SEN, und dem interessierten Leser sei die Auseinandersetzung zwischen A.K. SEN und NG empfohlen, die beide im „Economic Journal" zwischen 1979 und 1981 um die Frage geführt haben, ob in eine soziale Wohlfahrtsfunktion auch Argumente aufgenommen werden sollen, die nicht von individuellen Nutzenfunktionen abhängen.

Grund: Selbst wenn man die Ansicht der Naturalisten teilen würde, nach der auch Bäume und Steine ein natürliches Existenzrecht besitzen und moralische Beachtung verdienen, so ändert dies nichts an der Tatsache, daß die Nutzung natürlicher Ressourcen nun einmal nicht vermeidbar ist. Jede Produktion, ja jede Existenz von Leben geht notwendig mit dem Verzehr von Umweltgütern einher. Erkennt man diese Tatsache an, so ist die Forderung, daß die Nutzung solcher Güter in einer effizienten Weise erfolgen soll, naheliegend und vernünftig. Demnach ist selbst dann, wenn man die humanistische Basis der Wohlfahrtsökonomie verläßt, die ökonomische „Perspektive" gerechtfertigt. Sie ist es um so mehr, wenn man den Humanismus als grundlegende philosophische Orientierung beibehält.

Wie eingangs erwähnt, stellt sich die Notwendigkeit einer offenen Diskussion der moralphilosophischen Grundlagen vor allem im Kontext der Politikberatung. Aus ökonomischer Sicht erübrigt es sich dabei allerdings, Spekulationen über die ethischen Positionen der Politiker anzustellen. Im Rahmen der neuen politischen Ökonomie wird unterstellt, daß Politiker ausschließlich im Eigeninteresse handeln, und das besteht in der Erlangung und Erhaltung politischer Macht. Um diese Macht zu erreichen, müssen sie möglichst viele Stimmen auf sich vereinigen. Für die folgende Analyse ist es unerheblich, ob diese Annahme die tatsächliche intrinsische Motivation der Politiker beschreibt. Entscheidend ist vielmehr, daß der Selektionsprozeß, der durch demokratische Wahlen entsteht, notwendig dazu führt, daß politische Entscheidungen im Hinblick auf die individuellen Präferenzen der Wähler fallen. Bäume haben kein Stimmrecht und deshalb wird der Politiker, der ihr Existenzrecht zur Grundlage seiner Entscheidung macht, ohne die Interessen der Wähler zu berücksichtigen, mit Abwahl „bestraft". Demokratische Selektion zwingt daher Politiker zu einem anthropozentrischen Weltbild, bzw. sorgt dafür, daß nur die Politiker „überleben", die ein solches Weltbild besitzen. „Natürliche" Rechte von nichthumanen Dingen können somit nur dann politische Entscheidungen beeinflussen, wenn sie durch die Präferenzen der Wähler vermittelt werden.

## 2.2     Steuern als Instrument der Umweltpolitik

Die Kollektivguteigenschaft von Umweltressourcen verhindert, daß dezentrale Verwendungsentscheidungen zu effizienten Allokationen führen. Ausgehend von dieser Feststellung, die sich auf die in Teil I angestellten Überlegungen stützt, gilt es nun zu prüfen, welche Möglichkeiten dem Staat bleiben, um zu besseren Resultaten zu gelangen. Das beste, was er erreichen kann, wäre Effizienz, nicht umsonst spricht man bei effizienten Allokationen von *„first best"*-Lösungen. Zwei Dinge sprechen allerdings dagegen, daß der Staat dieses Effizienzziel auch tatsächlich erreichen wird. Zum einen müßte er Mittel und Wege finden, aktive Umweltpolitik zu betreiben, ohne dabei die in Abschnitt 1.8 angesprochenen Zusatzkosten und Nutzeneinbußen auszulösen, und das ist ein fast unmögliches Unterfangen. Zum anderen benötigt ein zentraler Planer zur Herstellung einer effizienten Allokation Informationen über die Präferenzen der Individuen. In Teil I haben wir jedoch gesehen, daß keineswegs selbstverständlich ist, daß die Individuen ihm diese private Information auch tatsächlich zugänglich machen. Leider besteht auch bezüglich dieses Informationsproblems wenig Hoffnung auf eine Lösung.

Zunächst wollen wir jedoch diese Schwierigkeiten außer acht lassen und uns ansehen, wie denn eine effiziente, über Steuern vermittelte Umweltpolitik aussehen könnte.

## 2.2.1     Die „first best"-Lösung: Pigou-Steuer

Durch die tagespolitische Diskussion geistert seit einigen Jahren immer mal wieder und in letzter Zeit in verstärktem Maße der Begriff „Umweltsteuer" oder „Ökosteuer". Die wenigsten Politiker, die diesen Begriff gebrauchen, wissen, daß diese Art der Besteuerung keineswegs eine Idee unserer Tage ist, sondern unter Ökonomen bereits seit mehr als sechzig Jahren diskutiert wird. Der Vorschlag, externe Effekte mit Hilfe von Steuern zu internalisieren, geht zurück auf A. C. PIGOU, der ihn erstmals 1920 unterbreitet hat. PIGOUS Werk entstand in einer Zeit des Umbruchs, der ausgelöst war durch den Übergang von der klassischen zur neoklassischen Wirtschaftstheorie. Seine große Leistung bestand unter anderem darin, daß er als sogenannter „bürgerlicher" Ökonom bereit und in der

Lage war, zu erkennen, daß das Marktsystem auch Schwächen hat, daß der Markt bei der ihm gestellten Allokationsaufgabe versagen kann. Vor allem, so erkannte Pigou, ist dies dann der Fall, wenn die sozialen Kosten einer Produktion oder eines Konsums nicht identisch sind mit den privaten Kosten, wenn also eine Situation vorliegt, die durch externe Effekte gekennzeichnet ist.

Um die Funktionsweise der Steuer, die PIGOU für solche Fälle vorschlug, verständlich zu machen, werden wir schrittweise vorgehen. Beginnen wollen wir dabei mit der Situation, die wir bereits in Abschnitt 1.3.2 untersucht haben. Zur Erinnerung: Eine Papierfabrik verursachte einen externen Effekt auf die Produktion einer Fischzucht. Abgebildet wurde diese Situation durch ein Spiel, dessen Normalform gegeben war durch die Auszahlungsfunktionen

$$P = A(x) \quad \text{und} \quad F = B(y) - S(x,y). \tag{15, S. 46}$$

Dabei war x die Papier-, y die Fischproduktion und S bezeichnete den von P verursachten Schaden. Ebenfalls zur Erinnerung seien noch einmal die notwendigen Bedingungen für einen effizienten Produktionsplan $(x^E, y^E)$ angegeben:

$$A_x(x^E) - S_x(x^E, y^E) = 0; \quad B_y(y^E) - S_y(x^E, y^E) = 0. \tag{17, S. 47}$$

Wie wir wissen, wird bei unabhängiger Entscheidung der beiden Unternehmen ein Produktionsplan herauskommen, der (17) nicht erfüllt, d. h., das Effizienzziel wird verfehlt. Stellen wir uns nun einen zentralen Planer vor, der mit Hilfe einer Steuer versucht, diesen Defekt zu beheben. Die Ineffizienz kommt dadurch zustande, daß der Papierproduzent Kosten verursacht, die nicht in seine „Kalkulation" eingehen, sondern auf den Fischzüchter „überwälzt" werden. Deshalb wird der Planer die Papierproduktion mit einem Steuersatz t belegen, so daß ein Spiel mit der Normalform

$$P = A(x) - tx; \quad F = B(y) - S(x,y) \tag{52}$$

entsteht (vgl. SCHWEIZER). Das Nash-Gleichgewicht dieses Spiels $(x^P, y^P)$ muß die folgenden notwendigen Bedingungen erfüllen:

$$A_x(x^P) - t = 0 \quad \text{und} \quad B_y(y^P) - S_y(x^P, y^P) = 0. \tag{53}$$

Ein Vergleich von (53) und (17) macht deutlich, daß der Planer „lediglich" den richtigen Steuersatz zu wählen braucht, um Effizienz herzustellen, d. h., wenn er

$$t = S_x\left(x^E, y^E\right) \tag{54}$$

setzt, wird sich der Papierproduzent der veränderten Kostensituation in einer Weise anpassen, die zu einem effizienten Produktionsplan führt[66]. Der Steuersatz t ist damit so zu bemessen, daß er dem Grenzschaden entspricht, den die Produktion von P bei F im Optimum verursacht. Die ökonomische Interpretation dieses Resultats liegt auf der Hand. Bedingung (17) sagt uns, daß Effizienz dann erreicht ist, wenn P bei seiner Produktionsplanung den (Grenz-) Schaden berücksichtigt, den er F zufügt. Die Pigou-Steuer (54!) simuliert gewissermaßen diesen Fall, indem sie P gerade mit „Kosten" in Höhe dieses Grenzschadens belastet.

Die Ermittlung des richtigen Steuersatzes sieht auf den ersten Blick aus wie ein leicht zu lösendes Planungsproblem. Aber dieser Eindruck täuscht. Wir können nämlich bereits an dieser einfachen Darstellung der Pigou-Steuer sehr deutlich die beiden eingangs erwähnten Schwierigkeiten ausmachen, die bei der Realisierung einer solchen Steuer auftreten. Zunächst einmal fällt auf, daß es zur Herstellung von Effizienz offenbar nicht nötig ist, F für den nach wie vor entstehenden Schaden in Höhe von $S(x^E, y^E)$ zu kompensieren. Das bedeutet jedoch, daß im Optimum ein positives Steueraufkommen $T = x \, S_x(x^E, y^E)$ entsteht. Pareto-Effizienz verlangt, daß kein Individuum besser gestellt werden kann, ohne ein anderes zu verschlechtern. Die durch (53) bzw. (54) beschriebene Situation wird dieser Forderung offensichtlich nicht gerecht, denn der Planer könnte beispielsweise sowohl F als auch P dadurch besser stellen, daß er das Steueraufkommen T an sie zurückschleust. Täte er dies, so würde er damit aber zugleich die Anreizsituation beider Spieler verändern, und es wäre keineswegs klar, ob sie sich in dieser neuen Situation immer noch effizient verhielten. Die erste Schwierigkeit besteht also darin, das Steueraufkommen in einer Weise zu verwenden, die Pareto-Effizienz sichert und anreizneutral ist, d. h. keine neuen Anreize zu effizienzschädigendem Verhalten schafft.

---

[66] Man kann sich leicht klarmachen, daß nach der Steuererhebung weniger Papier produziert wird als zuvor. Wenn nämlich A(x) eine konkave Funktion ist, und unter üblichen Annahmen ist dies der Fall, läßt sich die Grenzauszahlung $A_x(x)$ nur erhöhen, wenn x gesenkt wird. Maximierung der Auszahlung ohne Besteuerung verlangt $A_x(x) = 0$, mit Besteuerung $A_x(x) = t > 0$. Besteuerung führt also dazu, daß im Optimum eine höhere Grenzauszahlung realisiert werden muß, und das ist nur durch Outputreduzierung möglich.

Die zweite Schwierigkeit hängt in gewisser Weise mit dieser ersten zusammen. Damit der Planer den Steuersatz gemäß (54) bestimmen kann, muß er $S_x(x^E, y^E)$ kennen, d. h., er muß wissen, welchen Grenzschaden die Produktion von x im Optimum verursacht, also in einem Zustand, der erst noch erreicht werden muß. Man kann wohl getrost davon ausgehen, daß der Planer diese Information nicht a priori besitzt, sondern darauf angewiesen sein dürfte, sie von F zu erhalten. Damit aber sind wir mitten in der in Teil I besprochenen Informationsproblematik. Welchen Anreiz sollte F haben, seinen Schaden wahrheitsgemäß zu berichten, wo er doch weiß, daß davon die Steuer abhängt, die P auferlegt wird. F wird natürlich an einem möglichst hohen Steuersatz interessiert sein, erst recht, wenn er davon ausgehen kann, daß er einen Teil des Steueraufkommens in die eigene Tasche streichen darf. Mit anderen Worten: Bestimmte Formen der Verwendung des Steueraufkommens verschärfen das ohnehin bestehende Informationsproblem.

Wir wollen uns nun im nächsten Schritt die Wirkungsweise einer Pigou-Steuer genauer ansehen, indem wir eine etwas differenziertere Situation betrachten. Wir werden dabei wiederum *zunächst* die eben angesprochenen Probleme unbeachtet lassen, aber es sei schon jetzt darauf hingewiesen, daß sie uns auch weiterhin begleiten werden.

Wir wollen die Darstellung dahingehend erweitern, daß wir nunmehr von zwei Verursachern und zwei Geschädigten ausgehen und explizit zwischen den Kosten der Schadstoffvermeidung und dem Nutzen daraus unterscheiden. Um in unserem Beispiel zu bleiben, stellen wir uns zwei Papierfabriken und zwei Fischzüchter vor, die an einem See ansässig sind. Die Abwassermengen, die von den Papierfabriken in den See eingeleitet werden, seien $a_1$, $a_2$, und $P_v^{1'}(a_1)$, $P_v^{2'}(a_2)$ bezeichne die Grenzvermeidungskosten beider Fabriken. Der Schaden, den die Fischzüchter erleiden, hängt natürlich von der Gesamtabwassermenge $a_1 + a_2 = a$ ab, und die entsprechenden Grenzschadensfunktionen seien $F_s^{1'}(a)$, $F_s^{2'}(a)$. Wir wollen uns vorläufig auf eine rein graphische Darstellung beschränken und benötigen dazu zunächst Annahmen über den Verlauf von $P_v^i$ und $F_s^i$. In der Literatur ist kaum umstritten, daß folgende Annahmen plausibel sind:

$$\frac{dP_v^{i'}}{da_i} \le 0; \quad \frac{dF_s^{i'}}{da} \ge 0. \tag{55}$$

Zu beachten ist dabei, daß bei (55) nach der *emittierten* Schadstoffmenge differenziert wurde. Für die Schadstoff*vermeidung* bedeutet dies: Die Vermeidungskosten *wachsen* mit der Menge der vermiedenen Schadstoffe, und der Grenznutzen aus der Schadstoffvermeidung *fällt*. Für beide Annahmen gibt es durchaus überzeugende Argumente. So dürften Vermeidungsaktivitäten um so aufwendiger werden, je größer die Verdünnung ist, in der der Schadstoff auftritt. Bezüglich des Schadens ist zwar durchaus der Fall denkbar, daß ab einer bestimmten Verschmutzungsmenge der Grenzschaden abnimmt und u.U. sogar den Wert Null erreicht, weil nämlich der maximal mögliche Schaden bereits eingetreten ist, dennoch dürfte auch in solchen Fällen für bestimmte Schadensbereiche die Annahme wachsenden Grenzschadens angebracht sein.

In der nachfolgenden Graphik sind sowohl die einzelnen Grenzschadens- und Grenzkostenkurven wiedergegeben, als auch die daraus abgeleiteten Aggregate $P'_v(a)$ und $F'_s(a)$.

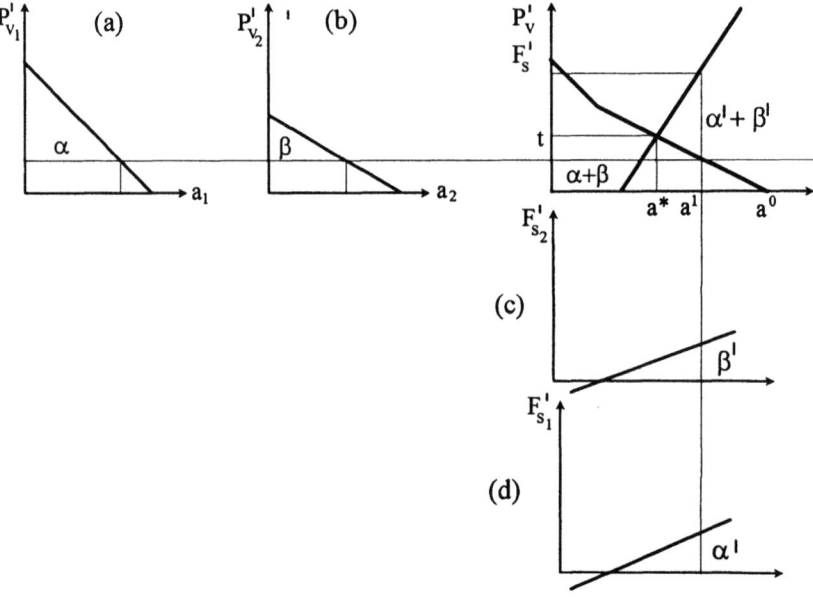

Abbildung 11[67]

Die Grenzkostenkurven werden *horizontal*, die Grenzschadensfunktion dagegen *vertikal* aggregiert. Dieser Unterschied ist Ausdruck der Tatsache, daß für die

---

[67]  In nahezu jedem Lehrbuch zur Umweltökonomik finden sich Abbildungen, die den fundamentalen Zusammenhang zwischen Grenzschadensverläufen und Grenzentsorgungskosten darstellen. Die hier gewählte Darstellungsform orientiert sich an SINN (1988).

Fischzüchter die Gesamtverschmutzung a ein *öffentliches* Gut ist, während die Papierproduzenten die jeweils emittierte Schadstoffmenge individuell bestimmen können.

Die in der Abbildung dargestellte Situation erweist sich als vielfältig interpretierbar, und je nachdem welche Interpretation wir benutzen, erschließt sich jeweils eine andere Perspektive. Betrachten wir zunächst einmal $F'_s$ als Grenzschadensfunktion, so legt der Schnittpunkt mit $P'_v$ den optimalen Pigou-Steuersatz t fest und damit die Pareto-effiziente Verschmutzungsmenge $a^*$, und zwar aus folgendem Grund: Wird jede Abwassereinheit mit t besteuert, so werden die Papierunternehmen (ausgehend von $a^0$) so lange die Schadstoffemission reduzieren, wie der Steuersatz über den dabei anfallenden Kosten liegt, und dies ist bis zur Erreichung von $a^*$ der Fall. Über diesen Wert werden die Unternehmen allerdings auch nicht hinausgehen, denn bei jeder weiteren Vermeidungsaktivität übersteigen die Kosten den Steuerbetrag, der eingespart werden kann. Beim Steuersatz t wird also tatsächlich die Abwassermenge $a^*$ realisiert, und diese ist effizient, denn: Bei einer *höheren* Abwassermenge können Vermeidungsaktivitäten durchgeführt werden, die zu Nutzengewinnen führen, die über den entstehenden Kosten liegen, und bei *geringerer* Abwassermenge könnten durch Reduzierung der Vermeidungsanstrengungen Kostenersparnisse erzielt werden, die höher sind als der Schadenszuwachs bei den Fischzüchtern.

Um zu einer zweiten Interpretation der Abbildung 11 zu gelangen, betrachten wir nun die Menge der vermiedenen Schadstoffe $a^v$ als die zu bestimmende Größe, und begreifen $a^v$ als ein öffentliches Gut, das von den Papierfabrikanten angeboten wird. Die Frage ist, welchen Bedingungen eine effiziente Allokation dieses Gutes genügen muß. Wenn die Papierunternehmen das Angebot an vermiedenen Schadstoffen steigern, so ist dazu der Einsatz von Ressourcen notwendig, die dann nicht mehr zur Produktion von Papier zur Verfügung stehen. Es besteht ein „trade off" zwischen der Herstellung des privaten Gutes „Papier" und des öffentlichen Gutes „vermiedene Schadstoffe". Sei

$$P(X, a^v) = 0 \qquad (56)$$

eine Transformationsfunktion, die diesen Zusammenhang für die gesamte Papierindustrie beschreibt, wobei X die insgesamt produzierte Papiermenge ist. Wir wollen nun annehmen, daß die Fischzüchter sowohl aus dem öffentlichen als auch aus dem privaten Gut Nutzen ziehen.

$$F^1\left(x^1, a^v\right), F^2\left(x^2, a^v\right) \qquad (57)$$

bezeichne die entsprechenden Nutzenfunktionen, und es gelte $x^1 + x^2 = X$, d. h., daß außer den Fischzüchtern keine weiteren Konsumenten des privaten Gutes existieren. Das Allokationsproblem können wir dann formulieren als:

$$W\left(F^1\left(x^1, a^v\right), F^2\left(x^2, a^v\right)\right) \to \max$$

unter der Nebenbedingung                                                                    (58)

$$P\left(x^1 + x^2, a^v\right) = 0.$$

Dabei ist $W(\cdot)$ als Wohlfahrtsfunktion zu interpretieren, für die wir annehmen wollen, daß

$$\frac{\partial W}{\partial F^1} =: W_1 \geq 0 \quad \frac{\partial W}{\partial F^2} =: W_2 \geq 0.$$

Wir können das durch (58) gegebene Problem mit Hilfe der Methode von Lagrange lösen. Die Lagrange-Funktion lautet

$$L\left(x^1, x^2, a^v, \lambda\right) = W\left(F^1\left(x^1, a^v\right), F^2\left(x^1, a^v\right)\right) - \lambda P\left(x^1 + x^2, a^v\right) \qquad (59)$$

Als notwendige Bedingungen für ein Maximum von (59) erhalten wir:

$$W_1 F_x^1 - \lambda P_x = 0 \qquad (60\text{-}1)$$

$$W_2 F_x^2 - \lambda P_x = 0 \qquad (60\text{-}2)$$

$$W_1 F_a^1 + W_2 F_a^2 - \lambda P_a = 0 \quad , \qquad (60\text{-}3)$$

wobei für i=1, 2:

$$F_x^i = \frac{\partial F^i(x^i, a^v)}{\partial x^i}; \quad P_x = \frac{\partial P(x^1 + x^2, a^v)}{\partial X} \quad \text{und}^{[68]}$$

$$F_a^i = \frac{\partial F^i(x^i, a^v)}{\partial a^v}; \quad P_a = \frac{\partial P(x^1 + x^2, a^v)}{\partial a^v},$$

jeweils ausgewertet an der Stelle, an der die ersten partiellen Ableitungen von L verschwinden.

Aus (60-1) und (60-2) folgt, daß

$$W_1 F_x^1 = W_2 F_x^2, \tag{61}$$

und durch Eliminierung des Lagrange-Multiplikators erhalten wir

$$\frac{W_1 F_x^1}{P_x} = \frac{W_2 F_x^2}{P_x} = \frac{W_1 F_a^1 + W_2 F_a^2}{P_a} \quad \text{bzw.} \tag{62}$$

$$\frac{W_1 F_a^1 + W_2 F_a^2}{W_1 F_x^1} = \frac{P_a}{P_x}.$$

Unter Ausnutzung von (61) ergibt sich damit als notwendige Bedingung für ein Maximum von (59):

$$\frac{F_a^1}{F_x^1} + \frac{F_a^2}{F_x^2} = \frac{P_a}{P_x}. \tag{63}$$

Da $F^i(\cdot)$ Nutzenfunktionen sind und $P(\cdot)$ eine Transformationsfunktion ist, können wir (63) auch als eine Beziehung zwischen den Grenzraten der Substitution $\left(F_a^i / F_x^i\right)$ und der *Transformation* $(P_a/P_x)$ auffassen, und damit wird (63) zu

$$\sum_{i=1}^{2} GRS^i = GRT. \tag{64}$$

(64) ist nun aber nichts anderes, als die bekannte *Samuelsonsche Marginalbedingung* für die effiziente Allokation eines öffentlichen Gutes, nach der im Optimum die *Summe* der Grenzraten der Substitution gleich der Grenzrate der Transforma-

---

[68] Dabei wird ausgenutzt, daß $\dfrac{\partial P}{\partial x^i} = \dfrac{\partial P}{\partial X} \cdot \dfrac{\partial X}{\partial x^i} = \dfrac{\partial P}{\partial X}$ da $\dfrac{\partial X}{\partial x^i} = 1$.

tion sein muß. Wie ist diese Bedingung nun zu deuten, und in welchem Zusammenhang steht sie mit der Abbildung 11 Betrachten wir das Privatgut x als Numéraire, so können wir $F_a^i / F_x^i$ interpretieren als den Grenznutzen einer weiteren Einheit Schadstoffvermeidung, gemessen in Grenznutzeneinheiten des privaten Gutes. In diesem Sinne gibt uns GRS$^i$ die *Zahlungsbereitschaft* des i-ten Konsumenten für eine marginale Einheit des öffentlichen Gutes an. Entsprechend bezeichnet $P_a/P_x$ die Grenzkosten der Produktion von $a^v$, gemessen in Einheiten des privaten Gutes. (64) besagt damit, daß eine effiziente Allokation des öffentlichen Gutes dann erreicht ist, wenn die Summe der individuellen Zahlungsbereitschaften gleich den Grenzkosten ist.

Man kann sich die ökonomische Plausibilität der Samuelsonschen Marginalbedingung leicht klarmachen. Im Falle *privater* Güter lautet die (64) entsprechende Marginalbedingung:

$$\text{GRS}^i = \text{GRT} \quad \text{für alle i.} \tag{65}$$

Die Grenzrate der Substitution jedes einzelnen Individuums muß gleich der Grenzrate der Transformation sein. Die insgesamt produzierte Menge des privaten Gutes wird auf alle Konsumenten verteilt, und eine effiziente Allokation ist gerade dann gegeben, wenn jeder Konsument genau die Menge erhält, bei der (65) erfüllt ist. Im Falle eines öffentlichen Gutes ist eine solche Anpassung der *Konsummengen* an die individuellen Grenzraten nicht möglich, denn es ist ja gerade das Kennzeichen öffentlicher Güter, daß alle Konsumenten die gleiche, nämlich die insgesamt produzierte Menge konsumieren. Nun erfahren natürlich die Konsumenten unterschiedlichen Nutzen aus dem Konsum dieser einheitlichen Menge. Die Samuelsonsche Marginalbedingung sagt uns nun, daß diesen Unterschieden Rechnung zu tragen ist, wenn man eine effiziente Allokation erreichen will, und zwar *nicht* durch eine entsprechende Anpassung der zugeteilten Mengen, sondern durch eine Aufteilung der Produktionskosten, die sich an den individuellen Zahlungsbereitschaften orientiert. Zwar konsumieren alle die gleiche Menge, aber derjenige, der einen höheren Grenznutzen aus dem öffentlichen Gut erfährt, trägt einen größeren Anteil an den Produktionskosten. Man beachte dabei, daß wir uns im Moment noch in einer reinen Tauschwirtschaft bewegen, d. h., die *Kosten* für die Produktion des öffentlichen Gutes bestehen in dem Verzicht auf die Produktion des Privatgutes, und Zahlungsbereitschaft ist zu interpretieren als Bereitschaft zum Verzicht auf den Konsum des privaten Gutes.

Um erkennen zu können, daß im Punkt (t, a*) in Abbildung 11 die Samuelson-sche Marginalbedingung erfüllt ist, müssen wir lediglich $F_s^i$ in geeigneter Weise interpretieren, d. h., wir müssen uns klarmachen, daß die Grenzschadensfunktionen auch gedeutet werden können als Abbildungen der individuellen Zahlungsbereitschaften. Beispielsweise wäre $F_s^{1'}(a^1) = \alpha^1$ der Wert, den der Fischzüchter 1 zu zahlen bereit wäre, wenn dafür bei einer Abwassermenge von $a^1$ eine weitere Schadstoffeinheit vermieden würde. In diesem Sinne ist $F_s^i(a)$ (a) interpretierbar als (Grenz-) Nachfragefunktion[69]. Im Punkt (t, a*) ist die Summe der individuellen Zahlungsbereitschaften gerade gleich den Grenzkosten für die Erzeugung von $a^v$, und damit ist in diesem Punkt die Marginalbedingung für die optimale Allokation von $a^v$ erfüllt.

$F_s^i$ als Nachfragefunktion zu deuten, führt uns zu einer Interpretation von Abbildung 11, die abschließend gegeben werden soll, weil sie es erlaubt, einen Zusammenhang zu zwei Punkten herzustellen, die in Teil I betrachtet worden sind. In Abschnitt 1.2.3 wurde darauf hingewiesen, daß externe Effekte ein Allokationsproblem erzeugen, weil das Marktsystem insofern unvollständig ist, als für den externen Effekt kein Markt existiert. Interpretieren wir $F_s^i$ als *Nachfrage nach Schadstoffvermeidung*, $P_v^i$ als *Angebot von Vermeidungsaktivitäten* und bezeichnen den Preis für Vermeidung mit p, so läßt sich Abb. 11 als Preis-Mengen-Diagramm eines Marktes für Schadstoffvermeidung „umdeuten":

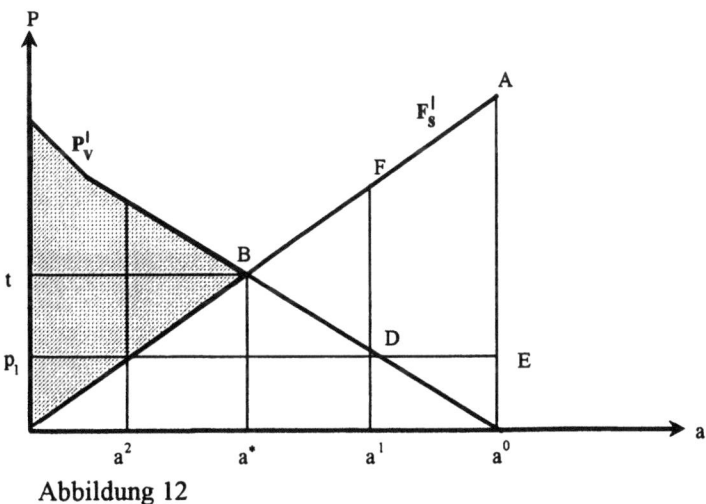

Abbildung 12

---

[69] Wenn in Abbildung 11 an der Abzisse die Menge *vermiedener* anstatt der emittierten Schadstoffe abgetragen würde, so erhielte man eine normale, d. h. fallende Nachfragefunktion.

Da als Menge nicht die vermiedenen, sondern die emittierten Schadstoffe abgetragen werden, *fällt* die Angebotsfunktion und *steigt* die Nachfragefunktion.
Voraussetzung dafür, daß ein Markt entstehen kann, ist die Existenz handelbarer
Verfügungsrechte. Wir wissen, daß diese unterschiedlich ausgestaltet werden
können. Betrachten wir zunächst den Fall, daß die Papierunternehmen ein unein-
geschränktes Recht auf Verschmutzung besitzen. Selbst dann, wenn dieses Recht
eindeutig definiert ist, muß es, wie wir wissen, keineswegs zu einem Handel und
damit zu einem Markt für Verschmutzungsrechte kommen. Ist dies der Fall, so
werden die Papierunternehmen ihre Rechte in vollem Umfang wahrnehmen und
die Schadstoffmenge $a^0$ emittieren, da der Preis, den sie für die Vermeidung von
Emissionen erzielen können, Null wäre. Nehmen wir nun an, es würde zu einem
positiven Preis $p_1$ kommen, wobei wir uns im Moment nicht dafür interessieren,
warum und wie dieser entsteht. Beim Preis $p_1$ würden die Papierunternehmen
Vermeidungsmengen in Höhe von $a^0$–$a^1$ anbieten, d. h. nur noch $a^1$ Schadstof-
feinheiten emittieren. Der Erlös, den sie dabei realisieren, beträgt $(a^0$–$a^1)p_1$ und
entspricht der Fläche $a^1DEa^0$. Da die Vermeidung Kosten in Höhe von $a^1Da^0$
verursacht, beträgt die *Produzentenrente* $DEa^0$. Die durch die Vermeidung realisierte *Konsumentenrente* entspricht der Fläche DFAE und folglich führt Vermeidung zu einem *sozialen Überschuß* in Höhe von DFA$a^0$. Man kann sich leicht
klarmachen, daß bei jedem Preis $0 \leq p \leq t$ der soziale Überschuß gleich der Fläche zwischen $P_V$ und $F_s$ ist und diese Fläche wird *maximal* für $p = t$.[70] Das bedeutet, daß t (also der optimale Pigou-Steuersatz) als *der* Preis interpretiert werden
kann, bei dem der soziale Überschuß auf einem fiktiven Markt für den externen
Effekt sein Maximum annimmt.

Wie bereits in 1.2.3 gezeigt, könnte also die Einführung eines Marktes die
„Effizienzschädigung" des externen Effektes beseitigen, weil durch diesen Markt
ein potentieller sozialer Überschuß realisiert werden kann, der ohne ihn nicht
genutzt würde.

Wir können die Interpretation von Abb. 12 als „Markt" nun auch noch dazu
nutzen, die Bedeutung des Coase-Theorems zu verdeutlichen. Bei Vernachlässigung des Transaktionskosten- und Informationsproblems – beide spielen bei unserer augenblicklichen Analyse keine Rolle – war die zentrale Aussage des Theorems, daß es unter Effizienzgesichtspunkten nicht darauf ankommt, *wie* Eigentumsrechte verteilt sind, sondern nur darauf, *daß* sie eindeutig definiert sind. Daß
dies tatsächlich der Fall ist, wird deutlich, wenn wir nunmehr davon ausgehen,
daß die Fischzüchter das Recht auf sauberes Wasser besitzen. In diesem Fall

---

[70] Der Leser möge sich klarmachen, daß für $p > t$ der soziale Überschuß kleiner ist als für $p = t$.

können die Papierunternehmer als *Nachfrager* nach Verschmutzungsrechten auftreten, die von den Fischzüchtern angeboten werden. Kommt es zu keinem Handel, so erfolgt keine Schadstoffemission, d. h., bei $p = 0$ gilt $a = 0$. Zum Preis $p_1$ würden Verschmutzungsrechte in Höhe von $a^2$ angeboten und durch den Verkauf dieser Menge zum Preis $p_1$ würde ein sozialer Überschuß realisiert, der der Fläche zwischen $P_v'$ und $F_s'$ im Intervall $[0, a^2]$ entspricht[71].

Genau wie im ersten Fall nimmt der soziale Überschuß genau dann sein Maximum an, wenn $p = t$ gilt. Damit zeigt sich, daß es für die *Effizienz* der Marktallokation vollkommen unerheblich ist, wem die relevanten Eigentumsrechte zugesprochen werden. Die konkrete Ausgestaltung des Rechtssystems hat ausschließlich Auswirkungen auf die *Verteilung*: Im ersten Fall zahlen die Fischzüchter an die Papierunternehmen, im zweiten Fall ist es umgekehrt.

Die Interpretation der Abb. 12 als Marktdiagramm dient ausschließlich dazu, die effiziente Allokation zu charakterisieren. Die Tatsache, daß ein Gleichgewicht auf einem Markt für eine Externalität eine effiziente Situation beschreibt, bedeutet keineswegs, daß ein solcher Markt auch tatsächlich entsteht. Im Gegenteil, wir müssen davon ausgehen, daß die Informationsproblematik die spontane Marktlösung verhindert. Allerdings: Unsere Überlegung zeigt, daß der Planer – wenn er über die notwendigen Informationen verfügt – durch Setzung der Pigou-Steuer t die effiziente „Marktlösung" gewissermaßen simulieren kann.

Das Konzept des sozialen Überschusses, das wir bei unserer Marktinterpretation benutzt haben, macht deutlich, daß die Effizienzgewinne, die durch eine Pigou-Steuer erzielt werden können, u.a. von den Elastizitäten der relevanten Nachfrage- und Angebotsfunktionen abhängen. Betrachten wir dazu beispielsweise den Fall einer vollkommen unelastichen Nachfrage nach Verschmutzungsrechten:

---

[71] Die Ermittlung dieses Überschusses erfolgt analog zu dem eben behandelten Fall.

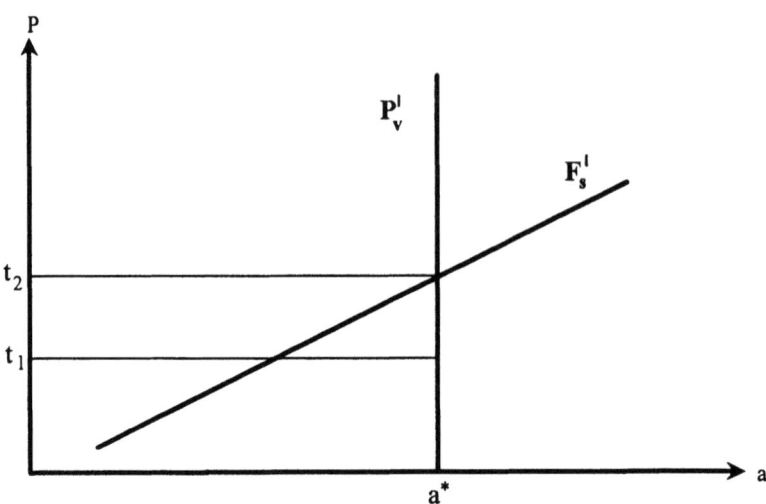

Abbildung 13

In diesem Fall kann durch Besteuerung *kein* sozialer Überschuß realisiert werden. Ganz gleich, wie wir t wählen, die Papierunternehmen werden *immer* $a^*$ emittieren. Besteuerung hätte somit ausschließlich Verteilungswirkung und würde zu keinerlei Effizienzgewinn führen. Anders formuliert: Bei vollkommen unelastischer Nachfrage ist *die* Menge die effiziente Schadstoffmenge, die auch ohne Besteuerung realisiert wird.

Fassen wir unsere bisherigen Überlegungen zur Pigou-Steuer an dieser Stelle einmal zusammen. Zunächst konnten wir zeigen, daß in einer einfachen Verhandlungssituation, in der ein Verursacher und ein Geschädigter über die Berücksichtigung eines externen Effektes verhandeln, der Staat *im Prinzip* in der Lage ist, eine effiziente Lösung dadurch herbeizuführen, daß er dem Verursacher eine Steuer in Höhe des Grenzschadens im Optimum auferlegt. Dazu ist er jedoch deshalb *nur im Prinzip* fähig, weil er zur Festsetzung des richtigen Steuersatzes Informationen benötigt, die rationale Individuen nicht preisgeben werden.

Die gleiche Struktur begegnet uns in der zuletzt betrachteten, komplexeren Situation wieder. Durch die Festlegung eines optimal gewählten Steuersatzes könnte der Staat für eine effiziente Allokation des Umweltgutes „Wasser" sorgen, indem er einen „Preis" für die Externalität setzt, der dem Gleichgewichtspreis auf einem Markt für den externen Effekt entspricht. Aber auch hier benötigt er dazu

Informationen über die wahren Präferenzen der Konsumenten und über den Verlauf der Grenzvermeidungskosten. Und wieder kann nicht damit gerechnet werden, daß rationale Individuen diese privaten Informationen preisgeben. Insbesondere die Konsumenten würden nämlich damit auf die Wahrnehmung einer Freifahrer-Option verzichten: Sie können auch dann nicht vom Konsum des öffentlichen Gutes ausgeschlossen werden, wenn sie eine geringere als die wahre Zahlungsbereitschaft angeben. Aufgrund unserer Überlegungen in Teil I wissen wir, daß unter diesen Bedingungen selbst bei nur zwei Konsumenten kein Mechanismus existiert, mit dem der Staat die für ihn relevante Information sicher erlangen kann. Dies gilt natürlich erst recht, wenn nicht nur zwei, sondern eine große Anzahl von Konsumenten beteiligt sind. Die Beschränkung auf nur zwei Verursacher und zwei Geschädigte erfolgte im übrigen ausschließlich aus Gründen der graphischen Darstellbarkeit. Der Leser kann sich leicht davon überzeugen, daß sowohl die Samuelsonsche Marginalbedingung als auch die Bedingung für eine optimale Pigou-Steuer durch eine Erhöhung der Anzahl der Konsumenten nicht verändert werden. Immer ist der Steuersatz bestimmt durch den Betrag, bei dem die Summe der individuellen Grenzschäden gleich den Grenzkosten der Vermeidung ist.

Als vorläufiges Ergebnis können wir damit festhalten: Unter der Voraussetzung, daß der Staat über alle relevanten Informationen a priori verfügt, ist er in der Lage, durch Besteuerung der Emissionen eine effiziente Allokation herbeizuführen. Handelt es sich bei den relevanten Informationen jedoch um *private Information* der Konsumenten des Umweltgutes, so ist nicht damit zu rechnen, daß der Staat in den Besitz dieser Informationen gelangt, und infolgedessen wird die Bestimmung des optimalen Steuersatzes zu einer nicht mehr lösbaren Aufgabe.

„Vorläufig" ist dieses Resultat, weil wir es bisher nur in einem einfachen, partialanalytischen Modell abgeleitet haben, in dem weder die Produktionsentscheidung des Verursachers, noch die Konsumentscheidung der Geschädigten explizit modelliert wurden. Ziel der Allokationstheorie muß es sein, Allokationsprobleme im Rahmen einer Totalanalyse zu untersuchen, um alle relevanten Interdependenzen zu erfassen. Aus diesem Grunde werden wir im folgenden einen weiteren Schritt in Richtung auf ein allgemeines Gleichgewichtsmodell gehen, indem wir die Betrachtung um einige zusätzliche Aspekte erweitern. Bei dieser schrittweisen Annäherung an die Totalanalyse wird folgendes deutlich werden: Wie komplex wir das Modell auch gestalten, wie differenziert unsere Ergebnisse auch sind, an der generellen Einsicht, die uns das bisher betrachtete Partialmodell vermittelt hat, ändert sich nichts. Es wird sich herausstellen, daß das bisher als vorläufig bezeichnete Ergebnis in Wahrheit das *zentrale Resultat* der allokationstheoretisch orientierten Umweltökonomik ist.

Wie werden uns in den folgenden Abschnitten mit den beiden Bestandteilen dieses Resultates getrennt befassen. Zunächst wird der Nachweis, daß effiziente Allokationen im Prinzip machbar sind, im Rahmen eines etwas komplexeren Modells geführt werden, und erst dann werden wir uns explizit mit dem Informationsproblem auseinandersetzen.

## 2.2.2    Ein System optimaler Schattenpreise

Die Samuelsonsche Marginalbedingung wurde gewissermaßen aus der Perspektive eines „wohlwollenden Planers" entwickelt, der bei Kenntnis aller relevanten Informationen die Bedingungen einer effizienten Allokation sucht. Wir wollen diese Perspektive beibehalten, dabei jedoch den Planer mit einer differenzierteren Problemstellung konfrontieren[72]. Nach wie vor betrachten wir zwei Unternehmen (die beide Papier herstellen) und zwei „Konsumenten", nämlich unsere Fischzüchter. Allerdings konsumieren diese nunmehr drei Güter, und zwar die von den Papierfabriken produzierten privaten Güter $x_1$, $x_2$ und das öffentliche Gut „Umweltqualität" Q. Die Wohlfahrtsfunktion hat dann die Gestalt[73]:

$$W = W\big(F^1\big(x_1^1, x_2^1, Q\big), F^2\big(x_1^2, x_2^2, Q\big)\big). \tag{66}$$

Die Erweiterung gegenüber dem bisher betrachteten Szenario besteht vor allem in einer differenzierteren Modellierung des Produktionssektors.

$$P^i := P^i\big(R_i\big) = X_i; \quad P^{i\prime} > 0; \quad P^{i\prime\prime} \le 0; \quad i = 1, 2 \tag{67}$$

seien die Produktionsfunktionen der Papierunternehmen, die unter Verwendung von $R_i$ Ressourceneinheiten $X_i$ Einheiten der i-ten Papiersorte produzieren. Bei dieser Produktion entstehen $a_i$ Abfalleinheiten als Kuppelprodukt:

---

[72]  Die folgenden Darlegungen sind stark an die Ableitung optimaler Schattenpreise bei SIEBERT (1987) angelehnt.

[73]  W(·) habe im übrigen die gleichen Eigenschaften wie die im vorausgegangenen Kapitel verwendete Wohlfahrtsfunktion.

$$a_i := E^i(X^i) = E^i[P^i(R_i)].\qquad(68)$$

$E^i(\cdot)$ ist damit die Emissionsfunktion des i-ten Unternehmens. Die Unternehmen können nun aber auch Vermeidungsaktivitäten entfalten, indem sie einen Teil der Abfallstoffe wiedergewinnen (rezyklieren). Sei $a_i^r$ die Menge der rezyklierten Emissionen, $R_i^r$ der Ressourceneinsatz und

$$a_i^r := P_i^r(R_i^r);\quad P_r^{i'} > 0;\quad P_r^{i'} \le 0;\quad i = 1, 2\qquad(69)$$

die Produktionsfunktion für die Vermeidungsaktivität der Papierunternehmen. In den Fluß eingeleitet wird dann nur noch die Abwassermenge

$$A = \sum a_i - \sum a_i^r.\qquad(70)$$

Der Zusammenhang zwischen dem öffentlichen Gut „Umweltqualität" und der Abwassermenge wird über die Schadensfunktion S(A) hergestellt, d. h.,

$$Q = S(A).\qquad(71)$$

Der Graph von Gleichung (71) ist in Abbildung 14 wiedergegeben, aus der der „trade off" zwischen (Netto-) Schadstoffemissionen und Umweltqualität ersichtlich wird.

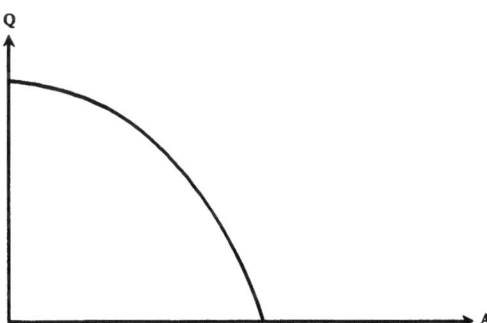

Abbildung 14

Der zur Herstellung der privaten Güter und zur Schadstoffvermeidung eingesetzte Input-Faktor ist nur im Umfang von $R^0$ verfügbar, d. h., der Faktoreinsatz unterliegt der Restriktion[74]

$$\sum R_i + \sum R_i^r = R^0. \tag{72}$$

Um das Modell zu schließen, benötigen wir noch folgende Markträumungsbedingung für die privaten Güter:

$$\sum_{j=1}^{2} x_i^j = X_i. \tag{73}$$

Das Problem des Planers besteht darin, notwendige Bedingungen für ein Maximum der Wohlfahrtsfunktion (66) zu finden, unter Berücksichtigung der durch die Gleichungen (67) bis (73) gegebenen Restriktionen. Eine Lösung dieses Problems erhalten wir wiederum mit Hilfe der Methode von Lagrange. Die Lagrangefunktion lautet:

$$L = W\left(F^1\left(x_1^1, x_2^1, Q\right) F^2\left(x_1^2, x_2^2, Q\right)\right) - \sum \lambda_i^a \left(E^i(X_i) - a_i\right)$$

$$-\sum \lambda_i^p \left(X_i - P^i(R_i)\right)$$

$$-\sum \lambda_i^r \left(a_i^r - P_r^i\left(R_i^r\right)\right)$$

$$-\lambda^A \left(\sum a_i - \sum a_i^r - A\right) \tag{74}$$

$$-\lambda^Q \left(Q - S(A)\right)$$

$$-\lambda^R \left(\sum R_i + \sum R_i^r - R^0\right)$$

$$-\sum \lambda_i \left(\sum_{j=1}^{2} x_i^j - X_i\right)$$

---

[74] Selbstverständlich könnte diese Bedingung auch in Form einer Ungleichung formuliert werden. Allerdings würde dies an den Resultaten nichts verändern. Das gleiche gilt für alle anderen Restriktionen.

Soweit nicht anders gekennzeichnet, steht dabei $\Sigma$ für die Summe über i = 1, 2. Der griechische Buchstabe $\lambda$ bezeichnet die verschiedenen Lagrange-Multiplikatoren, denen bei der Interpretation der notwendigen Bedingungen für ein Maximum von (74) eine besondere Bedeutung zukommt, weil sie sich als Schattenpreise deuten lassen. Diese Deutungsmöglichkeit sei am Beispiel der durch Gleichung (71) gegebenen Nebenbedingungen erläutert. (71) determiniert die Umweltqualität Q in Abhängigkeit von der Abwassermenge A. $\lambda^Q$ ist der Lagrange-Multiplikator, der der (71) entsprechenden Nebenbedingung zugeordnet wurde. Wenn ein Maximum der Lagrangefunktion existiert, so heißt das, daß es ein $\lambda^Q$ gibt, für das in diesem Maximum die notwendigen Bedingungen für ein Extremum erfüllt sind. Dieses im „Optimum" ermittelte $\lambda^Q$ gibt an, um wieviel sich der maximale Zielfunktionswert ändert, wenn die entsprechende Nebenbedingung (also (71)) um eine marginale Einheit gelockert wird. M.a.W., $\lambda^Q$ sagt uns, um wieviel die gesellschaftliche Wohlfahrt W zunimmt, wenn die Umweltqualität um eine marginale Einheit steigt. In diesem Sinne gibt $\lambda^Q$ die Bewertung der Umweltqualität an und ist somit als *Schattenpreis* für Q interpretierbar.

Wir erhalten die notwendigen Bedingungen für ein Maximum von (74) durch Nullsetzen der ersten partiellen Ableitungen nach den freien Variablen. Es sei hier auf die explizite Wiedergabe der Differentiationsergebnisse verzichtet[75], vielmehr wollen wir uns direkt den daraus abgeleiteten Schattenpreisen widmen:

$$\lambda^Q = W_1 F_Q^1 + W_2 F_Q^2 = W_Q \ . \tag{75a}$$

Diese erste Bedingung ist wenig überraschend. Sie besagt lediglich, daß die soziale Bewertung der Umweltqualität im Optimum gleich dem Wohlfahrtsgewinn ist, der durch einen marginalen Zuwachs von Q realisiert werden kann, wobei sich dieser Wohlfahrtsgewinn als Summe der „gesellschaftlich gewichteten" Grenznutzen der Umweltqualität ergibt.

$$\lambda^A = \lambda_i^r = \lambda_i^a = -\lambda^Q \frac{dS(A)}{dA} \tag{75b}$$

Mit (75b) haben wir eine erste Bestimmungsgleichung für die gesellschaftlich optimale Bewertung – oder besser Preissetzung – in bezug auf die Abfallproduktion. Dies ist insofern von Bedeutung, als wir uns von der Berechnung der

---

[75] Der interessierte Leser findet die ausführliche Rechnung bei Siebert (1987, S. 58). Allerdings sei darauf hingewiesen, daß Siebert auf die Benutzung einer sozialen Wohlfahrtsfunktion verzichtet und die Nebenbedingungen als Ungleichungen formuliert.

Schattenpreise zurecht Hinweise darauf erhoffen können, wie eine optimale *Emissionssteuer* auszusehen hat. Gemäß (75b) sind im Wohlfahrtsmaximum die Schattenpreise für das tatsächlich eingeleitete Abwasser (A), für die bei der Produktion anfallenden Emissionen $a_i$ und für die rezyklierten Stoffe $a_i^r$ gleich hoch, nämlich gleich dem marginalen „Schadenszuwachs", der durch eine weitere Abfalleinheit ausgelöst wird, multipliziert mit der gesellschaftlichen Bewertung der Umweltqualität. Für den Schattenpreis der Abwassermenge A erhalten wir noch eine weitere Bestimmungsgleichung:

$$\lambda_i^r = \frac{\lambda^R}{P_r^{i'}} \ . \tag{75c}$$

Die Umkehrfunktion der Produktionsfunktion $P_r^i\left(R_i^r\right)$ ist die Faktoreinsatzfunktion $R_i^r\left(a_i^r\right)$, die angibt, welcher Faktoreinsatz für die Produktion von $a_i^r$ erforderlich ist. $1/P_i^{i'}$ ist nichts anderes, als die Ableitung dieser Faktoreinsatzfunktion[76], die angibt, wie hoch der Faktorbedarf für eine weitere Einheit vermiedener Schadstoffe ist. Auf der rechten Seite von (75c) stehen damit die *Grenzkosten* der Schadstoffvermeidung, denn $\lambda^R$ ist der Schattenpreis für eine Faktoreinheit.
Einsetzen von (75b) in (75c) führt zu

$$-\lambda^Q S'(A) = \frac{\lambda^R}{P_r^{i'}}. \tag{75d}$$

Notwendige Bedingung für eine optimale Allokation ist, daß die Grenzkosten der Schadstoffvermeidung gleich dem Grenzschaden sind. Das Modell liefert uns damit das bereits hinlänglich bekannte zentrale Resultat der allokationstheoretisch ausgerichteten Umweltökonomik.
Über dieses Resultat hinaus können wir die Schattenpreise der Konsumgüter näher charakterisieren, was natürlich für die Frage der Besteuerung von erheblicher Bedeutung ist. Gewissermaßen aus der Sicht der Konsumenten erhalten wir für die Bewertung der privaten Güter eine durchaus vertraute Bedingung:

$$\frac{W_1 F_1^1}{W_1 F_2^1} = \frac{W_2 F_1^2}{W_2 F_2^2} = \frac{\lambda_1}{\lambda_2}. \tag{75e}$$

---

[76] Allgemein gilt für $f(g(x)) = x$:

$$f'\left(g(x)\right) \cdot g'(x) = 1$$

$$g'(x) = \frac{1}{f'\left(g(x)\right)}$$

Im Optimum müssen die sozialen Grenzraten der Substitution für beide Konsumenten gleich sein und dem (Schatten-) Preisverhältnis entsprechen.

Der Zusatz „sozial" resultiert dabei aus dem Umstand, daß wir eine Wohlfahrtsfunktion als Zielfunktion gewählt haben. Wie man sieht, schlägt die Berücksichtigung der Umweltqualität bei den Schattenpreisen für die Konsumgüter nicht direkt zu Buche. Sie wirkt sich erst bei der Ermittlung des Produzentenpreises aus:

$$\frac{\lambda_1^P}{\lambda_2^P} = \frac{W_1 F_1^1 - \lambda_1^* E^{1\prime}(X_1)}{W_1 F_2^1 - \lambda_1^* E^2(X_2)} = \frac{W_2 F_1^2 - \lambda_1^* E^{1\prime}(X_1)}{W_2 F_2^2 - \lambda_2^* E^2(X_2)} . \tag{75f}$$

Offensichtlich weicht der optimale Schattenpreis aus der Sicht des Konsumenten von dem Schattenpreis des Produzenten ab. Es gilt

$$\lambda_i = \lambda_i^P + \lambda_i^* E^{i\prime}(X_i) \quad \text{bzw.} \quad \lambda_i^P = \lambda_i - \lambda_i^* E^{i\prime}(X_i). \tag{75g}$$

Im Optimum erhält der Produzent damit einen Preis, der der Konsumentenbewertung des Gutes, *vermindert* um die sozialen Kosten der Produktion, entspricht. Die Differenz zwischen Produzenten- und Konsumentenpreis, die sich als notwendige Bedingung für ein Optimum ergibt, können wir interpretieren als Steuerbetrag pro marginaler Schadstoffeinheit. (75f) macht auch deutlich, welche Auswirkungen eine solche Besteuerung hat. Nehmen wir an, die Papierfabrik 1 würde schadstoffintensiver produzieren als Papierfabrik 2. Gemäß (75f) hätte dies zur Folge, daß eine Berücksichtigung der Emissionen $(\lambda_1^* \neq 0)$ dazu führt, daß das von 1 produzierte Papier relativ teurer würde als das von 2 hergestellte. Das wiederum hätte zur Folge, daß infolge von Substitutionseffekten die Nachfrage nach dem schadstoffintensiven Gut zurückgeht[77].

Wir können den Produzentenpreis $\lambda_i^P$ noch durch eine weitere Bedingung charakterisieren, und zwar

$$\lambda_i^P = \frac{\lambda^R}{P^i(X_i)}. \tag{75h}$$

---

[77] Dabei ist unterstellt, daß der Einkommenseffekt einer Preiserhöhung entweder in die gleiche Richtung geht wie der Substitutionseffekt (superiore Nachfrage) oder, bei inferiorer Nachfrage, geringer ausfällt als der Substitutionseffekt. Diese Annahme dürfte für die meisten Konsumgüter unproblematisch sein.

Bedingung (75h) läßt sich in ähnlicher Weise interpretieren wie (75c). $1/P^{i'}$ ist die Ableitung der Faktoreinsatzfunktion $R_i = P^{i'}(X_i)$, und $\lambda^R$ ist der Schattenpreis für den Input-Faktor R. Auf der rechten Seite von (75h) stehen also die Grenzkosten der Produktion von $X_i$.

Inwiefern erweist sich die bisher angestellte Berechnung optimaler Schattenpreise nun als hilfreich im Hinblick auf die Bestimmung optimaler Steuersätze und damit auf die Lösung des mit Umweltgütern verbundenen Allokationsproblems?

Um diese Frage beantworten zu können, müssen wir zunächst die Position des Planers verlassen und uns ansehen, wie die Haushalte und die Unternehmen auf ein vorgegebenes System von Preisen reagieren. Indem wir von Anpassung an gegebene Preise und damit von Preisnehmerverhalten reden, unterstellen wir dabei implizit eine kompetitive Situation. Die Haushalte (die Fischzüchter) maximieren ihren Nutzen unter Budgetrestriktion:

$$F^i\left(x_1^i, x_2^i, Q\right) \to \max$$

$$\text{u.d.N.} \quad p_1 x_1^i + p_2 x_2^i = Y^i, \tag{76}$$

wobei $Y^i$ das Einkommen des Fischzüchters i ist. Die notwendigen Bedingungen für eine Lösung von (76) sind:

$$\frac{\partial F^i}{\partial x_1^i} = \lambda_y^i p_1, \quad \frac{\partial F^i}{\partial x_2^i} = \lambda_y^i p_2 \quad \text{bzw.} \quad \frac{F_1^i}{F_2^i} = \frac{p_1}{p_2}. \tag{77}$$

Der Lagrange-Multiplikator $\lambda_y^i$ ist dabei als Grenznutzen des Einkommens interpretierbar. Die Unternehmen (die Papierhersteller) maximieren ihren Gewinn. Wir wollen davon ausgehen, daß sie sich dabei nicht nur an die Marktpreise für Papier ($p_1$, $p_2$) anpassen müssen, sondern auch an den Ressourcenpreis $p_r$ und eine Steuer auf (Netto-) Emissionen t. Ihr Optimierungsproblem hat damit folgende Gestalt:

$$\pi_i = p_i X_i - p_r\left(R_i + R_i^r\right) - tA_i \to \max_{R_i, R_i^r}$$

$$\text{u.d.N.} \quad X_i = P^i(R_i); \quad E_i(X_i) = a_i; \tag{78}$$

$$P_r^i\left(R_i^r\right) = a_i^r; \quad A_i = a_i - a_i^r.$$

Zur Lösung von (78) bestimmen wir das Maximum der Lagrange-Funktion:

$$
\begin{aligned}
L = p_1 X_i &- p_r \left( R_i + R_i^r \right) - t A_i - \lambda_i^a \left( E_i(X_i) - a_i \right) \\
&- \lambda_1^p \left( X_i - P^i(R_i) \right) \\
&- \lambda_i^r \left( a_i^r - P_r^i(R_i^r) \right) \\
&- \lambda_i^A \left( a_i - a_i^r - A_i \right) \quad .
\end{aligned}
\tag{79}
$$

Nullsetzen der ersten partiellen Ableitungen von (79) liefert uns folgende notwendigen Bedingungen für eine Lösung von (78):

$$
p_r = \left( P_i - t E_i'(X_i) \right) P^{i'}(Ri) \quad \text{und}
\tag{80}
$$

$$
p_r = t P_r^{i'} \left( R_i^r \right) \quad .
\tag{81}
$$

Selbstverständlich handelt es sich bei den zuletzt angestellten Berechnungen nicht um eine allgemeine Gleichgewichtsanalyse, sondern um eine partialanalytische Betrachtung. Andererseits kann uns nichts daran hindern, anzunehmen, daß die Preise ($p_1$, $p_2$, $p_r$, t) markträumend sind, d. h. zu einem Gleichgewicht auf den Faktor- und Gütermärkten führen. Unter dieser Voraussetzung charakterisieren die Bedingungen (77), (80) und (81) ein kompetitives Gleichgewicht. Die Frage ist nun, ob durch entsprechende Preissetzung, und dabei insbesondere durch entsprechende Festsetzung der Emissionssteuer t, ein Gleichgewicht erzeugt werden kann, das den zuvor abgeleiteten Bedingungen einer Pareto-effizienten Allokation genügt. Daß dies tatsächlich möglich ist, läßt sich folgendermaßen zeigen:

Für die privaten Güter führt der Vergleich von (75e) und (77) zu dem Ergebnis, daß dann, wenn $p_i^* = \lambda_i / \lambda y_y^l$ gesetzt wird, die Bedingungen für eine Pareto-effiziente kompetitive Gleichgewichtsallokation erfüllt sind. Dies gilt, weil wir bei der Berechnung der Schattenpreise (also auch bei der Berechnung von $\lambda_i$) Markträumung gefordert haben. Einsetzen von $p_i^*$ in (77) führt zu

$$
\frac{F_1^i}{F_2^i} = \frac{\lambda_1}{\lambda_2} ,
$$

und damit zu einer Bedingung, die identisch ist mit (75e), der Bedingung für eine Pareto-effiziente Allokation. Auf ähnliche Art und Weise können wir die Erreichbarkeit einer effizienten kompetitiven Allokation auch in bezug auf den Ressourcenpreis und die Emissionssteuer nachweisen. Dazu setzen wir

$$p_r = \frac{\lambda^R}{\lambda_y^1}; \quad t = \frac{\lambda^A}{\lambda_y^1} = -\frac{\left(W_1 F_Q^1 + W_2 F_Q^2\right) S'(A)}{\lambda_y^1}. \tag{82}$$

Gemäß (75c) ist

$$\lambda^R = \lambda_i^r P_r^{i'} \tag{83}$$

notwendige Bedingung für Pareto-Effizienz. Da nach (82) und (75b) gilt

$$\lambda^A = \lambda_i^r = \lambda_i^* = t\lambda_y^1, \tag{84}$$

führt Einsetzen von (75) und (77) in (76) zu

$$p_r \lambda_y^1 = t\lambda_y^1 P_r^{i'} \quad \text{bzw.}$$

$$p_r = tP_r^{i'} \tag{85}$$

und damit zu einer Bedingung, die identisch ist mit (81). Indem wir (75h) in (75g) einsetzen und nach $\lambda^R$ auflösen, erhalten wir:

$$\lambda^R = \left(\lambda_i - \lambda_i^* E^{i'}(X_i)\right) P^{i'}(X_i). \tag{86}$$

Ersetzen wir $\lambda^R$ durch $p_r \lambda_y^1$, $\lambda_i$ durch $p_i^* \lambda_y^1$ und $\lambda_i^*$ durch $t\lambda_y^1$, so folgt:

$$p_r \lambda_y^1 = \left(p_i^* \lambda_y^1 - t\lambda_y^1 E^{i'}(X_i)\right) P^{i'}(X_i) \quad \text{bzw.}$$

$$p_r = \left(p_i^* - tE^{i'}(X_i)\right) P^{i'}(X_i), \tag{87}$$

und (87) ist identisch mit (80).

Fassen wir zusammen: Bei Setzung des (Schatten-) Preissystems[78]

$$p_i^* = \frac{\lambda_i}{\lambda_y^1}; \quad p_r = \frac{\lambda^R}{\lambda_y^1}; \quad t = \frac{\lambda^A}{\lambda_y^1} = \frac{\lambda_i^*}{\lambda_y^1} = \frac{\lambda_i^r}{\lambda_y^1}$$

---

[78] Der Lagrange-Multiplikator $\lambda_y^1$, der hier auftaucht, hat Normierungsfunktion. Er dient dazu, die verschiedenen Grenznutzen und Grenzprodukte einheitlich auf den Einkommensgrenznutzen eines Konsumenten zu beziehen.

führt dezentrale Entscheidung der Konsumenten und Produzenten zu einer Pareto-effizienten, gleichgewichtigen Allokation. Oder anders formuliert: Wir konnten zeigen, daß ein Preissystem existiert, bei dem dezentrale Entscheidungen zu einer effizienten Allokation sowohl der privaten Güter als auch des öffentlichen Gutes „Umweltqualität" führt.

In bezug auf den optimalen Emissionssteuersatz t erhalten wir das bereits mehrfach abgeleitete Standardresultat. Sehen wir von dem Normierungsfaktor $\lambda_y^1$ ab, so ist t so zu wählen, daß er der Summe der (sozialen) Grenzschäden aus Umweltbelastung im Optimum entspricht und gleich den Grenzvermeidungskosten im Optimum ist. Seit Beginn dieses Kapitels haben wir die Komplexität unserer Untersuchung immer mehr gesteigert, ohne daß sich deshalb etwas an diesem Ergebnis geändert hat. Wir wollen auf eine weitere Steigerung der Komplexität nunmehr verzichten, obwohl diese durchaus möglich wäre. Wir bewegen uns ja immer noch in einem partialanalytischen Kontext und sind von einem allgemeinen Gleichgewichtsmodell noch ein ganzes Stück entfernt. Aber auch in einem vollständig spezifizierten Totalmodell, in dem *alle* Preise endogen bestimmt werden (also z.B. auch die relativen Ressourcenpreise bei unterschiedlicher Ressourcenverwendung), würden wir über die optimale Besteuerung von Emissionen nichts Neues erfahren[79]. Damit bleiben uns aber auch die Probleme, die mit der „Steuerlösung" bzw. der Pigou-Steuer verbunden sind, erhalten. Und dabei natürlich vor allem das bereits mehrfach angesprochene Informationsproblem.

# EXKURS 2: Emission-Diffusion-Immission

Bisher haben wir das „Umweltproblem" in einer sehr allgemeinen Art und Weise durch die bloße Existenz von Schadstoffen beschrieben: Emissionen verursachen Schäden, und diesen Umstand gilt es bei der Ressourcenallokation zu berücksichtigen. Um grundlegende Zusammenhänge aufzuzeigen, ist diese „naive" Sichtweise angebracht und hilfreich. Wenn wir uns jedoch über die Wirksamkeit konkreter Politik-Instrumente näheren Aufschluß verschaffen wol-

---

[79] Dem Leser, der sich davon selbst überzeugen möchte, sei SIEBERT (Kap. 7) oder die noch sehr viel weitergehende Analyse bei MÄLER (1985) empfohlen.

len, müssen wir der Tatsache Rechnung tragen, daß der Zusammenhang zwischen „Emission" und „Schaden" in Wahrheit sehr viel komplizierter ist.

Bereits die Gleichsetzung der Begriffe „Emission" und „Schadstoff" ist mitunter unzulässig, denn vielfach werden emittierte Stoffe erst dann zu „Schadstoffen", wenn sie in hohen Konzentrationen auftreten. Phosphat fördert beispielsweise das Pflanzenwachstum ebenso wie Stickstoff. Kommt es jedoch zu einer zu hohen Phosphatkonzentration, so kann dies zur Überdüngung von Gewässern und infolgedessen zu akutem Sauerstoffmangel führen. Wird Stickstoff in *Kombination mit anderen Gasen* emittiert (z.B. mit Kohlenmonoxid), so wird aus der wachstumsfördernden Wirkung plötzlich das genaue Gegenteil, das Gasgemisch zerstört pflanzliches Leben. Selbst die vielgescholtene erhöhte $CO_2$-Konzentration in der Atmosphäre kann zumindest partiell positive Folgen haben: Die Photosynthese (und damit die Sauerstoffproduktion) der Pflanzen erhöht sich bei gleichzeitig reduziertem Wasserbedarf.

Die Schädlichkeit eines Stoffes hängt also nicht zuletzt von der Konzentration ab, in der er *in der Umwelt* vorkommt, und die hängt ihrerseits nicht allein von der Emissions*menge* ab, sondern von vielen weiteren Faktoren. Die ökologisch relevante Stoffmenge ist die *Immissionsmenge*, d. h. die Menge, die das Umweltmedium tatsächlich erreicht. Zwischen der Emission eines Stoffes aus einer (Schadstoff-) Quelle und seiner Immission laufen Prozesse ab, die man zusammenfassend mit dem Begriff „Diffusion" kennzeichnet. Diese Diffusionsprozesse sind aus folgendem Grund von erheblicher Bedeutung: Umweltökonomische Instrumente, gleich welcher Art, können nur bei der Emission von Schadstoffen ansetzen, denn nur die emittierten Mengen sind im weitesten Sinne steuerbar. Diese Steuerung muß sich jedoch an den Schäden orientieren, die durch Schadstoffimmissionen verursacht werden. Vereinfacht läßt sich Umweltökonomie als ein Regelungsproblem auffassen, bei dem es darum geht, durch richtige „Einstellung" der Emissionen ein optimales Immissionsniveau zu erreichen, und dazu ist es notwendig, den Zusammenhang zwischen beiden Größen zu kennen.

Diffusionsprozesse sind mitunter äußerst komplex und ein vollständiges Verständnis der dabei ablaufenden Vorgänge existiert vielfach nicht. An dieser Stelle soll es vor allem darum gehen, Verständnis dafür zu wecken, daß bei der „Emissionssteuerung" eine rein mengenmäßige Betrachtung in aller Regel nicht ausreicht, sondern auch die räumliche und zeitliche Differenzierung der Emissionen berücksichtigt werden muß. Für die Diffusion eines Stoffes sind in erster Linie die Eigenschaften des Stoffes selbst von ausschlaggebender Bedeutung. Schadstoffe lassen sich dabei grob nach zwei Kriterien klassifizieren, nämlich nach ihren „Ausbreitungseigenschaften" und ihrer „Abbaubarkeit" (vgl. dazu KEMPER,

1989). Breitet sich ein Stoff nach seiner Emission gleichmäßig aus, und ist damit für die Immissionswerte der Standort der Quelle unerheblich, so handelt es sich um einen *Globalschadstoff*, andernfalls spricht man von *Oberflächenschadstoffen*. In beiden Gruppen sind sowohl abbaubare als auch nicht abbaubare Stoffe zu finden. So ist z.b. $CO_2$ ein abbaubarer Globalschadstoff (kann beispielsweise in Biomasse gebunden werden), die FCKW (Fluorchlorkohlenwasserstoffe) sind dagegen nicht abbaubar und breiten sich gleichmäßig aus. Schwermetalle sind das wohl bekannteste Beispiel für nicht abbaubare Oberflächenschadstoffe, Phosphate und Stickstoffe sind dagegen abbaubar.

Es ist unmittelbar einsichtig, daß bei Oberflächenschadstoffen die Immissionswerte – und damit die Umweltschäden – nicht nur von der Emissionsmenge abhängen, sondern auch von der räumlichen Verteilung der Quellen und der zeitlichen Verteilung der Emissionen. Durch Konzentration des Schadstoffausstoßes, sowohl im räumlichen, wie auch im zeitlichen Sinne, kann es zu sogenannten „hot spots" kommen. Darunter versteht man hohe lokale Schadstoffkonzentrationen, die u.U. mit starken Umweltgefährdungen verbunden sind. Für viele Umweltmedien gilt, daß ihre Assimilationskapazität konstant ist, d. h., ihre Fähigkeit, Schadstoffe abzubauen oder umzuwandeln, unterliegt einer „Kapazitätsbeschränkung". Kommt es zu „hot spots", so besteht die Gefahr, daß diese Kapazität überschritten wird und dadurch irreversible Schäden verursacht werden. Das sogenannte „Umkippen" von Gewässern ist ein Beispiel für einen solchen Vorgang. Ein anderes, sehr plastisches Beispiel für einen „hot spot" ist die Kohlenmonoxid- und Bleikonzentration in den Innenstädten während der Hauptverkehrszeiten. Glücklicherweise gehen Menschen aufrecht: In Bodennähe nehmen diese Konzentrationen nämlich lebensbedrohende Werte an.

Bei Oberflächenschadstoffen muß damit eine effiziente Steuerung der Emissionen die räumliche Verteilung der Emissionsquellen und gegebenenfalls die zeitliche Differenzierung der Schadstoffabgabe berücksichtigen. Wie sich noch zeigen wird, führt dies bei der Umsetzung konkreter Umweltpolitiken zu erheblichen Problemen. Bei Globalschadstoffen scheinen auf den ersten Blick Differenzierungen dieser Art nicht notwendig zu sein, da für die Immissionswerte zumindest die räumliche Verteilung der Quellen keine Rolle spielt. Aber auch bei Schadstoffen mit gleichmäßiger Ausdehnung haben wir es in der Regel mit sehr komplizierten Diffusionsprozessen zu tun, bei denen nicht ohne weiteres klar ist, ob auf jegliche Differenzierung verzichtet werden kann. Betrachten wir dazu beispielhaft die Emission von Spurengasen, die im Zusammenhang mit dem bereits angesprochenen Klimaproblem von großer Bedeutung ist.

Spurengase verdanken ihren Namen der Tatsache, daß sie nur in sehr geringen Konzentrationen (eben in Spuren) in der Atmosphäre vorkommen. Dort haben sie allerdings eine wichtige Funktion: $CO_2$, Methan, $N_2O$, Ozon und FCKW sorgen dafür, daß zwar die Wärmestrahlung der Sonne (UV) die Erdoberfläche erreicht, die Abwärme in Form von Infrarotstrahlung aber zurückgehalten wird, so daß sich die Erdoberfläche auf durchschnittlich 15° erwärmen kann. Gleichzeitig sorgt die Ozonschicht dafür, daß die UV-Strahlung auf ein „gesundes" Maß reduziert wird. Der „Spurengashaushalt" der Atmosphäre beeinflußt über diese Funktion maßgeblich das auf der Erde herrschende Klima. Wir wissen, daß durch die anthropogene Erzeugung und Emission von Spurengasen das Klima bereits in erheblicher Weise beeinflußt worden ist. Um nun die Emission von Spurengasen in der Zukunft effizient gestalten zu können, müßten die Wechselwirkungen zwischen Emission und Immission in der Atmosphäre und dem Klima bekannt sein und gegebenfalls berücksichtigt werden. Wie schwierig dies ist, sei anhand einiger Beispiele verdeutlicht.

Spurengasemissionen wirken sich teilweise erst mit erheblicher zeitlicher Verzögerung aus. So setzt die zerstörerische Wirkung eines FCKW auf den Ozonschleier erst 20 Jahre nach der Freisetzung in die Atmosphäre ein. Nicht zuletzt „time-lags" dieser Art machen es bisher unmöglich, Klimamodelle zu entwickeln, die verläßliche Prognosen über die Auswirkungen von Spurengasemissionen erlauben. Ob es beispielsweise durch solche Emissionen zu einer Verstärkung des Treibhauseffektes kommt und damit zu einem folgenreichen Temperaturanstieg, hängt von der langfristigen Entwicklung des Spurengashaushaltes ab. Dieser „Haushalt" ist jedoch keine feste Bestandsgröße, denn die einzelnen Gase befinden sich in einem permanenten Austauschprozeß zwischen sogenannten Quellen und Senken. Kohlendioxid – das für die Treibhauswirkung wichtigste Gas wird im Rahmen des „Kohlenstoffkreislaufs" beständig aus natürlichen Quellen emittiert und in Kohlenstoffsenken gebunden. Dabei ist keineswegs klar, ob die $CO_2$-Konzentration in der Atmosphäre nicht ohnehin (d. h. ohne menschliches Dazutun) langfristigen Schwankungen unterworfen ist. $CO_2$ wird in Biomasse, insbesondere in Pflanzen gebunden. Etwa 65% des Kohlenstoffs, den die gesamte Pflanzenwelt aufnimmt, wird durch die Photosynthese des Meeresplanktons gebunden. Bedeutsam ist dabei, daß sich dieser Vorgang in den oberen Wasserschichten der Ozeane abspielt, und damit die Planktonmenge in diesen Schichten zu einem wichtigen Faktor für den $CO_2$-Gehalt der Atmosphäre wird. Diese Menge hängt insbesondere von der Wassertemperatur ab: Je kälter das Wasser, um so nährstoffreicher ist es. Man weiß, daß die Meerestemperatur langfristigen Schwankungen unterliegt, und eine Erklärung für die Entstehung von Eiszeiten läuft darauf hinaus, daß durch eine Veränderung von Meeresströmungen verstärkt kaltes Oberflächenwasser entstand, was zu vermehrter Planktonbildung und verstärktem $CO_2$-Entzug aus der Atmosphäre führte. Dadurch verringerte sich der Treibhauseffekt, und es kam zur Abkühlung der Erdoberfläche. Vor diesem Hintergrund sind nun verschiedene Szenarien vorstellbar, die jeweils andere Schlüsse für die „richtige" Einstellung der $CO_2$-Emission zulassen: Wenn in den nächsten Jahrzehnten (wie manche befürchten) eine Abkühlung der Ozeane bevorsteht, dann käme die anthropogene Emission von $CO_2$ gerade recht – sie würde gewissermaßen helfen, eine Eiszeit zu verhindern. Ist dies jedoch nicht der Fall, so verstärkt sich durch $CO_2$-Emissionen der Treibhauseffekt selbst: Durch die höhere Oberflächentemperatur erwärmt sich das Meerwasser, die Planktonmenge sinkt, es wird weniger $CO_2$ gebunden, der $CO_2$-Anteil in der Atmosphäre steigt, was wiederum zu einem Temperaturanstieg führt. Gleichzeitig wird damit deutlich, daß die Gefahr von „hot spots" durch die zeitliche Konzentration von Globalschadstoffemissionen nicht von der Hand zu weisen ist. Eine relativ kurzfristige $CO_2$-Anreicherung kann zu Rückkoppelungseffekten führen, die den Treibhauseffekt nicht nur verstärken, sondern sogar zum „Selbstläufer" werden lassen, weil auch ohne weitere anthropogene Emissionen die Aufheizung der Erdoberfläche zunimmt.

Solche Rückkoppelungs- oder Verstärkungseffekte lassen sich vielfach ausmachen. Ein anderes Treibhausgas, Methan, entsteht u.a. in Feuchtgebieten[80]. Durch den Treibhauseffekt können bisherige Permafrostgebiete zu Feuchtgebieten werden, was zur verstärkten Methanemission und damit zur Verstärkung der Treibhauswirkung führt.

Besonders deutlich wird die Vielschichtigkeit und Komplexität der Diffusionsproblematik am Beispiel eines weiteren Spurengases, dem Ozon. Dieses Gas übt gewissermaßen eine Doppelfunktion aus. Einerseits trägt es, wie die anderen Spurengase auch, zur „Wärmeregulierung" der Erdoberfläche bei, andererseits wirkt es wie ein Filter, indem es schädliche Ultraviolett-Strahlung absorbiert. Das berühmte „Ozonloch" deutet darauf hin, daß die für die Menschheit lebenswichtige Ozonschicht durch die Emission von FCKW bereits stark gelitten hat, d. h., die Filterwirkung ist bereits eingeschränkt. Andererseits reduziert die Ozonabnahme jedoch den Teibhauseffekt. Aussagen darüber, wie stark die Auswirkungen der FCKW-Emission tatsächlich sind, werden dadurch erschwert, daß zwar

---

[80] Am Rande sei bemerkt, daß Methan vor allem durch den Reisanbau und die Rinderzucht emittiert wird. Die 1,2 Mrd. Wiederkäuer, die unsere Erde mittlerweile bevölkern, produzieren dieses Gas durch Fermentation, und zwar in rauhen Mengen: ca. 70-80 Mio. Tonnen pro Jahr oder 120 Liter pro Tag pro Rindermagen. Vgl. FETSCHER, C. und MUTZ, M., 1989.

in der Stratosphäre (ca. 15-45 km über Meereshöhe) eine Abnahme, in der Troposphäre (bis 15 km Höhe) dagegen eine Zunahme der Ozonkonzentration zu beobachten ist. Gänzlich kompliziert wird die Angelegenheit durch die Tatsache, daß eine direkte Verbindung zwischen Ozonproblem und Treibhauseffekt besteht. Eine Verringerung der Ozonschicht und als deren Folge eine verstärkte UV-Einstrahlung führen nämlich zu einer Zerstörung der „sensitiven Phytomasse im Meer", womit nichts anderes als die Gesamtmenge der im Meer lebenden Pflanzen gemeint ist. Wegen der großen Bedeutung des Meeresplanktons für die $CO_2$-Bindung führt dies jedoch unmittelbar zu einer Verstärkung des Treibhauseffektes.

Die Ausführungen zur Diffusionsproblematik, insbesondere von Globalschadstoffen, haben vor allem den Zweck, beim Leser ein gewisses Problembewußtsein im Hinblick auf die Angemessenheit umweltpolitischer Instrumente zu wecken. Angesichts der vielen ungelösten Probleme dürfte deutlich geworden sein, daß eine effiziente „Einstellung" der Emissionsmengen grundsätzlich sensitive und differenzierende Instrumente verlangt, denn auch, wenn aufgrund des heutigen naturwissenschaftlichen Erkenntnisstandes für viele Globalschadstoffe die Forderung nach einer rein mengenmäßigen Reduzierung angemessen erscheint, kann selbst für diese Stoffe nicht ausgeschlossen werden, daß über kurz oder lang die Notwendigkeit einer räumlich und zeitlich differenzierten Emissionssteuerung entsteht. Wenn wir umweltpolitische Instrumente auf ihre Tauglichkeit zur Lösung von ökologischen Problemen untersuchen, so müssen wir diesem Aspekt unbedingt Rechnung tragen.

**Ende Exkurs**

## 2.2.3    Preis-Standard-Lösung: pretiale Steuerung

Die Überlegungen des vorangegangenen Abschnitts 2.2.2 haben erneut gezeigt, daß eine effiziente Allokation von Umweltressourcen *im Prinzip* machbar ist. Es existiert tatsächlich ein System optimaler Schattenpreise, das mit Hilfe steuerpolitischer Instrumente implementierbar erscheint und bei dessen Existenz die Wirtschaftssubjekte ihr Verhalten in einer Weise anpassen, die zu einer effizienten Allokation führt. Unsere Überlegungen haben jedoch auch gezeigt, daß ein Planer, wann immer er über optimale Steuersätze nachdenkt, sich mit der Notwendigkeit konfrontiert sieht, Informationen zu beschaffen, die sich im „Besitz" der Wirtschaftssubjekte befinden und damit privater Natur sind. Wir wissen aus Teil I, daß dem Planer in vielen Fällen kein Instrumentarium zur Verfügung steht, mit dessen Hilfe er diese Beschaffungsaufgabe lösen könnte. Ist damit der Versuch, durch staatliche „Preissetzung" das Allokationsergebnis zu verbessern, von vornherein zum Scheitern verurteilt, oder gibt es noch einen Ausweg? Um diese Frage zu beantworten, werden wir uns die konkreten Informationsanforderungen etwas genauer ansehen. Dabei benutzen wir einen Modellrahmen, der im wesentlichen dem im Abschnitt 2.2.1 vorgestellten entspricht.

Es seien $a_1$, $a_2$ die Schadstoffmengen, die von zwei Verursachern erzeugt werden, $a_1^r$, $a_2^r$ die rezyklierten Mengen und $A_1 = a_1 - a_1^r$; $A_2 = a_2 - a_2^r$ die Nettoschadstoffmengen. $P_v^1(a_1^r)$, $P_v^2(a_2^r)$ seien die Kosten der Schadstoffvermeidung, und $S := S(A_1, A_2)$ gebe den Schaden an, der durch die tatsächlich emittierten Mengen entsteht. Gegeben diese Notation läßt sich das Grundproblem des staatlichen Planers in Form folgender Minimierungsaufgabe angeben:

$$S(A_1, A_2) + P_v^1(a_1 - A_1) + P_v^2(a_2 - A_2) \to \min_{A_1, A_2}. \tag{88}$$

In (88) sind implizit zwei Formen privater Information enthalten. Die Schadensfunktion $S(\cdot)$ spiegelt individuelle Bewertungen der Geschädigten wider, und die Kostenfunktionen $P_v^i$ sind a priori nur den einzelnen Verursachern bekannt. Trifft nun das im ersten Teil behandelte Informationsproblem auf beide Informationsformen in gleicher Weise zu, und stellt es sich *immer*, oder sind Konstellationen denkbar, bei denen es in „entschärfter" Form auftritt? Die Antwort auf diese Frage hängt entscheidend von der Gestalt von $S(\cdot)$ ab. Betrachten wir den Fall, daß $S(\cdot)$ *proportional* ist:

$$S(A_1, A_2) = s \cdot (A_1 + A_2). \tag{89}$$

Bei dieser Formulierung der Schadensfunktion geht implizit noch eine weitere Annahme ein: Für die Schadenshöhe ist es unerheblich, aus *welcher* Quelle der Schadstoff stammt. Stillschweigend haben wir diese Annahme bereits in den vorherigen Abschnitten benutzt, der Exkurs zeigt jedoch, daß sie keineswegs selbstverständlich ist. Nehmen wir beispielsweise an, $S(\cdot)$ messe den Schaden, den die Bewohner eines bestimmten Wohngebietes durch die Emission zweier Fabriken erleiden. In diesem Fall dürfte der Schaden, den der einzelne Verursacher anrichtet, von der Distanz zwischen Wohngebiet und den Standorten der Emissionsquellen abhängen. Aber nicht nur die räumliche Verteilung der Verursacher spielt eine Rolle, auch die zeitliche Verteilung der Emissionen kann zur Folge haben, daß eine Emissionseinheit zu Schäden unterschiedlicher Höhe führt.

Um den Zusammenhang zwischen Emission und Immission in der Schadensfunktion zu erfassen, werden sogenannte *Diffusionskoeffizienten* verwendet, die angeben, um wieviel das Immissionsniveau an einem bestimmten *Meßpunkt* steigt, wenn die Emissionen einer Quelle um eine Einheit wachsen. Sei $\alpha_i$ der Diffusionskoeffizient der Quelle i, so gilt für (89) $\alpha_1=\alpha_2=1$, d. h., wir haben in (89) implizit konstante Diffusionskoeffizienten von 1 unterstellt und damit einen Spezialfall beschrieben, der in der Praxis nur dann auftreten kann, wenn sich die Emissionsquellen in gleicher Distanz zum Meßpunkt befinden und keine Unterschiede hinsichtlich der zeitlichen Verteilung der Emissionen bestehen, oder wenn es sich um einen Globalschadstoff handelt, der vollständig konservativ ist, d. h. in keiner Weise von dem Umweltmedium assimiliert wird.

Unter der Voraussetzung konstanter Diffusionskoeffizienten von 1 und konstantem Grenzschaden s erhalten wir als notwendige Bedingung für eine Lösung von (88):

$$s = P_v^{1'} = P_v^{2'} \ . \tag{90}$$

Nehmen wir nun weiterhin an, der Planer kenne die Rate s, mit der der Schaden pro Emissionseinheit wächst, so impliziert (90), daß er dann in der Lage ist, den Pareto-effizienten Steuersatz t festzusetzen, ohne die Grenzvermeidungskosten $P_v^{i'}$ zu kennen. In diesem Fall braucht er nämlich lediglich t = s zu setzen, um sicherzustellen, daß die Bedingung für eine Pareto-effiziente Besteuerung erfüllt ist. Abbildung 15 verdeutlicht diesen Punkt:

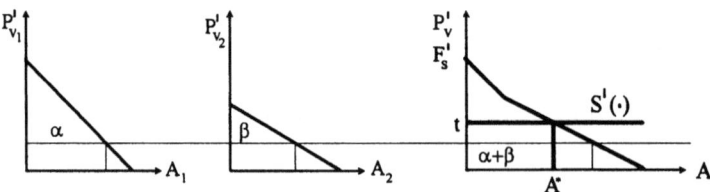

Abbildung 15

Die Abbildung macht deutlich, daß im Falle linearer Schadensfunktionen durch Setzung von t = s die in Abbildung 11 abgeleitete Optimalbedingung immer erfüllt werden kann, ganz gleich wie $P_v'$ verläuft.

Unter den vorgenannten Bedingungen existiert damit aus der Sicht des Planers kein Informationsproblem. Allerdings sind diese Bedingungen äußerst restriktiv, und es stellt sich die Frage, wie weit wir sie „lockern" können, ohne auf ein ernsthaftes Informationsproblem zu stoßen. Geben wir zunächst die Annahme identischer Diffusionskoeffizienten auf und unterstellen

$$S(A_1, A_2) = s(\alpha_1 A_1 + \alpha_2 A_2); \quad \alpha_1 \neq \alpha_2 \quad ; \quad 0 \leq \alpha_1, \alpha_2 \leq 1. \quad (91)$$

Die Emissionen der beiden Verursacher gehen nunmehr gewichtet in die Schadensfunktion ein, und wir können die Gewichte $\alpha_i$ als Diffusionskoeffizienten auffassen. Dann erhalten wir als notwendige Bedingung für eine Lösung von (88):

$$a_1 s = P_v^{1'}; \quad a_2 s = P_v^{2'} \quad \text{bzw.} \quad \frac{P_v^{1'}}{P_v^{2'}} = \frac{\alpha_1}{\alpha_2}. \quad (92)$$

(92) offenbart einen wesentlichen Unterschied zu unseren bisherigen Resultaten: Zur effizienten Besteuerung benötigt man nun ein differenziertes System von Steuersätzen, die jeweils auf den einzelnen Verursacher zugeschnitten sind – ein einheitlicher Steuersatz auf Emissionen reicht nicht mehr aus. Kennt jedoch der Planer sowohl den Grenzschaden s als auch die Diffusionskoeffizienten, so kann er nach wie vor das Planungsproblem lösen und effiziente Steuersätze festlegen, *ohne* die Grenzkostenverläufe zu kennen.

Die bisher diskutierten Fälle relativierten das Informationsproblem lediglich im Hinblick auf die Vermeidungskosten. Bezüglich der „anderen Seite" dieses Problems, der Schadensfunktion, wurden gleich in zweierlei Hinsicht vereinfachende Annahmen getroffen: S(·) ist linear und s ist bekannt. Geben wir auch nur eine dieser beiden Annahmen auf, so verschärft sich das Informationsproblem erheblich. Wenn s nicht *a priori* bekannt ist, besteht für den Planer kaum Aussicht, den wahren Wert in Erfahrung zu bringen. Ist S(·) zwar bekannt, aber nicht linear, so haben wir es mit dem Fall zu tun, der in Abbildung 11 behandelt wurde, und es ist offensichtlich, daß der optimale Steuersatz unter diesen Umständen nur dann ermittelt werden kann, wenn die Kostenverläufe bekannt sind.

Der Fall linearer Schadensfunktion mit bekannter Steigung s muß als unrealistisch eingestuft werden. In aller Regel müssen wir wohl davon ausgehen, daß

S(·) dem Planer *nicht* bekannt ist, und damit erübrigt sich jede weitere Spekulation über die genaue Gestalt dieser Funktion. Welche Möglichkeiten bleiben dem Planer angesichts dieser Tatsache und angesichts dessen, daß er an diesem Umstand wenig zu ändern vermag (siehe Teil I!)? Vom Standpunkt der Theorie bleibt nichts weiter übrig, als einzugestehen, daß „first best"-Lösungen für den Planer nicht erreichbar sind. In der Diskussion sind deshalb vor allem „second best"-Lösungen, und im Zusammenhang mit dem Einsatz von Steuern laufen diese auf den sogenannten Preis-Standard-Ansatz hinaus. Die Grundidee dieses Ansatzes ist relativ einfach und wird bereits bei BAUMOL und OATES (1975) ausführlich dargelegt.

Die Festlegung einer optimalen Pigou-Steuer ist nichts anderes als ein Mittel, um die effiziente Schadstoffmenge zu erreichen. Diese Menge erschließt sich jedoch erst aus der Gegenüberstellung von Vermeidungsgrenzkosten und sozialem Nutzen, und diese scheitert an dem Informationsproblem. Der Preis-Standard-Ansatz stellt deshalb gar nicht erst die Frage nach dem optimalen Verschmutzungsgrad, sondern überläßt die Entscheidung darüber einer modellexogenen Institution (z.B. dem politischen Sektor). Die Frage, die dann zu stellen ist, lautet: Kann der Planer mit dem Mittel der Besteuerung diesen vorgegebenen Umweltstandard *kostenminimal* realisieren?

Die naheliegendste Form, einen Umweltstandard zu definieren, besteht in der Angabe einer maximal zulässigen Immissionsgrenze $I^*$. Die Bezugnahme auf die Immissionen erfolgt, weil es sich dabei um ein Maß handelt, das Auskunft über die tatsächliche Belastung der Geschädigten gibt. Im einfachsten Fall identischer Diffusionskoeffizienten beider Emissionsquellen hat dann das Optimierungsproblem des Planers folgende Gestalt:

$$P_v^1(a_1 - A_1) + P_v^2(a_2 - A_2) \to \min_{A_1, A_2} \quad \text{u. d. N.} \quad A_1 + A_2 = I^*. \tag{93}$$

Notwendige Bedingung für eine Lösung von (93) ist:

$$P_v^{1'}(a_1 - A_1^*) = P_v^{2'}(a_2 - A_2^*) = \lambda. \tag{94}$$

Der Planer kann sein Ziel damit durch die Festsetzung eines einheitlichen Steuersatzes auf Emissionen erreichen. Allerdings muß er dazu die Grenzkostenverläufe kennen, denn der Steuersatz $t := \lambda$, der den Standard $I^* = A_1^* + A_2^*$ kostenminimal realisiert, hängt offensichtlich von den Grenzkosten ab. Abbildung 16 macht diese Abhängigkeit deutlich:

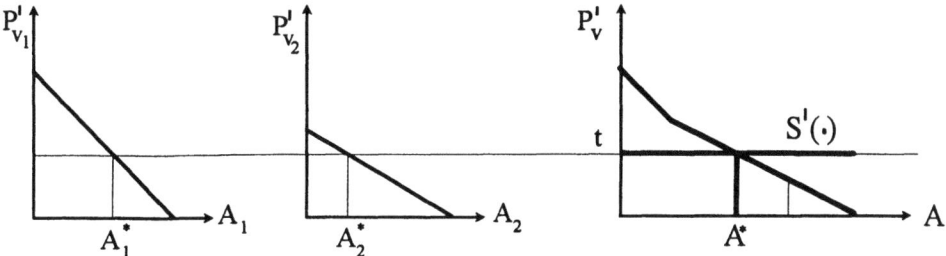

Abbildung 16

Im Rahmen des Preis-Standard-Ansatzes wird nun davon ausgegangen, daß t auch dann ermittelt werden kann, wenn $P_v^i$ nicht bekannt ist, und zwar mit Hilfe eines Trial-and-error-Verfahrens. Der Planer setzt (mehr oder weniger willkürlich) einen Steuersatz fest, beobachtet die dann resultierende Gesamtimmission und korrigiert den Steuersatz, falls diese nicht dem angestrebten Standard entspricht. Liegen die beobachteten Werte über dem Standard, ist der Steuersatz anzuheben, liegen sie darunter, ist er zu senken.

Selbst wenn ein solches Verfahren zum Erfolg führt, und tatsächlich die Immissionsmenge $I^*$ erreicht wird, dürfte klar sein, daß Trial-and-error zu höheren Implementierungskosten führt, als anfallen würden, wenn $P_v^i$ bekannt wäre. Wird beispielsweise der Steuersatz zunächst zu hoch angesetzt, so werden die Verursacher Vermeidungskapazitäten erstellen, die später, nach Korrektur der Besteuerung, brachliegen. Im umgekehrten Fall eines zu niedrig angesetzten Steuersatzes werden zunächst Vermeidungsanlagen mit zu geringer Kapazität errichtet, die nach Steueranhebung erweitert werden müssen. In vielen Fällen dürften solche nachträglichen Erweiterungen zu höheren Kosten führen, als entstanden wären, wenn die erforderliche Kapazität von Anfang an bekannt wäre.

In dem oben vorgestellten einfachen Fall ist die schrittweise Ermittlung des richtigen Steuersatzes prinzipiell möglich. Sie ist auch dann möglich, wenn wir unterschiedliche Diffusionkoeffizienten annehmen, d. h., wenn der Standard in folgender Form angegeben werden muß:

$$\alpha_1 A_1 + \alpha_2 A_2 = I^*. \tag{95}$$

Ersetzen wir die Nebenbedingung in (93) durch (95), so erhalten wir als notwendige Bedingung für eine Lösung:

$$P_v^{1'} = \alpha_1 \lambda; \quad P_v^{2'} = \alpha_2 \lambda \quad \text{bzw.} \quad \frac{P_v^{1'}}{P_v^{2'}} = \frac{\alpha_1}{\alpha_2}. \tag{96}$$

Bei konstanten Diffusionskoeffizienten $\alpha_1$, $\alpha_2$ kann damit Trial-and-error auch dann noch relativ einfach angewendet werden, wenn, aufgrund der räumlichen (oder zeitlichen) Differenzierung der Emissionsquellen, unterschiedliche Steuersätze für die kostenminimale Realisierung von $I^*$ notwendig sind. Da die Steuersätze ($t_1$, $t_2$) im Verhältnis $\alpha_1/\alpha_2$ gewählt werden müssen, reicht es, einen Steuersatz (z.B. $t_2$) nach dem oben beschriebenen Verfahren zu verändern. Den zweiten Steuersatz erhält man dann jeweils als $t_1 = t_2(\alpha_1/\alpha_2)$. Notwendig ist allerdings, daß die Diffusionskoeffizienten bekannt sind.

Unter der Voraussetzung, daß keine Differenzierung der Emissionen erforderlich ist ($\alpha_1 = \alpha_2 = 1$), bleibt der Preis-Standard-Ansatz auch dann noch handhabbar, wenn wir fordern, daß mehrere Standards zugleich erfüllt werden sollen. Dies ist beispielsweise dann der Fall, wenn an verschiedenen Meßpunkten unterschiedliche Immissionshöchstgrenzen gefordert werden. Bei zwei Meßpunkten erhalten wir folgende Nebenbedingungen für unser Optimierungsproblem (93):

$$A_1 + A_2 \leq I_I^*; \quad A_1 + A_2 \leq I_{II}^*. \tag{97}$$

Im Gegensatz zu (93) oder (95) haben wir hier die Nebenbedingung in Form von Ungleichungen angegeben, d. h., wir fordern nun nicht mehr, daß die Standards exakt erfüllt werden müssen, sondern lassen zu, daß sie *unterschritten* werden. Wir müssen dies tun, denn andernfalls hätte unser Optimierungsproblem für $I_I^* \neq I_{II}^*$ keine Lösung[81]. Wie man leicht sieht, ist außerdem eine der beiden Nebenbedingungen *nicht bindend*. Gilt beispielsweise $I_I^* < I_{II}^*$, so ist $A_1 + A_2 \leq I_{II}^*$ notwendig dann erfüllt, wenn $A_1 + A_2 \leq I_I^*$ gilt, d. h., der Lagrange-Multiplikator $\lambda_{II}$ nimmt im Optimum den Wert Null an. Als notwendige Bedingung erhalten wir in diesem Fall:

$$P_v^{1'} = \lambda_I + \lambda_{II} = P_v^{2'} \quad \text{mit} \quad \lambda_{II} = 0. \tag{98}$$

Um den Standard am Meßpunkt I nicht zu überschreiten, muß die Immissionsnorm am Meßpunkt II unterschritten werden. Ist dies bekannt, d. h., weiß der Planer, daß $\lambda_{II} = 0$ gelten muß, braucht er mit Hilfe eines Trial-and-error-Verfah-

---

[81] Als Gleichungen formuliert liefern die Bedingungen in (97) zwei parallel verlaufende Geraden, d. h., es existiert kein Wertepaar ($A_1, A_2$), das gleichzeitig beide Bedingungen erfüllt.

rens lediglich den einheitlichen Steuersatz $t = \lambda_I$ zu bestimmen, um das durch (93) und (97) gegebene Optimierungsproblem zu lösen.

An seine Grenzen stößt der Preis-Standard-Ansatz in dem durchaus realistischen Fall mehrerer Meßpunkte (Standards) und unterschiedlicher Diffusionskoeffizienten. Bei zwei Standards erhalten wir folgende Nebenbedingungen:

$$\alpha_{1I}A_1 + \alpha_{2I}A_2 \leq I_I^*$$

$$\alpha_{1II}A_1 + \alpha_{2II}A_2 \leq I_{II}^* \ . \tag{99}$$

Für den Fall, daß beide Nebenbedingungen bindend sind, erhalten wir als notwendige Bedingungen:

$$P_v^{1'} = \lambda_I \alpha_{1I} + \lambda_{II} \alpha_{2I} =: t_1$$

$$P_v^{2'} = \lambda_I \alpha_{1II} + \lambda_{II} \alpha_{2II} =: t_2 \ . \tag{100}$$

Wie schon im Fall mit nur einem Standard (95) benötigen wir auch hier differenzierte Steuersätze. Nunmehr läßt sich jedoch das Problem nicht mehr auf die Festlegung eines Steuersatzes (bei entsprechender Anpassung des zweiten gemäß $t_1 = t_2\left(P_v^{1'} / P_v^{2'}\right)$) zurückführen, denn das Verhältnis der Schattenpreise im Optimum ist selbst bei bekannten Diffusionskoeffizienten nur zu berechnen, wenn $P_v^{1'}$ und $P_v^{2'}$ bekannt sind. Wenn wir davon ausgehen müssen, daß der Planer diese Information nicht besitzt, bleibt ihm nur die Möglichkeit, beide Steuersätze im Zuge eines Trial-and-error-Verfahrens herauszufinden. Mit wachsender Anzahl der Quellen wird dies schnell zu einer sehr schwierigen Aufgabe. Nehmen wir beispielsweise an, die Emissionen könnten auf drei „Niveaus" gefahren werden (hoch, mittel, tief). Bei fünf Emissionsquellen hat der Planer dann bereits 243 Kombinationsmöglichkeiten, bei acht Quellen 6.561 und bei zehn 59.049. Es dürfte nicht eben leicht sein, lediglich durch „Ausprobieren" die richtige Kombination zu finden, wenn die Relationen, in denen die einzelnen Steuersätze zueinander stehen müssen, nicht bekannt sind. Ein weiteres Problem kommt hinzu. Bereits bei zwei Meßpunkten, aber erst recht bei einer größeren Anzahl von Standards, ist damit zu rechnen, daß einige Nebenbedingungen nicht bindend sein werden. Im Gegensatz zum einfachen Fall mit Diffusionskoeffizienten von 1 ist für den Planer jedoch a priori nicht erkennbar, um *welche* Nebenbedingungen es sich dabei handelt, d. h., welche Standards bei einer kostenminimalen Lösung unterschritten werden müssen. Das hat eine schwerwiegende Konsequenz: Selbst wenn es gelingt, durch Ausprobieren ein System von Steuersätzen zu finden, bei dem keine Nebenbedingung verletzt ist, bedeutet dies keineswegs, daß damit auch das Kostenminimum realisiert wird. Dazu wäre es nämlich notwendig, daß die Immissionsstandards, bei denen die zugehörige Restriktion bindend ist, auch tatsächlich *exakt* erfüllt werden. Da der Planer die optimalen Schattenpreise jedoch wegen seines eingeschränkten Informationsstandes nicht berechnen kann, wäre es purer Zufall, wenn er ein Steuersystem ermitteln würde, bei dem tatsächlich nur die nicht bindenden Standards unterschritten werden.

Der Preis-Standard-Ansatz nimmt von vornherein in Kauf, daß der durch Besteuerung herbeigeführte Umweltzustand (gemessen als Schadstoffmenge) dem Kriterium der Pareto-Effizienz nicht genügt. Dies geschieht aufgrund der Einsicht, daß das Informationsproblem letztlich nicht zu lösen ist, und Pareto-effiziente Zustände deshalb unerreichbar bleiben. Die Idee der Preis-Standard-Lösung wurde geboren, um ein Instrument zu erhalten, mit dem man *wenigstens* Kosteneffizienz erreichen kann, d. h., mit dem es gelingt, einen wie auch immer bestimmten Umweltstandard mit dem geringstmöglichen Kostenaufwand zu realisieren. Erreicht werden soll dieses Ziel durch die administrative Setzung eines *Preises* für Schadstoffemissionen. Der Planer steuert die Emissionsmengen über den Preis, und insofern ist es gerechtfertigt, beim Preis-Standard-Ansatz von „pretialer Steuerung" zu sprechen[82]. Je komplexer – und damit realistischer – wir jedoch die Situation modellierten, um so deutlicher wurde, daß auch der Preis-Standard-Ansatz sein Effizienzziel nur erreicht, wenn hohe Informationsanforderungen erfüllt werden, und daß eine vollständige Realisierung von Kosteneffizienz nur *gesichert* ist, wenn der Planer über die Situation der Verursacher vollständig informiert ist.

Wir haben uns im ersten Teil ausführlich mit der Frage befaßt, ob und wie der Planer in den Besitz privater Informationen kommen kann, und wir waren zu der Einsicht gelangt, daß die Aussichten auf eine erfolgreiche Informationsbeschaffung eher schlecht sind. Bei genauerer Betrachtung der in Abschnitt 1.3.2 angestellten Überlegungen zeigt sich jedoch ein Lichtblick. Wir hatten darauf hingewiesen, daß es im Zusammenhang mit der Entwicklung anreizkompatibler Mechanismen durchaus einen Unterschied macht, ob wir es mit einem privaten oder einem öffentlichen Gut zu tun haben. Für den Fall privater Güter haben GRESIK

---

[82] Wir werden noch sehen, daß Kosteneffizienz auch mit Hilfe einer *Mengensteuerung* erreicht werden kann (vgl. Abschnitt 2.3).

und SATTERTHWAITE ja gezeigt, daß Mechanismen existieren, bei denen mit wachsender Anzahl von Verhandlungteilnehmern das Verhandlungsergebnis gegen die effiziente Lösung konvergiert. Im Unterschied dazu zeigt die Arbeit von ROB, daß für öffentliche Güter eine Zunahme der Teilnehmerzahl den gegenteiligen Effekt hat. Diese Ergebnisse gewinnen nun an Bedeutung, denn im Umweltfall gilt, daß die Schadstoffe aus der Sicht der Emittenten private und aus der Sicht der Geschädigten öffentliche Güter sind. Um dies zu erkennen, brauchen wir uns nur noch einmal die Abbildung 2 anzusehen. Um die aggregierte Grenzkostenkurve $P_V$ zu erhalten, haben wir dort *horizontal* über die einzelnen Kostenkurven aggregiert, während wir $F_S$ durch *vertikale* Aggregation erhielten. Ursache für diesen Unterschied ist, daß die Emissionsmengen für die Geschädigten unteilbar sind, während die Verursacher ihre jeweilige Emissionsmenge individuell steuern und anpassen können.

Bedeutet das nun, daß sich unser Planer nur einen hinreichend geschickten Anreizmechanismus zu überlegen braucht, um von den Verursachern ihre tatsächlichen Kosten zu erfahren? Da dem Informationsproblem so zentrale Bedeutung zukommt, werden wir diese Frage ausführlich behandeln, um der Sache wirklich auf den Grund zu gehen. Dabei bietet es sich an, einen Vorschlag aufzugreifen, den SINN (1988) zur Lösung des Informationsproblems unterbreitet hat.

SINN geht nicht von einem Preis-Standard-Ansatz aus, sondern strebt Pareto-Effizienz an. Entsprechend schlägt er zwei Anreizmechanismen vor: einen sogenannten „Konkurrenzpreismechanismus", um die wahren Grenzvermeidungskosten in Erfahrung zu bringen, und eine „Clarke-Steuer", mit deren Hilfe die wahren Präferenzen der Geschädigten ermittelt werden sollen. Tatsächlich kann SINN zeigen, daß beide Mechanismen *anreizkompatibel* sind. Dies ist zunächst nicht weiter überraschend, denn daß Mechanismen mit *dieser* Eigenschaft existieren, ist ja unbestritten. Die spannende Frage ist, welche weiteren Eigenschaften die Anreizschemata aufweisen.

Da die *Clarke-Steuer* dazu dient, die Präferenzen für ein *öffentliches* Gut zu ermitteln, ist es nicht verwunderlich, daß die bereits in Abschnitt 1.9 angesprochenen Nachteile dieses Verfahrens nicht zu beseitigen sind: Der Steuermechanismus, mit dem die Geschädigten zur Präferenzoffenbarung veranlaßt werden sollen, ist nicht individuell rational und führt zu einem nicht ausgeglichenen Budget. Weiterhin werden Einkommenseffekte der Besteuerung, die die Effizienzeigenschaft des Mechanismus zerstören können, per Annahme ausgeschlossen, und es ist nicht sichergestellt, daß die Clarke-Steuer nicht das Haushaltseinkommen der Geschädigten übersteigt. Angesichts dieser Mängel sind erhebliche Zweifel an der Praktikabilität und Effizienz des von SINN vorgeschlagenen Verfahrens angebracht, und wir wollen deswegen an dieser Stelle auf eine ausführliche Darstellung verzichten[83].

Wie aber ist der Konkurrenzpreismechanismus zu beurteilen, der für die Verursacher vorgesehen ist – für sie sind ja die Emissionen *private* Güter. SINN betrachtet eine Situation mit einer großen Anzahl von Verursachern und Diffusionskoeffizienten von 1. Das Verfahren, das er vorschlägt, ist relativ einfach und kann folgendermaßen charakterisiert werden:

Ziel der Behörde ist es, auf der Grundlage der durch Befragung ermittelten Grenznutzen- und Grenzkostenkurven, die Pareto-effiziente Emissionsmenge $A^*$ zu ermitteln, um dann jedem einzelnen Verursacher die diesem Optimum entsprechende, individuelle Emissionsmenge $A_i^*$ zuzuweisen. Der Schnittpunkt der aggregierten Grenznutzen- und Grenzkostenkurven legt nicht nur die optimale Emissionsmenge, sondern auch deren Schattenpreis t fest, den die Behörde ebenfalls berechnet. Um die Funktionsweise des Konkurrenzpreismechanismus zu untersuchen, wollen wir an dieser Stelle davon ausgehen, die Behörde sei tatsächlich in der Lage, die wahren Grenznutzenverläufe zu erfahren, und ihr Problem besteht ausschließlich darin, die Grenzkosten zu ermitteln. Zu diesem Zweck teilt sie nun jedem Verursacher, *bevor* sie ihn nach seinen Kosten befragt, ein „kritisches Emissionsniveau" $A_i^k$ mit und erklärt ihm, daß sie nach der Berechnung von t und $A_i^*$ jede Emissionseinheit, um die $A_i^k$ *überschritten* wird, mit dem Satz t besteuert, und daß jede Emissionseinheit, um die $A_i^k$ *unterschritten* wird, zu einer Zahlung der Behörde in Höhe von t führt. Wichtig ist dabei, daß t zu diesem Zeitpunkt weder der Behörde noch den Verursachern bekannt ist, und daß die Verursacher durch ihre Kostenangabe t nicht beeinflussen können. Wie wir noch sehen werden, ist diese „Preisnehmer-Annahme" von zentraler Bedeutung. SINN rechtfertigt sie mit dem Argument, daß wegen der großen Anzahl von Verursachern jeder einzelne nur einen vernachlässigbar geringen Einfluß auf t habe.

Nachdem die Behörde die Emissionsniveaus $A_i^k$ festgelegt hat, befragt sie die Verursacher nach ihren Grenzkostenverläufen. Anhand der folgenden Graphik läßt sich nun leicht zeigen, daß es unter den gegebenen Bedingungen und unter der Voraussetzung steigender Grenzvermeidungskosten für den Verursacher tatsächlich beste Strategie ist, die wahren Kosten anzugeben.

---

[83]  Die Clarke-Steuer wird ausführlich im Anhang II behandelt.

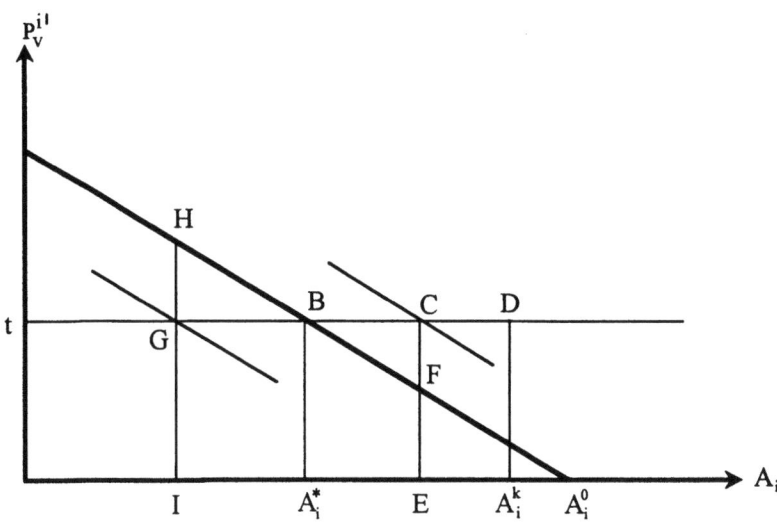

Abbildung 16 [84]

Die fett eingezeichnete Gerade bezeichnet die wahren Grenzvermeidungskosten. Gibt der Verursacher diese wahrheitsgemäß an, so muß er $A_i^*$ realisieren. Das führt zu Vermeidungskosten in Höhe von $BA_i^0A_i^*$ und zu einer Zahlung der Behörde in Höhe von $BDA_i^kA_i^*$. Kann sich der Verursacher dadurch besser stellen, daß er einen anderen Kostenverlauf angibt? Sehen wir uns zunächst an, was geschieht, wenn er höhere Grenzkosten angibt, etwa die durch C verlaufende Kurve. In diesem Fall würde dem Verursacher die Emissionsmenge E von der Behörde vorgeschrieben. Gegenüber der ehrlichen Kostenbekundung verringern sich damit zwar die Vermeidungskosten um $BFEA_i^*$, aber die Zahlung der Behörde verringert sich ebenfalls, und zwar um $BCEA_i^*$. Der Verursacher würde sich also um BCF verschlechtern.

Werden Grenzkosten angegeben, die niedriger sind als die tatsächlichen, so kann sich der Verursacher ebenfalls nur schlechter stellen. Betrachten wir z.B. die Kurve, die durch den Punkt G verläuft. Dem Verursacher würde das Emissionsniveau I zugewiesen, und die Zahlung der Behörde würde um $BA_i^*IG$ zunehmen. Gleichzeitig würden jedoch die Vermeidungskosten um $BA_i^*IH$ steigen und damit dem Verursacher eine Mehrbelastung von BGH erwachsen. Die wahrheits-

---

[84] $A_i^0$ bezeichnet die Nettoemissionen, die entstehen, wenn keine Vermeidung stattfindet ($a_i^r = 0$), d. h., $A_i^0 = a_i$.

gemäße Angabe der Kosten ist also in der Tat das beste, was der Verursacher tun kann, der Mechanismus ist anreizkompatibel[85].

Wie ist dieses Resultat nun zu bewerten? Ein Nachteil ist sicherlich, daß die Behörde wohl kaum ein ausgeglichenes Budget erreichen kann. Es wäre purer Zufall, wenn sich die Zahlungen an die Verursacher und die Steuereinnahmen gerade ausgleichen würden. In diesem Punkt unterscheidet sich der Konkurrenzpreismechanismus nicht von der Clarke-Steuer. Auf der anderen Seite wird das Steueraufkommen (bzw. die Zahlungen an die Verursacher) bei dem von SINN vorgeschlagenen Verfahren vermutlich erheblich geringer ausfallen, als das Steueraufkommen, das bei einer „normalen" Pigou-Steuer entsteht, und zwar aus folgendem Grund: Der Leser kann sich anhand der Abbildung 16 leicht klarmachen, daß der Mechanismus nur dann anreizkompatibel ist, wenn die im Optimum verbleibenden Emissionen *nicht* besteuert werden, bzw. falls $A_i^* > A_i^k$ gilt, nur die Differenz $A_i^* - A_i^k$ der Besteuerung unterliegt. Es ist schwer zu entscheiden, ob die Nichtbesteuerung der verbleibenden Emissionen nun ein Vorteil oder ein Nachteil ist. Kurzfristig ist sicherlich von Vorteil, daß der Planer nun nicht mehr vor dem Problem steht, das Steueraufkommen so zu verwenden, daß keine Anreize zu effizienzschädigendem Verhalten entstehen, oder die Totalbedingungen für ein Pareto-Optimum verletzt werden.

Bei längerfristiger Betrachtung jedoch könnte dieser Vorteil verschwinden. Dies wird deutlich, wenn wir die Steuerbefreiung im Hinblick auf die *dynamische Anreizwirkung* betrachten. Dabei handelt es sich um einen Aspekt, den wir bisher noch nicht berücksichtigt haben, der aber von einiger Bedeutung ist. Wir sind bis jetzt bei unseren Überlegungen immer von einem statischen Modell ausgegangen, und das bedeutet insbesondere von einem gegebenen Stand der Technik und damit auch von gegebenen (Grenz-) Vermeidungskosten. Es bedarf jedoch keiner besonderen Betonung, daß auch im Zusammenhang mit Umweltschutzmaßnahmen der technische Fortschritt eine große Rolle spielt. Durch die Entwicklung verbesserter Technologien lassen sich die Vermeidungskosten senken und damit ceteris paribus auch die Emissionen im Optimum. Technischer Fortschritt entsteht nun aber nicht zwangsläufig: Um ihn hervorzubringen, müssen Ressourcen in Forschung und Entwicklung gebunden werden. Dazu werden die schadstoffemittierenden Unternehmen nur bereit sein, wenn ihnen aus neuen Technologien ein Vorteil erwächst. Je größer der Kostenvorteil ausfällt, den eine Senkung der Grenzvermeidungskosten bewirkt, um so größer ist natürlich der Anreiz, in die

---

[85]  Der Leser kann sich leicht davon überzeugen, daß dieses Resultat für alle t gilt und unabhängig davon ist, wie $A_i^k$ festgelegt wird.

Entwicklung neuer Technologien zu investieren. Auf den ersten Blick könnte es so scheinen, als reduziere die Steuerbefreiung der Restemission den Anreiz zu Forschung und Entwicklung, aber die folgende Abbildung macht deutlich, daß dies nicht der Fall ist.

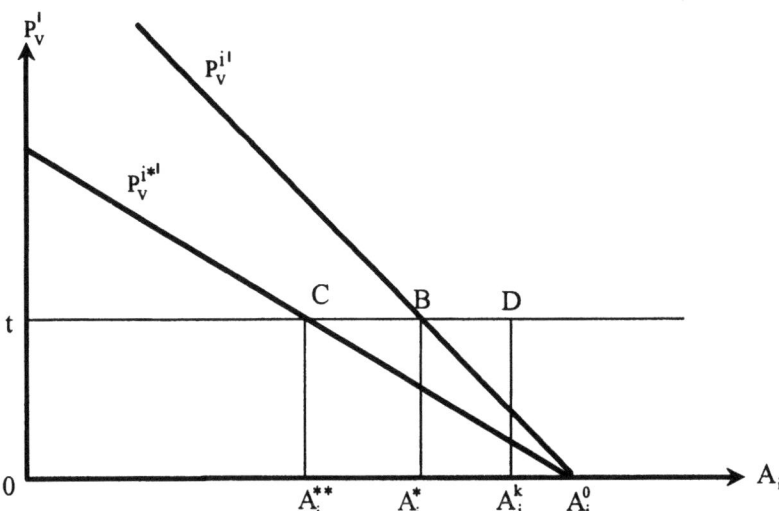

Abbildung 17

Nehmen wir an, durch technischen Fortschritt ließen sich die Grenzvermeidungskosten auf $P_v^{i''}$ senken. Bei einer *Pigou-Steuer* in Höhe von t wird der Emittent daraufhin bis zum Punkt $A_i^{**}$ Schadstoffe vermeiden. Gegenüber der ursprünglichen Situation entstehen nunmehr Vermeidungskosten in Höhe von $CA_i^0 A_i^{**}$, wobei keineswegs klar ist, ob diese geringer sind als die ursprünglichen Kosten von $BA_i^0 A_i^*$. Da jedoch die Restemissionen besteuert werden, verringert sich die Gesamtbelastung (Vermeidungskosten + Steuerlast) von ursprünglich $0tBA_i^0$ auf $0tCA_i^0$, d. h., technischer Fortschritt führt zu einer Entlastung in Höhe von $BA_i^0 C$. Auch bei dem von SINN vorgeschlagenen Verfahren wird nach Einführung des technischen Fortschritts $A_i^{**}$ realisiert werden, was ebenfalls zu Vermeidungskosten von $CA_i^0 A_i^{**}$ führt. Zwar spart der Emittent durch die Schadstoffreduzierung keine Steuer, denn die Restemissionen unterliegen ja keiner Besteuerung, aber er erwirbt gegenüber der Behörde einen zusätzlichen Erstattungsanspruch in Höhe von $BA_i^* A_i^{**}C$, und damit ist bei diesem Verfahren der Vorteil, der durch technischen Fortschritt entsteht, genauso groß wie im Falle der Pigou-Steuer, nämlich $BA_i^0C$.

Die dynamischen Anreize sind somit in beiden Fällen gleich, aber sie haben unterschiedliche Auswirkungen im Hinblick auf die Budgetsalden der Behörde. Bei der Pigou-Steuer führt technischer Fortschritt immer zu einer Reduzierung des *Steueraufkommens*. Bei dem von SINN vorgeschlagenen Verfahren führt technischer Fortschritt tendenziell zu höheren Zahlungen der Behörde an die Verursacher – und damit langfristig zu einem Budget-Defizit. Die Deckung dieses Defizits durch den Staat dürfte erheblich größere Effizienzeinbußen zur Folge haben, als von der Rückschleusung des Steueraufkommens bei einer Pigou-Steuer zu erwarten sind[86]. Die Behörde kann bei technischem Fortschritt nur dann langfristig ein dauerhaftes Defizit ausschließen, wenn sie $A_i^k$ sehr niedrig ansetzt, bzw. $A_i^k = 0$ für alle i festlegt. Dann kann es zwar zu keinem Defizit kommen, aber der oben angeführte Vorteil ist verschwunden, und der Konkurrenzpreismechanismus generiert das gleiche Steueraufkommen wie die Pigou-Steuer.

Die dynamische Anreizwirkung wirft zwar einige Probleme auf, aber daraus ergibt sich kein gravierender Einwand gegen den Mechanismus, denn seine wesentliche Eigenschaft, die Anreizkompatibilität, bleibt davon unberührt. Die „Schwachstelle" des von SINN vorgeschlagenen Verfahrens wird erst dann deutlich, wenn wir uns an die Lehre erinnern, die wir aus der Analyse des Preis-Standard-Ansatzes ziehen können, und die hier noch einmal betont sei:

Wenn die Besteuerung von Emissionen als Instrument der Umweltpolitik eingesetzt wird, dürfte ein System differenzierter, quellenbezogener Steuersätze notwendig sein. Eine pauschale Steuer auf Schadstoffe kann dem mitunter recht komplizierten Zusammenhang zwischen Emissionen und Immissionen nicht gerecht werden. Gerade diesen Zusammenhang gilt es jedoch zu berücksichtigen. Immissionen sind das entscheidende Maß zur Messung der durch Schadstoffe tatsächlich verursachten Umweltschäden. Ein Planer, der bei der Festlegung von „Standards" ökologische Aspekte berücksichtigt, muß sich deshalb an Immissionswerten orientieren. Für die effiziente Realisierung dieser Standards sind dagegen die Emissionen die entscheidende Bezugsgröße, denn die volkswirtschaftli-

---

[86] Die Rückschleusung eines Budget-Überschusses ist grundsätzlich „effizienzneutral" möglich, wenn sie in Form von Lump-sum-Transfers durchgeführt wird. Zwar ist auch eine effizienzneutrale Defizitdeckung durch Lump-sum-Steuern denkbar, aber die unter Umständen unerwünschten Verteilungswirkungen einer solchen Steuer lassen deren Einsatz als eher unwahrscheinlich erscheinen. Andere Besteuerungsformen, wie z.B. die Besteuerung von Arbeitseinkommen, führen dagegen zu Zusatzlasten und sind deshalb nicht effizient.

chen Kosten, die bei der Durchsetzung von Umweltnormen entstehen, hängen letztlich von den Restriktionen ab, die den Emittenten in bezug auf ihre Schadstoffemissionen auferlegt werden.

Daß ein System differenzierter Steuersätze, das diesen Zusammenhang berücksichtigt, gegenüber einer Pauschalsteuer Effizienzvorteile aufweist, belegen eine Reihe von Untersuchungen, die vor allem in den USA zu diesem Thema durchgeführt wurden. So errechneten beispielsweise ATKINSON und LEWIS (1974), daß eine quellenbezogene Besteuerung von luftverunreinigenden Emissionen in St. Louis gegenüber einer Pauschalsteuer die Realisierungskosten eines vorgegebenen Immissionsstandards etwa um die Hälfte senken würde. Andere Untersuchungen kommen zu ähnlichen Resultaten (vgl. KEMPER 1989).

In welcher Weise verändert nun die Notwendigkeit einer differenzierten, quellenbezogenen Besteuerung die Beurteilung des von SINN vorgeschlagenen Konkurrenzpreismechanismus? Bevor wir darauf eingehen, sei betont, daß dieser Mechanismus natürlich auch im Rahmen eines Preis-Standard-Verfahrens eingesetzt werden kann, solange *keine* differenzierte Besteuerung vorgesehen ist. Der einzige Unterschied zu dem ursprünglich von SINN vorgestellten Fall bestünde darin, daß die Behörde den Steuersatz t nicht im Sinne einer Pigou-Steuer aus den angegebenen Grenzkosten- und -nutzenkurven berechnet, sondern im Rahmen ihres Trial-and-error-Verfahrens mehr oder weniger willkürlich festsetzt. Da auch in diesem Fall die wahrheitsgemäße Bekundung der Grenzkosten „beste Strategie" der Emittenten wäre, könnte die Behörde den gesuchten Steuersatz, mit dem der vorgegebene Standard kostenminimal realisiert wird, bereits im zweiten Schritt berechnen. Voraussetzung dafür ist jedoch, daß sich die Emittenten nach wie vor als Preisnehmer verhalten, d. h. davon ausgehen, daß ihre Kostenangabe den Steuersatz t nicht beeinflußt. Diese Voraussetzung ist natürlich dann hinfällig, wenn zur Herstellung von Effizienz eine quellenbezogene Besteuerung notwendig ist. In einem solchen Fall hängt der optimale Steuersatz jeder einzelnen Quelle von den „individuellen" Grenzkosten ab, die bei Vermeidungsaktivitäten an der Quelle entstehen, und damit kann der einzelne Emittent „seinen" Steuersatz durch entsprechende Angabe der Grenzkosten direkt beeinflussen. Die folgenden Überlegungen werden deutlich machen, daß unter diesen Bedingungen der von SINN vorgeschlagene Mechanismus nicht mehr anreizkompatibel ist.

Wir wollen davon ausgehen, daß die Behörde dem Emittenten i zunächst ein Emissionniveau $A_i^*$ als Standard vorgibt und nun den Steuersatz t sucht, der den Vermeidungsgrenzkosten an der Stelle $A_i^0 - A_i^*$ entspricht. Zugleich übernimmt $A_i^*$ die Rolle, die zuvor $A_i^k$ innehatte, d. h., die Behörde teilt dem Emittenten mit, daß jede Emissionseinheit, die über $A_i^*$ hinausgeht, mit dem Steuersatz

$t = P_v^{i'}\left(A_i^0 - A_i^*\right)$ besteuert wird und jede Unterschreitung von $A_i^*$ zu einer entsprechenden Zahlung der Behörde führt. Abbildung 18 verdeutlicht die Entschei-
dungssituation des Emittenten.

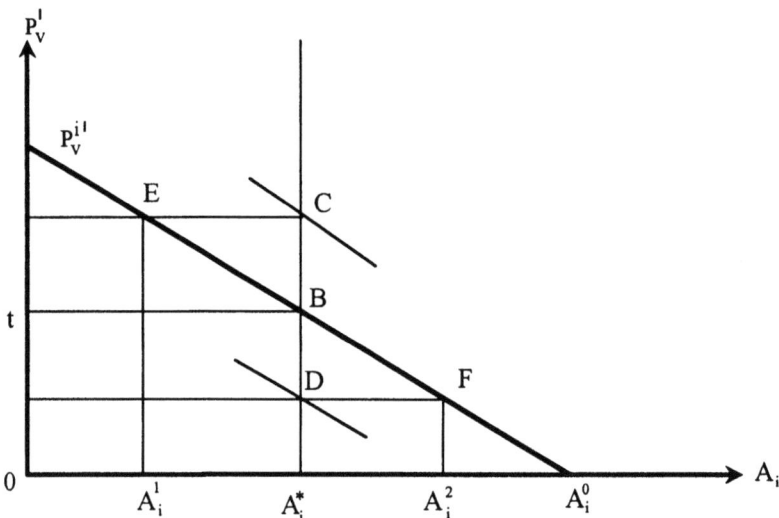

Abbildung 18

Gibt der Emittent seine wahren Grenzkosten (fett eingezeichnete Gerade) an,
so wird er mit dem Steuersatz t belegt und realisiert $A_i^*$, denn bei jeder höheren
Emission sind die Vermeidungskosten niedriger als die zu zahlende Steuer, und
bei jeder geringeren Restemission ist die Zahlung der Behörde niedriger als die
Vermeidungskosten. Insgesamt belaufen sich in diesem Fall die Kosten des
Emittenten auf $BA_i^0A_i^*$, denn es fällt weder eine Steuerzahlung noch eine Zahlung
der Behörde an. Lohnt es sich nun, falsche Grenzkosten anzugeben? Betrachten
wir zunächst die „überhöhte" Grenzkostenkurve, die durch den Punkt C verläuft.
Berichtet der Verursacher diesen Grenzkostenverlauf, wird er mit dem Steuersatz
$t_1$ belegt, und bei diesem Steuersatz ist es für ihn optimal, bis zur Emissionsmenge $A_i^1$ zu vermeiden. In dieser Situation entstehen ihm im Vergleich zur „wahren"
Lösung zusätzliche Vermeidungskosten in Höhe von $BA_i^*A_i^1E$. Gleichzeitig erhält
er aber von der Behörde den Betrag $CA_i^*A_i^1E$ für die Unterschreitung des vorgegebenen Standards. Gegenüber der wahrheitsgemäßen Kostenangabe realisiert er
also einen „Gewinn" in Höhe von ECB.

Aber auch die Angabe niedrigerer Grenzkosten lohnt sich. Betrachten wir die durch D verlaufende Kurve. Wird diese berichtet, so berechnet die Behörde den Steuersatz $t_2$, und der Emittent vermeidet bis zur Emissionsmenge $A_i^2$. Zwar muß er nunmehr Steuern in Höhe von $DFA_i^2A_i^*$ zahlen, aber er spart gegenüber der korrekten Grenzkostenangabe Vermeidungskosten in Höhe von $BFA_i^2A_i^*$ und diese Ersparnis ist um BFD höher als die Steuerzahlung.

Unsere graphische Betrachtung zeigt damit, daß sowohl die Angabe „zu niedriger" als auch die „zu hoher" Grenzkosten den Emittenten besser stellt als wahrheitsgemäße Berichterstattung. Um zu prüfen, wie weit und in welcher Richtung der Verursacher von den wahren Grenzkosten abweichen wird, ist eine formale Betrachtung notwendig. Zu diesem Zweck führen wir das Entscheidungsproblem des Emittenten auf die Bestimmung einer optimalen Restemissionsmenge $A_i^R$ zurück. Dies ist aus folgendem Grund möglich: Der Emittent weiß, daß er den Steuersatz auferlegt bekommt, der den von ihm angegebenen Grenzkosten der Vermeidung von $A_i^0 - A_i^*$ entspricht. Da er in jedem Fall die Menge vermeiden wird, bei der seine wahren Grenzkosten gleich dem Steuersatz sind, ist mit t implizit auch $A_i^R$ festgelegt. Das bedeutet, daß der Emittent jede Restemissionsmenge durch entsprechende Angabe seiner Grenzkosten zur Lösung seines Optimierungsproblems machen kann, und er wird natürlich die Lösung wählen, die seine gesamten Kosten minimiert, d. h. die das Problem

$$K\left(A_i^R\right) = P_v^i\left(A^0 - A_i^R\right) - \left[A_i^* - A_i^R\right]P_v^{i'}\left(A_i^0 - A_i^R\right) \to \min_{A_i^R} \qquad (101)$$

löst. $K\left(A_i^R\right)$ setzt sich zusammen aus den Vermeidungskosten $P_v^i$, die bei der Restemission $A_i^R$ anfallen, und der Steuerzahlung (bzw. für $A_i^R < A_i^*$ der Zahlung der Behörde). Den dabei anzusetzenden Steuersatz legt der Emittent durch Wahl von $A_i^R$ fest, indem er $P_v^{i'}\left(A_i^0 - A_i^R\right)$ gegenüber der Behörde als $P_v^{i'}\left(A_i^0 - A_i^*\right)$ ausgibt. Nullsetzen der ersten Ableitung von (101) führt zu

$$P_v^{i''}\left[A_i^* - A_i^R\right] = 0. \qquad (102)$$

Da $K''\left(A_i^R\right) < 0$ ist, gibt uns (102) die notwendige Bedingung für ein Kosten-*maximum* an, das offensichtlich bei $A_i^R = A_i^*$ erreicht ist. Wir können damit die Kostenfunktion $K\left(A_i^R\right)$ ziemlich genau charakterisieren, denn wir wissen, daß sie im Intervall $\left[0, A_i^0\right]$ strikt konkav ist $\left(K'' < 0\right)$ und bei $A_i^*$ ein globales Maximum aufweist (102!).

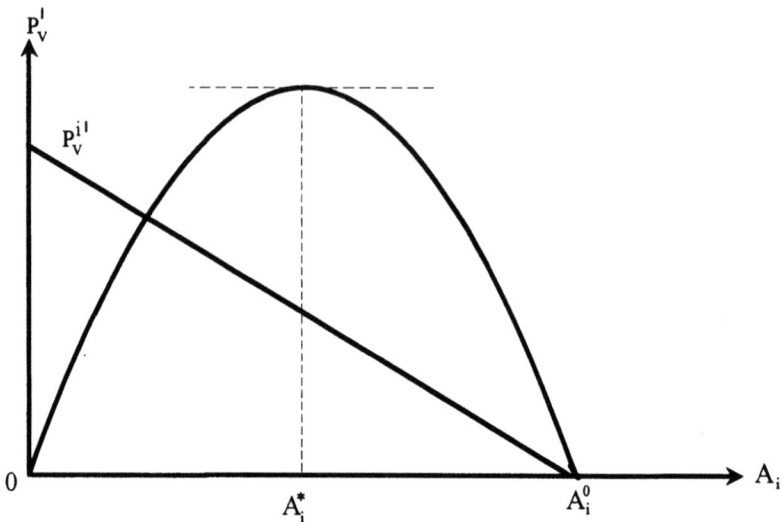

Abbildung 19

Bezüglich des Minimums von $K\left(A_i^R\right)$ im Intervall $\lfloor 0, A_i^0 \rfloor$ können wir nur sagen, daß es an der Stelle $A_i^R = 0$ und/oder an der Stelle $A_i^R = A_i^0$ liegen wird. Welche dieser möglichen Lösungen eintritt, hängt von der wahren Grenzkostenkurve und von $A_i^*$ ab. Es ist allerdings auch nicht notwendig, das Minimum noch genauer zu bestimmen, denn worauf es ankommt, ist allein die Feststellung, daß sich in jedem Fall eine Randlösung ergeben wird, d. h., der Emittent wird entweder nichts oder alles vermeiden.

Aufgrund dieser Überlegung wird deutlich, daß bei Aufgabe der Preisnehmer-Annahme der von SINN vorgeschlagene Mechanismus die Eigenschaft der Anreizkompatibilität verliert. Und nicht nur das: Die Abweichungen von der „wahren Lösung" sind extrem. Da $K\left(A_i^R\right)$ symmetrisch um $A_i^*$ ist, kann man sich leicht klarmachen, daß das optimale $A_i^R$ immer an dem von $A_i^*$ weiter entfernt liegenden Rand zu finden sein wird, d. h., der Mechanismus führt zu einer Abweichung vom angestrebten Standard, wie sie größer nicht sein könnte.

Vor dem Hintergrund der in Teil I dargelegten Erkenntnisse über die Eigenschaften anreizkompatibler Mechanismen kann dieses Resultat eigentlich nicht überraschen. GRESIK und SATTERTHWAITE haben ja gerade gezeigt, daß nur dann mit Effizienz zu rechnen ist, wenn *sehr viele* Verhandlungsteilnehmer vorhanden sind. Diese Aussage korrespondiert mit der Preisnehmer-Annahme bei SINN, denn diese ist eben nur dann gerechtfertigt, wenn der *einzelne* Emittent wegen der großen Anzahl von Verursachern nicht damit rechnen kann, Einfluß auf den Steuersatz nehmen zu können. In dem zuletzt betrachteten Fall differenzierter Besteuerung haben wir es im Prinzip mit einer *bilateralen* Verhandlungssituation zu tun, in die nur ein Emittent und der Planer involviert sind. Dies entspricht aber der von MYERSON und SATTERTHWAITE behandelten Situation, für die sie feststellten, daß kein anreizkompatibler, effizienter und individuell rationaler Mechanismus existiert.

Es sei bereits jetzt darauf hingewiesen, daß uns das gleiche Problem bei der Mengensteuerung, die wir im Abschnitt 2.3 behandeln, wiederbegegnen wird. Auch dort wird sich zeigen, daß mit Kosteneffizienz dann nicht mehr gerechnet werden kann, wenn die Anzahl der Emittenten klein wird, und wir deshalb nicht mehr von Preisnehmerverhalten ausgehen können.

## 2.2.4    Würdigung der Resultate

Am Ende des ersten Teils waren wir zu der Einsicht gelangt, daß einer staatlichen Umweltpolitik wohl kaum große Chancen im Hinblick auf die Erreichung effizienter Allokationen einzuräumen sind. Dieses Manko wiegt allerdings nicht allzu schwer, wenn man berücksichtigt, daß ohne staatliche Eingriffe, bei rein dezentralen Lösungen, das Effizienzziel ebenfalls weit verfehlt wird und kaum damit gerechnet werden kann, daß „rechtzeitig" Formen kooperativen Verhaltens entstehen, die daran etwas ändern könnten. Aus diesem Grund muß die Beurteilung der Instrumente staatlicher Umweltpolitik insofern „milde" gehandhabt werden, als sie sich nicht ausschließlich am „Nirwana" einer Paretoeffizienten Allokation orientieren sollte. Sowohl bei der „Umweltsteuer" als auch bei den noch zu diskutierenden anderen Instrumenten gilt es deshalb, zu fragen, was mit ihnen noch „machbar" ist.

Vor diesem Hintergrund wird auch klar, daß eine aussagefähige Beurteilung der Emissionssteuer nur im Vergleich mit den anderen Instrumenten gelingen kann. Zum jetzigen Zeitpunkt können wir nur feststellen, daß uns das Informationsproblem auch bei reduziertem Anspruchsniveau erhalten bleibt. Auch dann, wenn wir nicht verlangen, daß durch Besteuerung Pareto-Effizienz hergestellt werden soll, sondern lediglich die kostenminimale Realisierung eines exogen vorgegebenen Umweltstandards angestrebt wird, stellt sich dem Planer ein kaum lösbares Informationsproblem. Jedenfalls stellt es sich, wenn wir den Zusammenhang zwischen Emissionen und Immissionen berücksichtigen – und darum kommen wir wohl kaum herum, wenn wir Kosteneffizienz erreichen wollen und ökologischen Erfordernissen gerecht werden möchten. Damit bleibt dem Planer bei der Festlegung der Steuersätze letztlich nur eine „Notlösung". Da er nicht davon ausgehen kann, in den Besitz der privaten Informationen von Verursachern und Geschädigten zu gelangen, ist er gezwungen, die relevanten Daten gewissermaßen zu „schätzen". Ganz abgesehen davon, daß solche Schätzungen natürlich mit erheblichen Fehlern belastet sein dürften, besteht bei einem solchen Verfahren die Gefahr, daß Umweltpolitik zum Gegenstand politischer Willkür wird bzw. der Planer massiven Beeinflussungsversuchen ausgesetzt sein dürfte. Allerdings gilt auch hier, daß eine abschließende Beurteilung erst im Vergleich mit alternativen Politikinstrumenten möglich ist, denn es ist ja keineswegs gesagt, daß bei diesen ein höheres Maß an Objektivität erreichbar ist und damit politischer Willkür und dem Einfluß partikularer Interessen ein geringerer Spielraum bleibt.

Die Besteuerung von Emissionen wurde lange Zeit in der politischen Diskussion kaum als akzeptable Möglichkeit staatlicher Umweltpolitik angesehen, und eine echte Emissionssteuer ist bis heute noch in keinem Staat der Erde eingeführt worden. Obwohl sich die Einstellung zur „Steuer-Lösung" in letzter Zeit gewandelt hat und die Forderung nach der Einführung eines „ökologischen Steuersystems" öfter zu vernehmen ist, bestehen noch immer massive Vorbehalte gegen dieses Instrument, und zwar Vorbehalte, die im direkten Zusammenhang mit den ethischen Grundsatzfragen stehen, die wir in Abschnitt 2.1 bereits angesprochen haben. Aus der Sicht eines „Naturalisten", der von dem intrinsischen Existenzrecht der Dinge, und damit natürlich auch der Umweltgüter, ausgeht, ist jede Schadstoffemission, jeder „Umweltverzehr" moralisch verwerflich. Aus dieser Grundeinstellung resultiert die Forderung an die Politik, den Umweltverbrauch gewissermaßen mit einem Stigma zu versehen, ihn keinesfalls als etwas, was „rechtens" ist zu behandeln. Einer solchen Forderung wird eine Emissionssteuer scheinbar nicht gerecht. Sie läßt ja dem Emittenten die freie Entscheidung über die Emissionsmenge. Solange er dafür bezahlt, kann er so viele Schadstoffe produzieren wie er will, und dies erscheint vielen „Ökologen" als die faktische Legalisierung eines moralisch verwerflichen Verhaltens. Aus ihrer Sicht sind Emissionssteuern nichts anderes als die Einräumung eines Rechts auf Umweltverschmutzung. Nun sind sich natürlich auch die Verfechter einer naturalistischen Ethik darüber im klaren, daß die völlige Vermeidung aller Emissionen und damit der vollständige Verzicht auf die Nutzung der Umweltgüter eine Utopie ist. Um das nun einmal unumgängliche Maß an Umweltnutzung zulassen zu können, ohne eine „Legalisierung" damit zu verbinden, wird daher oftmals gefordert, den

Emittenten Mengenvorgaben zu machen, die sich jeweils am „neuesten Stand der Technik" orientieren sollen. Auf diese Weise wird das unbedingt notwendige Maß an Emissionen „erlaubt", aber gewissermaßen nur unter Vorbehalt, denn sobald die Technik eine Reduzierung der Emissionen gestattet, ist diese durchzuführen.

Wir werden uns mit dem Instrument der „Emissionsstandards" später noch ausführlich beschäftigen, aber soviel sei vorweggenommen: Unter Effizienzgesichtspunkten ist dieses Instrument der Steuerlösung in aller Regel weit unterlegen, d. h., ein gegebener Umweltzustand kann durch den Einsatz von Emissionssteuern zu geringeren Kosten erreicht werden als durch die Vorgabe von Emissionshöchstmengen. Aber die Argumentation der Naturalisten hebt ja auf moralische Legitimität und nicht auf Effizienz ab. Allerdings erweist sie sich auch diesbezüglich als fehlerhaft. Faktisch bedeutet nämlich die Festsetzung einer Emissionshöchstmenge die Schaffung eines Rechts auf Umweltverschmutzung, denn mit einem solchen Standard ist ja das *Recht* verbunden, bis zu seiner Erreichung die Umweltressourcen zu nutzen, und *zwar kostenlos!* Bei einer Pigou-Steuer werden dagegen die Restemissionen besteuert, d. h., derjenige, der die Umwelt in Anspruch nimmt, muß dafür bezahlen. Damit entpuppt sich die naturalistische Positition als ein einziges Mißverständnis. Sie ist bereit, Effizienzeinbußen zu tolerieren, um dadurch ein ethisches Prinzip zu wahren, und übersieht dabei, daß sie damit diesem Prinzip erheblich mehr Schaden zufügt, als dies durch die Emissionssteuer der Fall wäre.

# 2.3     Umweltzertifikate: Mengensteuerung

Bei der Behandlung des Preis-Standard-Ansatzes haben wir auf die Forderung verzichtet, der Staat möge eine *Pareto-effiziente* Allokation herbeiführen. Dieser Verzicht erfolgte nicht etwa deshalb, weil die Forderung nach Pareto-Effizienz unvernünfig wäre, sondern deshalb, weil wir einsehen mußten, daß die Theorie bis heute noch keine Lösung für das Informationsproblem anzubieten hat. Auch das Instrument, mit dem wir uns nun beschäftigen wollen, ist letztlich nicht geeignet, Pareto-effiziente Allokationen sicherzustellen. Genau wie bei der Preis-Standard-Lösung verbindet sich mit ihm eher die Hoffnung, dem Ziel der Kosteneffizienz näher zu kommen.

Bei der Charakterisierung externer Effekte wurde mehrfach darauf hingewiesen, daß solche Effekte deshalb Allokationsprobleme provozieren, weil es keine relevanten Märkte gibt. Der erste Hauptsatz der Wohlfahrtsökonomie gilt bei Existenz externer Effekte nicht, weil das Marktsystem in diesem Fall unvollständig ist. Die grundlegende Idee, die hinter dem Konzept der Umweltzertifikate steckt, knüpft an diesen Punkt an. Im Kern besteht sie nämlich darin, Märkte für Umweltgüter zu schaffen. Ursache dafür, daß solche Märkte nicht *spontan* entstehen, ist vor allem das Fehlen von Eigentumsrechten. Niemand kann von sich behaupten, er sei rechtmäßiger „Besitzer" eines Teils unserer Umwelt, und weil das so ist, kann auch kein Handel mit solchen Gütern entstehen. Daß solche Rechte nicht existieren, hat wiederum gute Gründe. Es ist zwar theoretisch möglich, Eigentumsrechte an Umweltgütern zu definieren, aber da es sich dabei um öffentliche Güter handelt, wäre damit nichts gewonnen, denn da das Ausschlußprinzip nicht funktioniert, wären diese Eigentumsrechte nicht durchsetzbar. Man stelle sich beispielsweise vor, der Staat würde die Luft über einem Land gleichmäßig auf seine Bürger verteilen und damit jeden Einwohner zum Eigentümer einer bestimmten Anzahl von Kubikmetern Luft erklären. Es ist offensichtlich, daß mit einem solchen „Besitz" niemand etwas anfangen könnte. Dazu müßte er nämlich in der Lage sein, andere von der Benutzung „seiner" Luft auszuschließen, und das ist unmöglich.

Eigentumsrechte an dem Umweltgut selbst zu schaffen, kann daher kaum der richtige Weg sein. Vielversprechender ist es dagegen, bei den Emissionen anzusetzen. Wie wir schon mehrmals betont haben, handelt es sich ja bei diesen aus der Sicht der Emittenten um *private Güter*. Diese Tatsache macht man sich bei der Zertifikat-Lösung auf folgende Art und Weise nutzbar: Der Planer legt eine bestimmte Emissionsgesamtmenge (z.B. 1.000 t $CO_2$/a) fest und stückelt diese in beliebig kleine Partien (z.B. 100 mal 10 t $CO_2$/a). Für jede Partie stellt er ein Zertifikat aus, das den jeweiligen Besitzer berechtigt, die in dem Zertifikat ausgewiesene Schadstoffmenge zu emittieren. Die damit geschaffenen „Verschmutzungsrechte" werden nun an die Emittenten vergeben, wobei der Modus, nach dem diese Vergabe erfolgt, uns zunächst nicht interessieren soll. Der entscheidende Punkt ist nun, daß die Zertifikate unter den Emittenten *gehandelt* werden können. Nimmt beispielsweise ein Unternehmen die in seinen Zertifikaten verbrieften Verschmutzungsrechte nicht im vollen Umfang wahr, so kann es die „ungenutzten"Zertifikate an andere Unternehmen verkaufen. Auf diese Weise entsteht ein Markt für Emissionen bzw. Emissionsrechte, auf dem der *Preis* einer Emissionseinheit endogen bestimmt wird.

Wir brauchen uns hier nicht explizit mit der Funktionsweise eines solchen Marktes zu befassen, denn die Resultate der allgemeinen Preis- und Allokationstheorie sagen uns, daß bei hinreichend großer Anzahl von Marktteilnehmern ein privates Gut (und das sind Emissionsrechte) durch Wettbewerbsmärkte effizient alloziiert wird. Es reicht deshalb, wenn wir uns eine rein intuitive Vorstellung davon machen, wie ein Gleichgewichtspreis auf einem Zertifikatmarkt zustande kommt. Sind bei einem Unternehmen, das im Besitz von Zertifikaten ist, die Grenzvermeidungskosten niedriger als der am Markt erzielbare Preis für Emissionsrechte, so wird dieses Unternehmen Emissionsvermeidung betreiben und die dadurch „freiwerdenden" Zertifikate verkaufen, und zwar so lange, bis ein Emissionsniveau erreicht ist, bei dem die Grenzvermeidungskosten gleich dem Marktpreis sind. Durch solchermaßen induzierte Vermeidungsaktivitäten steigt die Angebotsmenge an Zertifikaten, und der Zertifikatpreis fällt. Ein langfristiges Marktgleichgewicht ist dann erreicht, wenn sich die Vermeidungsgrenzkosten aller Emittenten angeglichen haben und der Gleichgewichtspreis gerade gleich diesen Grenzkosten ist. Daß der Ausgleich der Grenzkosten tatsächlich eine notwendige Bedingung für einen gleichgewichtigen Zustand ist, wird sofort anhand folgender Überlegung deutlich: Angenommen, es existieren zwei Unternehmen, die den gleichen Schadstoff emittieren und unterschiedliche Grenzkosten aufweisen. Offensichtlich können sich dann beide durch einen Handel mit Zertifikaten besserstellen, denn das Unternehmen mit den niedrigeren Grenzkosten kann durch zusätzliche Schadstoffvermeidung Zertifikate freisetzen und an das andere Unternehmen verkaufen, das daraufhin seine Emissionen entsprechend erhöht. Im Ergebnis würde dabei die Gesamtmenge der Emissionen gleichbleiben, aber sie würde zu geringeren Gesamtkosten realisiert. Solange solche Transaktionen noch möglich sind, ist offensichtlich noch kein Marktglcichgcwicht erreicht.

Diese rein intuitive Betrachtung dürfte bereits genügen, um die „Verwandtschaft"der Zertifikat-Lösung mit dem Preis-Standard-Ansatz aufzuzeigen. In beiden Fällen legt der Planer die Gesamtmenge der Emissionen fest und versucht, diese kostenminimal zu realisieren. Der Unterschied besteht darin, daß bei der Preis-Standard-Lösung der Planer den *Preis* in Form einer Steuer *exogen* vorgibt und die Emittenten ihre Mengen diesem Preis anpassen, während bei Umweltzertifikaten die *Menge* exogen gesetzt wird und die Preisbildung dem Markt überlassen bleibt. Bezüglich der Kosteneffizienz sind beide Instrumente gleich zu beurteilen: Da ein funktionierender Zertifikatmarkt zu einem Ausgleich der Grenzkosten führt, ist damit die *notwendige* Bedingung für ein Kostenminimum erfüllt, und mehr vermag auch ein ideal gewählter Steuersatz im Falle des Preis-Standard-Ansatzes nicht zu leisten. MONTGOMERY (1972) hat darüber hinaus gezeigt, daß dezentraler Handel mit Zertifikaten unabhängig von der Anfangsverteilung der Emissionsrechte *immer* zu einer kostenminimalen Realisierung der festgelegten Vermeidungsmenge führt.

Die Beurteilung des Zertifikathandels muß sich am Preis-Standard-Ansatz orientieren, weil beide Instrumente das gleiche Ziel verfolgen, nämlich die kosteneffiziente Produktion eines „irgendwie" festgelegten Umweltstandards. Das hohe Ziel der Pareto-Effizienz ist mit der Einführung von Verschmutzungsrechten dagegen nicht zu erreichen, und zwar aus folgendem Grund: Die notwendige Bedingung für Pareto-Effizienz wäre dann erfüllt, wenn der Marktpreis für Zertifikate gleich den Vermeidungsgrenzkosten *und* gleich dem Grenznutzen aus Vermeidung wäre. Dies ist jedoch nur dann möglich, wenn die Nutznießer der Schadstoffvermeidung, die Geschädigten, ihrerseits am Markt als Nachfrager von Zertifikaten auftreten und dabei ihre wahre Zahlungsbereitschaft für das Gut „Emissionsvermeidung" offenbaren. Aus der Sicht der Geschädigten wird jedoch auf dem Zertifikatmarkt ein öffentliches Gut gehandelt, und deshalb wäre es für den einzelnen Geschädigten irrational, Zertifikate zu erwerben. Würde beispielsweise ein einzelner „Konsument" Zertifikate entsprechend seiner wahren Zahlungsbereitschaft für das öffentliche Gut „saubere Luft" nachfragen, so würde die Nachfragemenge schon deshalb vergleichsweise klein ausfallen, weil sich der „Normalbürger" in aller Regel mit einer recht restriktiven Budgetbeschränkung konfrontiert sieht. Demzufolge hätte die Nachfrage eines einzelnen so gut wie keinen Einfluß auf die Luftqualität. Ein solcher könnte erst dann entstehen, wenn alle Geschädigten entsprechend ihrer Präferenzen Zertifikate nachfragen. Da aber niemand vom Konsum „sauberer Luft" ausgeschlossen werden kann, eröffnet sich dann jedoch eine Schwarzfahrer-Option, und die werden rationale Individuen wahrnehmen. Anders ausgedrückt: Die Geschädigten befinden sich hinsichtlich der optimalen Zertifikat-Nachfrage in einem sozialen Dilemma. Aus diesem Grunde dürfen wir nicht hoffen, daß der Handel mit Zertifikaten einen Gleichgewichtspreis generiert, der äquivalent zu einer Pigou-Steuer wäre.

Reduziert man jedoch sein Anspruchsniveau in der Weise, wie wir das im Falle des Preis-Standard-Ansatzes getan haben, und verzichtet auf Pareto-Effizienz, so scheint das Zertifikatmodell auf den ersten Blick eine ganze Reihe von Vorteilen zu bieten. Insbesondere verkleinert sich das Informationsproblem des Planers beträchtlich. Er braucht lediglich die Emissionsmenge festzulegen und die entsprechenden Zertifikate zu vergeben, alles andere regelt dann der Markt. Das Aufspüren eines optimalen Steuersatzes mit Hilfe eines mühsamen Trial-and-error-Verfahrens entfällt ersatzlos, und um Informationen über die Vermeidungskosten der Emittenten braucht er sich ebenfalls nicht mehr zu kümmern. Bei näherem Hinsehen zeigt sich jedoch, daß auch der Zertifikat-Ansatz einige Probleme aufwirft.

## 2.3.1    Erstvergabeverfahren

Ein erstes Problem entsteht bereits ganz am Anfang des Verfahrens, und zwar bei der Frage, wie der Planer bei der Einführung von Emissionsrechten diese auf die Verursacher verteilen soll. In der Literatur sind drei unterschiedliche Verteilungsverfahren diskutiert worden: kostenlose Ausgabe, Verkauf zu einem administrativ bestimmten Festpreis und Versteigerungsverfahren. Bei der Diskussion dieser Verfahren müssen wir einen Punkt beachten, der auch noch in anderem Zusammenhang von Bedeutung sein wird. Wir haben oben argumentiert, daß der Zertifikatmarkt zu einer effizienten Allokation führt und langfristig einen „Grenzkostenpreis" generiert. Diese Behauptung ist jedoch nur dann richtig, wenn es sich um einen *kompetitiven* Markt handelt, d. h., wenn die *Anzahl* der Marktteilnehmer hinreichend groß ist. Nur dann kann nämlich von Preisnehmerverhalten der Marktteilnehmer ausgegangen werden. Handelt es sich dagegen um einen sogenannten *dünnen* Markt mit nur wenigen Marktteilnehmern, so entstehen Spielräume für *strategisches* Verhalten. Daß in einer solchen Situation Effizienz des Marktergebnisses nicht mehr gesichert ist, dürfte aufgrund der in Teil I angestellten Überlegungen klar sein. Das Problem wird deutlich, wenn wir den extremen Fall von nur zwei Marktteilnehmern betrachten. Transaktionen finden dann nur im Zuge bilateraler Verhandlungen zwischen Käufer und Verkäufer von Zertifikaten statt. Wie wir wissen, führen solche Verhandlungen nur dann zu effizienten Resultaten, wenn beide Teilnehmer vollständig informiert sind. Davon kann jedoch nicht ausgegangen werden, denn die Grenzvermeidungskosten, von denen die Zahlungsbereitschaft für Zertifikate abhängt, sind natürlich nur dem jeweiligen Emittenten bekannt. Das bedeutet, daß wir auf einen „dünnen" Zertifikatmarkt die Ergebnisse von MYERSON und SATTERTHWAITE direkt anwenden können, und die besagen: Verfügen die Verhandlungteilnehmer über private Informationen, so existiert kein Verhandlungsmechanismus, der ex post Effizienz sichert, anreizkompatibel und individuell rational ist. Bei mehr als zwei Marktteilnehmern verbessert sich zwar die Situation, aber Effizienz dürfte erst dann zu erwarten sein, wenn die Anzahl so groß wird, daß von Preisnehmerverhalten ausgegangen werden kann. Man muß sich an dieser Stelle darüber im klaren sein, daß der Unmöglichkeitssatz von MYERSON und SATTERTHWAITE in diesem Fall nicht dadurch entschärft werden kann, daß man die Forderung nach individueller Rationalität aufgibt. Wir haben es hier mit dezentralen, freiwilligen Verhandlungen zu tun, und damit diese überhaupt stattfinden können, muß es für den einzelnen Emittenten *rational* sein, an ihnen teilzunehmen.

Was hat nun das Problem „dünner" Märkte mit der Frage zu tun, wie die Erstausgabe der Zertifikate geregelt werden soll? Um diesen Zusammenhang herzustellen, betrachten wir zunächst eine Situation, in der die Anzahl der Emittenten so groß ist, daß man davon ausgehen kann, daß es zu einem kompetitiven Zertifikatmarkt kommen wird. In einem solchen Fall spricht vieles dafür, die Emissionsrechte „gratis" an die Emittenten zu vergeben. Dabei könnte ein Verfahren angewendet werden, bei dem die Zertifikatausstattung der einzelnen Verursacher an die bisher emittierte Schadstoffmenge gebunden ist. In der Literatur wird eine solche Vorgehensweise beziehungsreich als „Grandfathering" bezeichnet (vgl. KEMPER (1989), S. 47, LYON (1986)).

Vorteilhaft ist die Gratisvergabe zunächst einmal aus pragmatischen Gründen. Sie ist für die Behörde leicht zu handhaben, und sie vermeidet auf seiten der Emittenten zusätzliche Planungsunsicherheit, weil die Unternehmen ex ante wissen, mit welchen Emissionsmengen sie rechnen können. Ein weiterer Punkt kommt hinzu. Bei einer Versteigerung der Emissionen müßten zuvor alle bis dahin bestehenden Emissionsrechte, die beispielsweise im Zuge von Genehmigungsverfahren erteilt worden sind, außer Kraft gesetzt werden (vgl. KEMPER (1989) S. 47f.). Dies könnte zusätzliche Transaktionskosten (etwa in Form von Entschädigungsleistungen) verursachen und erhebliche juristische Probleme aufwerfen, da die Aufgabe jeglichen Bestandsschutzes unter Umständen nicht mit dem Prinzip der Rechtssicherheit zu vereinbaren ist.

Aus theoretischer Sicht weist das „Grandfathering" vor allem zwei Vorteile auf. Erstens ist durch den kompetitiven Zertifikatmarkt Kosteneffizienz und eine entsprechende Preisbildung auch ohne weiteres Zutun des Planers gesichert, so daß keinerlei Informationsprobleme auftreten. Zweitens entsteht durch die Gratisvergabe natürlich kein Budgetaufkommen, der Planer hat keine Einnahmen, über deren Verwendung man sich Gedanken machen müßte. Bei der Behandlung der Pigou-Steuer bzw. des Preis-Standard-Ansatzes wurde ja bereits darauf hingewiesen, daß Ressourcen, die durch Steuern oder Abgaben dem privaten Sektor entzogen werden und zu Staatseinnahmen führen, auf geeignete Weise zurückgeschleust werden müssen, will man eine insgesamt effiziente Lösung erzielen. Dieses „Rückschleusungsproblem" entfällt beim „Grandfathering", während es beim Verkauf der Zertifikate durch die Planungsbehörde notwendig auftritt und bei Versteigerungen auftreten *kann*.

Wenn wir also davon ausgehen können, daß ein kompetitiver Zertifikatmarkt entsteht, ist die Erstvergabe relativ unproblematisch. Die Orientierung der Vergabemengen an den historischen Emissionsmengen bedeutet im übrigen keineswegs, daß dadurch der Status quo festgeschrieben wird. Einerseits kann der Planer die Gesamtemissionsmenge, für die er Zertifikate ausgeben will, als Bruchteil $1/n$ ($n > 1$) der historischen Gesamtmenge bestimmen und entsprechend jedem Emittenten Zertifikate über $1/n$ seiner bisherigen Emissionen zuteilen. Andererseits bildet die Zertifikat-Lösung unabhängig vom Erstvergabeverfahren eine Vielzahl von Möglichkeiten, die Gesamtemissionsmenge nachträglich einzuschränken. Beispielsweise könnte der Planer seinerseits Zertifikate aufkaufen und gewissermaßen „stillegen". Eine Alternative oder Ergänzung zu einer solchen „Offenmarktpolitik" ist die *Abwertung* von Zertifikaten (vgl. KEMPER (1989), S. 53). Dabei wird in festgelegten Zeitabständen die Emissionsmenge, zu der ein Zertifikat berechtigt, um einen bestimmten Prozentsatz reduziert und so die Gesamtemissionsmenge verkleinert.

Weder die Erstvergabe von Zertifikaten, noch die Realisierung eines beliebigen Emissionsstandards stellen damit ernsthafte Probleme dar, *wenn* wir von einem Wettbewerbsmarkt ausgehen können. Was aber geschieht, wenn der Schadstoff, für den der Planer einen Standard festlegt, nur von einigen wenigen Verursachern emittiert wird? Wir wissen, daß dann Gratisvergabe der Zertifikate und anschließender Handel nicht mehr notwendig Effizienz erzeugt, weil die Teilnehmer dieses Handels durch strategisches Verhalten eine Grenzkostenpreisbildung verhindern können. Auch an dieser Stelle helfen uns die Überlegungen, die wir im ersten Teil angestellt haben. Das Effizienzziel wird bei den dezentralen Verhandlungen der Emittenten, die nach der Erstvergabe der Zertifikate erfolgt, vor allem deshalb verfehlt, weil effiziente Verhandlungsprozeduren nicht die Forderung nach individueller Rationalität erfüllen, d. h., solche Mechanismen sind bei *diesen* Verhandlungen gar nicht implementierbar. Bei der Erstvergabe der Zertifikate haben wir es jedoch mit einer etwas anderen Situation zu tun, denn dabei sind die Emittenten *gezwungen*, an dem vom Planer festgelegten Prozedere teilzunehmen. Die Frage, die sich daraus ableitet, lautet, ob der Planer in der Lage ist, ein effizientes, anreizkompatibles Vergabeverfahren zu implementieren, das zwar die Eigenschaft der individuellen Rationalität nicht zu besitzen braucht, dafür aber möglichst zu keinen Staatseinnahmen führt. LYON (1986) kommt zu dem Schluß, daß die Versteigerung von Zertifikaten mit einem Mechanismus vom CLARKE-GROVES-VICKREY-Typ dann die gestellten Forderungen erfüllt, wenn er mit einer Lump-sum-Rückerstattung der Staatseinnahmen an die Emittenten kombiniert wird. In der Tat lassen sich die Einwände, die wir gegen den CLARKE-GROVES-Mechanismus an früherer Stelle erhoben haben, hier nicht mehr aufrechterhalten. Einkommenseffekte spielen bei Unternehmen keine Rolle, und durch die Lump-sum-Rückschleusung entsteht keine Staatseinnahme. Anhand der Darstellung des CLARKE-GROVES-Mechanismus in Anhang II kann der Leser sich leicht klarmachen, daß für seine Anwendung eine gewisse Mindestzahl von Teilnehmern erforderlich ist. Insbesondere ist er im bilateralen Fall nicht anwendbar, d. h., wird der betreffende Schadstoff nur von einem Emittenten erzeugt, oder schließen sich wenige Emittenten zu einer Koalition zusammen[87], so hat der Planer kaum eine Möglichkeit, eine effiziente Preisbildung durch ein Versteigerungsverfahren zu erreichen.

Dennoch können wir festhalten, daß im Falle dünner Märkte der Planer *im Prinzip* in der Lage ist, zumindest bei der Erstvergabe Effizienz zu erreichen. Leider gilt dies *nur* für die Erstvergabe und die findet zu einem bestimmten Zeitpunkt und damit bei einem bestimmten Stand der Vermeidungstechnik und -kapazität und für eine bestimmte Emissionsgesamtmenge statt. Ändert sich eine dieser Größen, etwa durch technischen Fortschritt oder weil der Planer den Emissionsstandard verschärft, kann dagegen nicht ohne weiteres davon ausgegangen werden, daß dezentraler Handel mit Zertifikaten eine effiziente Anpassung an diese Veränderung leistet. Darüber hinaus bleiben natürlich die oben angesprochenen „pragmatischen" bzw. juristischen Probleme einer Versteigerung von Emissionsrechten bestehen.

---

[87] Die Frage, ob und unter welchen Bedingungen eine solche Koalitionsbildung erfolgt, muß an dieser Stelle offenbleiben.

Während die Gratisvergabe bei kompetitiver Marktstruktur angebracht ist und bestimmte Versteigerungsverfahren bei dünnen Märkten angewendet werden sollten, läßt sich kaum ein Argument finden, das für den Verkauf zu administrativen Festpreisen spricht. Der Planer ist nicht in der Lage, den markträumenden Preis zu bestimmen, denn dazu müßte er die Grenzvermeidungskosten der Emittenten kennen. Die Entstehung einer unerwünschten Staatseinnahme wäre nicht zu verhindern.

## 2.3.2 Räumliche Differenzierung

Bei der Behandlung der Vergabe-Problematik dürfte ein Punkt besonders deutlich geworden sein: Die Zertifikat-Lösung funktioniert um so besser, je größer die Märkte sind, auf denen der Handel mit Emissionsrechten stattfindet. Aus ökonomischer Sicht liegt es daher im Interesse des Planers, das Zertifikat-System so zu gestalten, daß möglichst viele Emittenten untereinander Zertifikate handeln können, denn nur dann sind die insgesamt möglichen Effizienzgewinne auch tatsächlich realisierbar. Eine solche Strategie gerät jedoch zwangsläufig in Konflikt mit den *ökologischen* Erfordernissen, denen ein Zertifikatsystem natürlich auch genügen muß. Genau wie beim Preis-Standard-Ansatz ist für die ökologische Wirksamkeit des Instruments entscheidend, wie weit auf den Zusammenhang zwischen Emissionen und Immissionen geachtet wird. Folgendes Beispiel macht dies deutlich: Nehmen wir an, wir haben es mit einem Oberflächenschadstoff zu tun, der in einer bestimmten Region von einer großen Anzahl von Emittenten erzeugt wird. Es wurde bereits mehrfach darauf hingewiesen (vgl. Exkurs 2), daß für die Höhe der durch diese Emissionen und Immissionen verursachten Schäden nicht nur die Emissions*mengen*, sondern vor allem auch die räumliche und zeitliche Verteilung der Immissionen ausschlaggebend ist. Würde nun der Planer im Interesse einer ökonomisch effizienten Lösung *undifferenzierte* Zertifikate ausgeben, d. h. Zertifikate, die zu bestimmten Emissionsmengen berechtigen, ohne daß dabei die Auswirkungen auf die Immissionswerte berücksichtigt würden, so dürften räumliche und zeitliche „hot spots" kaum zu vermeiden sein. Trägt der Planer also den Erfordernissen *ökonomischer* Effizienz Rechnung, so verringert er damit die *ökologische* Wirksamkeit seines Instruments.

Zertifikatsysteme lassen sich auf unterschiedliche Art und Weise gestalten, und man kann die Vergabe von undifferenzierten Emissionsrechten als Extremfall begreifen[88]. Das andere Extrem wäre gegeben, wenn der Planer vollkommen differenzierte Zertifikate ausgeben würde. Dazu müßte er innerhalb der Region Immissionsmeßstellen einrichten, für jede Meßstelle Höchstwerte festlegen und dann Zertifikate ausgeben, die zu einer bestimmten Immission an dieser Meßstelle berechtigen. Die vollständige Differenzierung des Zertifikatsystems bedingt somit die Vergabe von meßstellenbezogenen Immissionzertifikaten. Durch ein solches System würde der Zustand der Umwelt für den Planer mit jeder gewünschten Präzision steuerbar, und insbesondere die Gefahr von „hot spots" ließe sich stark reduzieren. Unter ökologischen Aspekten wäre ein solches System damit hoch wirksam, aber welche ökonomischen Konsequenzen wären damit verbunden?

Der unter Effizienzgesichtspunkten entscheidende Punkt ist, daß durch ein differenziertes System eine Vielzahl von Zertifikatmärkten entstehen würde. Jeder einzelne Meßpunkt, und damit jeder einzelne Immissionsstandard bildet einen eigenen Markt, denn gehandelt werden Immissionsrechte an den jeweiligen Meßstellen. Betrachten wir zunächst einmal die Auswirkungen einer solchen Marktstruktur auf die Situation des einzelnen Emittenten. Durch den Kauf von Zertifikaten erwirbt dieser das Recht, die Assimilationskapazität der Umwelt in einem bestimmten Umfang zu „Produktionszwecken" in Anspruch zu nehmen. Den „Lagerraum", den er für die von ihm erzeugten Schadstoffe dadurch belegt, kann man durchaus als Produktionsfaktor begreifen, und entsprechend die Zertifikatnachfrage als Faktornachfrage. Ein differenziertes Zertifikat-System hat nun zur Folge, daß sich der einzelne Verursacher, selbst dann, wenn er nur einen einzigen Schadstoff emittiert, mit einer Vielzahl von Faktormärkten konfrontiert sieht, auf denen jeweils unterschiedliche Faktorpreise herrschen. Jede Veränderung des Schadstoffausstoßes bedingt, daß der Emittent auf allen für ihn relevanten Märkten simultan tätig werden muß. Dies führt zu einem nicht zu unterschätzenden Anstieg der Transaktionskosten, der nicht zuletzt ausgelöst wird durch den hohen Informationsbedarf, der sich für die Verursacher ergibt (vgl. BOHM und RUSSELL S. 422): Um das Produktionsvolumen – und damit die Emissionsmengen – flexibel handhaben zu können, müssen sie über Preise und verfügbare Mengen von Zertifikaten auf allen Märkten jederzeit informiert sein. Die Zertifikat-Lösung reduziert damit das Informationsproblem des zentralen Planers, schafft dafür jedoch – bei differenzierter Ausgestaltung ein neues Informationsproblem bei den dezentral entscheidenden Akteuren. Allerdings scheint dieses neue Problem eher lösbar, und die höheren Transaktionskosten liefern für sich genommen noch kein

---

[88]   Vgl. dazu BOHM und RUSSELL, S. 421 ff.

Argument für die Ineffizienz differenzierter Zertifikat-Systeme. Solange die Immissionszertifikate auf Wettbewerbsmärkten gehandelt werden, ändert auch ihre größere Anzahl nichts an der Effizienz des Allokationsergebnisses.

Es stellt sich jedoch die Frage, ob wirklich noch mit Wettbewerbsmärkten gerechnet werden kann, wenn das Zertifikat-System differenziert ausgestaltet wird. Je mehr Meßstellen (und damit Märkte) eingerichtet werden, um so kleiner ist die Anzahl der jeweiligen Marktteilnehmer, und um so größer ist deshalb der Spielraum für strategisches Verhalten. Zertifikatmärkte verlieren als „dünne" Märkte ihre Fähigkeit, für eine effiziente Allokation der Immissionsrechte zu sorgen. Da Preisnehmerverhalten nicht mehr angenommen werden kann, ist nicht zu erwarten, daß es zu einer Grenzkostenpreisbildung kommt. Wie wir gesehen haben, kann der Planer zwar noch im Rahmen des Erstvergabeverfahrens korrigierend eingreifen, indem er ein anreizkompatibles Versteigerungsverfahren wählt, aber nach Abschluß dieses Verfahrens hat er auf den Zertifikathandel keinen Einfluß mehr. Anders ausgedrückt: Je mehr das Zertifikatsystem *ökologischen* Erfordernissen Rechnung trägt, indem es den Zusammenhang zwischen Emission und Immission berücksichtigt, um so weniger kann damit gerechnet werden, daß mit seiner Hilfe Effizienz herzustellen ist. Ganz ähnlich wie beim Preis-Standard-Ansatz haben wir es mit einem echten „trade-off" zwischen ökologischen und ökonomischen Zielgrößen zu tun.

Dieser „trade-off" ist nicht zu beseitigen, es gibt keinen Weg, auf dem er vermieden werden könnte. Eine wichtige Frage ist deshalb, ob es zwischen dem System undifferenzierter Zertifikate – das ökonomisch sinnvoll ist – und dem vollständig differenzierter Immissionsrechte einen Kompromiß, gewissermaßen eine „mittlere" Lösung gibt. In der Tat sind in dieser Richtung einige Überlegungen angestellt worden[89].

Im wesentlichen laufen diese darauf hinaus, daß Zertifikatmärkte nicht mehr durch einzelne Meßstellen, sondern durch regionale *Zonen* definiert werden. Dazu wird die Region, deren Umweltzustand gesteuert werden soll, in Subregionen unterteilt. Für jede dieser Subregionen bzw. Zonen werden Immissionshöchstwerte festgelegt, über die dann Zertifikate ausgestellt werden. Ein Emittent muß aus allen Zonen, in denen seine Emission zu Immissionen führt, entsprechende Zertifikate erwerben, die dann sowohl innerhalb als auch zwischen den Zonen handelbar sind. Tatsächlich eröffnet dies dem Planer einigen Spielraum. Je nachdem, wie groß er die Subregionen wählt, kann er mehr Gewicht auf ökonomische

---

[89] Vgl. dazu ATKINSON und TIETENBERG (1982), BONUS (1981) sowie BOHM und RUSSELL, S. 422, KEMPER (1989), S. 211 ff.

oder ökologische Zielgrößen legen. Je kleiner die Zonen sind, um so besser läßt sich die Gefahr von „hot spots" vermeiden, je größer sie sind, um so eher erreicht der Planer effizient funktionierende Wettbewerbsmärkte.

Insgesamt können wir zwar keine theoretisch fundierte „Patentlösung" für das Problem der räumlichen Differenzierung liefern, aber zumindest sind wir in der Lage, dem Planer gewissermaßen einen „Menüplan" vorzulegen, aus dem er Zertifikatsysteme entsprechend seinen Zielen auswählen kann.

## 2.3.3     Befristung und dynamische Anreizwirkung

Der „trade-off" zwischen ökonomischen und ökologischen Zielgrößen entstand durch die Effizienzeinbuße, die mit dünnen Märkten verbunden ist. Ein ganz ähnliches Problem begegnet uns im Zusammenhang mit der Frage, für welche Frist Emissionrechte gültig sein sollen. Ist es besser, sie einer zeitlichen Begrenzung zu unterwerfen, oder sollen sie unbefristet gelten? Bevor wir uns damit befassen, sei auf eine Eigenschaft der Zertifikat-Lösung hingewiesen, die sie deutlich von der Steuer-Lösung unterscheidet.

Die Steuerung des Umweltzustandes erfolgt bei der Zertifikat-Lösung durch die Festlegung von Emissions- bzw. Immissions*mengen* und nicht – wie im Fall der Emissionsbesteuerung – durch Preissetzung. Das hat zur Folge, daß die maximal emittierte Schadstoffmenge auch bei Veränderung ökonomischer Bedingungen konstant bleibt. Markteintritt neuer Emittenten hat bei einer Emissionsbesteuerung ceteris paribus zur Folge, daß die Gesamtemissionsmenge steigt. Der Planer könnte dies nur durch die umständliche Anpassung der Steuersätze an die veränderten Bedingungen verhindern. Bei einer Zertifikatlösung erübrigt sich solcher Aufwand. Dynamische Veränderungen, wie Marktein- oder -austritt, Entstehung neuer Technologien und Produkte, Nachfrageschwankungen oder ganz einfach ökonomisches Wachstum wirken sich hier ausschließlich auf den Zertifikat*preis* aus, und nicht auf die Emissionsmenge – der angestrebte Standard bleibt in jedem Fall gewahrt. Vielfach wird in dieser Eigenschaft der Zertifikat-Lösung ihr entscheidender Vorteil gegenüber der Emissionsbesteuerung gesehen.

Trotzdem spricht einiges dafür, das Zertifikatsystem so zu gestalten, daß es die Möglichkeit einer nachträglichen Veränderung des ökologischen Rahmens, d. h. der zulässigen Gesamtemissionsmenge, offenläßt. Einerseits kann der Handel mit Zertifikaten bei einem nicht vollständig differenzierten System zur räumlichen Verlagerung von Emissionen führen, die die Gefahr von „hot spots" mit sich bringen. Andererseits kann auch die Einschätzung des Planers hinsichtlich der „zumutbaren" Emissionsbelastung Veränderungen unterworfen sein. Beispielsweise können neue Erkenntnisse über die Diffusionsprozesse oder die Auswirkungen von Schadstoffimmissionen zu einer veränderten Bewertung führen.

Es wurde bereits erwähnt, daß dem Planer zur Verschärfung des Umweltstandards verschiedene Möglichkeiten zur Verfügung stehen. Außer dem Instrument der Offenmarktpolitik laufen alle diese Möglichkeiten jedoch auf eine Befristung der Gültigkeit des Emissionsrechtes hinaus. Dabei sind verschiedene Varianten denkbar. Zunächst könnte eine einfache zeitliche Limitierung erfolgen, d. h., ein Zertifikat berechtigt dann zur Emission einer bestimmten Menge während eines festen Zeitraumes (z.B. ein Jahr). Die bereits angesprochene „Abwertung" ist eine Alternative zu diesem Verfahren, die den Planer in die Lage versetzt, ohne großen Aufwand eine kontinuierliche Verschärfung des Standards zu erreichen (vgl. dazu BONUS (1983)). Sowohl die starre zeitliche Befristung als auch die Möglichkeit der Abwertung erhöhen die Flexibilität des Politik-Instruments, indem sie dem Planer Gelegenheit geben, auf veränderte Erkenntnislagen zu reagieren. Zugleich können solche Befristungen jedoch die Möglichkeiten eines effizienten Zertifikathandels reduzieren. Gelten Emmissionsrechte beispielsweise nur für ein Jahr, so wird Handel nur in einem begrenzten Zeitraum möglich sein, denn ein Zertifikat, das in wenigen Monaten seine Gültigkeit verliert, wird niemand nachfragen, wenn er bei der dann erfolgenden Neuausgabe Rechte mit einer Laufzeit von einem Jahr erhalten kann. Zumindest tendenziell besteht daher auch hier ein „trade-off" zwischen ökologischer Wirksamkeit des Instruments und seinen ökonomischen Effizienzeigenschaften.

Wir haben an anderer Stelle bereits darauf hingewiesen, daß der *dynamischen Anreizwirkung* umweltökonomischer Instrumente eine besondere Bedeutung zukommt. Wenn wir mehr oder weniger abstrakt von den „Vermeidungskosten" sprechen, so verbergen sich dahinter letztlich Technologien. Alle unsere bisher angestellten Überlegungen dürften deutlich gemacht haben, daß der ökonomisch effiziente Umweltzustand (bei gegebenen Präferenzen für Umweltgüter) von den Vermeidungsgrenzkosten abhängt – und damit von eben diesen Technologien. Der „Stand der Technik" entscheidet letztlich darüber, welche Umweltqualität sich eine Gesellschaft „leisten" kann. Umweltpolitik muß deshalb vor allem bemüht sein, Anreize für die Entwicklung neuer, besserer Umwelttechnologien zu schaffen.

Unbestritten ist, daß das Gewinnmotiv, das in marktwirtschaftlichen Systemen den wesentlichen Anreiz für *jegliche* wirtschaftliche Betätigung liefert, sehr starke dynamische Kräfte freizusetzen vermag. Es ist sicherlich keine Übertreibung, wenn man behauptet, daß die Entwicklung des technischen Fortschritts, sowohl bezüglich seiner Geschwindigkeit als auch seiner Richtung, im wesentlichen davon abhängt, inwieweit mit technischen Innovationen Gewinnaussichten verknüpft sind. Die Produktion von Umweltqualität – und der dienen die Technologien, um die es hier geht – bietet *ohne* den Einsatz umweltökonomischer Instrumente solche Gewinnaussichten nicht, denn Umweltqualität ist ein öffentliches Gut. Deshalb ist die Frage, ob und in welchem Maße Umweltpolitiken Anreize schaffen, von erheblicher Bedeutung. Nur wenn es gelingt, Rahmenbedingungen zu setzen, unter denen es im Interesse des einzelnen Emittenten liegt, umweltschonende Technologien zu entwickeln, können wir hoffen, daß die unzweifelhafte Dynamik marktwirtschaftlicher Systeme auch für die Produktion von Umweltqualität nutzbar gemacht wird.

Wir hatten festgestellt (vgl. 2.2.3), daß die Besteuerung von Emissionen Anreize zur Einführung neuer Umwelttechnologien schafft. Da die Restemissionen im Optimum der Besteuerung unterliegen, hat eine Senkung der Grenzvermeidungskosten durch den Einsatz verbesserter Technologien in zweierlei Hinsicht kostensenkende Wirkung. Einerseits können die vor Einführung der neuen Technik realisierten Vermeidungsmengen nun zu geringeren Gesamtkosten erreicht, und zum anderen durch Ausweitung der Emissionsvermeidung die auf Schadstoffe zu entrichtende Steuer eingespart werden, so daß sich per saldo eine zusätzliche Kostenentlastung in Höhe der Differenz zwischen Grenzvermeidungskosten und Steuersatz ergibt.

Wie sehen die Anreize im Vergleich dazu bei der Zertifikat-Lösung aus? Auf den ersten Blick ist kaum ein Unterschied auszumachen. Auch im Zertifikat-Fall hat technischer Fortschritt die beiden oben genannten Effekte. Der vor Einführung realisierte Vermeidungsstandard ist zu geringeren Gesamtkosten möglich, und durch zusätzliche Emissionsvermeidungen werden Zertifikate freigesetzt, deren Verkauf einen „Gewinn" in Höhe der Differenz zwischen dem Marktpreis für Zertifikate und den Grenzvermeidungskosten abwirft.

Auf den zweiten Blick ergibt sich jedoch ein Unterschied. Bei der Emissionssteuer wird der gesamte Vorteil aus der Einführung neuer Technologien auf jeden Fall und unmittelbar realisiert. Für Zertifikate gilt dies nur im Hinblick auf die Kostenersparnis bei den „alten" Vermeidungsmengen. Der zusätzliche Gewinn, der aus dem Verkauf von Zertifikaten resultiert, entsteht dagegen erst dann und nur dann, wenn es zu einem solchen Verkauf auch tatsächlich kommt, und das hängt wiederum von der Verfassung des jeweiligen Zertifikatmarktes ab. Wie schon so oft, zeigt die Zertifikat-Lösung auch hier Schwächen, sobald wir es mit nicht kompetitiven, dünnen Märkten zu tun haben. Treten auf einem Zertifikat-markt nur wenige Emittenten als Anbieter und Nachfrager auf, so ist keineswegs klar, daß für ein Angebot an freigewordenen Zertifikaten auch eine entsprechende Nachfrage vorhanden ist. In jedem Fall dürfte es mit hoher Wahrscheinlichkeit zu „time lags" zwischen der Freisetzung von Zertifikaten und ihrem Verkauf kommen. Insgesamt ist bei dünnen Märkten der Vorteil, der sich aus zusätzlicher Schadstoffvermeidung ergibt, in der Höhe unsicher und tritt mit zeitlicher Verzögerung ein. Tendenziell gilt deshalb, daß die dynamische Anreizwirkung von Zertifikaten im Vergleich zur Emissionsbesteuerung um so geringer ausfällt, je weniger kompetitiv die Zertifikatmärkte sind.

Ein letzter Aspekt, unter dem die Zertifikat-Lösung betrachtet werden kann, sei hier nur am Rande erwähnt. Gemeint sind die Wettbewerbswirkungen, die von der Zertifikat-Einführung ausgehen können. In der Literatur ist dieser Punkt intensiv diskutiert worden, und der an einer ausführlichen Darstellung interessierte Leser sei auf die entsprechenden Stellen verwiesen[90].

Wenn wir es hier bei einer Randbemerkung belassen, so deshalb, weil erstens die Essenz aus dieser Diskussion in einer Tendenzaussage zusammengefaßt werden kann, die mit den bisher abgeleiteten Ergebnissen stark korrespondiert, und zweitens die Relevanz des Wettbewerbsproblems eher geringer einzuschätzen ist.

Wettbewerbspolitische Bedenken bezüglich der Einführung von Zertifikaten bestehen in verschiedener Hinsicht. Zum einen wird befürchtet, es könne zu Kartellbildungen kommen, die dazu dienen, den Zertifikatpreis zu „drücken". Gravierender erscheint jedoch die Befürchtung, daß durch die Hortung von Zertifikaten Marktzugangsbeschränkungen geschaffen werden, oder es zu einer Verdrängung von bereits ansässigen Wettbewerbern kommt. Die angekündigte Tendenzaussage besteht darin, daß Bedenken dieser Art dann sicherlich unbegründet sind, wenn wir es mit kompetitiven Zertifikatmärkten zu tun haben. Wettbewerbseinschränkungen können nur dann eintreten, wenn aufgrund stark differenzierter Zertifikate nur wenige Unternehmen die zulässigen Gesamtemissionen unter sich aufteilen. Allerdings ist selbst dann die Gefahr, daß es tatsächlich zur Verdrängung oder Markteintrittsbeschränkung kommt, eher gering.

Bei der Erstvergabe nach dem Grandfathering-Prinzip ist für die bereits im Markt befindlichen Emittenten die Zuteilung von Zertifikaten garantiert und damit eine Verdrängung ausgeschlossen. Allerdings hatten wir argumentiert, daß

---

90 Vgl. dazu insbesondere: TIETENBERG (1985), BONUS (1981), KEMPER (1989), ENDRES (1985), HOLCOMBE und MEINERS (1981), KABELITZ (1984).

gerade bei dünnen Märkten eine Auktionierung der Zertifikate angezeigt sei. Prinzipiell ist in einem solchen Fall vorstellbar, daß insbesondere große, finanzkräftige Unternehmen versuchen, in den Besitz möglichst vieler Zertifikate zu kommen, um so andere Emittenten zu verdrängen oder die Ansiedlung neuer Unternehmen zu verhindern. Bezogen auf den speziellen Zertifikatmarkt, der u.U. eine sehr enge räumliche Begrenzung aufweist, könnte eine solche Strategie tatsächlich erfolgreich sein[91]. Es stellt sich allerdings die Frage, ob Unternehmen eine solche Strategie tatsächlich verfolgen werden, denn es ist kaum zu erkennen, worin ihr Vorteil bestehen soll. Der betreffende Emittent könnte bestenfalls eine räumliche Monopolstellung erlangen, aus der er jedoch keinen Gewinn ziehen kann, denn angesichts der geringen Größe der Region ist nicht damit zu rechnen, daß er seine Wettbewerbsposition auf dem *Absatzmarkt* verbessern kann. Er wird sich nach wie vor der Konkurrenz von Unternehmen aus anderen Regionen ausgesetzt sehen. Auch das Argument, das Unternehmen könne durch eine solche Monopolstellung die Kontrolle über den regionalen Arbeitsmarkt erlangen (vgl. SIEBERT, S. 133), steht auf schwachen Füßen. Selbst wenn es gelänge, kurzfristig eine Monopolstellung dazu zu benutzen, den Faktor Arbeit zu einem niedrigeren Preis zu kaufen, wäre der daraus entstehende Vorteil von geringer Dauer. Das regional niedrige Lohnniveau würde Unternehmen anlocken, deren Produktion nicht den Besitz von Zertifikaten voraussetzt. Gleichzeitig würden die relativ höheren Löhne in anderen Regionen Arbeitsanbieter zur Abwanderung veranlassen. Beide Effekte würden zu einem Lohnanstieg auf dem regionalen Arbeitsmarkt führen, der den ursprünglichen Vorteil des Zertifikat-Monopolisten zunichte macht.

So gering die Vorteile sind, die sich aus der Hortung von Zertifikaten ziehen lassen, so hoch sind die damit verbundenen Kosten. Um bei einer Versteigerung von Emissionsrechten zu verhindern, daß andere Unternehmen in den Besitz der für ihre Existenz notwendigen Zertifikate kommen, müßten diese permanent überboten werden. Wenn aber ein Emissionsrecht notwendige Bedingung für die Existenz eines Unternehmens ist, dann wird dieses Unternehmen so lange mitbieten, bis der Preis des Zertifikats dem Wert des Unternehmens entspricht [92].

---

[91] Einige Autoren verneinen diese Erfolgsaussichten mit dem Hinweis, bei Zertifikatmärkten handele es sich um regionale Faktormärkte, und es sei nicht damit zu rechnen, daß diese von einzelnen Nachfragern vollkommen aufgekauft werden könnten, vgl. KEMPER (1989), S. 153, BONUS (1981). Allerdings übersehen sie dabei, daß es sich bei diesen Faktormärkten um extrem dünne Märkte handeln kann und zudem vollkommene Faktorimmobilität ex definitione gegeben ist.

[92] Wobei der Unternehmenswert natürlich vom Zertifikatpreis abhängt.

Angesichts dieser Überlegungen dürften Wettbewerbsbeschränkungen im Zusammenhang mit der Zertifikat-Lösung ein zwar denkbares, aber kein gravierendes Problem darstellen.

## 2.3.4    Steuern versus Zertifikate: Zusammenfassung

Bevor wir uns abschließend damit befassen, wie eine praktische Umsetzung des Zertifikat-Konzepts aussieht bzw. aussehen könnte, sei zunächst der Vergleich dieses Konzepts mit der Emissionssteuer noch einmal zusammenfassend dargestellt. Wie sich immer wieder gezeigt hat, ist für die Wirksamkeit von Umweltzertifikaten die Frage von entscheidender Wichtigkeit, ob die Emissionsrechte auf kompetitiven oder auf „dünnen" Märkten gehandelt werden. Aus diesem Grund bietet sich bei dem Vergleich eine Fallunterscheidung an, d. h., wir werden ihn zunächst unter der Voraussetzung durchführen, daß Zertifikate auf Wettbewerbsmärkten gehandelt werden, um dann zu überprüfen, inwieweit der Aspekt dünner Märkte die Bewertung der Zertifikat-Lösung im Vergleich zur Emissionsbesteuerung verändert.

Hinsichtlich des ökonomischen Ziels sind Preis-Standard-Ansatz und Zertifikat-Konzept identisch. Mit beiden Instrumenten wird die kosteneffiziente Realisierung eines exogen gegebenen Umweltstandards angestrebt. Aus diesem Grund ist der Preis-Standard-Ansatz auch das Konzept, mit dem es die Zertifikat-Lösung zu vergleichen gilt.

Eine vergleichende Beurteilung beider Instrumente muß sich an der Frage orientieren, wie geeignet sie jeweils sind, um die beiden relevanten Zielgrößen, nämlich den ökologischen Umweltstandard und die ökonomische Effizienz, zu realisieren.

Hinsichtlich der ökologischen Treffsicherheit weist das Zertifikat-Konzept erhebliche Vorteile gegenüber dem Preis-Standard-Ansatz auf. Ursache dafür ist die Tatsache, daß bei Zertifikaten direkt die Emissionsmengen kontrolliert werden. Beim Preis-Standard-Ansatz erfolgt eine Mengenfestlegung dagegen nur in Form einer Zielvorgabe, die sich der Planer auferlegt, und nicht als Mengenrestriktion für die Emittenten. Die Beeinflussung erfolgt indirekt, durch die administrative Preissetzung. Da der Planer den Zusammenhang zwischen Preis und resultierender Menge in der Regel nicht kennt, ist diese indirekte Steuerung notwendig erheblich ungenauer als die direkte Emissionsbegrenzung.

Verschärft wird die ökologische Ungenauigkeit des Preis-Standard-Ansatzes dadurch, daß dynamische Einflüsse wie Wirtschaftswachstum, Inflation, Markteintritt usw. unmittelbare Auswirkungen auf die Schadstoffemissionen haben können. Die langfristige Aufrechterhaltung eines Umweltstandards ist deshalb nur durch ständige Anpassungsmaßnahmen zu gewährleisten. Im Falle der Zertifikat-Lösung bleibt das Emissionsniveau dagegen von solchen Einflüssen unberührt, der Umweltstandard ist gegen dynamische Einflüsse resistent.

Bezüglich des Effizienzziels ist zunächst festzustellen, daß beide Instrumente im Grundsatz zu seiner Realisierung geeignet sind. Wird der „richtige" Steuersatz gewählt, so führt die Emissionsbesteuerung dazu, daß der angestrebte Standard kostenminimal erreicht wird. Werden Zertifikate auf Wettbewerbsmärkten gehandelt, so ist Kosteneffizienz ebenfalls gesichert. Unterschiede ergeben sich jedoch hinsichtlich der Implementierungskosten. Das Trial-and-error-Verfahren, mit dem beim Preis-Standard-Ansatz der Steuersatz bestimmt werden muß, kann zur Errichtung zu kleiner oder zu großer Vermeidungskapazitäten bei dem Emittenten führen, und in beiden Fällen dürften höhere Gesamtkosten der Emissionsvermeidung resultieren als bei unmittelbar richtiger Dimensionierung. Diese ist bei der Zertifikat-Lösung gewährleistet, wenn die Erstvergabe nach dem Grandfathering-Verfahren erfolgt. Dieses Verfahren, gegen dessen Anwendung bei kompetitivem Zertifikatmarkt nichts spricht, ist im übrigen auch für den Planer erheblich einfacher zu handhaben als die beim Preis-Standard-Verfahren notwendige Bestimmung des optimalen Steuersatzes. Insbesondere beseitigt das Grandfathering-Verfahren jegliches Informationsproblem, jedenfalls in bezug auf die Vermeidungskosten.

Die dynamische Anreizwirkung einer Zertifikat-Lösung ist im Falle kompetitiver Märkte mit der einer Emissionssteuer vergleichbar. In beiden Fällen führt technischer Fortschritt dazu, daß neben der Kostensenkung bei den „historischen" Vermeidungsmengen durch zusätzliche Emissionsvermeidung ein Vorteil in Höhe der Differenz zwischen Grenzvermeidungskosten und Steuersatz bzw. Zertifikatpreis entsteht.

Die Würdigung der genannten Punkte kann nur zu einem Ergebnis führen: Ist von kompetitiven Zertifikatmärkten auszugehen, so ist die Zertifikat-Lösung dem Preis-Standard-Ansatz vorzuziehen. Die Eindeutigkeit dieses Urteils ist möglich, weil das Zertifikat-Konzept in *allen* Belangen mindestens so gut abschneidet wie der Preis-Standard-Ansatz und in einzelnen Punkten deutliche Vorteile aufzuweisen hat. Die Zertifikat-Lösung *dominiert* gewissermaßen den Preis-Standard-Ansatz.

Dennoch können wir damit nicht auf die grundsätzliche Überlegenheit des Zertifikat-Konzepts schließen, denn die Voraussetzung kompetitiver Märkte ist in einem gewissen Sinne durchaus restriktiv. Sie ist mit ökologischen Erfordernissen nur dann vereinbar, wenn die Kontrolle der Schadstoffemission weder eine zeitliche noch eine räumliche Differenzierung erfordert. Dies gilt in erster Linie für Globalschadstoffe. Für die große Gruppe der Oberflächenschadstoffe kann dagegen auf ein differenziertes Regelungssystem kaum verzichtet werden, und es stellt sich die Frage, inwieweit die dann resultierenden „dünnen" Zertifikatmärkte den Vorteil des Zertifikat-Konzepts gegenüber dem Preis-Standard-Ansatz aufzehren. Allerdings gilt es dabei zu beachten, daß die Berücksichtigung der räumlichen Schadstoffverteilung auch im Falle des Preis-Standard-Ansatzes zu Komplikationen führt (vgl. 2.2.3).

Gehen wir von einer Situation aus, in der die optimale Steuerung der Emissionen eines Oberflächenschadstoffes mehrere Meßpunkte mit unterschiedlichen Standards und die Berücksichtigung quellenspezifischer Diffusionskoeffizienten verlangt, so ist festzustellen, daß weder die Vergabe von Zertifikaten, noch ein Preis-Standard-Ansatz *Kosteneffizienz* gewährleisten kann. Beim Zertifikathandel eröffnen dünne Märkte die Möglichkeit strategischen Handelns der Marktteilnehmer, so daß mit Abweichungen vom Grenzkostenpreis zu rechnen ist. Das im Rahmen des Preis-Standard-Konzepts anzuwendende Trial-and-error-Verfahren stößt bei der Bestimmung quellenbezogener Steuersätze bei unterschiedlichen Diffusionskoeffizienten auf seine Grenzen: Selbst wenn es gelingt, ein System von Steuersätzen zu finden, bei dem alle Standards erfüllt werden, ist nicht gesichert, daß diese kostenminimal erreicht werden.

Bezüglich der Kosteneffizienz müssen also bei beiden Instrumenten Abstriche gemacht werden. Im Hinblick auf die *ökologische Treffsicherheit* behält die Zertifikat-Lösung ihren Vorteil, denn dünne Märkte ändern nichts daran, daß durch Zertifikate eine direkte Mengensteuerung möglich ist.

Diesem Vorteil steht allerdings der Nachteil gegenüber, daß die von Zertifikaten ausgehende *dynamische Anreizwirkung* im Falle dünner Märkte geringer einzuschätzen ist als die einer Emissionsbesteuerung. Auch der Vorteil der relativ einfachen Implementierbarkeit eines Zertifikat-Konzepts relativiert sich bei differenzierter Ausgestaltung. Die Erstvergabe durch das einfache Grandfathering-Verfahren ist nicht mehr notwendig die beste Lösung. Es kann sich als vorteilhaft erweisen, Versteigerungsverfahren anzuwenden, die natürlich erheblich aufwendiger sind. Dazu kommt, daß aufgrund der Vielzahl von Märkten, auf denen jeder einzelne Emittent tätig werden muß, um in den Besitz der Zertifikate zu kommen, die er für seine Produktion benötigt, ein differenziertes Zertifikat-System bei den

Unternehmen zu erhöhten Transaktionskosten führt. Das Informationsproblem, das sich beim Preis-Standard-Ansatz ausschließlich für den Planer stellt, wird bei differenzierten Zertifikaten zumindest teilweise auf die Emittenten verlagert.

Insgesamt fällt die Beurteilung der Instrumente im „differenzierten Fall" nicht so eindeutig aus wie bei den Globalschadstoffen. Zweifellos dominiert hier die Zertifikat-Lösung den Preis-Standard-Ansatz nicht. Die Vorzugswürdigkeit der Instrumente hängt vielmehr davon ab, wie die einzelnen Beurteilungskriterien gewichtet werden. Wird besonderer Wert auf die dynamische Anreizwirkung gelegt, so dürfte der Preis-Standard-Ansatz besser geeignet sein; kommt es besonders auf die treffsichere Einhaltung der Immissionsnormen an, weist das Zertifikat-Konzept Vorteile auf. Ganz allgemein zeigen unsere Überlegungen, daß es offensichtlich *das* in jedem Fall beste umweltökonomische Instrument nicht gibt, sondern daß jeweils im Einzelfall zu prüfen ist, auf welchem Wege ökologische und ökonomische Ziele am besten erreicht werden können. Und sie zeigen weiterhin, daß es *dünne Märkte* sind, die bei Second-best-Instrumenten zu Problemen führen, und zwar sowohl bei pretialer Steuerung wie auch bei Mengensteuerung durch Zertifikate.

Wir wollen die Behandlung der Zertifikat-Lösung in den nächsten beiden Abschnitten mit einer sehr konkreten Betrachtung der praktischen Möglichkeiten, die in diesem Instrument der Umweltpolitik stecken, abschließen. Bevor wir dies tun, sei an dieser Stelle eine Verbindung zu dem Umweltproblem hergestellt, das uns in Teil 1 stark beschäftigt hat: dem Treibhauseffekt. Es drängt sich natürlich die Frage auf, ob Zertifikate nicht eine intelligente Lösung für das globale Klimaproblem sein könnten. Und in der Tat: Zumindest im Hinblick auf die $CO_2$–Emissionen erweisen sich Zertifikate als geradezu ideal, und zwar aus folgenden Gründen [93]:

> ➢ Bisher existiert keine praktikable „End of pipe-Technologie" zur Vermeidung von $CO_2$-Emissionen. Das hat zur Folge, daß für die Emissionsmengen ausschließlich zwei Faktoren verantwortlich sind: die *Art* des eingesetzten fossilen Brennstoffs und die Einsatz*menge*. Die $CO_2$-Emission pro Brennstoffeinheit ist konstant, so daß ein linearer Zusammenhang zwischen Brennstoff und Emission besteht. Um die Emissionsmengen zu kontrollieren ist es deshalb nicht notwendig, $CO_2$ zu messen – es genügt, die Brennstoffmengen zu kontrollieren.

---

[93]  Vgl. dazu HEISTER und MICHAELIS (1991).

➢ $CO_2$ ist ein Globalschadstoff (vgl. Exkurs 2), d. h., daß räumliche Differenzierungen, die zu dünnen Märkten führen könnten, nicht notwendig sind.

➢ $CO_2$ ist nicht toxisch und deshalb ist keinerlei Gefahrenabwehr erforderlich, die den Einsatz ordnungsrechtlicher Instrumente (wie beispielsweise eines Verbotes) erfordert.

➢ Die Anknüpfung an den Brennstoffeinsatz schafft die Möglichkeit, jede Tonne Öl oder Kohle als eine bestimmte Menge von Zertifikaten zu begreifen. Der Besitz von einer Tonne Kohle berechtigt zur Emission einer fest definierten Menge $CO_2$. Die Schaffung solcher „Zertifikate" verursacht nur sehr geringe Transaktionskosten. Im internationalen Kontext sind $CO_2$–Emissionen über den Brennstoffverbrauch ebenfalls relativ leicht zu kontrollieren.

➢ Die Wahl der Anfangsverteilung ist im Hinblick auf internationale Verhandlungen (und dabei insbesondere für das Verhältnis zwischen Entwicklungs- und Industrieländer) von entscheidender Bedeutung. Eine Zertifikatlösung eröffnet dafür einen sehr weiten Spielraum. Nahezu jede Verteilungsregel ist relativ einfach implementierbar.

➢ Die Zahl der an einem Zertifikatmarkt beteiligten ist bei einem so „verbreiteten" Schadstoff wie $CO_2$ in jedem Fall sehr hoch, ganz gleich, ob das Instrument auf nationaler oder internationaler Ebene angewendet wird. Die Voraussetzungen für kompetitive Märkte sind daher erfüllt.

Angesichts dieser Bedingen kann es nicht verwundern, daß im Zusammenhang mit dem $CO_2$–Problem immer wieder eine internationale Zertifikatlösung als vorzugswürdige Variante ins Spiel gebracht wird[94]. Allerdings: Von der Realisierung eines internationalen Zertifikatmarktes sind wir noch weit entfernt, und die Hoffnung, daß sich die internationale Umweltpolitik eines Instrumentes bedienen wird, das die hier vorgestellten Vorteile aufweist, ist nicht allzugroß. Sie ist es vor allem deshalb nicht, weil selbst auf nationaler Ebene Zertifikatmärkte in der Regel kaum zum Zuge kommen. Von dieser „Regel" gibt es jedoch eine durchaus rühmliche Ausnahme, und von der soll im nächsten Abschnitt die Rede sein.

---

[94] Vgleiche zur Diskussion internationaler Zertifikatmärkte z.B. MANNE und RICHELS (1991) oder ROSE und STEVENS (1993). Die letztgenannten Autoren setzen sich insbesondere mit den Auswirkungen unterschiedlicher Anfangsverteilungen der Zertifikate auseinander.

## 2.3.5     Marktwirtschaftliche Umweltpolitik: US-Erfahrungen

Die Besteuerung von Emissionen ist bisher noch nie praktisch durchgeführt worden. Lediglich in einem Fall ist ein „artverwandtes" Instrument zum Einsatz gekommen, in Form der Abwasserabgabe in der Bundesrepublik Deutschland. Auch das Zertifikat-Konzept hat in seiner reinen Form bisher noch nirgends Anwendung gefunden. Die rühmliche Ausnahme von dieser Regel findet sich in den USA, genauer gesagt in der dort betriebenen Luftreinhaltepolitk. Allerdings ist es nun keineswegs so, daß wir es dort mit einer lupenreinen Zertifikatlösung zu tun haben. Im Gegenteil, der *Clean Air Act* (CAA), der die gesetzliche Grundlage für die Luftreinhaltepolitik in den USA bildet, ist primär eine Ansammlung ordnungsrechtlicher Vorschriften und weit von einer Zertifikatlösung entfernt. Aber die letzte Novellierung des CAA 1990 hat insofern einen gewissen Durchbruch gebracht, als mit ihr erstmals die Einführung frei handelbarer Zertifikate beschlossen wurde. Zwar bezieht sich dies nur auf einen einzigen Schadstoff, nämlich $SO_2$, und mit der Einführung des entsprechenden Marktes wird erst 1995 begonnen, aber dennoch ist damit eine neue Qualität in der Umweltpolitik erreicht.

Bevor wir uns mit dem geplanter $SO_2$-Markt etwas näher befassen, ist es sinnvoll, die Rahmengesetzgebung, d. h. den CAA etwas näher zu betrachten [95]. Der CAA ist gewissermaßen ein Gesetz mit zwei Gesichtern. Auf der einen Seite enthält es eine Reihe von Instrumenten, die BONUS (1984, S. 21) als „marktbezogene Kooperationsstrategien" bezeichnet und die durchaus den Anspruch erheben können, auf allokative Effizienz gerichtet zu sein. Andererseits enthält das Gesetz eine Fülle von starren ordnungsrechtlichen Vorschriften, die eine effizienzorientierte Umweltpolitik fast unmöglich machen. Dazu kommt, daß die „marktwirtschaftlichen Strategien" ausschließlich im Zusammenhang mit der Luftreinhaltung angewendet werden. In anderen Bereichen der Umweltpolitik – etwa beim Gewässerschutz – sind sie dagegen bisher nicht zum Einsatz gekommen.

Um die Funktionsweise der Kooperationsstrategien verstehen zu können, muß man den institutionellen und ordnungsrechtlichen Rahmen kennen, in den sie eingebettet sind. Dieser besteht im wesentlichen aus einer Reihe von Vorschriften, die darauf hinauslaufen, daß die Umweltbehörde jeder einzelnen Quelle,

---

[95] Wir beziehen uns dabei vor allem auf die Darstellungen bei BONUS (1984), REHBINDER und SPRENGER (1985) und KEMPER (1989). Eine sehr ausführliche Analyse der Novelle 1990 liefern ENDRES und SCHWARZE 1994.

gewissermaßen jedem einzelnen Schornstein, zulässige Emissionsmengen bindend vorschreibt. Zumindest gilt dies für sogenannte *Belastungsgebiete*. Dabei
handelt es sich um Regionen, in denen im CAA festgelegte (bundesweit gültige)
*Immisionshöchstwerte* überschritten sind. Diese Höchstwerte sind schadstoffspe-
zifisch, was zur Folge hat, daß ein Gebiet gleichzeitig Belastungsgebiet z.B. für
Schwefeldioxid und Nichtbelastungsgebiet für Kohlenwasserstoffe sein kann.
Diese Form der räumlichen Differenzierung kann durchaus als Zeichen der relativ hohen Flexibilität der amerikanischen Umweltpolitik gewertet werden. Allerdings ist die Differenzierung in gewissem Sinne inkonsequent, weil sie nicht zwischen Global- und Oberflächenschadstoffen unterscheidet. Ökologisch macht es
im Grunde keinen Sinn, für einen Globalschadstoff wie Ozon ein Belastungsgebiet auszuweisen.

Bei den oben angesprochenen Vorschriften handelt es sich gewissermaßen um
Regeln, nach denen die zulässigen Emissionshöchstwerte einzelner Anlagen ermittelt werden müssen. Diese Höchstwerte werden dann als bindende Auflage
nach dem Prinzip „command and control" dem jeweiligen Betreiber vorgeschrieben. Die Regeln, nach denen die zulässigen Emissionen einer Anlage bestimmt
werden, bestehen in einer Charakterisierung des technischen Niveaus der Kon-
troll- bzw. Vermeidungstechnologien. Grundsätzlich wird jede *Neuanlage*, die zu
Emissionen eines bestimmten Umfangs (100 Jahrestonnen) führt, daraufhin überprüft, ob sie dem „New Source Performance Standards" (NSPS) entspricht.
BONUS (1985, S. 17) charakterisiert die NSPS als „beste technisch erreichbare
Emissionsreduktion". Die NSPS werden von ihm als „Untergrenze" der Emissionsstandards bezeichnet, weil bei ihrer Berechnung Kostengesichtspunkte ein
großes Gewicht erhalten. „Erreichbar" heißt in diesem Fall also auch
„bezahlbar". Bei Neuanlagen in *Belastungsgebieten* wird dagegen auf die Kosten
einer Vermeidungstechnologie keine Rücksicht genommen. Für sie gilt, daß sie
auf dem „neuesten Stand der Technik" (BONUS 1984, S. 18) sein müssen (Lowest
Achievable Emission Rate (LAER), ganz gleich, was diese Technik kostet. Bei
Altanlagen ist man dagegen auch in Belastungsgebieten großzügiger und verlangt
lediglich die Realisierung der „Wirtschaftlich Vertretbaren Kontrolltechnologie"
(Reasonably Achievable Control Technology RACT) (BONUS, 1984 S. 19).

Durch Anwendung dieser verschiedenen Vorschriften gelangt man zu detail-
lierten Emissionsauflagen für jede einzelne Anlage. Wir werden uns mit dieser
„Auflagen-Politik", die kennzeichnend ist für die bisher praktizierte Umweltpolitik (und zwar nicht nur in den USA), noch näher befassen. Aber auch ohne eine
solche Betrachtung dürfte klar sein, daß der Umweltzustand, d. h. die Immissionswerte, die mit dieser Politik erreicht werden, durch flexiblere „marktwirt-

schaftliche" Lösungen kostengünstiger zu haben sein dürften. Dazu nur ein einfaches Beispiel: Die Anwendung des LAER-Standards bedingt, daß bei Neuanlagen sehr hohe Kosten in Kauf genommen werden, um auch die letzten noch möglichen Schadstoffreduktionen zu erreichen. Würde man das dabei eingesetzte Kapital dazu verwenden, bei einer nur dem RACT-Standard genügenden Altanlage zusätzliche Vermeidungen durchzuführen, so wäre mit gleichem Kapitalaufwand wahrscheinlich eine größere Menge von Emissionen vermeidbar. Die starre Auflagen-Politik erlaubt es nicht, die Unterschiede in den Vermeidungsgrenzkostenverläufen bei den verschiedenen Anlagen zur Kostensenkung zu nutzen. Ein weiterer Punkt kommt hinzu: Auflagen schaffen keinerlei Anreize zur weiteren Emissionsreduzierung. Warum sollte ein Emittent weniger als die ihm genehmigte Schadstoffmenge emittieren? Er hätte keinen Vorteil davon, sondern müßte damit rechnen, daß die Behörde die Auflagen verschärft. Ebensowenig schaffen Auflagen Anreize zur Entwicklung neuer Vermeidungstechniken. Genau genommen *verhindern* Auflagen den technischen Fortschritt eher, als daß sie ihn fördern. Jedes Unternehmen, das eine technische Innovation entwickelt, muß damit rechnen, daß diese dann von der Umweltbehörde zwingend vorgeschrieben wird, und damit schafft sich der „Innovator" nur Nachteile, wenn er kreativ über bessere Vermeidungstechnologien nachdenkt.

Bereits vor der letzten Novelierung des CAA wurde deshalb eine Politik betrieben, die sich der bereits angesprochenen marktbezogenen Kooperationsstrategien bediente und die die Nachteile der reinen Auflagen-Strategie mildern sollte. Im Zentrum dieser Politik stehen sogenannte *Emission Reduction Credits* (ERCs). Dabei handelt es sich um Emissionsgutschriften (BONUS 1984, S. 23), die dadurch entstehen, daß ein Emittent *weniger* Schadstoffe freisetzt, als er eigentlich aufgrund der ihm gemachten Auflage emittieren dürfte. Emissionsgutschriften können in verschiedener Weise verwendet werden. Insbesondere sind sie übertragbar, d. h., die bei einer Anlage zusätzlich *vermiedenen* Schadstoffe können bei einer anderen Anlage zusätzlich *emittiert* werden.

Die Übertragbarkeit der Gutschriften macht deutlich, warum die „marktbezogenen Koordinationsstrategien" eine Spielart der Zertifikat-Lösung sind, denn man kann die Emissionsgutschriften als „handelbare" Emissionsrechte begreifen, und damit als Zertifikate. Allerdings konnte man bisher nicht von einer reinen Zertifikat-Lösung sprechen, denn ein zentrales Element fehlte. Für die Erreichung von Kosteneffizienz ist die Entstehung eines kompetitiven *Marktes* für Emissionsrechte von zentraler Bedeutung. Zu einem solchen Markt kommt es jedoch bei der amerikanischen Regelung nicht, weil die Übertragung von Gutschriften mit zahlreichen Einschränkungen versehen ist. Bis jetzt gibt es vier Möglichkeiten einer solchen Übertragung, für die jeweils bestimmte Regeln gelten. Wir wollen uns diese im einzelnen ansehen[96], bevor wir uns mit der $SO_2$ Variante beschäftigen, die ab 1995 erstmals einen echten Zertifikatmarkt ermöglichen soll.

*Emissionsverbund (Bubble)*

Unter einem Emissionsverbund stellt man sich am einfachsten eine imaginäre Glocke vor, die über mehrere bereits bestehende Anlagen gestülpt wird. Die Emissionen, die aus den verschiedenen „Schornsteinen" der Einzelanlagen stammen, entweichen nun aus einem gemeinsamen „Glockenschornstein". Die Altanlagen unter der Glocke können dabei durchaus zu unterschiedlichen Unternehmen gehören. Im Idealfall verlangt die Umweltbehörde nun lediglich, daß die Schadstoffmenge am „Glockenschornstein" der Summe der Emissionshöchstwerte der einzelnen Anlagen entspricht, die jeweils nach den genannten Vorschriften zuvor festgelegt wurden. Die Behörde verzichtet also darauf, jeder einzelnen Quelle eine bestimmte Schadstoffmenge vorzuschreiben und beschränkt sich auf die Kontrolle der Gesamtemission. Dies gibt den Emittenten Gelegenheit, Vermeidungsgrenzkostenunterschiede zwischen den einzelnen Anlagen zur Kostensenkung auszunutzen. Die zur Erreichung des vorgeschriebenen „Glockenstandards" notwendigen Vermeidungsaktivitäten können dort vorgenommen werden, wo die Vermeidungsgrenzkosten am niedrigsten sind. *Im Prinzip* ist damit die Möglichkeit geschaffen, die für den Emissionsverbund vorgegebene Norm *kostenminimal* zu realisieren.

Bei der Beurteilung des Bubble-Konzepts muß zunächst berücksichtigt werden, daß in der Praxis dieser Idealfall insofern nicht auftritt, als die Umweltbehörde den Emittenten bei der Verteilung der Emissionsmengen auf die einzelnen Anlagen nicht freie Hand läßt, sondern die Aufteilung einer Genehmigungspflicht unterwirft. Abgesehen davon, daß dadurch ein Moment „politischer Willkür" in den Prozeß Eingang finden kann, hat dies zur Folge, daß die Verhandlungen über die konkrete Ausgestaltung des Emissionsverbundes nicht mehr allein zwischen den Emittenten, sondern zusätzlich auch noch mit der Behörde geführt werden müssen. Es stellt sich natürlich die Frage, ob solche Verhandlungen tatsächlich zu effizienten Ergebnissen führen. Unsere Überlegungen im ersten Teil legen die Vermutung nahe, daß Effizienz zumindest dann schwer zu erreichen sein dürfte, wenn mehrere Unternehmen an dem Verbund beteiligt sind. In diesem Fall entstehen Spielräume für strategisches Verhalten, da die Vermeidungskosten natür-

---

[96] Dabei beziehen wir uns auf BONUS (1984, S. 24 ff.).

lich nur dem jeweiligen Unternehmen bekannt sind. Dieser Aspekt spielt auch bei
der Festlegung der einzelnen Emissionsnormen (etwa nach dem RACT-Standard)
eine Rolle, denn die Umweltbehörde ist dabei natürlich auf die Kostenangaben
der Unternehmen angewiesen. Wir werden diesen Punkt bei der Behandlung der
Auflagen-Politik noch näher beleuchten.

Auch wenn begründete Zweifel angebracht sind, ob Verhandlungen tatsächlich Kosten*effizienz* zur Folge haben, so scheint doch unbestreitbar, daß Bubbles
zu Kosten*senkung* führen. KEMPER (1989, S. 251 ff.) berichtet[97], daß bis 1986 ca.
200 Bubbles durchgeführt, geplant oder beantragt wurden. Die insgesamt dabei
realisierte Kostenersparnis wird auf 650-800 Mio Dollar geschätzt. Diese Ersparnis wurde im übrigen nicht bei konstantem Emissionsniveau erreicht, sondern
bei *gesunkenem*, denn in 60 % der Fälle führte die Einrichtung eines Emissionsverbundes zu einer Reduktion der Gesamtschadstoffmenge (ebenda).

*Netting*

Ein Emissionsverbund ist nur zwischen Altanlagen möglich. Ein besonders
gravierendes Problem der ursprünglichen reinen Auflagen-Politik der US-
Umweltbehörden entstand jedoch in bezug auf *Neuanlagen*. Da diese in Belastungsgebieten den äußerst restriktiven LAER-Standard erfüllen müssen, sobald
sie signifikante Schadstoffmengen emittieren (ca. 100 Jahrestonnen), kam es in
vielen Regionen faktisch zum völligen Investitionsstop in den schadstoffintensiv
produzierenden Branchen. Die Netting-Strategie sieht nun einen ausschließlich
betriebsinternen Emissionsausgleich vor, bei dem die Schadstoffemissionen einer
neu errichteten oder wesentlich modifizierten Anlage mit zusätzlichen Emissionsvermeidungen bei Altanlagen saldiert werden. Durch eine solche Saldierung
fällt die Emission der Neuanlage u.U. rechnerisch unter die Signifikanzgrenze,
und die Anwendung der restriktiven Emissionsstandards entfällt.

KEMPER zufolge ist die Netting-Strategie das am meisten umstrittene Instrument der marktbezogenen Koordinationsstrategien, weil es die Anwendung strenger Auflagen für Neuanlagen scheinbar durch einen „Trick" verhindert. Außerdem kommt es bei Anwendung von Netting zu einem Anstieg der Gesamtemission. Allerdings werden diese als eher gering eingestuft, während die Kostenersparnis durch die „mehreren hundert" Nettings, die bisher durchgeführt wurden,
auf bis zu 12 Mrd. Dollar geschätzt werden (Kemper 1989, S. 254).

---

[97]  Er bezieht sich dabei auf eine leider unveröffentlichte Arbeit von HAHN und HESTER (1987).

*Ausgleichsstrategien (Offset-Politik)*

Netting zielt darauf ab, Neuanlagen in Belastungsgebieten dadurch zu ermöglichen, daß die Anwendung der LAER-Technologien umgangen wird. Die Offset-Politik hat ebenfalls zum Ziel, die Errichtung neuer Anlagen zu gestatten, allerdings auf einem völlig anderen Weg. Bis zur ersten Neufassung der CAA im Jahre 1977 war die Neuansiedlung „signifikanter" Emittenten in Belastungsgebieten grundsätzlich verboten. Seit 1977 kann eine Ansiedlung *dann* genehmigt werden, wenn die Emissionen der Neuanlage durch gleichzeitige *Vermeidung* einer *größeren* Emissionsmenge bei einer Altanlage ausgeglichen werden. Dabei muß die Emissionsvermeidung um ca. 10-20 % höher ausfallen als die Neuemission, und die Neuanlage muß den LAER-Standard erfüllen. Solche Offsets sind sowohl betriebsintern als auch betriebsübergreifend möglich.

Die Vorteile dieser Strategie sind offensichtlich: Wirtschaftliches Wachstum und Strukturanpassung im Sinne der Einführung neuester Vermeidungstechnologien werden möglich, bei gleichzeitiger Reduzierung der Gesamtemissionen. Im Lichte des Zertifikat-Konzepts entspricht ein Offset einem Verkauf von Verschmutzungsrechten durch den Betreiber einer Altanlage an einen Neuemittenten. Die Anreizwirkung, die von einer solchen Verkaufsmöglichkeit ausgeht, wird besonders im Vergleich zur reinen Auflagen-Politik deutlich. Bei dieser hat ein Unternehmen, dessen Altanlagenemissionen genehmigt sind, nicht nur keinen Anreiz, Emissionsvermeidungen durchzuführen, es hat im Gegenteil das Interesse, die Altanlage möglichst lange zu betreiben, um das Emissionsrecht, das durch die Genehmigung eingeräumt wurde, entsprechend lange zu nutzen. Wird jedoch, wie im Falle einer Offset-Strategie, die Erlaubnis zur Schadstoffemission zu einem Gut, durch dessen Verkauf Erlöse erzielt werden können, ändert sich die Situation natürlich grundlegend.

Von einer echten Zertifikat-Lösung kann auch bei Offsets nicht gesprochen werden. Emissionsausgleiche werden hier nicht über kompetitive Märkte vorgenommen, sondern von „Fall zu Fall" im Zuge bilateraler Verhandlungen. Damit ist die Offset-Strategie mit allen den Problemen behaftet, die mit dünnen Märkten und strategischen Verhandlungsmöglichkeiten bei privater Information verbunden sind, und auf die wir immer wieder hingewiesen haben. Ein potentieller Neuemittent ist darauf angewiesen, Betreiber von Altanlagen zu finden, die sich zu der notwendigen Schadstoffreduktion bereitfinden. Daß die dabei ablaufenden Verhandlungen eine Fülle von Möglichkeiten zu strategischem Verhalten bieten, liegt auf der Hand. Ein deutliches Indiz dafür, daß dadurch die Wirksamkeit der Offset-Strategie stark eingeschränkt wird, ist die Tatsache, daß nur an ca. 10 % der insgesamt durchgeführten Offsets mehrere Unternehmen beteiligt waren. Die restlichen 90 % waren betriebsinterne Ausgleiche, und bei denen existiert das Problem strategischen Verhaltens bei Verhandlungen nicht.

*Banking*

Nicht zuletzt deshalb, weil im Zuge der Offset-Abwicklung immer wieder das Problem auftauchte, daß Schadstoffvermeidungen bei Altanlagen nicht zum richtigen Zeitpunkt und nicht in der erforderlichen Menge erfolgen konnten, wurde die sogenannte „Vermittlungsstrategie mit Hilfe von Umweltbanken" (BONUS 1989, S. 24) eingeführt. Wie eingangs erwähnt, besteht das Kernstück der marktbezogenen Kooperationsstrategie in der Möglichkeit, für Emissionsvermeidungen, die über das vorgeschriebene Maß hinausgehen, übertragbare Gutschriften (ERCs) zu erhalten. Diese Gutschriften können in einen Emissionsverbund eingebracht oder zur Offset- oder Netting-Strategie genutzt werden. Aber: Erlangung und Verwendung der Gutschriften mußte ursprünglich Zug um Zug erfolgen. Durch die Einrichtung von „Umweltbanken" wurde dann die Möglichkeit geschaffen, Gutschriften zu deponieren, um sie zu einem späteren Zeitpunkt an Dritte zu übertragen, für sich selbst zu nutzen oder auszuleihen. Das hat zwei Effekte: Zum einen lassen sich dadurch die verschiedenen Koordinationsstrategien leichter und flexibler handhaben, und zum anderen bedeutet jede Gutschrift, die bei der Umweltbank deponiert wird, daß die Gesamtemissionen im Umfang dieser Gutschrift *unter* den ursprünglich genehmigten Wert fallen.

Obwohl die Möglichkeit, Emissionsgutschriften zu deponieren, sowohl aus ökologischer wie aus ökonomischer Sicht eigentlich nur Vorteile bringt, wurde in der Praxis von diesem Instrument kaum Gebrauch gemacht. So haben zahlreiche Staaten der USA die Einrichtung von Umweltbanken verboten und andere das „banking" derart einschränkenden Restriktionen unterworfen, daß die Hinterlegung einer Gutschrift für den Emittenten völlig unattraktiv wird (KEMPER 1989, S. 252). So kann es nicht verwundern, daß das Geschäftsvolumen der wenigen eingerichteten Umweltbanken von vernachlässigbarer Größe ist.

Mit der Novellierung des CAA 1990 und insbesondere mit dem dabei ins Leben gerufenen „Acid Deposite Program" (ADP) erreichte die US-Luftreinhaltepolitik eine neue Qualität. Die geplante Einführung eines landesweiten Marktes für $SO_2$-Emissionen (und ergänzende Flexibilisierungen bezüglich der $NO_x$-Emissionen) geht erheblich über die bis dahin benutzten marktbezogenen Instrumente hinaus. Zwar ist auch das ADP weit von einer reinen Marktlösung entfernt, weil es eine Fülle von Ausnahmeregelungen, Sonderzuweisungen usw. enthält, die den Handel mit Emissionsrechten tendenziell einschränken dürften, aber dennoch ist mit dem ADP das *Prinzip* eines Schadstoffmarktes erstmals genutzt worden – und das ist ein nicht zu unterschätzender Fortschritt [98]. Vor diesem Hintergrund dürfte es gerechtfertigt sein, wenn wir uns hier nicht mit den Ausnahmen und Sonderregelungen des ADP befassen, sondern die Umsetzung des Marktprinzips kurz verdeutlichen[99].

Das Programm besteht aus einer Kombination von Betriebsgenehmigungen und der Einführung von Lizenzen – sogenannten *Allowances* –, die zur Emission von $SO_2$ berechtigen. Ab 1995 dürfen private und öffentliche Kraftwerke ab einer bestimmten Größenordnung (100 Schadstofftonnen pro Jahr) nur noch dann $SO_2$ emittieren, wenn sie über entsprechende Zertifikate verfügen. Verletzungen dieser Regel werden mit einer Strafabgabe belegt, die mit 2000 $/t deutlich über dem erwarteten Preis für ein Zertifikat liegt, das zur Emission einer Tonne berechtigt. Die Mengenvorgaben, die für die Einrichtung des Marktes notwendig sind, weil sie die Zertifikatmenge festlegen, erfolgt in zwei Stufen: Von 1995 bis 2000 (Phase I) sollen die Emissionsmengen um 3,5 Mio. Tonnen reduziert werden. Ab dem Jahre 2000 soll dann die Obergrenze von 19,4 Mio. Jahrestonnen erreicht werden (Phase II). Bezieht man die industriellen Emissionen mit ein, so bedeutet dies eine Gesamtreduktion um etwa 10 Mio. Tonnen jährlich.

Die Emissionslizenzen werden nach dem Prinzip des *Grandfathering* vergeben. Allerdings werden dabei nicht die aktuellen Emissionen des Jahres 1995 zugrunde gelegt, sondern der Durchschnitt der Jahre 1985-87. Der Grund ist einfach: Es soll damit verhindert werden, daß bis zum Start des Programms Anreize zur Emissionsausweitung geschaffen werden bzw. frühzeitige Vermeidungsanstrengungen durch die Zuteilung einer kleineren Anzahl von Zertifikaten bestraft werden. Die zugewiesenen Zertifikate können ab 1995 ohne räumliche und (fast) ohne zeitliche Beschränkung gehandelt werden. Insbesondere können Emissionen zeitlich nach hinten verlagert werden, indem beispielsweise in Phase I nicht genutzte Zertifikate in Phase II eingesetzt werden. Nicht zugelassen ist dagegen die Vorverlagerung von Emissionen.

Bei den Betriebsgenehmigungen ist die gleiche Differenzierung zwischen Alt- und Neuanlagen zu beobachten, wie wir sie schon an anderer Stelle festgestellt haben. Die Bedingungen, die Altanlagen erfüllen müssen, um in den Besitz einer

---

[98]  Zu der gleichen Einschätzung gelangen ENDRES und SCHWARZE: „Das Allowance Trading ist auch dann ein Gewinn, wenn es durch vielfache Beschränkungen und Unsicherheiten verkürzt und teilweise sogar entstellt wird." (S. 69).

[99]  Der an den Einzelheiten interessierte Leser sei auf ENDRES und SCHWARZE verwiesen.

Betriebsgenehmigung zu gelangen, sind eher leicht zu erfüllen. In der Regel reicht die Umstellung auf weniger schwefelhaltige Kohle, um den Schadstoffanforderungen zu genügen, d. h. um Zertifikate in Höhe der Gesamtkapazität zugeteilt zu bekommen. Bedeutend strenger wird dagegen mit Neuanlagen verfahren. Bereits für nach 1990 errichtete Anlagen werden nur noch 65% der Schadstoffe (bezogen auf den Normalbetrieb) genehmigt, d. h., daß diese Neugründungen vom ersten Tag an 35% ihrer Emissionen durch den Zukauf von Zertifikaten decken müssen. Ab 1995 erhalten Neuanlagen keine Zertifikatzuweisungen, d. h., Neugründungen sind dann nur noch möglich, wenn im Umfang der gesamten Kapazität Zertifikate erworben werden.

Der Handel von Zertifikaten verschafft nur dann ökonomische Vorteile, wenn durch ihn Unterschiede der Grenzvermeidungskosten zur Gesamtkostensenkung ausgenutzt werden können. Das wiederum setzt voraus, daß signifikante Unterschiede in den Grenzvermeidungskosten bestehen. ENDRES und SCHWARZE verweisen in diesem Zusammenhang auf Studien, die eine Grenzkostenspannweite von 265 - 1414 $_{1980}$ feststellen. Diese Zahlen machen verständlich, daß sich die US-Administration von dem Zertifikathandel erhebliche Kosteneinsparungen (die Rede ist von 2-3 Mrd. $ jährlich) gegenüber einer Ordnungspolitik versprechen, die auf solche Kostendifferenzen keine Rücksicht nimmt.

Ob der Markt für $SO_2$-Emissionsrechte wirklich funktioniert und ob er zu Kostensenkungen führen wird, muß die Zukunft zeigen. Bisher ist dieses Programm lediglich geeignet, deutlich zu machen, daß es im Rahmen der praktischen Umweltpolitik zumindest Ansätze gibt, die darauf abzielen, Umweltziele *effizient* zu erreichen. Zwei Dinge dürften bei dieser Darstellung deutlich geworden sein. Zum einen gibt es deutliche Hinweise darauf, daß im Umweltsektor ein erhebliches Potential an möglichen Effizienzgewinnen vermutet werden kann. Andererseits ist auch die Politik der US-Behörden noch weit davon entfernt, dieses Potential durch konsequente Anwendung marktorientierter Instrumente auch nur annähernd auszuschöpfen.

Im folgenden Abschnitt wollen wir deshalb einmal die Anwendung einer Zertifikat-Lösung in „Reinkultur" an einem einfachen, hypothetischen Fall durchspielen, um zu zeigen, welche Möglichkeiten in diesem Instrument stecken. Wir greifen dabei das gleiche Problem auf, das auch mit dem ADP angegangen werden soll, nämlich die Luftschadstoffbelastung, die zu sauren Niederschlägen führt.

# 2.3.6   Zertifikate: ein hypothetisches Beispiel

Unser Anwendungsfall ist ein gleich in mehrfacher Hinsicht „prominentes" Umweltproblem: das „Waldsterben". Noch immer sind die genauen Ursachen dieses Phänomens nicht bekannt, aber fest steht mittlerweile, daß die durch Verbrennungsmotoren emittierten Stickoxide einen erheblichen Anteil am Sterben der Bäume haben.

Erklärtes Ziel der Umweltpolitik ist es deshalb, die Stickoxid-Emissionen der PKWs zu reduzieren. Um dieses Ziel zu erreichen, bediente man sich anfangs des Mittels der Subvention: Autokäufer, die ihren Neuwagen mit einem geregelten Katalysator ausstatteten, also eine Investition in Vermeidungstechnologie durchführten, wurden dafür mit einer befristeten Steuerbefreiung belohnt oder erhielten direkte Zuschüsse. Mit Hilfe dieses Anreizsystems ist es bis 1990 lediglich gelungen, die Stickoxid-Emissionen trotz eines gestiegenen PKW-Bestandes konstant zu halten. „Lediglich" deshalb, weil natürlich nur eine Reduzierung der Emissionen Aussicht darauf bietet, dem Waldsterben Einhalt zu gebieten. Gegenwärtig (1994) sind nur etwas über 35% der in Deutschland zugelassenen ca. 35 Millionen PKW entsprechend der US-Norm schadstoffreduziert. Auch für die nächsten Jahre ist bestenfalls mit einem langsamen Rückgang der Emissionen zu rechnen, da alle Prognosen bezüglich der Entwicklung des PKW-Bestands von einem weiteren Zuwachs ausgehen. Vorsichtige Schätzungen prognostizieren für das Jahr 2000 einen Bestand von 42 Mio. PKW.

Die Frage, die wir vor diesem Hintergrund behandeln wollen, lautet: Wie schneidet eine Zertifikat-Lösung im Vergleich zu anderen Instrumenten ab, wenn wir ein bestimmtes ökologisches Ziel vorgeben. Dabei wollen wir weder dieses Ziel als solches problematisieren, noch einen Vergleich mit der gegenwärtig angewandten Politik durchführen, denn dazu müßten wir uns mit den juristischen Feinheiten der jetzt gültigen Regelung auseinandersetzen, und das erscheint wenig sinnvoll.

Die ökologische Zielvorgabe für den Planer soll darin bestehen, die Stickoxid-Emissionen jährlich um die Menge zu reduzieren, die dem Schadstoffausstoß der jährlich stillgelegten PKWs (ca. 8-9 % des Bestandes) entspricht. Wollte der Planer dieses Ziel mit Hilfe von handelbaren Emissionsrechten erreichen, so müßte er in einem ersten Schritt an einem „Stichtag" jedem Besitzer eines PKW ein Zertifikat über die von dem entsprechenden Fahrzeug emittierten Stickoxide ausstellen. Die Erstvergabe müßte also nach dem Grandfathering-Verfahren erfolgen. Danach kann ein PKW nur noch dann betrieben werden, wenn er entweder nach dem neuesten Stand der Technik abgasgereinigt ist (über einen geregelten Katalysator verfügt), oder der Halter ein entsprechendes Emissionsrecht besitzt. Diese Rechte müßten in vollem Umfang handelbar sein, d. h. übertragbar und lediglich an die Emissions*menge* gebunden (und nicht etwa an den PKW-Typ). Nach der Erstausgabe werden *keine* weiteren Zertifikate mehr vergeben. Bei der Stillegung eines Fahrzeugs (auch der vorübergehenden) verfällt das mit ihm verbundene Emissionsrecht.

Welche Auswirkungen hätte eine solche Regelung? Zunächst ist klar, daß das angestrebte ökologische Ziel *mit Sicherheit* erreicht würde. Jede Stillegung eines PKWs würde zur Verringerung der Gesamtemissionsmenge im Umfang der Jahresemission dieses Fahrzeugs führen. Da keine neuen Zertifikate ausgestellt werden, müßte jeder Erwerber eines Neufahrzeugs entweder einen Katalysator einbauen oder auf dem Markt entsprechende Zertifikate kaufen. Zu einem Angebot an Zertifikaten kann es nur dadurch kommen, daß die Besitzer von Altfahrzeugen Schadstoffvermeidung betreiben. Das aber bedeutet: *Wenn* die Schadstoffreduktion bei Altfahrzeugen zu niedrigeren Kosten bewerkstelligt werden kann als der Einbau eines Katalysators bei Neufahrzeugen verursacht, *dann* wird es zu einem Zertifikat-Angebot und zum Zertifikathandel kommen. Der Besitzer des Altfahrzeuges wird die notwendigen technischen Veränderungen durchführen, weil der Preis, den er für die dadurch frei werdenden Emissionsrechte erzielen kann, höher liegt als die Kosten, die ihm entstehen, und der Neuwagenkäufer wird Zertifikate erwerben, weil ihr Preis unter den Anschaffungskosten eines Katalysators liegt. Voraussetzung ist allerdings, daß die Zertifikate hinreichend klein gestükkelt sind und in entsprechend kleinen Anteilen gehandelt werden können. Ist dies der Fall, so wird deutlich, daß die Entstehung eines Zertifikatmarktes gar nicht so unwahrscheinlich ist, wie es auf den ersten Blick scheinen mag. Jedenfalls kann man sich durchaus vorstellen, daß mit relativ geringem Aufwand bei einem Altfahrzeug eine Schadstoffreduktion von beispielsweise 10 % möglich ist. Wenn nun das 10-fache dieses Aufwandes immer noch geringer ist als die 100 prozentige Schadstoffvermeidung bei einem Neuwagen, so sind bereits die Voraussetzungen für einen Zertifikatmarkt gegeben. Angesichts der Tatsache, daß pro Jahr etwa 3 Mio. Neuwagen in der Bundesrepublik zugelassen werden, kann wohl davon ausgegangen werden, daß ein solcher Markt kompetitiv wäre, und die Gefahr eines dünnen Marktes nicht besteht. Es soll damit nicht behauptet werden, *daß* die Schadstoffreduzierung bei Altfahrzeugen technisch möglich und kostengünstiger als bei Neufahrzeugen *ist*. Der Punkt ist vielmehr, daß *dann, wenn* solche Möglichkeiten bestehen, der von dem Zertifikathandel ausgehende ökonomische Anreiz dafür sorgen wird, daß diese Möglichkeiten auch genutzt werden. Dazu kommt, daß man einem zentralen Planer weder zutrauen noch zumuten möchte, daß er sich auf die Suche nach technischen Innovationen macht, die die Abgasreinigung kostengünstiger bewerkstelligen helfen. Erfolgversprechender ist es da schon, auf die Kreativität derer zu setzen, die durch solche Innovationen einen persönlichen Vorteil erzielen können.

Was wäre in einem solchen Fall gewonnen? Die Antwort ist einfach: Das angestrebte ökologische Ziel würde *kosteneffizient* erreicht. Schadstoffvermeidungen würden *dort* durchgeführt, wo sie die geringsten Kosten verursachen. So würden Neuwagen nur dann *grundsätzlich* mit Katalysatoren ausgerüstet, wenn keine kostengünstigere Möglichkeit der Abgasreinigung besteht. Die Vorteile eines solchen Verfahrens werden besonders deutlich, wenn man es mit alternativen Strategien vergleicht. Das *ökologische* Ziel würde durch eine reine Auflagen-Politik (bei der der Einbau von Katalysatoren zur Pflicht wird) mit der gleichen Sicherheit erreicht wie bei der Zertifikat-Lösung. Ebenso sicher ist jedoch, daß dieses Ziel nur *dann* kostenminimal erreicht wird, wenn zufällig die Schadstoffreduzierung durch Neuwagen-Katalysatoren die kostengünstigste technische Möglichkeit ist. In jedem anderen Fall führt die Auflagen-Politik zu Ineffizienz, denn sie *verhindert* die mögliche Nutzung von Kostenvorteilen.

Die Zertifikat-Lösung sichert nicht nur Kosteneffizienz bei gegebenem Stand der Technik, sie ist auch das Instrument, von dem am ehesten erwartet werden kann, daß durch seinen Einsatz dynamische Anreize zur Verbesserung der Vermeidungstechnologie entstehen. Dadurch, daß mit dem Verkauf von Zertifikaten Gewinne erzielbar werden, entsteht eine Situation, in der es *im Interesse* der Autofahrer, der Werkstätten, der Autohersteller, der Erfinder, Bastler und Tüftler liegt, aktiv neue Methoden der Abgasreinigung zu suchen. Man kann sich gut vorstellen, daß sie dabei erfolgreicher sein werden als ein zentraler Planer bei der Suche nach dem tatsächlich möglichen „neuesten Stand der Technik". Im Ergebnis *kann* ein Zertifikatmarkt zu den gleichen Vermeidungsaktivitäten führen wie eine Auflagenregelung. Wenn dies der Fall ist, so ist damit durch die Zertifikatlösung gegenüber jedem anderen Instrument nichts verloren – aber es wäre die Gewißheit gewonnen, daß Vermeidung tatsächlich dort vorgenommen wird, wo sie zu den geringsten Kosten möglich ist.

Verglichen mit einer Besteuerung von PKW-Emissionen oder der Subventionierung des Katalysator-Einbaus weist das Zertifikat-Modell weitere Vorteile auf. Die Auswirkungen einer Besteuerung oder Subventionierung sind nicht exakt prognostizierbar, d. h., die Realisierung des ökologischen Ziels ist mit Unsicherheit belastet. Besteuerung oder Subvention führt zu Staatseinnahmen oder -ausgaben, die bei Zertifikat-Vergabe nach dem Grandfathering-Verfahren vermieden werden[100]. Schließlich reduziert die Zertifikat-Lösung auch den administrativen Aufwand gegenüber einer Steuer-Lösung erheblich. Nach der Erstausgabe der Emissionsrechte beschränkt sich die Tätigkeit der Behörde auf Kontrollfunktionen, und die dürften von den vorhandenen Institutionen bei einigermaßen geschickter Organisation leicht durchzuführen sein.

Insgesamt bestätigt dieses Beispiel die Resultate, die wir aufgrund unserer theoretischen Überlegungen erzielt haben. Dabei ist für die Überlegenheit der Zertifikat-Lösung ausschlaggebend, daß wir ein Beispiel gewählt haben, in dem mit einem kompetitiven Zertifikat-Markt gerechnet werden kann. Zwar sind Stickoxide kein Globalschadstoff, so daß im Prinzip eine räumliche Differenzierung angebracht wäre, aber da im Fall des PKW-Verkehrs die räumliche Verteilung der Emissionsquellen nicht konstant ist, würde eine solche Differenzierung erhebliche Probleme aufwerfen. Aus diesem Grund erscheint es vertretbar, die PKW-Emissionen wie Globalschadstoffe zu behandeln, zumal es durch den PKW-Verkehr ja ohnehin zu einer relativ gleichmäßigen Verteilung der Emissionen kommt. Damit sind *die* Voraussetzungen erfüllt, unter denen die Zertifikat-Lösung andere Politik-Instrumente *dominiert*. Das Beispiel zeigt noch etwas: Das Zertifikat-Konzept ist nicht nur ein theoretisches Konstrukt, es ist auch *praktikabel*. Warum es angesichts seiner Vorteile nicht *praktiziert* wird, ist eine interessante Frage, mit der wir uns allerdings hier nicht beschäftigen wollen.

---

[100] Auch hier stellt sich wieder das bereits angesprochene Problem der Zusatzlasten, die entstehen, wenn beispielsweise Subventionen durch die Besteuerung von Arbeitseinkommen finanziert werden. Solche Zusatzlasten können bei einer Zertifikatlösung nicht auftreten.

# 2.4 Auflagenpolitik

Das letzte Instrument der Umweltpolitik, das wir behandeln wollen, ist zugleich dasjenige, das in der umweltpolitischen Praxis die bedeutendste Rolle spielt. Daß es dennoch erst am Schluß angesprochen wird, hat seinen Grund. Die gewählte Reihenfolge entspricht nämlich durchaus auch einer gewissen „Rangordnung". Die Pigou-Steuer rangierte deshalb an erster Stelle, weil sie im Prinzip „first best"-Lösungen erlaubt. Der danach besprochene Preis-Standard-Ansatz und das Zertifikat-Konzept ermöglichen immerhin noch Kosteneffizienz, auch wenn sie Pareto-Effizienz nicht erreichen können. Von einer Auflagenpolitik ist dagegen nur in Ausnahmefällen zu erwarten, daß sie in irgendeiner Form zu effizienten Resultaten führt.

Unter Auflagen versteht man Ge- und Verbote, mit denen der Planer *einzelne Anlagen* (Emissionsquellen) belegt. Solche Auflagen können die verschiedensten Formen annehmen. Von der Forderung, bestimmte Technologien anzuwenden, über die Begrenzung zulässiger Schadstoffmengen bis hin zum völligen Verbot bestimmter Produkte oder Inputs sind alle Variationen denkbar. Sowohl für die ökologischen als auch für die ökonomischen Wirkungen einer Auflagen-Strategie ist die Frage, für welche konkrete Auflagenform sich der Planer entscheidet, von erheblicher Bedeutung. Betrachten wir dazu einmal exemplarisch die drei Alternativen „Vorgabe bestimmter Technologien", „Input- oder Outputbegrenzung" und „Emissionshöchstmengen" bezüglich ihrer ökologischen Treffsicherheit.

Schreibt der Planer dem Emittenten bestimmte Produktionsverfahren bzw. Vermeidungstechnologien vor, so ist jede *direkte* Steuerung der Emissionsmengen und damit natürlich auch der ökologisch entscheidenden Immissionswerte von vornherein ausgeschlossen. Produktionstechnische Auflagen orientieren sich in aller Regel am sogenannten „Stand der Technik". Beispiele dafür sind der LAER-Standard im Rahmen der US-Luftreinhaltepolitik oder der §5 des Bundesimmissionsschutzgesetzes (BImSchG), in dem gefordert wird, daß Neuanlagen Emissionsvermeidungseinrichtungen besitzen müssen, die dem Stand der Technik entsprechen. Natürlich ist ein solch allgemeiner Verweis nicht ausreichend. Damit eine Behörde im Sinne einer solchen Vorschrift tätig werden kann, muß der „Stand der Technik" präzisiert und operational gemacht werden. In der Bundesrepublik Deutschland geschieht dies durch Rechtsverordnungen, wie der Großfeuerungsanlagenverordnung oder der TA-Luft. Der Verweis auf diese Praxis soll deutlich machen, daß bezüglich der Schnelligkeit und Flexibilität, mit der die behördliche Feststellung und Festlegung des jeweiligen „Standes der Tech-

nik" erfolgt, allzu hohe Erwartungen nicht angebracht sind. Immerhin müssen
Änderungen der jeweiligen Vorschriften gewissermaßen ein „Gesetzgebungsver-
fahren" durchlaufen – und das nimmt in aller Regel viel Zeit in Anspruch. Der
„offizielle" Stand der Technik dürfte aus diesem Grunde hinter dem *tatsächlichen*
herhinken. Insgesamt wirken produktionstechnische Auflagen damit ungenau
(wegen des nur indirekten Einflusses auf die Emissionen), und sie führen zu einem systematischen Time-lag, mit dem technische Innovationen für die Emissionsvermeidung nutzbar gemacht werden können. Die Orientierung am Stand der
Technik birgt noch weitere Schwierigkeiten, auf die wir allerdings erst bei der
Behandlung der dynamischen Anreizwirkung einer Auflagenpolitik eingehen
werden.

Die ökologische Wirksamkeit einer Input- oder Outputbegrenzung hängt in
hohem Maße davon ab, wie streng diese Größen mit den Schadstoffemissionen
korreliert sind. Je enger die Korrelation, desto besser können die Emissionen
durch die Kontrolle von Input oder Output gesteuert werden. Allerdings gilt dies
nur dann, wenn sich die Kontrolle auch auf alle möglichen Substitute für die re-
glementierten Güter erstreckt.

Die direkte Beschränkung der Emissionen ist sicherlich die Auflagenform mit
der höchsten ökologischen Treffsicherheit. Allerdings ist auch hier die konkrete
Ausgestaltung der Emissionsbegrenzung zu beachten. Im Rahmen der TA-Luft
sind Auflagen beispielsweise überwiegend in Form von Höchstwerten für die
Massenkonzentration angegeben[101]. Dabei handelt es sich um zulässige Schad-
stoffhöchstmengen pro Kubikmeter Abluft. Es ist klar, daß auf diese Art und
Weise eine Begrenzung der Emissionsmengen kaum gelingen kann. Die Massenkonzentration kann einerseits durch Erhöhung des Reinluftanteils bei konstanter
Schadstoffmenge gesenkt werden, andererseits ist die Gesamtemissionsmenge bei
einer reinen Massenkonzentrationsbeschränkung durch Variation der Betriebs-
dauer und des Gesamtabluftvolumens nahezu beliebig veränderbar. Andere Emissionsnormen der TA-Luft sind in Form von Frachtwerten angegeben, die die zulässige Schadstoffmasse pro Zeiteinheit festlegen. Auch bezüglich solcher Auflagen sind Bedenken hinsichtlich der ökologischen Treffsicherheit angebracht, so-
fern sie nicht mit einer Begrenzung der Betriebszeit verbunden sind. Insgesamt
dürften Emissionsvorschriften nur dann mit relativer Sicherheit die angestrebten
ökologischen Ziele erreichen, wenn sie sich auf die Gesamtemissionen beziehen,
wobei der Bemessungszeitraum mindestens einen Tag betragen muß, um auszuschließen, daß durch eine Verlängerung der Betriebszeit die Emissionsmenge

---

[101] Vgl. dazu KEMPER (1989), S. 105.

ausgedehnt werden kann. Aus diesem Grunde wollen wir uns bei der folgenden
Diskussion der ökonomischen Aspekte einer Auflagenpolitik auf solche Aufla-
genformen beziehen.

Jede Form von Umweltpolitik führt letztlich dazu, daß die Emittenten von
Schadstoffen durch staatliche Maßnahmen dazu veranlaßt werden, Emissionsvermeidung zu betreiben. Im Ergebnis läuft damit jede Politik auf die Festlegung
einer Vermeidungsmenge hinaus, und die kann im Prinzip auch durch die direkte
Anwendung einer Emissionsauflage erfolgen. Stellen wir uns vor, der Planer
könne den optimalen Schattenpreis der Emissionen berechnen und würde auf dieser Grundlage eine effizienzerzeugende Besteuerung vornehmen. Aus unseren
Überlegungen zur Emissionsbesteuerung wissen wir, daß die Emittenten dann die
Vermeidungsmengen wählen würden, bei denen die Vermeidungsgrenzkosten
gleich dem Steuersatz sind. Genau diese Vermeidungsmengen könnte der Planer
natürlich auch in Form einer Auflage den Emittenten vorschreiben, d. h., *im
Prinzip* ist eine effiziente Situation auch mit einer Auflagenpolitik herstellbar.
Anhand dieser einfachen Überlegung wird allerdings auch deutlich, welchen Bedingungen eine solche Politik genügen muß, wenn mit ihr Effizienz erreicht werden soll. So läßt sich zunächst feststellen, daß Auflagen dann, wenn von unterschiedlichen Grenzkostenverläufen auszugehen ist, anlagenspezifisch gemacht
werden müssen, und zwar unter Beachtung der jeweiligen Grenzkostenverläufe.
Ein Verstoß gegen diese Bedingung hat notwendig Ineffizienz zur Folge. Wir
wollen uns diesen Zusammenhang an einer einfachen graphischen Darstellung
klarmachen.

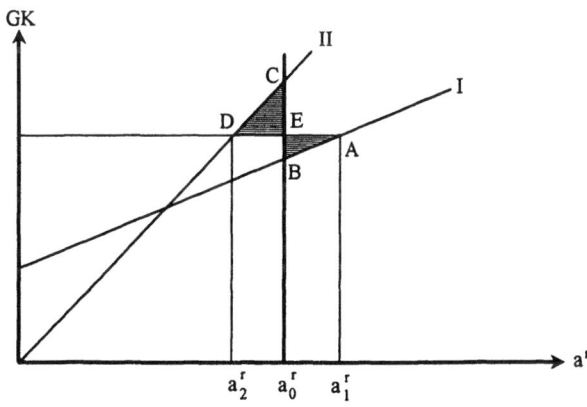

Abbildung 20

Auf der Abszisse sind die vermiedenen Schadstoffe und auf der Ordinate die Vermeidungsgrenzkosten der beiden Anlagen I und II abgetragen. Nehmen wir an, der Planer beachte die Grenzkostenunterschiede nicht, sondern mache beiden Anlagen die Auflage, $a_0^r$ Emissionseinheiten zu vermeiden. Daß dies keine effiziente Lösung sein kann, ist offensichtlich. Reduziert man die Vermeidungsmenge bei Anlage II und erhöht sie im gleichen Umfang bei Anlage I, so läßt sich dadurch so lange ein Kostenvorteil realisieren, bis Gleichheit der Grenzkosten erreicht ist. Wird Anlage II die Menge $a_2^r$ und Anlage I die Menge $a_1^r$ zugewiesen, so senkt dies die Vermeidungskosten bei II um $a_2^r DCa_0^r$ und erhöht sie bei I um $a_0^r BAa_1^r$, d. h., wir haben eine Kostenersparnis in Höhe von EAB + DCE realisiert, bei gleicher Gesamtvermeidungsmenge (da $a_0^r - a_2^r = a_1^r - a_0^r$).

Wann immer Grenzkostenunterschiede bestehen, lassen sich diese zur Kostensenkung ausnutzen, indem Vermeidungsaktivitäten von den Quellen mit relativ höheren Grenzkosten zu solchen mit niedrigeren verlagert werden. Damit dies im Zuge einer Auflagenpolitik geschehen kann, muß der Planer ausgesprochen hohe Informationsanforderungen erfüllen. Selbst wenn wir von dem Problem der Bestimmung der optimalen Gesamtemissionsmenge absehen, ist ein effizienter Einsatz von Emissionsnormen nur dann möglich, wenn der Planer genaue Kenntnis über die Grenzvermeidungskosten jeder Anlage besitzt. Wir können dieses Ergebnis auch andersherum formulieren: Sobald *verschiedene* Anlagen mit *gleichen* Emissionsauflagen belegt werden, ist Kosteneffizienz nur noch dann gesichert, wenn die Anlagen identische Grenzkostenverläufe aufweisen. Da in aller Regel davon ausgegangen werden muß, daß eine solche Identität der Kostenverläufe nicht vorliegt, folgt daraus, daß undifferenzierte Auflagen in den meisten Fällen die Gesamtvermeidungsmenge nicht kostenminimal realisieren.

Angesichts dieses Ergebnisses stellt sich natürlich die Frage, ob es überhaupt Situationen gibt, in denen eine Auflagenpolitik angeraten erscheint. Tatsächlich gibt es solche Situationen, und aufgrund der geschilderten Eigenschaften von Emissionsauflagen dürfte auch klar sein, wann sie gegeben sind. Immer wenn aus ökologischen Gründen eine *anlagenspezifische* Festlegung von Emissionsmengen erforderlich ist, sind Auflagen der direkteste Weg. Allerdings muß es sich dabei um Vorschriften handeln, die *jeder einzelnen* Quelle Emissionsnormen vorgeben, weil andernfalls die ökologischen Erfordernisse nicht erfüllt werden können, und gleichzeitig der durch die Auflage erreichte Umweltzustand „zu teuer" erkauft wird.

Bei der Behandlung des Preis-Standard-Ansatzes ist uns bereits eine Situation begegnet, in der anlagenspezifische Lösungen notwendig waren, um die Entstehung von „hot spots" zu vermeiden. Dies ist dann der Fall, wenn es um die Kontrolle der Immission von Oberflächenschadstoffen geht, die von mehreren Quellen mit unterschiedlichen Diffusionskoeffizienten emittiert werden. Um gefährliche Schadstoffkonzentrationen zu vermeiden, müßte in einem Steuersystem jede Quelle mit einem eigenen, speziellen Steuersatz belegt werden. Aber warum sollte sich ein Planer in einer solchen Situation auf die indirekte Wirkung einer Emissionssteuer verlassen? Da jeweils nur eine Anlage betroffen ist, stellt sich die Frage der Kosteneffizienz gar nicht erst, da es keine Grenzkostenunterschiede gibt, die zur Senkung der Gesamtkosten ausgenutzt werden könnten. Der ökonomische Vorteil der Emissionbesteuerung kommt damit nicht zum Tragen, und da „Einstellung" der Emissionsmengen jeder einzelnen Quelle notwendig ist, spricht alles für die Festlegung einer anlagenspezifischen Auflage. Der Hinweis darauf, daß sich bezüglich der *einzelnen* Quelle kein Kostenminimierungsproblem stellt, darf allerdings nicht dazu verleiten, die Frage der kosteneffizienten Realisierung der Imissionsstandards in bezug auf *alle* Quellen aus den Augen zu verlieren. Um diese zu erreichen muß der Planer jedoch über sehr genaue Informationen verfügen. Damit er die ökologisch erforderlichen und die ökonomisch effizienten Emissionsmengen für jede Anlage berechnen kann, muß er sowohl über den Diffusionsprozeß als auch über die Grenzvermeidungskosten informiert sein. Spätestens hier wird deutlich, daß auch dann, wenn Auflagen das angemessene Instrument sind, nicht damit zu rechnen ist, daß sie zu effizienten Resultaten führen. Die Ermittlung der Emissionsmengen, die den Immissionsstandard kostenminimal realisieren, scheitert aus dem gleichen Grund, aus dem sich auch die Bestimmung differenzierter Steuersätze als nicht durchführbar erwies: Der Planer verfügt über keinerlei Instrumentarium, das es ihm erlauben würde, in den Besitz der dazu notwendigen Information zu gelangen.

Die gleiche Argumentation läßt sich auch auf andere Fälle übertragen, in denen Auflagen das angemessene Politik-Instrument sind. Dies ist beispielsweise dann der Fall, wenn nur ein Emittent existiert, oder wenn die Assimilationskapazität der Umweltmedien starken Schwankungen unterworfen ist. Im ersten Fall sprechen die gleichen Gründe für die Auflage wie bei der eben besprochenen Situation differenzierter Immissionsnormen. Im zweiten Fall bedarf es eines äußerst flexibel einsetzbaren Instrumentariums, um auf die jeweiligen Veränderungen der Umweltbedingungen reagieren zu können – und im Hinblick auf Flexibilität sind Auflagen (als direkt wirkende Instrumente) der Besteuerung oder dem Zertifikat-Konzept überlegen. In all diesen Fällen zeigt sich der gleiche Trade-off: Eine Auflagenpolitik ist um so eher angebracht, je stärker das Erfordernis nach anlagenspezifischen Regulierungen ist. Je differenzierter das Regelwerk jedoch ausfallen soll, je spezieller die Umweltpolitik auf einzelne Emittenten bzw. Emissionquellen zugeschnitten wird, *um so weniger* kann mit Effizienz gerechnet werden, weil die Informationsprobleme wachsen. Dies gilt auch für den Fall, daß bei einer nur geringen Zahl von Emittenten unstetige Verläufe der Vermeidungskostenfunktionen vorliegen [102].

Relativ unproblematisch ist die Anwendung von Emissionsauflagen nur in einem einzigen Fall, und zwar beim vollständigen Verbot. Sind die von einem Schadstoff ausgehenden Gefahren prohibitiv hoch, und ist darum die völlige Emissionsvermeidung das erklärte Ziel der Umweltpolitik, so existiert aus der Sicht des Planers kein Informationsproblem. In einer solchen Situation beantworten sich die unter Effizienzgesichtspunkten relevanten Fragen, wo (bei welcher Quelle) und in welchem Umfang Emissionsvermeidung betrieben werden soll, gewissermaßen von selbst, denn es gilt an *jeder* Quelle die *gesamte* Schadstoffmenge zu vermeiden.

Die Beurteilung umweltpolitischer Instrumente darf sich nicht auf die statische Effizienz und ökologische Wirksamkeit beschränken, sondern muß vor allem auch dynamische Aspekte berücksichtigen. Aus ökonomischer Sicht steht dabei die *Anreizwirkung* an erster Stelle. Konkret ist zu fragen, ob durch den Einsatz von Emissionsauflagen die Verursacher von Umweltbelastungen veranlaßt werden, Produktionsverfahren zu entwickeln und einzusetzen, die den Schadstoffausstoß über das durch die Auflage vorgeschriebene Maß hinaus reduzieren, oder die Kosten der Emissionsvermeidung senken. Die Befürworter einer Auflagenpolitik bejahen diese Frage[103], und zwar aus folgendem Grund: Die Einführung von Verfahren, die den technischen Fortschritt zur Senkung der Grenzvermeidungskosten nutzen, führt unmittelbar zu einer Kostenentlastung, d. h., das von der Umweltbehörde vorgeschriebene Emissionsniveau kann zu geringeren Gesamtkosten realisiert werden. Auf den ersten Blick leuchtet diese Argumentation durchaus ein. Ceteris paribus wird der Emittent natürlich die „beste" verfügbare Technologie wählen, um die ihm gemachten Auflagen möglichst kostengünstig zu erfüllen. Aber ist die Ceteris-paribus-Klausel in diesem Zusammenhang angebracht? Notwendige Bedingung dafür wäre, daß aus der Sicht des einzelnen Emittenten der ihm auferlegte Emissionsstandard exogen ist, d. h. in keiner Weise von seinem eigenen Verhalten abhängt. Kann man davon ohne weiteres ausgehen?

Die Auflagen, mit denen die Umweltbehörde die Emittenten belegt, müssen, damit sie überhaupt erfüllt werden können, technisch realisierbar sein. Der je-

---

[102] Vgl. dazu MICHAELIS (1993).
[103] Vgl. dazu beispielsweise NAGEL (1980), insbesondere S. 42 ff.

weilige Stand der Technik gibt Auskunft darüber, was in diesem Sinne an Emissionsvermeidung „machbar" ist. Der Stand der Technik ist damit die entscheidende Komponente bei der Festlegung der Emissionsauflagen. Für den Planer dürfte
es bereits eine sehr schwierige Aufgabe sein, festzustellen, was zu einem gegebenen Zeitpunkt technisch möglich ist. Gänzlich überfordert wäre er allerdings,
wenn man verlangt, er möge auch in Erfahrung bringen, was bei Ausnutzung des
technischen Fortschritts an Technologien verfügbar wäre. Tatsächlich dürfte die
einzige praktikable Methode zur Ermittlung des Standes der Technik darin bestehen, daß der Planer beobachtet, welche Technologien in der Praxis verwendet
werden. Das aber bedeutet, daß die Emittenten *selbst* dem Planer die Information
liefern, auf deren Grundlage dieser seine Entscheidung trifft – und damit ist die
Annahme, daß der Emissionsstandard für den Emittenten eine *exogene* Größe ist,
hinfällig. Bei der Beantwortung der Frage, welche Technologie zur Vermeidung
von Schadstoffemissionen eingesetzt wird, dürften aus diesem Grund nicht nur
die Kosten der jeweils aktuellen Emissionsvermeidung Beachtung finden, sondern auch die zusätzlichen Belastungen, die dadurch auftreten können, daß wegen des veränderten Stands der Technik die Emissionsnorm verschärft wird. Verkürzt gesagt, sieht daher das Kalkül des Emittenten wie folgt aus: Die Verfahren,
die er zur Vermeidung von Emissionen verwendet, signalisieren dem Planer den
Stand der Technik. Jede Verbesserung der eingesetzten Technologie verringert
zwar die Kosten der aktuellen Emissionsvermeidung, birgt aber zugleich die Gefahr, daß die Emissionsnorm verschärft wird, was wiederum Kostensteigerungen
zur Folge haben kann, die durchaus größer sein können als die zuvor realisierten
Kosteneinsparungen. Die folgende Abbildung verdeutlicht diesen Punkt.

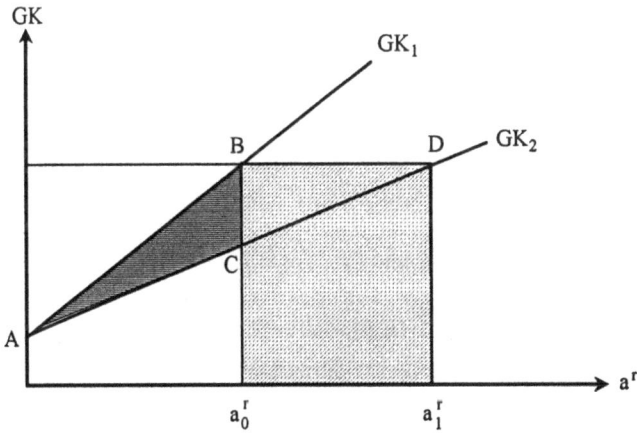

Abbildung 21

Angenommen der Planer setzt zunächst $a_0^r$ als zu vermeidende Schadstoffmenge fest. Führt das Unternehmen eine neue Vermeidungstechnologie ein und reduziert dadurch die Grenzkosten von $GK_1$ auf $GK_2$, so verringern sich die Vermeidungskosten um ABC. Nimmt der Planer den durch die neue Technologie realisierten technischen Fortschritt nun jedoch zum Anlaß, den Standard auf $a_1^r$ zu erhöhen, so führt dies zu Mehrbelastungen in Höhe von $a_0^r CDa_1^r$, und je nachdem, wie hoch der neue Standard gesetzt wird, kann technischer Fortschritt durchaus im Ergebnis zu einer Mehrbelastung des Emittenten führen.

Fassen wir zusammen: Der Stand der Technik ist letztlich Ergebnis der Entscheidung von Emittenten. Da er zugleich Grundlage für die Bemessung von Emissionsstandards ist, führen technische Innovationen tendenziell zu einer Verschärfung dieses Standards und damit u.U. zu einer Mehrbelastung der Emittenten. Vor diesem Hintergrund wird deutlich, warum viele Umweltökonomen die Befürchtung haben[104], daß sich durch eine Auflagenpolitik die Anreizstruktur gewissermaßen „umkehrt" (KEMPER 1989, S. 106), d. h., Anreize zur *Verhinderung* des technischen Fortschritts geschaffen werden. Selbst wenn bessere Technologien realisierbar wären, und die Emittenten um diese Möglichkeiten wüßten, würden sie sie nicht wahrnehmen. BONUS (1981) hat für dieses Verhalten die griffige Bezeichnung „das Schweigekartell der Oberingenieure" geprägt.

Aber nicht nur die Verschwiegenheit der Ingenieure dürfte der Grund dafür sein, daß Auflagen eher die Konservierung des Status quo bewirken, als daß sie eine dynamische Entwicklung auslösen. Hand in Hand mit der Verhängung von Emissionsauflagen geht die Genehmigung zur Emission einer bestimmten Schadstoffmenge. Mit dieser Genehmigung „verbrieft" die Behörde den Betreibern von Emissionsquellen das Recht, Assimilationskapazität der Umwelt in einem bestimmten Umfang zu nutzen. Man kann dieses Recht auch als ein „Kapitalgut" begreifen, das als Produktionsfaktor eingesetzt wird. Angesichts der Kosten, die die Vermeidung dieser genehmigten Emissionen verursachen würde, wird klar, daß es sich dabei um einen sehr „wertvollen" Faktor handelt, und darüber hinaus auch noch um ein Gut, das keiner Abnutzung unterliegt. Der Besitzer eines Emissionsrechtes hat aus diesem Grund einen starken Anreiz, dieses zwar wertvolle, ihm aber letztlich kostenlos eingeräumte Recht so lange wie nur eben möglich auch tatsächlich zu nutzen. Anders ausgedrückt: Warum sollte der Betreiber einer genehmigten Altanlage in die Errichtung neuer Produktionsstätten

---

104 Vgl. KEMPER, BONUS, ENDRES u.v.a.

investieren, wenn er damit rechnen muß, daß er dadurch sein Emissionsrecht verliert und in kostspielige, nach dem neuesten Stand der Technik konzipierte Vermeidungstechnologien investieren muß, weil die an Neuanlagen geknüpften Auflagen an dem jeweils aktuellen Technologiestandard orientiert sind? Die Errichtung neuer Anlagen wird deshalb erst dann erfolgen, wenn die Kosten*vorteile*, die durch technischen Fortschritt erzielbar sind, größer ausfallen als die Kosten*nachteile*, die aus den verschärften Emissionsvorschriften resultieren. In der Tendenz verhindert eine Auflagenpolitik damit eher den Strukturwandel in Richtung auf umweltschonende Technologien, als daß sie ihn fördert.

Insgesamt fällt damit die Beurteilung der Auflagenpolitik eher negativ aus. Die Fälle, in denen sie angebracht erscheint, sind durch die Notwendigkeit anlagenspezifischer Regulierungen charakterisiert. Damit sind aber Auflagen gerade in solchen Situationen angemessen, in denen sich dem Planer gleich ein doppeltes Informationsproblem stellt. Um nämlich die „richtige" Emissionsvorschrift für die einzelne Schadstoffquelle zu finden, müßte er sowohl über die konkreten technischen Möglichkeiten der Vermeidung als auch über die dabei entstehenden Kosten genau informiert sein. Wie wir wissen, dürfte dieses Informationsproblem für den Planer nicht lösbar sein.

Vor dem Hintergrund der hier angestellten Überlegungen erscheint die konkrete Auflagenpolitik, wie sie in vielen Ländern praktiziert wird, in einem sehr schlechten Licht. Charakteristisch für diese Praxis ist nämlich, daß Auflagen gerade *nicht* anlagenspezifisch festgelegt werden, sondern gewissermaßen „flächendeckend" für ganze Regionen oder Branchen. Beispiele dafür sind die TA-Luft und die Großfeuerungsanlagenverordnung in der Bundesrepublik sowie die Technologie-Standards innerhalb der amerikanischen Luftreinhaltepolitik. Die Ergebnisse, zu denen wir bisher gelangt sind, bestärken den Verdacht, daß durch eine solche Politik die Verbesserung der Umweltsituation zu teuer bezahlt wird, bzw. daß bei Anwendung anderer, marktorientierter Politiken mit dem gleichen Ressourceneinsatz eine bessere Umweltqualität erreichbar wäre.

# 2.5 Staatliche Umweltpolitik und das Kooperationsproblem

In diesem abschließenden Kapitel kehren wir zurück zu den im ersten Teil angestellten Überlegungen. Es geht darum, gewissermaßen den Kreis zu schließen, die Verbindung herzustellen zwischen dem im ersten Teil entwickelten grundlegenden Verständnis des Umweltproblems und der Betrachtung konkreter Politik-Instrumente, die wir im zweiten Teil geleistet haben.

In Teil I haben wir das Umweltproblem charakterisiert als Problem der effizienten Bereitstellung eines öffentlichen Gutes, das durch direkte, individuelle Beiträge erstellt wird. Wir haben dabei das ökonomische Grundproblem in dem „Widerspruch" zwischen individuell und kollektiv rationalem Verhalten ausgemacht, der sich in der Entstehung „sozialer Dilemmata" manifestiert. Als einzig gangbarer Weg aus einem solchen Dilemma heraus erwies sich individuell *kooperatives Verhalten* im Sinne eines freiwilligen Verzichts auf die Wahrnehmung bestehender Freifahrer-Optionen. Wir hatten weiterhin festgestellt, daß solche Optionen dadurch entstehen, daß die Individuen im Besitz privater Informationen sind, die sie zum Zwecke der individuellen Vorteilsnahme strategisch nutzen können. Staatliches Handeln haben wir in diesem Zusammenhang nur insofern betrachtet, als wir untersucht haben, ob ein Planer in der Lage ist, Verhandlungsmechanismen zu etablieren, mit deren Hilfe die Individuen den oben genannten Widerspruch vermeiden können. Dabei sind wir jedoch nach wie vor von der Vorstellung ausgegangen, daß das öffentliche Gut durch individuelle Beiträge produziert und nicht vom Staat angeboten wird.

Im zweiten Teil haben wir uns dann die Frage gestellt, welche Möglichkeiten dem Staat eigentlich bleiben, wenn man die Aufgabe, das öffentliche Gut „Umweltqualität" zu erstellen, auf ihn überträgt. Während wir also zuvor die Interaktion vieler Individuen untereinander thematisiert haben, stand nun das Verhältnis *des Planers* zu den Individuen im Vordergrund. Der Staat wurde dabei in Gestalt eines „wohlwollenden Planers" eingeführt, dessen einziges Handlungsmotiv die Maximierung der gesellschaftlichen Wohlfahrt ist. Dadurch, daß dieser Planer die Bereitstellung des öffentlichen Gutes übernimmt, entfällt auf den ersten Blick die Notwendigkeit kooperativen Verhaltens, d. h., bei staatlichem Angebot kann es auch dann zur Bereitstellung öffentlicher Güter kommen, wenn sich die Individuen *nicht* kooperativ verhalten.

Sind damit die im ersten Teil angestellten Überlegungen überflüssig, weil sich das Kooperationsproblem dadurch lösen läßt, daß die Versorgung mit öffentlichen Gütern an den Staat delegiert wird? Dieser Schluß liegt zwar nahe, aber er ist falsch. Das Kooperationsproblem bleibt uns auch dann erhalten, wenn wir den Staat als möglichen Anbieter öffentlicher Güter einbeziehen, und zwar im wesentlichen aus drei Gründen:

[1]  Die Vorstellung eines „wohlwollenden Planers" ist geeignet auszuloten, welche Möglichkeiten einem „idealen" Staat bleiben, aber sie ist natürlich eine sehr weitgehende Idealisierung. Realistischerweise müssen wir den Planer als eine *Institution* begreifen, deren Zustandekommen und deren Existenz einer Erklärung bedürfen. Wir wollen nicht so weit gehen, den politischen Sektor explizit zu modellieren, sondern uns nur auf die Feststellung beschränken, daß in demokratischen Systemen der Staat durch freie Wahlen die Legitimation für eigenständiges Handeln erhält. Demokratie kann nur funktionieren, wenn die politisch Handelnden durch Wahlen legitimiert werden, denn das demokratische Prinzip kennt keine andere Möglichkeit der Rechtfertigung von „Staatsgewalt" im weitesten Sinne. Demokratie ist damit jedoch ihrerseits nichts anderes als ein *öffentliches Gut*, und zwar eines, das *ausschließlich* durch individuelle Beiträge hergestellt werden kann. Die Beteiligung an einer Wahl ist ein Akt kooperativen Verhaltens, denn sie verursacht Kosten, ohne einen individuell zurechenbaren Vorteil zu verschaffen. Die Schwarzfahrer-Option ist klar erkennbar: Ob der Bürger X an der Wahl teilnimmt oder nicht, hat für die Frage, ob das demokratische System überlebt, keine Bedeutung. Nicht einmal der Wahlausgang ist durch den einzelnen Bürger beeinflußbar. Für welche Partei auch immer Herr oder Frau X stimmt, an der Sitzverteilung im Parlament wird diese eine Stimme nichts ändern. Warum also sollte ein rationales Individuum die Kosten einer Wahlbeteiligung auf sich nehmen? Die Antwort ist einfach: Es wird dies nur dann tun, wenn es zu kooperativem Verhalten bereit ist, wenn es die Freifahrer-Option, die darin besteht, die anderen wählen zu lassen und selbst am Wahltag zuhause zu bleiben, nicht wahrnimmt. Verkürzt ausgedrückt heißt das: Damit ein Staat entstehen kann, an den die Erstellung öffentlicher Güter delegiert werden kann, muß zunächst ein öffentliches Gut geschaffen werden, und zwar durch kooperative Beiträge vieler Menschen. Mit anderen Worten: Delegation setzt Kooperation voraus.

[2]   Die Notwendigkeit zur Kooperation entsteht aber auch dann, wenn wir
      von der Existenz eines funktionierenden Staates ausgehen, und zwar
      ganz gleich, ob wir uns diesen als „wohlwollenden Planer" oder als de-
      mokratisch legitimierte Institution vorstellen. Unsere Überlegungen zu
      den Instrumenten, die einem solchen Staat im Bereich der Umweltpolitik
      zur Verfügung stehen, haben gezeigt, daß ihm eine effiziente Be-
      reitstellung öffentlicher Güter nur gelingen könnte, wenn die von ihm
      „regierten" Individuen ihm ihre wahren Präferenzen offenbaren. Wahr-
      heitsgemäße Präferenzoffenbarung ist aber vielfach gleichbedeutend mit
      dem Verzicht auf einen strategischen Vorteil, der wiederum nur dann zu
      erwarten ist, wenn sich Individuen kooperativ im hier verwendetem Sin-
      ne verhalten.

[3]   Die zunehmende Internationalisierung, ja Globalisierung von Umwelt-
      problemen entlavt den Verweis auf einen zentralen Planer erst recht als
      einen Kunstgriff. Selbstverständlich lassen sich auch bei globalen Pro-
      blemen die hier diskutierten Instrumente einsetzen. Aber ihr Gebrauch
      setzt immer voraus, daß eine u. U. große Gruppe unabhängiger Staaten
      bereit ist, sich innerhalb einer Koalition *kooperativ* zu verhalten.

Die drei Punkte zeigen, daß der Verweis auf den Staat als Anbieter öffentlicher Güter die im ersten Teil angestellten Überlegungen zum Kooperationsproblem keineswegs obsolet macht. Ganz im Gegenteil, es wird deutlich, wie wichtig die Beantwortung der Frage ist, welche Bedingungen erfüllt sein müssen,
damit kooperatives Verhalten entstehen kann. Wir haben im ersten Teil bereits
einige Überlegungen diesbezüglich angestellt, die an dieser Stelle stichwortartig
um einen Aspekt ergänzt werden sollen, der bisher noch nicht erwähnt wurde.

Es wurde immer wieder betont, daß dem Informationsproblem im Zusammenhang mit der Erstellung öffentlicher Güter eine herausragende Bedeutung zukommt. Das Problem war dabei dergestalt, daß Individuen im Besitz privater Informationen waren, die preiszugeben sie keine Veranlassung hatten. Dabei war es
unerheblich, ob ein zentraler Planer versuchte, in den Besitz der Information zu
gelangen, oder ein privater Verhandlungspartner. Kennzeichnend ist in jedem
Fall, daß es sich um *dezentrale* Information handelt, die auf die Individuen verteilt vorliegt, und die nicht zentral verfügbar ist. Ein Informationsproblem kann
jedoch auch in umgekehrter Form entstehen. Es ist nämlich zu fragen, ob die In-

dividuen ihrerseits über die Informationen verfügen, die z.b. notwendig sind, um sie zu kooperativem Verhalten zu veranlassen. Typischerweise handelt es sich ja dabei um Informationen über öffentliche Güter, und es ist keineswegs selbstverständlich, daß rationale Individuen solche Informationen nachfragen. So wenig der einzelne einen Anreiz hat, Beiträge zur Erstellung eines öffentlichen Gutes zu leisten, so wenig mag er bereit sein, Zeit und Geld für die Beschaffung von Informationen über diese Güter zu opfern. Alle bisher vorliegenden Ansätze zur Erklärung kooperativen Verhaltens unterstellen jedoch implizit, *daß* die kooperierenden Individuen über das öffentliche Gut informiert sind. Ja, sie unterstellen sogar noch mehr: Jedes einzelne Individuum ist nicht nur seinerseits informiert, sondern weiß auch, daß *alle anderen* Individuen informiert sind. Praktisch ist eine solche Situation nur herstellbar, wenn die Informationsvermittlung über ein Medium erfolgt, das von allen benutzt wird und von dem alle wissen, daß alle es benutzen. Diese Überlegung führt unmittelbar zu der Frage, ob Massenmedien, insbesondere die elektronischen Medien, eine solche Informationsübermittlung leisten werden bzw. unter welchen Bedingungen sie sie leisten.

Dieses „umgekehrte" Informationsproblem wird hier erwähnt, um den Eindruck zu verhindern, daß das Informationsproblem immer nur darin besteht, dezentrale, private Informationen zu sammeln bzw. Individuen dazu zu veranlassen, sie wahrheitsgemäß zu bekunden. Auch die Versorgung der Individuen mit Informationen, die zentral verfügbar sind, kann u.U. ein Problem darstellen. Ob dabei tatsächlich ein gravierendes Problem vorliegt, oder ob der Medienmarkt eine effiziente Informationsversorgung leistet, kann hier nicht mit Sicherheit gesagt werden, denn die ökonomische Forschung zu dieser Frage steht noch an ihrem Anfang.

# Anhang I : Spieltheorie

Im folgenden werden in Form eines „rezeptbuchartigen" Überblicks die wichtigsten grundlegenden Begriffe der nichtkooperativen Spieltheorie präsentiert. Die Darstellung orientiert sich dabei weitgehend an RASMUSEN (1989).

## Die Methode der nichtkooperativen Spieltheorie

Die grundlegende Idee der Spieltheorie besteht darin, Situationen, in denen sich Menschen durch ihr jeweiliges Verhalten gegenseitig beeinflussen können, dadurch abzubilden, daß die Handlungsspielräume der Akteure durch „Spielregeln" beschrieben werden. Da diese Regeln die Verhaltensmöglichkeiten exakt beschreiben, lassen sich Aussagen darüber machen, welche der *möglichen* Handlungen von *rationalen* Spielern gewählt werden. Voraussetzung für die Anwendung der spieltheoretischen Methode ist damit, daß tatsächlich eine *wechselseitige* Beeinflussung der Spieler vorliegt und den Individuen strikt rationales Verhalten unterstellt wird. Die Kunst der Spieltheorie besteht darin, die richtigen *Spielregeln* zu finden, d. h. die zu analysierende Situation durch die Vorgabe von Regeln „richtig" zu beschreiben. Schauen wir uns zunächst an, worin diese Regeln bestehen.

## Die Regeln des Spiels

Die Spielregeln bestehen aus verschiedenen Komponenten. Als erstes müssen wir klären, wer mitspielt. Das ist einfach: *Spieler* sind alle diejenigen, die in unserem Spiel *Entscheidungen* treffen. Sie entscheiden sich dabei für die Ausführung bestimmter *Züge* (man denke an Schach) oder *Aktionen*. Die Menge der möglichen Aktionen ist ebenfalls Bestandteil der Spielregeln. Sie ist für jeden Spieler angegeben, und wir wollen sie mit $A_i$ bezeichnen, wobei i der Index des Spielers sei. Gehen wir davon aus, daß insgesamt n Spieler beteiligt sind, dann können wir die Aktionen, die alle Spieler durchführen, als Aktionenkombination $a = (a_1,...,a_n)$ notieren, wobei $a_i$ *eine* Aktion des Spielers i bezeichnet, und a Element des kartesischen Produkts aller $A_i$ ist.

Um sich für eine bestimmte Aktion entscheiden zu können, benötigt der einzelne Spieler in aller Regel Informationen. Welche Informationen für die Spieler verfügbar sind, muß ebenfalls angegeben werden. Dies geschieht durch die *Informationsmenge*, die wir uns vorläufig als eine Anzahl von Werten bestimmter

Variablen vorstellen wollen. Natürlich kann sich im Verlauf des Spiels der Informationsstand ändern.

Wenn Spieler sich für eine Aktion entscheiden, dann werden sie dies nicht willkürlich tun, sondern dabei bestimmten Regeln folgen. Eine solche Regel bezeichnet man als *Strategie*. Eine Strategie $s_i$ sagt dem Spieler, welche Aktionen er wählen soll, und zwar in jedem Spielzustand und unter Berücksichtigung der jeweils verfügbaren Information. Wie die verfügbaren Züge lassen sich auch die Strategien, die einem Spieler zur Verfügung stehen, als Menge notieren. $S_i$ ist die Strategiemenge des Spielers i, und $s = (s_1,...,s_n)$ ist eine Strategiekombination der n Spieler, d. h., $s_i$ ist eine Strategie des Spielers i, und s ist Element des kartesischen Produkts aller $S_i$.

In vielen einfachen Spielen wird der Unterschied zwischen Aktionen und Strategien nicht sehr deutlich, weil oftmals Strategien lediglich aus der Anweisung bestehen, eine bestimmte Aktion durchzuführen, so daß mit der Benennung dieser Aktion zugleich auch die Strategie beschrieben ist. Bei komplizierteren Spielen erweist es sich jedoch als unumgänglich, die beiden Begriffe sauber zu trennen, und darum sei noch einmal auf den Unterschied hingewiesen: Bei einer Strategie handelt es sich um die *vollständige* Beschreibung dessen, was der Spieler in jeder denkbaren Spielsituation tut. Sie bezeichnet also gewissermaßen den „Plan", den der Spieler im Kopf hat. Eine Aktion ist dagegen die „Ausführung des Planes", also die konkrete Handlung, die der Spieler in einer gegebenen Situation durchführt. Eine Konsequenz dieses Unterschieds ist, daß Strategien – im Gegensatz zu Aktionen – nicht beobachtbar sind.

Wie eingangs betont wurde, behandelt die Spieltheorie Situationen, in denen sich Akteure wechselseitig beeinflussen. Strategien beziehen daher das Verhalten der jeweiligen Mitspieler mit ein. Dabei gilt es jedoch zu beachten, daß bei der Entscheidung über die nächste Aktion oder den nächsten Zug natürlich nur das Verhalten der Mitspieler bei zurückliegenden Zügen berücksichtigt werden kann. Nur dieses ist Bestandteil der Informationsmenge.

Die „Spielregeln" geben natürlich auch an, was es zu „gewinnen" gibt. Die *Auszahlungsfunktion* des Spielers i $\pi_i(s_1,...,s_n)$ (oder auch *Payoff*-Funktion) ordnet jeder möglichen Strategiekombination eine Auszahlung zu, die i erhält, wenn genau diese Kombination von den n Spielern gespielt wird. Unter „Auszahlung" sollte man sich dabei nicht unbedingt „bare Münze" oder sonstige materielle Dinge vorstellen. Es ist besser, dabei an „Nutzen" zu denken, auch wenn tatsächlich häufig der Nutzen eines Spielers gleichgesetzt wird mit dem monetären Spielerlös. Im übrigen kann der Payoff auch durchaus in Form eines *Erwartungs-*

*nutzens* notiert sein. Dies ist fast immer dann der Fall, wenn in ein Spiel stochastische Momente einbezogen werden.

Von der Auszahlung zu unterscheiden ist das *Spielergebnis (Outcome)*. Als Ergebnis eines Spiels lassen sich verschiedene Dinge bezeichnen. Man kann darunter sowohl die resultierende Strategiekombination verstehen, als auch die Auszahlungen oder beides – je nachdem, woran man bei der konkreten Analyse interessiert ist.

Mit Hilfe der Regeln, die wir bisher eingeführt haben, können wir lediglich die Spielbedingungen beschreiben. Wir sind noch nicht in der Lage, eine Prognose über den Spielausgang zu machen. Um das tun zu können, benötigen wir zunächst eine Vorstellung davon, welche der vielen möglichen Spielergebnisse wir als „Lösung" des Spiels akzeptieren wollen. Der zentrale Begriff in diesem Zusammenhang ist der des *Gleichgewichts*. Eine Lösung des Spiels ist dann erreicht, wenn eine gleichgewichtige Situation eingetreten ist. Wann aber ist das der Fall?

Wie mit jedem anderen Gleichgewichtsbegriff, so verbindet sich auch mit dem spieltheoretischen Gleichgewicht die Vorstellung einer „Ruhelage", d. h. einer Situation, in der keine Veränderung mehr eintritt. Dies ist bei einem Spiel offensichtlich dann zu erwarten, wenn jeder Spieler eine Strategie gewählt hat, die für ihn die „beste" aller möglichen ist, denn dann hat kein Spieler mehr Veranlassung, einen Strategiewechsel vorzunehmen. Ein *Gleichgewicht* ist damit nichts anderes als eine Strategiekombination $s^* = (s_1^*, \ldots, s_n^*)$, die nur aus „besten" Strategien besteht.

Mit der Definition eines Gleichgewichts allein sind wir allerdings immer noch nicht in der Lage, Prognosen über den Spielausgang abzuleiten, denn wir wissen noch nicht, was eine „beste" Strategie ist. Um Aussagen darüber machen zu können, benötigen wir ein Konzept, genauer gesagt ein *Lösungskonzept*, das es uns erlaubt, von der Menge aller möglichen Strategiekombinationen und aller Payoff-Funktionen auf ein Gleichgewicht zu schließen. Innerhalb der Spieltheorie gibt es eine Vielzahl solcher Lösungs- oder Gleichgewichtskonzepte, die sich formal als Vorschrift $F:\{s_1, \ldots, s_n, \pi_1, \ldots, \pi_n\} \rightarrow s^*$ auffassen lassen, mit deren Hilfe das Gleichgewicht bestimmt wird. Wir wollen uns hier zunächst auf die Darstellung der beiden wichtigsten Konzepte beschränken.

## Dominante Strategien

Bevor wir uns das erste Lösungskonzept näher ansehen, sei eine Notation eingeführt, die die weitere Darstellung wesentlich erleichtert. Aus der Sicht des

Spielers i ist natürlich vor allem interessant, welche Strategien die anderen n-1 Spieler wählen. Diese Strategien *aller anderen* wollen wir mit $s_{-i}$ bezeichnen, d. h. $s_{-i} := (1,..., s_{i-1}, s_{i+1}, ..., s_n)$.

Ziel jedes Spielers ist es, eine möglichst hohe Auszahlung zu erhalten. Mit Hilfe der soeben eingeführten Notation können wir nun definieren, was unter der „besten Antwort" eines Spielers auf die Strategien der Mitspieler zu verstehen ist.

---

*Definition:*

Die *beste Antwort* des Spielers i auf die von seinen Mitspielern gewählten Strategien $s_{-i}$ ist die Strategie $s_i^*$, für die gilt:

$$\pi_i\left(s_i^*, s_{-i}\right) \geq \pi_i\left(s_i', s_{-i}\right) \quad \text{für alle} \quad s_i' \neq s_i^*.^{105}$$

---

„Beste Antwort" ist also die Strategie, die den höchsten Payoff beschert. Von einer *dominanten* Strategie spricht man dann, wenn es ein $s_i^*$ gibt, das *immer* beste Antwort ist, ganz gleich, welche Strategien die Mitspieler wählen.

---

*Definition:*

$s_i^*$ ist *dominante Strategie* des Spielers i, wenn gilt:

$$\pi_i\left(s_i^*, s_{-i}\right) \geq \pi_i\left(s_i', s_{-i}\right) \quad \text{für alle} \quad s_i' \neq s_i^* \quad \text{und für alle} \quad s_{-i} \ .$$

---

Ein *Gleichgewicht* in dominanten Strategien liegt dann vor, wenn alle Spieler über eine dominante Strategie verfügen, und die gleichgewichtige Strategiekombination $s^* = \left(s_1^*, ..., s_n^*\right)$ nur aus dominanten Strategien besteht.

Das prominenteste Beispiel für ein Spiel mit einem Gleichgewicht in dominanten Strategien ist das im Text ausführlich dargestellte Gefangenen-Dilemma. Diese Prominenz sollte allerdings nicht darüber hinwegtäuschen, daß Spiele mit solchen Gleichgewichten eher die Ausnahme denn die Regel sind. Auf einen wichtigen Punkt sei noch hingewiesen. In nahezu jedem Spiel sind die Spieler

---

[105] Die Verwendung von $\geq$ macht deutlich, daß $s_i^*$ „beste Strategie" in einem „schwachen" Sinne ist. Würde man fordern, daß $\pi_i\left(s_i^*, s_{-i}\right) > \pi_i\left(s_i', s_{-i}\right)$ gilt, dann wäre $s_i$ *strikt* die beste Antwort.

einer *strategischen Unsicherheit* ausgesetzt, die daraus resultiert, daß sie nicht mit Sicherheit wissen, welche Strategie die Mitglieder wählen werden. Im Regelfall sind sie deshalb gezwungen, in irgendeiner Form Erwartungen bezüglich des Verhaltens der anderen Spieler zu bilden. Verfügt ein Spieler jedoch über eine dominante Strategie, so erübrigt sich diese Erwartungsbildung, denn ganz gleich, welche Strategie die anderen wählen, die dominante Strategie ist immer die beste Antwort.

### Nash-Gleichgewichte

Die Tatsache, daß dominante Strategien relativ selten sind, ist natürlich darauf zurückzuführen, daß solche Strategien in jedem Fall beste Antwort sein müssen. Was man sich dagegen sehr viel leichter vorstellen kann, ist eine Strategie, die beste Antwort auf *bestimmte* Strategien der Mitspieler ist. Das Lösungskonzept, das mit dem Namen NASH verbunden ist, zielt auf solche Strategien ab. Wir wollen die Idee des Nash-Gleichgewichts anhand eines illustrativen Beispiels verdeutlichen, und zwar mit einem Spiel, das das „Rationalverhalten gewöhnlicher Hausschweine" beschreibt.[106]

Man stelle sich einen Pferch oder eine Box vor, in der sich zwei Schweine befinden. An der einen Stirnseite der Box befindet sich ein Knopf. Drückt ein Schwein diesen Knopf, so kommt aus einem Spender an der gegenüberliegenden Stirnseite Futter im „Wert" von 10 Nutzeneinheiten. Auf einen Knopf zu drücken ist für ein Schwein nicht ganz einfach, und die damit verbundene Mühe beträgt 2 Nutzeneinheiten. Eines der beiden Schweine ist größer als das andere, und wenn es als erstes an den Spender kommt, bleiben dem kleinen Schwein nur die Reste, nämlich eine Einheit. Besser ergeht es dem kleinen Schwein, wenn es als erstes am Futtertrog ist, denn dann kann es 4 Einheiten fressen, und wenn beide gleichzeitig ankommen, erhält es immerhin noch 3 Einheiten.

Die Strategiemengen der beiden Spieler enthalten zwei Elemente, nämlich die Strategien „warten" und „drücken", und da die Strategien nur aus einer Aktion bestehen, sind die Strategiemengen identisch mit den Aktionsmengen. Die Auszahlungen lassen sich bei solchen einfachen Spielen durch eine Auszahlungsmatrix der folgenden Gestalt angeben:

---

[106] Dieses Spiel wurde unter der Bezeichnung „Boxed Pigs" erstmals von BALDWIN und MEESE beschrieben. Vgl. auch RASMUSEN S. 32 f.

kleines Schwein

|  | drücken | warten |
|---|---|---|
| **großes Schwein** drücken | 5 , 1 | 4 ,4 |
| warten | 9 , -1 | 0 ,0 |

Payoffs: großes Schwein, kleines Schwein

Wie man sofort sieht, hat nur eines der beiden Schweine eine dominante Strategie. Für das kleine Schwein ist „warten" in jedem Fall beste Antwort, ganz gleich, was sein Mitbewohner tut. Die beste Antwort des großen Schweines hängt dagegen davon ab, was das kleine tut. Das Spiel hat also kein Gleichgewicht in dominanten Strategien.

Ein Nash-Gleichgewicht liegt dann vor, wenn es eine Strategiekombination gibt, bei der keiner der Spieler seinen Payoff durch einen Strategiewechsel erhöhen kann, wenn er davon ausgeht, daß die anderen Spieler ihre Strategie beibehalten. Ermitteln läßt sich ein solches Gleichgewicht, indem jede mögliche Strategiekombination daraufhin überprüft wird, ob es sich für einen Spieler lohnt, die Strategie zu wechseln, wenn die anderen ihre beibehalten. In unserem Beispiel ist die Strategiekombination (drücken, warten) ein Nash-Gleichgewicht: Wenn das große Schwein auf den Knopf drückt, ist es für das kleine beste Antwort zu warten. Wartet das kleine Schwein, so ist „drücken" die beste Antwort des großen Schweines. Der Leser kann sich leicht davon überzeugen, daß (drücken, warten) das einzige Nash-Gleichgewicht des Spiels ist. Vielleicht fällt diese Überprüfung leichter, wenn man sich dabei folgender formaler Definition bedient.

*Definition:*

Eine Strategiekombination $s^*$ ist ein Nash-Gleichgewicht, wenn für alle $i = 1,...,n$ Spieler gilt

$$\pi_i\left(s_i^*, s_{-i}^*\right) \geq \pi_i\left(s_i', s_{-1}^*\right) \quad \text{für alle} \quad s_i' .$$

Das Nash-Gleichgewicht unseres Beispiels ist Pareto-effizient, d. h., es existiert keine andere Strategiekombination, die zumindest einen der beiden Spieler besserstellen würde, ohne den Payoff des anderen zu reduzieren. Das bedeutet allerdings keineswegs, daß Nash-Gleichgewichte *immer* Pareto-effizient sind. Das Gefangenen-Dilemma ist ein Gegenbeispiel, denn dessen Gleichgewicht in dominanten Strategien ist zwar auch ein Nash-Gleichgewicht, aber es ist nicht effizient.

Das Nash-Gleichgewicht (drücken, warten) ist nicht nur deshalb von „besonderer" Qualität, weil es effizient ist, sondern auch, weil es *eindeutig* ist. Ein anderes Beispiel macht deutlich, daß dies keineswegs selbstverständlich ist. Es handelt sich dabei um ein Spiel, das unter dem Titel „The battle of the sexes" bereits von LUCE und RAIFFA (1957) verwendet wurde.[107]

Man stelle sich ein (Ehe-)Paar vor, das vor der Entscheidung steht, wie es seine Freizeit verbringen möchte. Die Frau würde gerne ins Bodybuilding-Studio gehen, und der Mann präferiert einen Kinobesuch. Zwar haben die beiden unterschiedliche Interessen, aber es handelt sich um ein liebendes Paar, und deshalb bevorzugen sie es, ihre Freizeit gemeinsam zu verbringen. Diese Situation spiegelt sich in folgender Auszahlungsmatrix wider:

|  | **Frau** | |
|  | Kino | Studio |
| Kino | 2 , 1 | -1 , -1 |
| Studio | -5 , -5 | 1 , 2 |

Mann

Payoffs: Mann, Frau

Man kann sich leicht davon überzeugen, daß dieses Spiel zwei Pareto-effiziente Nash-Gleichgewichte hat, nämlich (Kino, Kino) und (Studio, Studio). Aber welches wird sich einstellen? Ohne weitere Informationen ist diese Frage

---

[107] Obwohl sich am Geschlechterkampf seit dieser Zeit *im Prinzip* nichts geändert haben dürfte, werden wir die „Spielgeschichte" in etwas aktualisierter Fassung präsentieren.

nicht zu beantworten. Sprechen die beiden ihre Freizeitaktivitäten nicht miteinander ab, so hängt das Spielergebnis davon ab, welche Erwartungen die Partner
bezüglich des Verhaltens des anderen haben. Ist beispielsweise die Frau davon
überzeugt, daß der Mann auf jeden Fall ins Kino geht, der Mann aber seinerseits
der Ansicht, daß die Frau das Studio besuchen wird, finden sich beide *allein* bei
der ungeliebten Freizeitvariante wieder.

Das Beispiel macht noch etwas anderes deutlich. Für den Spielausgang ist die
Reihenfolge, in der die Spieler ihre Entscheidungen treffen, von erheblicher Bedeutung. Beim Geschlechterkampf hat derjenige, der *zuerst* zieht, eindeutig einen
Vorteil: Verkündet die Frau als erste, daß für sie heute Bodybuilding angesagt ist,
bleibt dem Mann nichts anderes übrig, als ebenfalls die Hantel zu schwingen.
Kommt er jedoch seiner Frau zuvor und erklärt ihr, er werde ins Kino gehen, liegt
der Vorteil auf seiner Seite.

Die Existenz mehrerer Gleichgewichte ist innerhalb der Spieltheorie alles andere als ein seltenes Ereignis. Um Prognosen über den Spielausgang machen zu
können, muß sich der Spieltheoretiker für eines dieser Gleichgewichte entscheiden. Die Frage, wie dies geschehen soll, ist im Rahmen einer kurzen Einführung
nicht zu beantworten, und wir wollen es aus diesem Grund dabei belassen, auf
das Problem aufmerksam zu machen.[108]

## Normalform und extensive Form

Die Beispiele, die wir bisher betrachtet haben, waren in einer bestimmten
Weise notiert. Die Auszahlungsmatrix der 2x2-Spiele (2 Spieler, 2 Strategien)
lieferte uns zwei Informationen. Zum einen ordnete sie jeder Strategiekombination eine Auszahlung zu und zum anderen beschrieb sie für jede Aktionenkombination das Spielergebnis. Da in unseren Beispielen Strategien und Aktionen
identisch sind, läßt sich beides in einer Matrix darstellen. Bei komplizierteren
Spielen ist dies nicht mehr möglich, und man muß die *Normalform* des Spiels von
der *Ergebnismatrix* unterscheiden. Die Normalform besteht aus der Angabe aller
Strategiekombinationen und der Payoff-Funktion, die jeder Kombination einen
Auszahlungsvektor zuordnet. Analog enthält die Ergebnismatrix alle möglichen
Aktionenkombinationen und ordnet diesen die jeweiligen Spielergebnisse zu. Die
Angabe der Ergebnismatrix ist eher selten, in aller Regel werden Spiele durch die
Normalform charakterisiert.

---

[108] Der interessierte Leser sei auf RASMUSEN, S. 36 f., sowie SCHELLING (1960) und vor allem
HARSANYI und SELTEN (1988) verwiesen.

Insbesondere an unserem letzten Beispiel haben wir gesehen, daß die *Reihenfolge*, in der gezogen wird, für das Spielergebnis ebenso entscheidend sein kann, wie der Informationsstand, bei dem Spieler ihre Entscheidungen treffen. Beide Aspekte kommen bei der Normalform nicht zum Ausdruck, aus ihr geht nicht hervor, welcher Spieler wann zieht und über welche Informationen er dabei verfügt. Um diese Angaben bei der Darstellung des Spiels einzubeziehen, bedient man sich der sogenannten *extensiven Form*, die weitgehend identisch ist mit dem *Spielbaum*. Wir wollen uns die extensive Form des „Geschlechterkampfes" einmal ansehen:

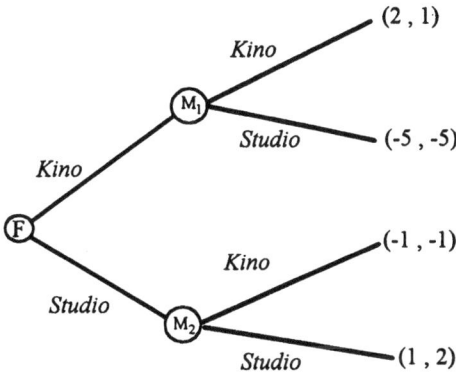

Abbildung 22

Die extensive Form besteht im wesentlichen aus sogenannten *Knoten* und *Zweigen*. Bei den Knoten handelt es sich um Punkte, an denen entweder ein Spieler eine Aktion aus seiner Aktionsmenge wählen muß, oder das Spiel endet. Bei jedem dieser Knoten ist angegeben, welcher Spieler eine Entscheidung trifft und aus welchen Aktionen er dabei auswählen kann. An den Endknoten sind die Payoffs notiert. Bei der Formulierung eines Spiels in seiner extensiven Form werden zwei Regeln grundsätzlich beachtet:

♦ Aus jedem Knoten führt mindestens ein Zweig heraus und

♦ in jeden Knoten führt nur maximal ein Zweig.

Die Folge dieser beiden „Konstruktionsanweisungen" ist, daß innerhalb eines
Spielbaums jeder Knoten nur auf einem einzigen Pfad erreicht werden kann, und
das auch nur einmal, denn Zirkel können nicht auftreten.

Die extensive Form erlaubt es nun, sowohl die Zugreihenfolge als auch die Informationsmenge der Spieler anzugeben.[109] In Abbildung 1 haben wir ein Spiel
notiert, bei dem die Frau den ersten Zug hat, der Mann über diesen Zug informiert ist und dann seinerseits eine Aktion auswählt. Wollte man ein Spiel mit
simultaner Entscheidung abbilden, so kann man dazu das Konzept der Informationsmengen verwenden. Unter der Informationsmenge versteht man die Menge
der Knoten, von denen ein Spieler sicher weiß, daß sich das Spiel an einem davon befindet, er aber nicht sagen kann an welchem. Die Situation des Mannes bei
simultaner Entscheidung unterscheidet sich von der in Abbildung 1 dadurch, daß
er nicht weiß, welche Entscheidung die Frau getroffen hat. Er weiß zwar, daß er
sich entweder am Knoten $M_1$ oder bei $M_2$ befindet, aber mehr auch nicht. Sowohl $M_1$ als auch $M_2$ sind also Bestandteil seiner Informationsmenge. Das
schraffierte Rechteck in dem folgenden Spielbaum deutet die Informationsmenge
an.

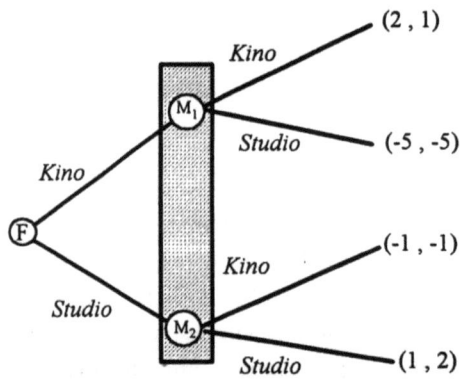

Abbildung 23

Die Informationsmenge des Mannes ist damit $I_i=\{M_1, M_2\}$.

---

[109] Das bedeutet allerdings nicht, daß die Abfolge der Knoten in einem Spielbaum immer auch
eine zeitliche Struktur impliziert. Auch Spiele, bei denen die Spieler simultan entscheiden,
lassen sich in extensiver Form notieren.

## Reine und gemischte Strategien

Bei unseren bisherigen Beispielen sind die Strategien der Spieler deterministischer Natur, d. h., sie enthalten die „Anweisung", bei Eintritt bestimmter Informationen *eine bestimmte* Aktion auszuführen. Solche Strategien werden als *reine Strategien* bezeichnet:

---

*Definition*

Eine reine Strategie $s_i$ ordnet jeder möglichen Informationsmenge des Spielers i genau eine Aktion zu. $s_i: I_i \rightarrow a_i$.

---

Strategien können jedoch auch dergestalt sein, daß sie einer Informationsmenge eine Wahrscheinlichkeitsverteilung über die Aktionen zuordnen, d. h. jede der möglichen Aktionen mit der Wahrscheinlichkeit versehen, mit der sie in einem bestimmten Spielzustand durchgeführt wird.

---

*Definition*

Eine gemischte Strategie $s_i$ ordnet jeder möglichen Informationsmenge $I_i$ des Spielers i eine Wahrscheinlichkeitsverteilung über Aktionen zu.

$$s_i : I_i \rightarrow m(a_i), \text{ mit } m \geq 0 \text{ und } \int_{A_i} m(a_i) da_i = 1.$$

---

RASMUSEN charakterisiert den Unterschied zwischen reinen und gemischen Strategien durchaus treffend auf folgende Weise:

*„The pure strategy is a rule telling the player what action to choose, while the mixed strategy telling him what dice to throw to choose an action." (S. 70).*

*Dynamische Spiele*

Mit der Einführung der extensiven Form haben wir dem Umstand Rechnung
getragen, daß die meisten Spiele nicht durch *simultane* Entscheidungen aller
Spieler charakterisiert sind, sondern durch *nacheinander* ablaufende Züge. Allgemein bezeichnet man solche Spiele als dynamische oder sequentielle Spiele.
Bei der Analyse solcher Spiele stellt sich das gleiche Problem, das uns bereits bei
simultaner Entscheidung begegnet ist, nämlich die Existenz mehrerer Gleichgewichte. Bei dynamischen Spielen kommt ein weiteres Problem hinzu: Es können
Spielergebnisse auftreten, die zwar Nash-gleichgewichtig sind, die jedoch nur
erreicht werden, wenn sich zumindest ein Spieler irrational verhält. Um diesen
Punkt zu verdeutlichen, betrachten wir folgendes einfache Koordinationsspiel.
Zwei Landwirte, deren Höfe nebeneinander liegen, müssen entscheiden, ob
sie Getreide anbauen wollen oder eine Milchwirtschaft betreiben. Machen beide
das gleiche, können sie durch gemeinsame Nutzung des Maschinenparks Kosten
sparen. Insgesamt wäre die Milchwirtschaft profitabler als der Getreideanbau.
Nennen wir unsere Landwirte Schulz und Meier und unterstellen zunächst, beide
müßten ihre Entscheidung simultan treffen, so erhalten wir ein Spiel mit folgender Normalform:

|              |          | **Schulz**     |               |
|--------------|----------|----------------|---------------|
|              |          | Milch          | Getreide      |
| **Meier**    | Milch    | 2 , 2          | -1 , -1       |
|              | Getreide | -1 , -1        | 1 , 1         |

Payoffs: Meier, Schulz

Wie man sieht, hat dieses Spiel zwei Nash-Gleichgewichte, nämlich (Milch,
Milch) und (Getreide, Getreide). Man braucht den beiden Landwirten nicht einmal die berühmte „Bauernschläue" zu unterstellen, um zu erkennen, daß nur eines dieser beiden Gleichgewichte, nämlich (Milch, Milch) sinnvoll ist. Warum
sollten beide Getreide produzieren, wenn sie wissen, daß beide mit Milch mehr

verdienen können? Dennoch, das „unsinnige" Ergebnis (Getreide, Getreide) weist die gleichen formalen Eigenschaften auf wie das „vernünftige" (Milch, Milch), und es stellt sich die Frage, ob es nicht eine Möglichkeit gibt, das Spiel in einer Weise zu analysieren, bei der sich die Vorteilhaftigkeit von (Milch, Milch) auch formal zeigen läßt.

Unterstellen wir zunächst, daß die Landwirte sich nacheinander entscheiden müssen, und daß Meier als erster am Zuge ist. Der Spielbaum hat dann folgende Gestalt:

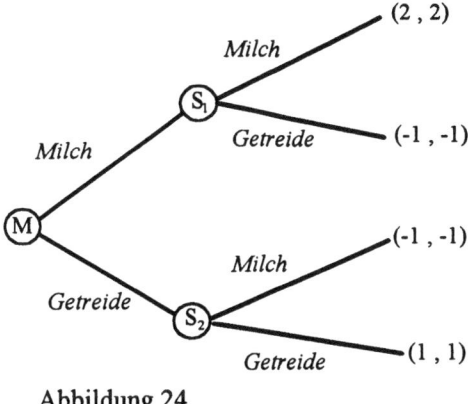

Abbildung 24

Die Strategiemenge von Schulz $S_s$ sieht bei dieser dynamischen Formulierung anders aus als bei simultaner Entscheidung, denn nunmehr hängt seine Entscheidung davon ab, was Meier tut:

$S_s$ = {$s_1$ = (Milch, Milch), $s_2$ = (Milch, Getreide), $s_3$ = (Getreide, Milch), $s_4$ = (Getreide, Getreide)}

Das erste Element jeder Strategie bezeichnet die Aktion, die Schulz durchführt, wenn Meier Milch wählt, das zweite Element diejenige, die er wählt, wenn Meier Getreide anbaut. Wenden wir auf dieses Spiel nun das Nash-Lösungskonzept an, so zeigt sich, daß wir nunmehr sogar *drei* Gleichgewichte erhalten, nämlich:

I.   {Milch, (Milch, Milch)}
II.  {Milch, (Milch, Getreide)}
III. {Getreide, (Getreide, Getreide)}[110]

---

[110] Um sicher zu gehen, daß das Konzept des Nash-Gleichgewichts verstanden wurde, sollte man sich an dieser Stelle klarmachen, warum (Getreide,(Milch,Getreide)) *kein* Gleichgewicht ist.

Der Übergang zu einer dynamischen Formulierung hat auf den ersten Blick unser Problem nicht gelöst, sondern eher verstärkt. Aber sehen wir uns die drei Gleichgewichte etwas genauer an, so wird klar, daß für I und III gilt, daß sie nur dann auftreten können, wenn sich einer der Spieler irrational verhält. I enthält für Schulz die Anweisung, in jedem Fall Milch zu wählen, also auch dann, wenn Meier Getreide anbaut, und das ist eine irrationale Strategie. III unterstellt, daß Schulz in jedem Fall Getreide anbaut, und ist genauso irrational. Das bedeutet, daß bei rationalem Verhalten nur Gleichgewicht II auftreten kann.

Um dieses Ergebnis auch formal ableiten zu können, benötigen wir einen modifizierten Gleichgewichtsbegriff, und zwar den des *teilspielperfekten* Gleichgewichts. Um ihn erläutern zu können, müssen wir zunächst den Begriff des Teilspiels definieren.

---

*Definition*

Ein Teilspiel eines Spiels in extensiver Form besteht aus einem Knoten, den Nachfolgern dieses Knotens und den Payoffs der damit verbundenen Endpunkte.

---

Das Spiel der beiden Landwirte besitzt damit drei Teilspiele: (1) das Spiel selbst, (2) das bei $S_1$ beginnende und (3) das bei $S_2$ beginnende Teilspiel.

---

*Definition:*

Eine Strategiekombination ist ein teilspielperfektes Nash-Gleichgewicht, wenn sie für alle Teilspiele Nash-gleichgewichtig ist.

---

Strategiekombination I ist Nash-Gleichgewicht für Teilspiel (1) und (2), aber nicht für (3). III ist dagegen für (1) und (3) Nash-Gleichgewicht, nicht jedoch für (2). Nur die Strategiekombination II ist für alle Teilspiele Nash-Gleichgewicht, und damit ist II das perfekte Gleichgewicht[111] des Spiels.

---

[111] Der Zustaz „teilspiel-" wird in der Literatur meistens weggelassen.

Das Lösungskonzept teilspielperfekter Gleichgewichte erlaubt im Falle dynamischer Spiele die Auswahl „vernünftiger" Gleichgewichte. Die Methode, mit der perfekte Gleichgewichte ermittelt werden, läßt sich allgemein folgendermaßen charakterisieren: Man beginnt mit den zuletzt gespielten Teilspielen und bestimmt deren Nash-Gleichgewichte. Nur die Strategiekombinationen, die für alle Teilspiele der letzten Spielstufe Nash-gleichgewichtig sind, können Bestandteil eines perfekten Gleichgewichts sein. Hat man die letzte Spielstufe auf diese Weise gelöst, berechnet man die Nash-Gleichgewichte der vorletzten Stufe unter Berücksichtigung der bereits ermittelten Gleichgewichte. Durch „Rückwärtsrechnen" bis zum Spielbeginn läßt sich auf diese Art und Weise das perfekte Gleichgewicht ermitteln. Wir wollen diese Methode der Berechnung an einem weiteren Beispiel verdeutlichen, das uns zu einem Resultat führen wird, das bei der Behandlung mehrfach wiederholter Gefangenen-Dilemma-Spiele eine wesentliche Rolle gespielt hat.

### Chainstore-Paradoxon

Wir betrachten zunächst folgendes einfache Spiel: Ein Monopolist (M) sieht sich einem „Newcomer" (N) gegenüber, der mit dem Gedanken spielt, dem Monopolisten Konkurrenz zu machen. Wenn N in den Markt eintritt, dann kann M entweder einen Preiskampf gegen ihn führen oder den Markt mit ihm teilen. Die extensive Form des Spiels hat folgende Gestalt:

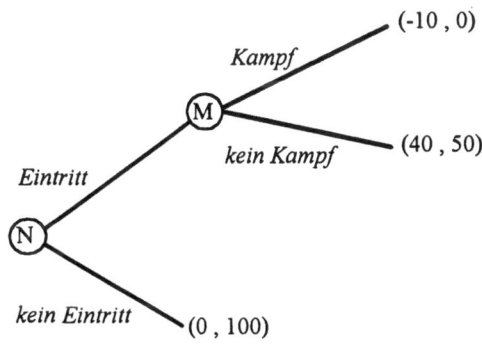

Auszahlungen: N , M

Abbildung 25

Es sei dem Leser überlassen, sich davon zu überzeugen, daß dieses Spiel ein eindeutiges perfektes Gleichgewicht besitzt, nämlich (Eintritt, kein Kampf). Der Newcomer weiß, daß, wenn er in den Markt eintritt, es für den Monopolisten beste Strategie ist, den Markt zu teilen, und deshalb kommt es zum Markteintritt, und aus dem Monopol wird ein Duopol.

Stellen wir uns nun vor, der Monopolist verfüge über 20 Filialen, die jeweils lokale Monopole bilden. Der Newcomer steht dann 20mal vor der Entscheidung einzutreten, und der Monopolist muß sich genauso oft entscheiden, wie er reagiert. Wir können diese Situation dadurch abbilden, daß wir das Markteintrittsspiel 20mal hintereinander spielen. Man kann sich leicht klarmachen, daß die Strategiemengen der Spieler bei einem solchen Spiel eine unüberschaubare Größe annehmen. Eine Strategie des Monopolisten muß diesem sagen, wie er sich beispielsweise im 18ten Spiel verhalten soll, wenn der Newcomer eintritt, und zwar unter Berücksichtigung der 17 vorausgegangenen Spiele. Unter einem *Pfad* versteht man einen Weg durch den Spielbaum vom ersten Knoten bis zum letzten. Bei dem 20mal wiederholten Markteintrittspiel gibt es genau $3^{20}$ solcher Pfade ($3^{20}$ = 3486784399). Eine Strategie muß für jeden Punkt auf diesen rund 3,5 Milliarden Pfaden dem Spieler sagen, wie er sich zu verhalten hat.

Die Gleichgewichte eines solchen Spiels aus einer ex ante-Sicht bestimmen zu wollen, dürfte ein hoffnungsloses Unterfangen sein. Mit der Methode, die oben skizziert wurde, läßt sich dagegen das perfekte Gleichgewicht des Spiels ermitteln:

In der letzten Spielrunde ist die Situation identisch mit der bei einmaliger Spieldurchführung, d. h., für dieses letzte Spiel ist (Eintritt, kein Kampf) perfektes Gleichgewicht, und zwar ganz gleich, wie die ersten 19 Spiele abgelaufen sind. Im 19ten Spiel hat der Besitzer der Ladenkette (chainstore!) keinen Vorteil, wenn er sich auf einen Preiskampf einläßt, denn er kann dadurch keine „Reputation" als harter Kämpfer aufbauen, weil klar ist, daß er im nächsten (dem letzten) Spiel auf jeden Fall klein beigibt. Also ist es für ihn auch im 19ten Spiel beste Strategie, nicht zu kämpfen. Diese Argumentation läßt sich nun auf das 18te, das 17te und so weiter bis zum ersten Spiel identisch übertragen, und wir erhalten auf diese Weise die Strategiekombination (immer eintreten/nie kämpfen) als perfektes Gleichgewicht. Dieses von SELTEN (1978) als *Chainstore-Paradoxon* bezeichnete Resultat läßt sich unmittelbar auf endlich oft wiederholte Gefangenen-Dilemma-Spiele übertragen. Daß es als ein Paradoxon angesehen wird, liegt daran, daß es im Widerspruch zu dem steht, was man „eigentlich" erwarten würde, nämlich daß der Chainstore-Besitzer in den ersten Runden kämpfen wird, um dem Newcomer die Lust am Markteintritt zu nehmen.

Das Chainstore-Paradoxon läßt sich vermeiden, wenn das Spiel unendlich oft wiederholt wird. In diesem Fall gibt es kein letztes Spiel, von dem aus man die Rückwärtsinduktion vornehmen könnte, die schließlich zu dem eindeutigen, perfekten Gleichgewicht führt. Allerdings wird die Vermeidung des Chainstore-Paradoxons durch den Nachteil erkauft, daß in vielen Fällen nicht nur die Spiel-wiederholung unendlich wird, sondern auch die Anzahl der Gleichgewichtstrategien. So gilt für unendlich oft wiederholte Zwei-Personen-Spiele, bei denen zukünftige Payoffs nicht abdiskontiert werden, das sogenannte *Folk-Theorem:*

---

*Folk-Theorem*

Bei einem unendlich oft wiederholten Zwei-Personen-Spiel mit endlicher Aktionsmenge bei jeder Wiederholung ist jede Aktionenkombination, die bei einer endlichen Anzahl von Wiederholungen beobachtet werden kann, Bestandteil eines perfekten Gleichgewichts des gesamten Spiels.

---

## Information

Bei den bisher betrachteten Beispielen wurde verschiedentlich bereits deutlich, daß die Information, über die ein Spieler zu einem gegebenen Zeitpunkt verfügt, für sein Verhalten von großer Wichtigkeit ist. Um den Informationsaspekt etwas näher beleuchten zu können, müssen wir zunächst eine bisher noch nicht beachtete Größe in die Spielbeschreibung einführen, nämlich die *Natur* oder den *Zustand der Welt.* Damit sind keineswegs ökologische Dinge gemeint, sondern „Umstände", die die Situation der Spieler beeinflussen, ohne daß diese ihrerseits Einfluß ausüben könnten. In dem Chainstore-Spiel könnte beispielsweise der Payoff, den der Monopolist erhält, wenn er kämpft, von zufälligen Ereignissen abhängen, auf deren Eintritt er keinen Einfluß hat. Eine plötzliche Erhöhung der Nachfrage oder die Entdeckung einer neuen, kostensparenden Produktionstechnik könnte die Situationen verändern. Formal werden solche Einflüsse dadurch abgebildet, daß die Natur Züge ausführt, wobei den Spielern unter Umständen nur die Wahrscheinlichkeiten bekannt sind, mit denen die möglichen Umweltzustände eintreten können.

Wir haben bisher Information nur recht unscharf mit Hilfe der Informationsmenge definiert. Nunmehr lassen sich allgemeine Charakteristika der Informationsstruktur eines Spiels angeben.

➢ *Sichere Information* liegt vor, wenn die Natur keinen Zug mehr ausführt, *nachdem* irgendein Spieler einen Zug ausführte. Andernfalls handelt es sich um ein Spiel unter Unsicherheit.

➢ *Perfekte Information* ist dann gegeben, wenn die Informationsmengen aller Spieler nur ein Element (einen Knoten) enthalten. Anders ausgedrückt: Die Spieler sind perfekt informiert, wenn sie zu jedem Zeitpunkt wissen, welche Züge die Mitspieler bis dahin ausgeführt haben.

➢ *Symmetrische Information* bedeutet, daß alle Spieler über die gleiche Information verfügen.

➢ *Vollständige Information* ist dann gegeben, wenn die Natur entweder nicht den ersten Zug ausführt, oder dieser erste Zug von allen Spielern beobachtet werden kann.

Die Definition vollständiger Information wird in der Literatur nicht einheitlich gehandhabt. Mitunter findet sich auch in neueren Veröffentlichungen eine ältere Definition, gemäß derer Vollständigkeit dann vorliegt, wenn alle Spieler die Regeln des Spieles kennen (vgl. z.B. HARSANYI, SELTEN 1988). Zur Charakterisierung der Informationsstruktur ist schließlich noch ein letzter Begriff von Bedeutung, nämlich der des „Common Knowledge". Damit ist mehr gemeint als eine Information, die alle Spieler besitzen. Der Begriff schließt auch ein, daß alle Spieler *wissen*, daß alle Spieler diese Information besitzen. Genaugenommen beschreibt der Begriff einen infiniten Regress:

---

*Definition:*

Eine Information ist „*Common Knowledge*", wenn sie allen Spielern bekannt ist, alle Spieler wissen, daß sie allen bekannt ist, alle Spieler wissen, daß alle Spieler wissen, daß sie allen bekannt ist u.s.w.

---

Im wirklichen Leben sind Situationen, in denen alle Menschen vollständige, sichere und perfekte Informationen besitzen, wohl eher die Ausnahme. So gesehen kann es nicht verwundern, daß auch in der Spieltheorie solchermaßen ideale Informationsstrukturen nicht sehr oft unterstellt werden. Die häufigste Abweichung besteht in der Annahme unvollständiger und/oder asymmetrischer Information. Lange Zeit, genauer gesagt bis 1967, galten Spiele mit unvollständiger Information als nicht analysierbar. HARSANYI war es vorbehalten, zu zeigen, daß man aus einem Spiel mit unvollständiger Information durch einen „Trick" eines mit vollständiger aber nicht perfekter Information machen kann.[112] Dieser Trick, die sogenannte Harsanyi-Transformation, sei an einem einfachen Beispiel erläutert.

Kehren wir dazu zurück zu unserem „Geschlechterkampf" und unterstellen, daß aus der Sicht des Mannes die Payoffs nicht sicher bekannt sind. *Er* weiß zwar, daß er am liebsten mit ihr ins Kino ginge, aber ob *sie* das Kino oder das Bodybuilding-Studio vorzieht, hängt von ihrer Tageslaune ab. Nehmen wir weiterhin an, der Mann kenne die gegenwärtige Präferenzstruktur seiner Partnerin nicht, dann haben wir es mit zwei möglichen Spielen der folgenden extensiven Form zu tun:

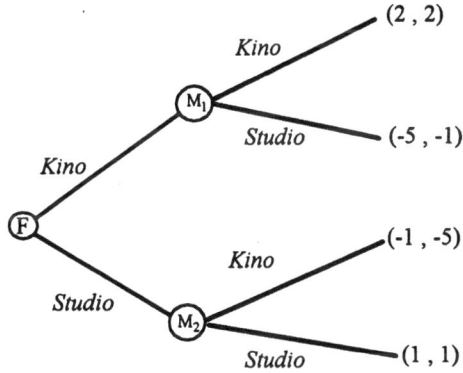

Abbildung 26

---

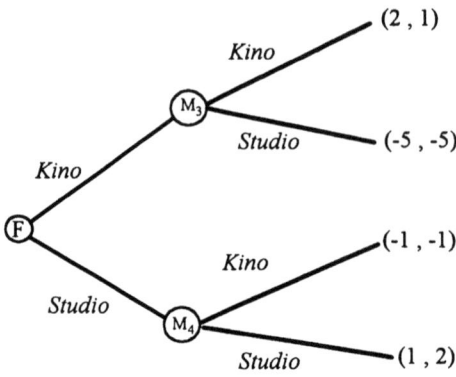

Abbildung 27

Das untere Spiel entspricht dem Fall, daß die Frau das Studio vorzieht, das obere dem Fall, daß sie lieber ins Kino geht. Vor 1967 hätte man diese Situation nicht weiter analysieren können, weil nicht klar ist, welches Spiel denn eigentlich gespielt wird, bzw. weil ein Spieler (der Mann) die Regeln des Spieles nicht kennt. HARSANYI löst dieses Problem, indem er aus den zwei Spielen eins macht. Dies geschieht durch die Einführung eines zusätzlichen Knotens, an dem die *Natur* entscheidet, welche Version gespielt wird:

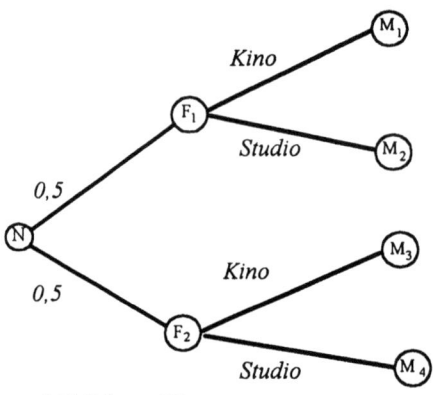

Abbildung 28

Der Zug der Natur entscheidet darüber, von welchem „*Typ*" der Spieler F (die Frau) ist. Der Mann kann nicht beobachten, welche Wahl die Natur trifft. Er hat lediglich eine Vorstellung über die *Wahrscheinlichkeit* mit der $F_1$ und $F_2$ auftreten, und diese Vorstellung bezeichnet man als *a priori-Erwartung*. In unserem

Beispiel sind für den Mann beide Dispositionen der Frau gleich wahrscheinlich, d. h., jeweils mit Wahrscheinlichkeit 0,5 tritt entweder $F_1$ oder $F_2$ ein. Daß wir nunmehr von vollständiger aber nicht perfekter Information sprechen können, macht folgende Überlegung deutlich: Die Information ist in dem Sinne vollständig, daß alle Spieler die Regeln des Spiels kennen – einschließlich der a priori-Erwartungen über den Zug der Natur.[113] Daß die Informationsstruktur nicht *perfekt* ist, wird deutlich, wenn wir uns die Informationsmengen des Mannes ansehen: Wählt die Frau das Kino, so ist $I_M = \{M_1, M_3\}$, geht sie ins Studio, so ist $I_M = \{M_2, M_4\}$.

Die Harsanyi-Transformation besteht im wesentlichen aus der Einführung der Natur als zusätzlichem Spielteilnehmer (nicht Spieler!). Aus der Laune der Frau wird so gewissermaßen eine Laune der Natur.[114] Das dadurch neu entstandene Spiel ist jedoch noch nicht vollständig beschrieben, denn es fehlt noch ein wichtiger Aspekt. A priori sind für den Mann beide Präferenzstrukturen der Frau gleich wahrscheinlich. Aber im Verlauf des Spiels wird sich seine Erwartung sicherlich ändern. Beobachtet er beispielsweise, daß seine Frau ins Kino geht, so wird er aufgrund dieser Beobachtung seine Einschätzung verändern: $F_1$ dürfte dann mit einer höheren Wahrscheinlichkeit eintreten als zuvor. Dieser Anpassungsvorgang der subjektiven Wahrscheinlichkeiten erfolgt mit Hilfe des Konzepts bedingter Wahrscheinlichkeiten bzw. mit Hilfe des Satzes von BAYES.

A priori kennt der Mann lediglich die unbedingten Wahrscheinlichkeiten $P(F_1) = P(F_2) = 0,5$. Nehmen wir an, er beobachtet dann, daß seine Frau sich für „Kino" entscheidet. Dann ist er in der Lage, nunmehr die *a posteriori-Wahrscheinlichkeit* für $F_1$ und $F_2$ *unter der Bedingung* „Kino" mit Hilfe der Bayes-schen Regel zu berechnen:[115]

$$P\left(F_i \middle| \text{Kino}\right) = \frac{P(F_i) \cdot P\left(\text{Kino} \middle| F_i\right)}{P\left(\text{Kino} \middle| F_1\right) \cdot P(F_1) + P\left(\text{Kino} \middle| F_2\right) \cdot P(F_2)}$$

---

[113] Im Sinne der neueren Definition von Vollständigkeit haben wir es dagegen immer noch mit einem Spiel unvollständiger Information zu tun, denn die Natur führt den ersten Zug aus, ohne daß dieser von allen Spielern beobachtet werden kann. Das ändert allerdings nichts daran, daß das Spiel nunmehr analysierbar ist.

[114] Daß die Frau den launischen Part in unserem Beispiel spielt, ist natürlich reiner Zufall.

[115] Eine ausführliche Entwicklung dieser Regel findet sich bei RASMUSEN, S. 58 f. Zum Satz von Bayes vgl. BAUER (1968), S. 116.

Die auf der rechten Seite von angegebenen Wahrscheinlichkeiten lassen sich leicht ermitteln. $P(F_1)$ und $P(F_2)$ ist ohnehin bekannt. Außerdem weiß der Mann, daß, *wenn* $F_1$ die „wahre" Präferenz der Frau ist, sie auf jeden Fall ins Kino geht, d. h. die Wahrscheinlichkeit, daß er „Kino" beobachtet, wenn $F_1$ herrscht, ist: $P(\text{Kino} \mid F_1) = 1$ und entsprechend $P(\text{Kino} \mid F_2) = 0$. Damit erhalten wir

$$P\left(F_1 \mid \text{Kino}\right) = \frac{0,5 \cdot 1}{1 \cdot 0,5 + 0 \cdot 0,5} = 1$$

In unserem Beispiel kann der Mann also *a posteriori*, d. h. nach Beobachtung des Zuges der Frau, mit Sicherheit sagen, wonach selbiger der Sinn steht. Selbstverständlich ergeben sich nur in den wenigsten Fällen a posteriori-Wahrscheinlichkeiten von 0 oder 1. In aller Regel können auch nach Beobachtung der Aktionen anderer Spieler keine *sicheren* Aussagen gemacht werden. Ganz gleich jedoch, *wie* die a posteriori-Wahrscheinlichkeiten aussehen, durch die Harsanyi-Transformation gelangen wir zu einer Methode, mit der Spiele bei unvollständiger *und* asymmetrischer Information[116] analysiert werden können.

Die Berücksichtigung unvollständiger Information macht deutlich, daß es in Fällen nicht idealer Informationsstrukturen nicht nur darauf ankommt, rationale Strategien zu benutzen, sondern auch eine rationale „Informationsverarbeitung" zu betreiben. Das bedeutet, daß wir bei asymmetrischer Information ein entsprechend modifiziertes Gleichgewichtskonzept benötigen, das diesen Aspekt mit berücksichtigt. Bei dem folgenden Konzept wird davon ausgegangen, daß die Bayessche Regel geeignet ist, rationale Informationsverarbeitung zu gewährleisten.

---

*Definition*

Ein perfektes *Bayesianisches Gleichgewicht* ist eine Kombination aus einer *Strategiemenge* und *Erwartungen*, dergestalt, daß an jedem Knoten des Spielbaums gilt:

[1]   Unter der Voraussetzung gegebener Strategien und Erwartungen der Mitspieler ist die Strategiewahl für das verbleibende Spiel Nashgleichwichtig.

---

[116] In unserem Beispiel weiß die Frau „mehr" als der Mann!

[2]  Die Erwartungen bezüglich jeder Informationsmenge sind in dem Sinne rational, daß sie sich aus a priori-Erwartungen ergeben, die mit Hilfe der Bayesschen Regel aufgrund beobachteter Züge der Mitspieler angepaßt werden.

Zum Verständnis der im Text gebrauchten spieltheoretischen Begriffe dürften diese Ausführungen ausreichen. Selbstverständlich bieten sie nur einen sehr oberflächlichen Eindruck davon, was sich hinter der modernen Spieltheorie verbirgt. Der an einem tieferen Einblick interessierte Leser sei auf die im Text angegebene Literatur verwiesen.

# Anhang II: Anreizmechanismen

In diesem zweiten Anhang sollen die für das Verständnis des Textes wichtigsten Anreizmechanismen in einer Weise dargestellt werden, die ein besseres Verständnis ihrer Funktionsweise ermöglicht. Dabei beschränken wir uns in zweierlei Hinsicht. Erstens werden nur zwei Modelle betrachtet, nämlich die Clarke-Groves-Steuer und der Ansatz von RAFAEL ROB, und zweitens wird auf die mathematischen Beweise nur insoweit eingegangen, wie es zum Verständnis der Modelle notwendig erscheint.

Die Präsentation der Clarke-Groves-Steuer wird sich weitgehend an der Darstellung von FELDMAN (1980, S. 122 ff) orientieren. Leser, die Originaltexte bevorzugen, seien auf CLARKE (1971) und GROVES (1973) verwiesen. Eine sehr umfassende Darstellung sowohl der Clarke-Groves-Steuer als auch anderer Mechanismen findet sich bei GREEN und LAFFONT (1979). Eine weiterentwickelte Version des Mechanismus wird von GROVES und LEDYARD (1977a) vorgestellt, in GROVES und LEDYARD (1977b) findet sich eine ausführliche Diskussion der mit Anreizmechanismen verbundenen Probleme.

## Die Clarke-Groves-Steuer

Wir betrachten folgende Situation: Ein zentraler Planer steht vor der Aufgabe, ein öffentliches Gut, dessen Menge wir mit x bezeichnen, in optimalem Umfang anzubieten. Der Einfachheit halber wollen wir unterstellen, daß die Produktion dieses Gutes konstante Grenzkosten in Höhe von 1 verursacht. Es existieren n Individuen, die vom Konsum dieses Gutes nicht ausgeschlossen werden können. Sei $v_i(x)$ der in Geldeinheiten gemessene Vorteil, den das i-te Individuum aus dem öffentlichen Gut zieht. Die Bedingung Samuelsons für die optimale Allokation eines öffentlichen Gutes erlaubt es, die notwendigen Bedingungen für eine effiziente Allokation von x anzugeben. Gesucht ist ein $x^*$, das

$$\sum_{i=1}^{n} v_i'(x) = 1 \qquad (1)$$

löst, d. h. für das die Summe der Grenzzahlungsbereitschaften gleich den Grenzkosten ist. Die Lösung von (1) ist – unter den üblichen Voraussetzungen bezüglich $v_i$ – äquivalent[117] mit der Lösung von

$$\sum_{i=1}^{n} v_i(x) - x \to \max_{x}. \qquad (2)$$

Gesucht ist damit das x, für das der aggregierte Netto-Nutzen aller Individuen maximal wird.[118] Wären dem Planer die $v_i(x)$ *bekannt*, so könnte er (2) lösen und das öffentliche Gut dadurch finanzieren, daß er jedem Individuum eine individuelle Steuer in Höhe von $v_i'(x^*)x^*$ auferlegt. Sein Problem besteht jedoch darin, daß er die Zahlungsbereitschaften eben *nicht* kennt und auch kaum damit rechnen kann, sie zu erfahren, wenn er den Individuen mitteilt, daß ihre Besteuerung davon abhängt, welchen Wert sie bekunden. Die Besteuerung muß deshalb in einer Weise erfolgen, bei der die Individuen einen Anreiz haben, die Wahrheit zu sagen. Dies ist dann der Fall, wenn die Steuerzahlung $T_i$ des i-ten Individuums nach der Regel

$$T_i = x^* - \sum_{j \neq i} v_j(x^*) \qquad (3)$$

festgelegt wird. $T_i$ hängt nur indirekt von $v_i(x)$ ab, denn die Bekundung der Zahlungsbereitschaft wirkt sich nur auf die Menge $x^*$ aus. Man kann leicht zeigen, daß rationale Individuen bei einer Besteuerung gemäß (3) tatsächlich ihre wahre

---

[117] Sowohl x als auch $v_i(x)$ muß man sich als Größen vorstellen, die in Einheiten eines privaten Numéraire-Gutes gemessen sind. $v_i'(x)$ ist dann nichts anderes als die Grenzrate der Substitution zwischen dem öffentlichen und dem privaten Gut.

[118] Da x in Einheiten des privaten Gutes gemessen ist, können wir die „Menge" oder das „Volumen" x problemlos als „Gesamtkosten" interpretieren. (2) fordert dann nichts anderes, als die Maximierung des sozialen Überschusses.

Zahlungsbereitschaft berichten werden. Der Netto-Vorteil jedes Individuums aus dem öffentlichen Gut ist $v_i(x) - T_i$, und diesen gilt es durch Angabe einer wahren oder falschen Zahlungsbereitschaft zu maximieren. Da bekannt ist, daß $T_i$ gemäß (3) bestimmt wird, bedeutet dies, daß die Individuen folgenden „Nutzen nach Besteuerung" maximieren:

$$v_i(x) - \left[ x - \sum_{j \neq i} v_j(x) \right].$$  (4)

Der Planer wählt $x^*$ gemäß (2), d. h., er maximiert

$$\sum_{i=1}^{n} v_i(x) - x = v_i(x) + \sum_{j \neq i} v_j(x) - x = v_i(x) - \left[ x - \sum_{j \neq i} v_j(x) \right].$$  (5)

Ein Vergleich von (4) und (5) zeigt, daß Individuum und Planer das gleiche Ziel haben, d. h., indem i sein wahres $v_i(x)$ berichtet, bringt es den Planer dazu, genau das x zu wählen, das seinen Nutzen nach Besteuerung maximiert. Da dies für alle Individuen gilt und für jedes Individuum unabhängig davon ist, wie sich die anderen Bürger verhalten, ist wahrheitsgemäße Aufdeckung der Präferenzen somit *dominante Strategie* für alle Individuen.

Die Besteuerungsregel (3) hat damit zwei wesentliche Vorteile: Sie sichert Anreizkompatibilität und erlaubt die Bestimmung der Pareto-effizienten Menge des öffentlichen Gutes. Leider hat sie auch einen wesentlichen Nachteil. Es ist nämlich nicht sichergestellt, daß das Steueraufkommen die Kosten für die Erstellung des öffentlichen Gutes deckt! Was aber nützt dem Planer eine Steuer, mit deren Hilfe er zwar herausbekommt, welche Menge $x^*$ im Optimum anzubieten ist, deren Aufkommen jedoch nicht ausreicht, um $x^*$ tatsächlich zu realisieren? Die Clarke-Groves-Steuer behebt dieses Manko, indem zu dem in (3) definierten Steuerbetrag noch ein fixer Betrag $S_i$ addiert wird, der sicherstellt, daß

$$\sum_{i=1}^{n} T_i \geq x^*.$$  (6)

$S_i$ wird nun nicht beliebig gewählt, sondern nach einer besonderen Vorschrift. Um diese zu verstehen, nehmen wir zunächst einmal an, daß jedes Individuum mit dem gleichen Anteil ($1/n$) an der Finanzierung des öffentlichen Gutes beteiligt würde. In diesem Fall wäre der Netto-Vorteil des j-ten Individuums $v_j(x)$ x/n, und

$$\sum_{j \neq i} \left[ v_j(x) - x / n \right] \tag{7}$$

ist der aggregierte Netto-Vorteil aller Individuen außer i. Die zusätzliche Steuerzahlung des i berechnet sich nun als

$$S_i := \max_x \operatorname{imum} \sum_{j \neq i} \left[ v_j(x) - x / n \right]. \tag{8}$$

Gleichung (8) bezeichnet den maximal möglichen Vorteil, den die n-1 Individuen erzielen können, wenn i insofern „passiv" wäre, daß er nur seinen Kostenbeitrag x/n leistet, ohne einen Konsumanspruch bezüglich des öffentlichen Gutes geltend zu machen. Als Clarke-Groves-Steuer erhalten wir dann

$$T_i = x^* - \sum_{j \neq i} v_j(x^*) + S_i = S_i - \sum_{j \neq i} \left[ v_j(x^*) - x^* / n \right] + x^* / n. \tag{9}$$

Welche Eigenschaften hat diese Clarke-Groves-Steuer? Zunächst ist klar, daß es nach wie vor dominante Strategie ist, die Wahrheit zu sagen, denn an der Anreizkompatibilität von (3) ändert sich nichts, wenn wir einen konstanten Term $S_i$ (der ja unabhängig von $v_i(x)$ ist) addieren. Weiterhin ist nunmehr sichergestellt, daß $x^*$ finanziert werden kann, denn da

$$S_i \geq \sum_{j \neq i} \left[ v_j(x^*) - x^* / n \right] \quad \left( \text{vgl.} (8) \right),$$

ist

$$T_i \geq x^* / n \quad \text{und damit} \quad \sum_{i=1}^{n} T_i \geq x^*.$$

Wir können (9) noch weiter charakterisieren. Offensichtlich setzt sich $T_i$ aus zwei Teilen zusammen, nämlich dem für alle Individuen gleichen Anteil an den Produktionskosten ($x^*/n$) und einem Aufschlag $\Delta$, der sich berechnet als

$$\Delta = \max_x \operatorname{imum} \sum_{j \neq i} \left[ v_j(x) - x / n \right] - \sum_{j \neq i} \left[ v_j(x^*) - x^* / n \right]. \tag{10}$$

Der erste Term auf der rechten Seite von (10) ist der Netto-Vorteil, den die n–1 „anderen" Individuen erreichen können, wenn i lediglich seinen Anteil an den Kosten trägt, ansonsten jedoch keinerlei Ansprüche stellt. Der zweite Term bezeichnet den Vorteil, den alle außer i noch erreichen, *wenn* i seine Ansprüche bezüglich des öffentlichen Gutes geltend macht ($x^* \geq x$). $\Delta$ bezeichnet also den „Verlust", den die n-1 anderen Individuen dadurch erleiden, daß i als Nachfrager des öffentlichen Gutes auftritt, und die Clarke-Groves-Steuer verlangt, daß i diesen Verlust durch Zahlung eines „Steueraufschlages" ausgleicht.

Wir sind bisher davon ausgegangen, daß das öffentliche Gut in beliebiger Menge angeboten werden kann. Die Clarke-Groves-Steuer läßt sich jedoch auch dann anwenden, wenn es sich bei dem öffentlichen Gut um ein Projekt vorgegebener Größe handelt, bezüglich dessen der Planer lediglich zu entscheiden hat, ob es realisiert werden soll oder nicht. Die Entscheidungsregel, die er in einem solchen Fall anwenden müßte, lautet:

Wenn $\sum\limits_{i=1}^{n} v_i(x^*) - x^* \geq 0$ , realisiere das Objekt und setze

$$T_i = S_i - \sum_{j \neq i}\left[ v_j(x^*) - x^*/n \right] + x^*/n \quad \text{für alle } i = 1, \ldots, n.$$

Falls $\sum\limits_{i=1}^{n} v_i(v^*) - x^* < 0$, realisiere das Objekt nicht und setze

$$T_i = 0 \quad \text{für alle } i = 1, \ldots, n.$$

In diesem Fall bekommt der „Steueraufschlag" $S_i$ eine etwas andere Bedeutung. Da x nur zwei mögliche Werte annehmen kann (x = 0 und x = $x^*$), wird $\Delta$ in Gleichung (10) nur dann von Null verschieden sein, wenn das Projekt *ohne* i's Anspruch *nicht* realisiert würde, unter Einschluß von i jedoch die Summe der Nettovorteile positiv wird, d. h., wenn gilt:

$$\sum_{j \neq i} v_j(x^*) - x^* < 0,$$

$$\sum_{i=1}^{n} v_i(x^*) - x^* \geq 0.$$

Das bedeutet, daß das i-te Individuum nur dann einen Steueraufschlag erhält, wenn durch Berücksichtigung *seiner* Präferenzen die Entscheidung für das Projekt fällt, und dadurch den anderen Individuen insofern ein Nachteil entsteht, als sie nun ein Projekt mitfinanzieren müssen, das sie ohne i nicht realisiert hätten.

Eine Clarke-Groves-Steuer fällt somit nur dann an, wenn i „entscheidend" für das Projekt ist. Aus diesem Grund wird die Clarke-Groves-Steuer auch mitunter als „pivotal mechanism" (vgl. GREEN und LAFFONT, S. 43) bezeichnet. Wie wir noch sehen werden, kommt dieser Interpretation auch im folgenden einige Bedeutung zu, und deshalb sei noch eine weitere Bemerkung angefügt. Wenn i „entscheidend" für das Projekt ist, dann verursacht i gewissermaßen einen externen Effekt bei den anderen Individuen, der durch die Besteuerung internalisiert wird. Das Maß, nach dem dabei die Ausgleichszahlung bemessen wird, ist *der* Nachteil, der allein durch die Realisierung des Projekts entsteht. Bei der Diskussion der Resultate von ROB wird sich zeigen, daß dies ein sehr wichtiger Punkt ist. Der Leser möge sich jedoch bereits jetzt klarmachen, daß die Clarke-Groves-Steuer zu Entscheidungen führt, bei denen die Samuelsonsche Marginalbedingung erfüllt ist, weil auftretende externe Effekte „korrekt" internalisiert werden.

Die Clarke-Groves-Steuer liefert in der zuletzt angegebenen Form folgende positive Resultate:

➤    Wahrheitsgemäße Präferenzoffenbarung ist dominante Strategie für alle Individuen.

➤    Der Planer ist in der Lage, die Menge des öffentlichen Gutes zu bestimmen, bei der die notwendige Bedingung (1) erfüllt ist.

➤    Das Steueraufkommen ist ausreichend, um das öffentliche Gut zu finanzieren.

Aber, wie so oft, wo viel Licht ist, da ist auch Schatten. Ein erstes Problem steckt in der durch Gleichung (6) aufgestellten Forderung, daß die Summe der Steuerzahlungen größer oder gleich den Kosten für das öffentliche Gut sein soll. Diese Forderung wird zwar erfüllt, aber dabei kann es durchaus geschehen, daß ein *Budgetüberschuß* entsteht. Ist dies der Fall, so kann, obwohl (1) erfüllt ist, die Situation insgesamt *nicht* Pareto-effizient sein, denn durch Rückschleusung des Überschusses an die Steuerzahler könnten *alle* bessergestellt werden. Eine solche Rückschleusung würde jedoch bedeuten, daß wir die Berechnung der Steuer um diesen Erstattungsbetrag korrigieren müßten, und es ist keineswegs sicher, ob dann die oben genannten positiven Resultate noch gelten. Insbesondere ist natürlich die Anreizkompatibilität gefährdet, und zwar vor allem dann, wenn die Steuergutschrift von $v_i(x)$ oder x abhängt. Ob ein Budgetüberschuß *tatsächlich* ein ernsthaftes Problem darstellt, ist in der Literatur durchaus umstritten. So glaubt beispielsweise TULLOCK (1977), daß der Überschuß von so geringer Größe sei, daß er vernachlässigt werden könne, und GREEN und LAFFONT zeigen, daß unter bestimmten Bedingungen eine Rückschleusung nichts an der Anreizkompatibilität ändert.

Ein zweites, durchaus schwerwiegendes Problem sei noch angesprochen.[119] Eine Clarke-Groves-Besteuerung kann für den einzelnen durchaus herbe Konsequenzen haben. Es ist nämlich nicht ausgeschlossen, daß der Steuerbetrag größer wird als das gesamte verfügbare Einkommen. Daß es zu solchen ruinösen Folgen kommen kann, ist nicht zuletzt darauf zurückzuführen, daß bei der Entwicklung des Clarke-Groves-Mechanismus in keiner Weise gefordert wurde, daß die Individuen, die sich diesem Mechanismus zu „unterwerfen" haben, mit ihm auch einverstanden sein müssen. Man kann sich leicht klarmachen, daß es für ein Individuum selbst dann, wenn es durch die Steuer nicht ruiniert wird, vorteilhaft sein könnte, an der Besteuerung nicht teilzunehmen. Lange Zeit ist diesem Aspekt in der Literatur relativ wenig Beachtung geschenkt worden. Erst neuere Arbeiten zum „mechanism design" schließen die Forderung ein, daß solche Mechanismen *individuell rational* sein müssen, d. h., daß für alle Individuen ex ante der erwartete Nutzen aus der Teilnahme an dem Verfahren positiv sein muß. In diesem Zusammenhang ist die Arbeit von RAFAEL ROB zu sehen, die wir als nächstes betrachten werden. In vielerlei Hinsicht kann die Clarke-Groves-Steuer als Ausgangspunkt eines großen Teils der Forschung auf dem Gebiet des „mechanism design" angesehen werden. Die Arbeit von ROB ist in bezug auf Anreizprobleme bei *öffentlichen* Gütern der vorläufige Endpunkt der Theorieentwicklung.

### Das Modell von Rob

Im Unterschied zu der Situation bei Clarke-Groves betrachtet ROB nicht die Entscheidung eines sozialen Planers, sondern die einer privaten Unternehmung. Dieses Unternehmen plant die Realisierung eines Projektes, das ihm einen Gewinn in Höhe von R beschert. Allerdings kommt es dabei zu einer Schädigung von n Individuen, die in der Nähe des geplanten Projektstandortes wohnen, etwa

---

[119] Zur Diskussion der darüber hinaus bestehenden Probleme vgl. GROVES und LEDYARD 1977b und FELDMAN, S. 134 f.

weil das Projekt mit der Emission eines Schadstoffes verbunden ist. Wir nehmen an, daß der Schaden, den jeder einzelne Bewohner erleidet, von Person zu Person unterschiedlich sein kann, und daß die wahre Schadenshöhe nur dem einzelnen bekannt ist. Diese Schadenshöhe sei mit $x_i$, (i=1, ... ,n), bezeichnet, wobei $x_i$ jeden Wert im Intervall $D_i = \left[x_i^u, x_i^o\right]$ annehmen kann. Während x bei der Clarke-Groves-Steuer ein „Gut" bezeichnete, geht es hier also um die Allokation eines „Schadens". Unter Effizienzgesichtspunkten ist klar, daß das Projekt immer dann realisiert werden sollte, wenn

$$\sum x_i \leq R^{120} \tag{1}$$

gilt. Wären die $x_i$ bekannt, so ließe sich leicht überprüfen, ob (1) erfüllt ist. Leider ist dies nicht der Fall, d. h., es existiert kein Individuum, das den gesamten Vektor $x \equiv (x_1,...,x_n)$ kennt. Jeder einzelne Anwohner weiß mit Sicherheit nur, wie hoch sein eigener Schaden ist, bezüglich der Schäden der anderen kennt er nur die *Verteilung*

$$F_j\left(x_j\right), \quad j = 1,...,n \tag{2}$$

und die zugehörigen Dichtefunktionen

$$f_j\left(x_j\right), \quad j = 1,...,n, \tag{3}$$

die jeweils nur im Intervall $D_j$ positive Werte annehmen können. Die $F_j$ und $f_j$ sind ebenso wie R „Common Knowledge". Das heißt: außer Individuum i weiß zwar niemand, wie hoch $x_i$ in Wahrheit ist, aber alle kennen die Wahrscheinlichkeit, mit der $x_i$ einen bestimmten Wert im Intervall $D_i$ annimmt. Es wird nun unterstellt, daß das Unternehmen sein Projekt nur dann realisieren kann, wenn es die Zustimmung *aller* Individuen erhält. Um sich dieser zu versichern, muß es Kompensationszahlungen leisten, denn ein Anwohner wird nur dann zustimmen, wenn er für den erlittenen Schaden entschädigt wird. Diese Situation wird nun durch folgendes Spiel abgebildet. Das Unternehmen führt den ersten Zug aus, indem es den Anwohnern zwei *Entscheidungsregeln* mitteilt, nämlich

---

[120] Zur Vereinfachung werden im folgenden bei Summation über alle i die Summationsgrenzen weggelassen, d. h., $\sum$ ist zu lesen als $\sum\limits_{i=1}^{n}$ .

$$0 \le p(\cdot) \le 1 \tag{4}$$

und

$$c_i(\cdot), \quad i = 1, \ldots, n. \tag{5}$$

$p(\cdot)$ bezeichnet die *Wahrscheinlichkeit*, mit der das Projekt realisiert wird und $c_i(\cdot)$ die *erwartete Kompensationszahlung* für das Individuum i. Man mache sich klar, daß $p(\cdot)$ und $c_i(\cdot)$ keine festen Werte sind, sondern *Funktionen*, die festlegen, wie verfahren wird, nachdem die Anwohner den zweiten Zug ausgeführt haben, der darin besteht, daß sie ihre jeweilige Schadenshöhe angeben. Diese berichtete Schadenshöhe sei $y_i \in D_i$, wobei klar ist, daß $y_i$ nicht gleich dem wahren Schaden $x_i$ zu sein braucht. Sei $c(\cdot) \equiv (c_1(\cdot), \ldots, c_n(\cdot))$, so können wir den Mechanismus, der das Spiel gewissermaßen steuert, durch das (n+1) Tupel

$$\left( p(\cdot), c(\cdot) \right)$$

charakterisieren. Die Strategiemenge der Anwohner ist $D_i$ und die der Firma ist die Menge der möglichen Mechanismen. Letztere wird nun jedoch durch zwei Forderungen eingeschränkt. Zunächst wird gefordert, daß der Mechanismus anreizkompatibel sein soll. Dabei wird Anreizkompatibilität allerdings in einem anderen Sinne definiert als bei Clarke-Groves. Da ROB ein Bayesianisches Gleichgewichtskonzept verwendet (vgl. Anhang I), ist Anreizkompatibilität bereits dann gegeben, wenn der Bericht der wahren Schadenshöhe $x_i$ eine Bayesianische Gleichgewichtsstrategie für die Anwohner ist, d. h. den *erwarteten* Payoff maximiert. Es wird demzufolge *nicht* gefordert, daß $x_i$ *dominante* Strategie für alle i sein muß.

Bevor wir die mathematische Charakterisierung der Forderung nach Anreizkompatibilität angeben, seien zunächst einige nützliche Notationen eingeführt. Es sei

$$x_{-i} \equiv \left( x_1, \ldots, x_{i-1}, x_{i+1}, \ldots, x_n \right)$$

der Vektor der Schäden aller Individuen *außer* i,

$$\left( x / y_i \right) \equiv \left( x_1, \ldots, x_{i-1}, y_i, x_{i+1}, \ldots, x_n \right)$$

der *berichtete* Schadensvektor in dem Fall, daß für alle j≠i der berichtete Schaden gleich dem tatsächlichen ist ($x_j = y_j$), während i eine unwahre Schadenshöhe angibt, und

$$f_{-i}(x_{-i}) \equiv \prod_{j \neq i} f_j(x_j)$$

die gemeinsame Dichte über die Schadenshöhen aller Individuen außer i.

Sei nun (p,c) ein beliebiger Mechanismus und $U_i(x_i; p, c)$ die Nettoauszahlung, die das i-te Individuum erwartet, wenn *alle* ihre wahren Schadenshöhen angeben. $U_i(x_i; p, c)$ berechnet sich dann als

$$U_i(x_i; p,c) = \int_{D_{-i}} [c_i(x) - p(x)x_i] f_{-i}(x_i) dx_i. \qquad (6)$$

Aus der Sicht des einzelnen Individuums hängt der Payoff bei *gegebenem* Mechanismus davon ab, welche Schadensmeldungen die anderen Anwohner machen werden, denn sowohl die Kompensation $c_i$ als auch die Wahrscheinlichkeit $p(\cdot)$ sind Funktionen *aller* Schadensmeldungen. Würde nun i die falsche Schadensmeldung $y_i$ abgeben (bei weiterhin wahrheitsgemäßer Schadensbekundung aller anderen), so hätte dies natürlich auf $p(\cdot)$ und $c_i(\cdot)$ Auswirkungen. Anreizkompatibilität fordert nun, daß der Mechanismus dergestalt sein muß, daß

$$U_i(x_i; p,c) \geq \int_{D_{-i}} [c_i(x/y_i) - p(x/y_i)x_i] f_{-i}(x_{-i}) dx_{-i}. \qquad (7)$$

Der erwartete Payoff darf durch „Falschmeldung" nicht größer werden als der, der bei ehrlicher Schadensnennung entsteht. An Bedingung (7) wird deutlich, daß ROB Anreizkompatibilität in einem wesentlich schwächeren Sinne verlangt, als dies bei Clarke-Groves der Fall ist. Die wahre Schadenshöhe $x_i$ soll *nur dann* „beste Antwort" sein, wenn alle anderen Individuen ebenfalls die Wahrheit sagen. $x_i$ soll also nicht *dominante* Strategie sein, sondern lediglich gleichgewichtige Strategie bei unterstelltem Cournot-Nash-Verhalten.

Die zweite Restriktion, unter die die Menge zulässiger Mechanismen gestellt wird, ist die Forderung nach *individueller Rationalität*. Der erwartete Payoff jedes Spielers soll nicht negativ sein, d. h.:

$$U_i(x_i, p, c) \geq 0 \quad \text{für alle i.} \qquad (8)$$

Bedingung (8) ist nur verständlich, wenn man sich klarmacht, daß sie in der ex ante-Situation erfüllt sein muß. *Bevor* die Anwohner erfahren, *ob* das Projekt tatsächlich realisiert wird und *wie hoch* ihre Entschädigung ausfällt, müssen sie mit der Anwendung des Mechansimus einverstanden sein, weil sie zumindest keine Verschlechterung gegenüber dem Status quo erwarten. Das bedeutet *nicht*, daß *ex post* alle Anwohner auch tatsächlich einen höheren (oder gleich hohen) Nutzen erfahren müssen! Da (8) für alle Anwohner erfüllt sein muß, besitzt jeder einzelne ein Veto-Recht, d. h., sobald auch nur ein Individuum mit (p, c) nicht einverstanden ist, kann das Unternehmen den Mechanismus nicht anwenden. Ein Mechanismus, der sowohl (7) als auch (8) erfüllt, ist *zulässig*[121]. Die Auszahlung des Unternehmens ist der erwartete Gewinn:

$$U_0 \equiv \int \left[ p(x)R - \sum c_i(x) \right] f(x) \, dx \; . \tag{9}$$

Das Ziel des Unternehmens besteht darin, $U_0$ durch geeignete Wahl von $p(\cdot)$ und $c(\cdot)$ zu maximieren. Dieses Problem wird nun durch ein Spiel abgebildet, bei dem das Unternehmen durch Angabe eines Mechanismus $(p(\cdot), c(\cdot))$ den ersten Zug ausführt. Da wir die Strategiemengen und die Auszahlungsfunktionen der beteiligten Spieler sowie die Zugreihenfolge definiert haben, sind wir in der Lage, das Spiel zu analysieren. Eine Lösung des Spiels ist offensichtlich dann erreicht, wenn es uns gelingt, einen Mechanismus anzugeben, der (9) maximiert und die Bedingungen (7) und (8) erfüllt.

Bei der Analyse des Spiels verwendet ROB zwei Lemmata, die in ähnlicher Form bei MYERSON (1981) bewiesen wurden. Wir wollen hier auf die Wiedergabe dieser Beweise verzichten, da sie für das Verständnis der nachfolgenden Ausführungen nicht unbedingt notwendig sind.[122] Das erste Lemma beschreibt eine Reihe von Bedingungen, die äquivalent zu den Bedingungen (7) und (8) sind:

*Lemma 1:*

Der Mechansimus $(p(\cdot), c(\cdot))$ ist dann und nur dann *zulässig*, wenn:[123]

---

[121] Der englische Terminus technicus „feasible" wird in der Literatur nicht einheitlich gehandhabt, d. h., es ist in jedem Einzelfall zu prüfen, wann ein Mechanismus als „feasible" anzusehen ist.

[122] Die von ROB verwendeten Lemmata sind leichte Abwandlungen der ursprünglich von MYERSON bewiesenen Version.

[123] $U_i\left(x_i^{\circ}\right)$ ist der erwartete Payoff in dem Fall, in dem i den größtmöglichen Schaden angibt, der ihm noch „geglaubt" wird. D ist das kartesische Produkt aller $D_i : D \equiv X_{i=1}^n D_i$.

(a)  $0 \leq p(x) \leq 1; \quad x \in D$                                    (10a)

(b)  $U_i(x_i^\circ) \geq 0; \quad i = 1, \ldots, n$                          (10b)

(c)  $Q_i(y_i)$  ist monoton fallend, wobei                            (10c)

$$Q_i(y_i) \equiv \int_{D_{-i}} p(x/y_i) f_{-i}(x_{-i}) dx_{-i}$$              (10d)

(d)  $U_i(x_i) = U_i(x_i^\circ) + \int_{x_i}^{x_i^\circ} Q_i(y_i) dy_i \; .$    (10e)

Das Lemma erlaubt es, die Forderungen nach Anreizkompatibilität und nach individueller Rationalität in eine andere, „technisch" besser handhabbare Form zu überführen. (10a) und (10b) bedürfen keiner weiteren Erläuterung. $Q_i(y_i)$ in (10d) bezeichnet die Wahrscheinlichkeit, mit der das Projekt noch realisiert wird, wenn Individuum i eine falsche Schadensangabe macht. Die in (c) aufgestellte Forderung erscheint damit plausibel: Für einen zulässigen Mechanismus muß gelten, daß die Wahrscheinlichkeit, mit der das Projekt realisiert wird, nicht dadurch *gesteigert* werden kann, daß i einen höheren Schaden angibt als er tatsächlich erleidet. Es dürfte klar sein, daß in jedem anderen Fall kaum noch mit Anreizkompatibilität zu rechnen ist. (10e) besagt, daß der erwartete Payoff bei wahrer Schadensangabe gleich dem erwarteten Payoff sein muß, der bei „maximaler Übertreibung" erzielt werden kann, plus einem Aufschlag, der von den Wahrscheinlichkeiten abhängt, mit denen das Projekt realisiert wird, falls i übertreibt. Wir werden gleich eine etwas „intuitivere" Deutung der Bedingung (10e) geben. Zunächst wenden wir uns dem zweiten Lemma zu, das eine Reduzierung des Gewinnmaximierungsproblems des Unternehmens auf die Wahl eines optimalen $p(\cdot)$ erlaubt.

*Lemma 2:*

$p: D \rightarrow [0,1]$ maximiere

$$\int p(x) \left\{ R - \sum \left[ x_i + \frac{F_i(x_i)}{f_i(x_i)} \right] \right\} f(x) dx - \sum U_i(x_i^\circ)$$    (11)

unter der Restriktion (10c). Sei weiterhin

$$c_i(x) := p(x)x_i + \int\limits_{x_i}^{x_i^0} p(x/y_i)dy_i, \quad i = 1,...,n, \tag{12}$$

dann maximiert $(p(x), c(x))$ den erwarteten Gewinn des Unternehmens.

Insbesondere (11) entzieht sich weitgehend einer intuitiven ökonomischen Interpretation. Wir wollen es daher zunächst bei folgender Ausdeutung des Lemmas belassen. Es sagt uns: Wenn wir p so wählen, daß (11) unter Beachtung von (10c) maximiert wird, dann können wir mit Hilfe *dieses* p's $c_i(x)$ gemäß (12) berechnen und haben dann einen gewinnmaximierenden Mechanismus gefunden.

Die beiden Lemmata liefern uns bisher nur Bedingungen, die eine Lösung des Spiels erfüllen muß, aber noch keinen zulässigen Mechanismus, der den Unternehmensgewinn maximiert. Um mit Hilfe von (11) einen solchen berechnen zu können, benötigt ROB folgende Voraussetzung bezüglich der Wahrscheinlichkeitsverteilungen:

*Annahme A1:* $x_i + F_i(x_i)/f_i(x_i)$ ist monoton wachsend für alle $i = 1, ... ,n$.

Bei Gültigkeit dieser zusätzlichen Annahme kann nun ein Mechanismus bestimmt werden, der das Problem des Unternehmens löst:

*Theorem 1:*

Unter der Voraussetzung, daß Annahme 1 erfüllt ist, ist der folgende Mechanismus gewinnmaximierend:

$$p^*(x) = \begin{cases} 1, \text{ wenn } \sum \left[ x_i + F_i(x_i)/f(x_i) \right] \leq R \\ \\ \quad 0 \quad \text{sonst} \end{cases} \tag{13a}$$

$$c_i^*(x) = p^*(x)x_i + \int\limits_{x_i}^{x_i^0} p^*(x/y_i)dy_i, \quad x \in D, 1 \leq i \leq n. \tag{13b}$$

Der Beweis dieses Theorems besteht in dem Nachweis, daß $(p^*(x), c^*(x))$ die in den beiden Lemmata spezifizierten Bedingungen (10a) (10e), (11) und (12) erfüllt. Wir wollen hier darauf verzichten, diesen Nachweis explizit auszuführen (vgl. dazu ROB, S. 314) und uns vielmehr darauf konzentrieren, den Mechanismus ökonomisch zu interpretieren. Dazu muß man sich zunächst klarmachen, daß $(p^*(x), c^*(x))$ ein „Angebot" ist, das das Unternehmen den Anwohnern unterbreitet. Jeder Bewohner kann sich dann – in Kenntnis von (13a, b) und in Kenntnis von R sowie aller $F_i$ und $f_i$ – überlegen, welche Schadenshöhe er bekunden soll. Versetzen wir uns in die Lage eines solchen Bewohners, den wir, um den Abstraktionsgrad etwas zu senken, auf den Namen Schulz taufen wollen. Schulz weiß zwar nicht, welche Schäden die anderen berichten werden, aber er kennt die $F_i$ und $f_i$ Funktionen, d. h., er kann eine Erwartung über das Verhalten seiner Mitanwohner bilden und auf dieser Grundlage (13a) berechnen. Nehmen wir an, Schulz kommt zu dem Ergebnis, daß $p^*(x) = 1$ sein wird. Dann sagt ihm (13b), daß er dann, wenn er seinen wahren Schaden $x_i$ angibt, eine Kompensation erhält, die diesen Schaden ausgleicht $(1 \cdot x_i)$, plus einen Aufschlag in Höhe von

$$\int_{x_i}^{x_i^0} p^*(x / y_i) dy_i \ . \tag{14}$$

$p^*(x)$ hat in (14) für alle die $y_i$ den Wert 1, für die gilt, daß

$$\sum_{j \neq i} \left[ x_j + F_j(x_j) / f_j(x_j) \right] + y_i + F_i(y_i) / f_i(y_i) \leq R. \tag{15}$$

Wenn Schulz eine falsche Schadenshöhe angibt, verändert er natürlich die Bedingung, die erfüllt sein muß, damit das Projekt realisiert wird. Es kann dabei durchaus sein, daß, wenn Schulz übertreibt, ab einem bestimmten $y_i$ das Projekt nicht zustande kommt und damit $p^*(x) = 0$ wird. (14) beschreibt den maximalen zusätzlichen Payoff, den Schulz erreichen kann, wenn er die Unwahrheit sagt. Wohlgemerkt, diese zusätzliche Auszahlung realisiert er bereits dann, wenn er die Wahrheit sagt! Damit aber entfällt jeder Anreiz, eine höhere als die tatsächliche Schadenshöhe zu berichten. Im Gegenteil, da Schulz dann, wenn das Projekt realisiert wird, über seinen wahren Schaden hinaus kompensiert wird, hat er sogar einen starken Anreiz, gerade $x_i$ zu melden. Jede niedrigere Angabe reduziert seine Kompensation, jede höhere senkt die Wahrscheinlichkeit dafür, daß das Projekt realisiert wird und damit dafür, daß Schulz seinen „extra Payoff" einstreichen kann. Damit ist $(p^*(x), c^*(x))$ tatsächlich anreizkompatibel und individuell rational, denn da Schulz mindestens $c_i^*(x) = x_i$ realisiert, wenn es zur Erstellung des Projekts kommt, kann er sich nicht gegenüber dem Status quo verschlechtern.

Aus der Sicht des Unternehmens läßt sich der Mechanismus noch etwas anders charakterisieren. Zu diesem Zweck sei zunächst folgende Funktion eingeführt:

$$h(x) = \sum \left[ x_i + \frac{F_i(x_i)}{f_i(x_i)} \right]. \tag{16}$$

ROB nennt $h(x)$ die „virtual social loss function". Ist $h(x/y_i)$ für gegebenes $x_{-i}$ eine Funktion von $y_i$, so läßt sich der Mechanismus $(p^*(x), c^*(x))$ als folgende Entscheidungsregel des Unternehmens charakterisieren:

- Führe das Projekt dann und nur dann durch, wenn $h(x) \le R$ gilt.     (17a)

- Wenn das Projekt realisiert wird, dann zahle dem i-ten Anwohner das maximale $y_i$, für das $h(x/y_i) \le R$ gilt.     (17b)

- Wird das Projekt nicht realisiert, zahle nichts.

Diese Regel läßt sich intuitiv interpretieren: Da die Anwohner über private Information verfügen, können sie durch „Falschmeldung" einen höheren Payoff erzielen. Dieser „strategische Vorteil" kann dem einzelnen nicht genommen werden, und deshalb wird er nur dann bereit sein, auf ihn zu verzichten, wenn er für diesen Verzicht eine Entschädigung erhält. (17b) sagt nun nichts anderes, als daß das Unternehmen nur dann damit rechnen kann, die Wahrheit zu erfahren, wenn es als Gegenleistung gerade soviel zahlt, wie der Anwohner durch falsche Angabe hätte „herausschlagen" können. Damit wird auch deutlich, warum ROB von „virtual social loss" spricht, vom *tatsächlichen* sozialen Verlust. Der *wahre* soziale Verlust (oder Schaden) ist $\sum x_i$, aber, um das Projekt realisieren zu können, muß das Unternehmen auch den „Schaden" kompensieren, der dadurch entsteht, daß die Anwohner auf ihren strategischen Vorteil verzichten müssen.

(17b) erlaubt noch eine weitere Interpretation des Mechanismus. Wir hatten die Clarke-Groves-Steuer als „pivotal mechanism" bezeichnet, weil bei ihrer individuellen Festlegung davon ausgegangen wurde, das einzelne Individuum sei *entscheidend* für die Realisierung eines Projektes. Ganz ähnlich verhält es sich bei (17b). Auch dort wird so getan, als sei i der „entscheidende Spieler", als sei es gerade seine falsche Schadensmeldung, die dazu führt, daß das Unternehmen indifferent wird zwischen Durchführung und Nichtdurchführung des Projekts. Der *Unterschied* zur Clarke-Groves-Steuer besteht darin, daß für die Höhe der Kompensation, die i aufgrund seines „entscheidenden" Einflusses zugesprochen wird, nicht mehr sein wahrer Schaden das Maß ist, sondern sein „tatsächlicher", d. h. derjenige, der auch seinen Verlust an strategischen Möglichkeiten einschließt.

Von besonderem Interesse ist natürlich die Frage, ob der von ROB ermittelte Mechanismus *ex post-Effizienz* sicherstellt. Zur Erinnerung: Ein Mechanismus ist ex post-effizient, wenn das Projekt immer dann und nur dann realisiert wird, wenn gilt:

$$\sum x_i \leq R. \tag{1}$$

Offensichtlich unterscheidet sich (1) von der Entscheidungsregel (17a), die besagt, daß das Projekt dann und nur dann zu realisieren ist, wenn gilt:

$$\sum x_i + \sum \frac{F_i(x_i)}{f_i(x_i)} \leq R.$$

Der Mechanismus führt damit immer dann zu ineffizienten Entscheidungen, wenn

$$\sum \left[ x_i + \frac{F_i(x_i)}{f_i(x_i)} \right] > R \geq \sum x_i. \tag{18}$$

Sind die Wahrscheinlichkeitsverteilungen über die individuellen Schäden dergestalt, daß (18) erfüllt ist, dann führt $(p^*(x), c^*(x))$ zur Ablehnung des Projekts, obwohl bei Realisierung ein sozialer Überschuß erzielt werden könnte, d. h., obwohl

$$\sum U_i + U_0 \geq 0. \tag{19}$$

Auf jeden Fall liefert der Mechanismus *nicht immer* ex post-effiziente Entscheidungen. Allerdings: *Wenn* $\sum F_i(x_i)/f_i(x)$ hinreichend klein ist, dann ist damit kein ernsthaftes Problem verbunden, denn erstens wäre (18) dann nur mit geringer Wahrscheinlichkeit erfüllt, und zweitens wäre der soziale Überschuß, der in diesen Fällen nicht realisiert würde, relativ gering. Eine interessante Frage ist deshalb, wie wahrscheinlich ineffiziente Entscheidungen denn nun tatsächlich sind. ROB untersucht diese Frage zunächst, indem er ein sehr einfaches Beispiel betrachtet. Dabei unterstellt er identische Dichten $f_1(x_1),....,f_n(x_n)$ der Form

$$f_i(x_i) = \begin{cases} 1 & x_i \in [0,1] \\ 0 & \text{sonst} \end{cases}$$

und beschränkt die Analyse auf den Fall n=2. Es zeigt sich, daß bei dieser einfachen Konstellation ineffiziente Resultate mit der Wahrscheinlichkeit 1/2 eintreten. So interessant solche Beispielrechnungen auch sein mögen, verläßliche Aussagen liefern sie natürlich nicht. Aus diesem Grund schließt ROB eine allgemeine Analyse der Frage an, wie wahrscheinlich *effiziente* Resultate sind, wenn man (über Annahme A1 hinaus) an die Verteilungsfunktionen keine wesentlichen einschränkenden Forderungen stellt, dafür jedoch „große Ökonomien", also große n betrachtet. Konkret fragt ROB, wie sich folgende Wahrscheinlichkeit $W_n$ entwickelt, wenn n wächst (bzw. gegen $\infty$ geht):

$$W_n \equiv \mathrm{Pr\,ob.}\left(\sum\left[x_i + \frac{F_i(x_i)}{f_i(x_i)}\right] \le R_n \Big| \sum x_i \le R_n\right) . \tag{20}$$

(20) bezeichnet für gegebenes, beliebiges n die Wahrscheinlichkeit, daß der Mechanismus $(p^*(x), c^*(x))$ zu einer effizienten Entscheidung führt. Obwohl ROB die Analyse von (20) als den eigentlich zentralen Punkt seiner Arbeit ansieht, wollen wir uns damit begnügen, das wichtigste Ergebnis dieser Analyse anzugeben und zu interpretieren. Das folgende Theorem 2, das das entscheidende Resultat enthält, gilt unter zwei Annahmen, die eine ähnliche Funktion haben wie die *Annahme A1*. Sei r der konstante Pro-Kopf-Gewinn $R_n/n$[124], $\mu$ der erwartete Pro-Kopf-Schaden, $\sigma^2$ die Varianz des Pro-Kopf-Schadens und $\tau^2$ die Varianz des tatsächlichen Schadens $h(x)$.

*Annahme A2:*   $x^u < r < x^o$

*Annahme A3:*   $\dfrac{(\mu - x^u)}{\sigma} < \dfrac{(x^o - x^u)}{\tau}$

---

[124] Der Gewinn aus dem Projekt wächst mit zunehmender Anwohnerzahl in der Weise, daß $R_{n+1} - R_n = r = \text{const.}$ gilt.

Dabei ist $x^u$ der minimale und $x^o$ der maximale Schaden, den ein Individuum erleiden kann.

*Theorem 2:* Unter den Annahmen A2 und A3 gilt:  $\lim_{n \to \infty} W_n = 0$ .

Die Wahrscheinlichkeit für eine effiziente Entscheidung geht also für $n \to \infty$ gegen Null. Für sich genommen muß dieses Ergebnis noch nicht bedeuten, daß der von ROB abgeleitete Mechanismus überwiegend zu ineffizienten Resultaten führt. Es könnte ja immerhin sein, daß $W_n$ für große $n < \infty$ immer noch hinreichend groß ist. Zum Abschluß seiner Arbeit präsentiert ROB deshalb ein numerisches Beispiel. Dabei untersucht er jedoch nicht die Wahrscheinlichkeit $W_n$, sondern den *erwarteten Wohlfahrtsverlust*, der dadurch entsteht, daß mit einer gewissen Wahrscheinlichkeit eine falsche, ineffiziente Entscheidung bezüglich der Realisierung des Projekts getroffen wird. Das Ergebnis seiner Beispielrechnung zeigt: Bereits bei n=10, also einer sehr kleinen Anzahl von Anwohnern, muß damit gerechnet werden, daß 90 % der durch das Projekt möglichen Wohlfahrtsgewinne aufgrund ineffizienter Entscheidungen *nicht* realisiert werden.

Wie sind diese Resultate zu erklären? Anstelle des formalen Beweises wollen wir ein Beispiel betrachten, an dem klar werden wird, warum mit wachsender Anzahl von Anwohnern die Wahrscheinlichkeit für Ineffizienzen größer wird. Erinnern wir uns dazu noch einmal an die Entscheidungsregel des Unternehmens. Sie lautet in bezug auf die Projektrealisierung: Führe das Projekt durch, wenn

$$\sum x_i + \sum \frac{F_i(x_i)}{f_i(x_i)} \leq R_n . \tag{21}$$

In unserem Beispiel wollen wir für alle Anwohner unterstellen, daß die möglichen Schäden im Intervall $D = [0,1]$ liegen und daß alle Schadenshöhen gleich wahrscheinlich sind. $f_1(x_1) = ... = f_n(x_n)$ sind dann die identischen Dichten dieser Gleichverteilungen. Für ein festes n sei (21) erfüllt. Was geschieht nun, wenn wir die Anzahl der Anwohner steigern?[125] Die rechte Seite von (21) wächst pro weiterem Anwohner um r, wobei vorausgesetzt ist, daß $0 < r < 1$. Sei $\mu$ der mittlere

---

[125] Wobei für die neu hinzukommenden die gleichen Voraussetzungen gelten wie für die ersten n Anwohner.

Schaden und $\lambda$ der Erwartungswert von $F(x)/f(x)$[126], dann wächst die linke Seite pro zusätzlichem Bewohner im Mittel um $\mu + \lambda$. Gilt nun

$$\mu < \lambda < \mu + \lambda, \qquad (22)$$

so wächst die linke Seite von (21) schneller als die rechte, und es existiert eine Anzahl $m > n$, für die sich das Ungleichheitszeichen von (21) umkehrt. Daß (22) in unserem Beispiel erfüllt ist, läßt sich leicht zeigen, denn bei Gleichverteilung gilt:

$$\frac{F(x)}{f(x)} = F(x) = x$$

und

$$E(x) = 1/2 = \mu = \lambda = E\big(F(x)/f(x)\big)$$

und somit

$$\mu = 1/2 < r < 1 = \mu + \lambda.\,[127]$$

Das Beispiel zeigt, daß durch eine Erhöhung der Anwohnerzahl die Wahrscheinlichkeit für eine ineffiziente Entscheidung zunehmen muß. Ursache dafür ist die Tatsache, daß der gewinnmaximierende Mechanismus dem Unternehmen eine Entscheidungsregel vorgibt, bei der es den Gewinn aus dem Projekt vergleichen muß mit der um einen Aufschlag vergrößerten Summe der individuellen Schäden. Da mit wachsendem n auch dieser Aufschlag wächst, und die von ROB betrachteten Verteilungen alle dergestalt sind, daß die Summe aus erwartetem Schaden und erwartetem Aufschlag größer ist als der mögliche Pro-Kopf-Gewinn aus dem Projekt, muß *mit Sicherheit* die Regel (21) ab einem hinreichend großen n zu einer falschen, weil ineffizienten Entscheidung führen.

Letztendlich ist diese Eigenschaft des Mechanismus auf die Tatsache zurückzuführen, daß bei seiner Herleitung die strategischen Möglichkeiten, die die Individuen aufgrund ihrer privaten Information besitzen, berücksichtigt wurden. Diese Nebenbedingung führte dazu, daß bei der Entscheidungsregel des Unternehmens der Aufschlag $F(x)/f(x)$ eingeht, dessen Berücksichtigung zu den ineffizienten Resultaten führt.

---

[126] Da wir identische Dichten unterstellen, wird der Index i weggelassen.

[127] $r > 1/2$ setzen wir voraus, da dann die Bedinung für Effizienz des Projekts ($\Sigma x_i \leq R_n$) ex ante immer erfüllt ist.

ROBS Arbeit ist ganz sicher nur ein *vorläufiger* Endpunkt des „mechanism design" im Bereich öffentlicher Güter. Dies u.a. deshalb, weil sie einige Fragen offenläßt. So ist beispielsweise nicht klar, ob nicht – außer dem von ROB entdeckten – auch noch andere gewinnmaximierende Mechanismen existieren, die nicht zu ineffizienten Entscheidungen führen. Trotz dieser Einschränkung sind ROBS Resultate von zentraler Bedeutung. Insbesondere deshalb, weil sie deutlich machen, daß im Falle öffentlicher Güter (bzw. externer Effekte) die strategischen Vorteile privater Information mit wachsender Anzahl von Verhandlungsteilnehmern nicht *verschwinden*, sondern erst recht zu Effizienzproblemen führen.

# LITERATUR

ABRAMS, B.A./SMITZ, M.A., The Crowding Out Effect of Government Transfers on Private Charitable Contributions, Public Choice, 33, 1978, 29-39.

ABRAMS, B.A./SMITZ, M.A., The Crowding Out Effect of Gonverment Transfers on Private Charitable Contributions: Cross Section Evidence, National Tax Journal, 37, 1984, 563-568.

ALLAIS, M./HAGEN, O. (eds.), Expected Utility Hypothesis and the Allais-Paradox: Contemporary Discussion of Decisions and Uncertainty with Allais Rejoinder, Reidel, 1979.

ANDREONI, J., Privately Provided Public Goods in a Larg Economiy: The Limits of Altruism, Journal of Public Economics, 35, 1988, 57-79.

ANDREONI, J., Why Free Ride?, Journal of Public Economics, 37, 1988, 291-304

ARROW, K. J., Gifts and Exchanges, in: Phelps, S. (ed.), Altruism, Morality and Economic Theory, New York, 1975, 13-28.

ARROW, K. J., Uncertainty and the Welfare Economics of Medical Care, American Economic Review, 53, 1963, 941-973.

ATKINSON, S./LEWIS, D., A Cost-Effectivness Analysis of Alternative Air Quality Control Strategies, Journal of Environmental Economics and Management, 1, 1974, 237-250.

ATKINSON, S./TIETENBERG, T., The Empirical Properties of Two Classes of Designs for Transferable Discharge Permit Markets, Journal of Environmental Economics and Managements, 9, 1982, 101-121.

AUSUBEL, J.H., Mitigation and Adaptation for Climate Change: Answers and Questions, Kaya etal. (Hrsg.), Costs, Impacts, and Benefits of $CO_2$ Mitigation, 557584.

AXELROD, R., An Evolutionary Approach to Norms, American Political Science Review, 80, 1986, 1095-1111.

AXELROD, R., The Emergance of Cooperation among Egoists, Political Science Review, 75, 1981, 306-318.

BALDWIN, B./MEESE, G., Social Behaviour in Pigs Studied by Means of Operant Conditioning, Animal Behaviour, 27, 1979, 947-957.

BARRETT, S., The Paradox of International Environmental Agreements, London Business School, Mimeo, 1991.

BAUER, A., Der Treibhauseffekt, Tübingen 1993.

BAUER, H., Wahrscheinlichkeitstheorie und Grundzüge der Maßtheorie, Berlin, 1968.

BAUMOL, W./OATES, W., The Theory of Environmental Policy, Eglewood Cliffs, New Jersey, 1975.

BERGSTROM, T.C./BLUME, L./VARIAN, H., On the Private Provision of Public Goods, Journal of Public Economics, 29, 1986, 25-49.

BERGSTROM, T.C./BLUME, L./VARIAN, H., Uniqueness of Nash Equilibrium in Private Provisionof Public Goods, Journal of Public Economics, 49, 1992, 391-392.

BERNHEIM, D., On the Voluntary and Involuntary Provision of Public Goods, American Economic Review, 76, 1986, 789-793.

BLACK, J./LEVI, M.D./DE MEZA,D., Creating a Good Atmosphere: Minimum Participation for Tackling the 'Greenhouse Effect', Economica, Jg. 60, 1993, 281-293.

BOHM, P., Incomplete International Cooperation to Reduce $CO_2$ Emissions: Alternative Policies, Journal of Environmental Economics and Management, 24, 1993, 258-271.

BOHM P./RUSSELL C. S., Comperative Analysis of Alternative Policy Instruments, in: Kneese, A. V.; Sweeney, J. L. (eds.), Handbook of Natural Resource and Energy Economics, Vol. I, Amsterdam et al., 1985, 395-461.

BONUS, H., Emissionsrechte als Mittel der Privatisierung öffentlicher Ressourcen, in: Wegehenkel L. (Hrsg.), Marktwirtschaft und Umwelt, Tübingen, 1981, 54-77.

BONUS, H., Marktwirtschaftliche Konzepte im Umweltschutz, Auswertungen amerikanischer Erfahrungen im Auftrag des Landes Baden-Württemberg, Stuttgart, 1984.

BONUS, H., Wettbewerbspolitische Implikationen umweltpolitischer Instrumente, in: Gutzler, H. (Hrsg.), Umweltpolitik und Wettbewerb, Baden-Baden, 1981, 109-121.

BONUS, H., Wirtschaftswachstum, Umweltressourcen und umweltpolitische Instrumente, in: Wegehenkel, L. (Hrsg.), Umweltprobleme als Herausforderung der Marktwirtschaft neue Ideen jenseits des Dirigismus, Stuttgart, 1983, 19-45.

CARRARO,C./SINISCALCO, D., Strategies for the international protection of the environment, Journal of Public Economics, 52, 1993, 309-328.

CARTER, J./IRONS, M., Are Economists Different, and If So Why? Journal of Economic Perspectives, 5, 1991, 171-177.

CHICHILNISKY, G./HEAL, G., Global Environmental Risks, Journal of Economic Perspectives, ,1993, 65-86.

CLARKE, E.H., Multipart Pricing of Public Goods, Public Choice, 11, 1971, 17-33.

CLINE, W.R., The Economics of global Warming, Washington: Institute for International Economics, 1992.

COASE, R. H., The Problem of Social Cost. Journal of Law and Economics, 3, 1960, 1-44.

D'ASPERMONT, C./GÉRARD-VARET, S.A., Incentives and Incomplete Information, Journal of Public Economics, 11, 1979, 25-45.

DAWES, R. M., Social Dilemmas, Annual Review of Psychology, 31, 1980, 169-193.

DOCKNER, E.J./VAN LONG, N., International Pollution Control: Cooperative versus Noncooperative Strategies, Journal of Environmental Economicsand Management, 24,1993, 13-29.

DOWNS, A., Ökonomische Theorie der Demokratie, Tübingen, 1968, Orig.: An Economic Theory of Democracy, New York 1957.

EDGEWORTH, F., Mathematical Psychics: An Essay on the Application of Mathematics to the Moral Sciences, New York, 1967.

ENDRES, A., Umwelt- und Ressourcenökonomie, Darmstadt, 1985.

ENDRES, A./SCHWARZE, R., Das Zertifikatsmodell vor der Bewährungsprobe? Eine ökonomische Analysedes „Acid Rain"-Programmsdes neuen US-Clean Air Acts, Diskussionsbeitrag Nr. 200, Fernuniversität Hagen, Februar 1993.

FARREL, J., Information and the Coase Theorem, Journal of Economic Perspectives, 1, 1987, 113-129.

FELDMAN, A., Welfare Economics and Social Choice Theory, Boston et al., 1980.

FETSCHER, C./MUTZ, M., Klima Chaos Leben unter der Fieberglocke, Greenpeace-Nachrichten Nr. 1/1989, 6-15.

FRANK, R., Passions Within Reasons. The Strategic Role of the Emotions, New York, London, 1988.

FRANK, R.H./GILOVICH, TH./REGAN, D.T., Does Studying Economics Inhibit Cooperation? Journal of Economic Perspectives, Volume 7, 2, 1993, 159-171.

FRASER, C.D., The Uniqueness of Nash Equilibrium in the Private Provision of Public Goods, Journal of Public Economics,49, 1992, 389-390.

FRIEDMAN, M., Capitalism and Freedom, Chicago, 1962.

GASKINS, D.W./WEYANT, J.P., Model Comparison of the Cost of Reducing $CO_2$ Emissions, American Economic Review, 82, 1993, 318-330.

GOODPASTER, K. E., On Being Morally Considerable, The Journal of Philosophy, 75, 1978, 308. Kopfzeile: Literatur zu Teil II Holcombe, R.; Meiners, R.,

Corrective Taxes and Auctions of Rights in the Control of Externalities, Public Finance Quaterly, 8, 1981, 345-349.

GREEN, J.R./LAFFONT, J.J., Incentives in Public Decision-Making, Amsterdam, New York, Oxford, 1979.

GRESIK, T.A.; SATTERTHWAITE, M., The Rate at Which a Simple Market Converges to Efficiency as the Number of Traders Increases: An Asymptotic Result for Optimal Trade Mechanisms, Journal of Economic Theory, 48, 304-332.

GROVES, T., Incentives in Teams, Econometrica, 41, 1973, 617-631.

GROVES, T./LEDYARD, J., Optimal Allocation of Public Goods: A Solution to the Free Rider Problem, Econometrica, 45, 1977a, 783-809.

GROVES, T./LEDYARD, J., Some Limitations of Demand Revealing Processes, Public Choice, 17, 1977, 107-124.

HANSON, K./MAUL, G./KARL, T., Are Atmospheric „Greenhouse" Effects Apparent in the Climate Record of the Contiguous U.S. (1895-1987), Geophysical Research Letters, 16, 1989, 49-52.

HARDING, G., The Tragedy of the Commons, Science, 162, 1968, 1243-1248.

HARSANYI, J. C., Can the Maximin Principle Serve as a Basis for Morality? A Critique of John Rawl's Theory. American Political Science Review, 69, 1975, 594-606.

HARSANYI, J. C., Cardinal Utility in Welfare Economics and in the Theory of Risk-Taking, Journal of Political Economy, 61, 1953, 434-435.

HARSANYI, J. C., Cardinal Welfare, Individualistic Ethics, and Interpersonal Comparisons of Utility, Journal of Political Economy, 63, 1955, 309-321.

HARSANYI, J. C., Rule Utilitarism, Rights, Obligations and the Theory of Rational Behaviour, Theory and Decision, 12, 1980, 115-133.

HARSANYI, J.C./SELTEN, R., A General Theory of Equilibrium Selection in Games, Cambridge, Mass., London, 1988.

HASSELMANN, K., How Well Can We Predict the Climate Crisis?, in: Siebert, H. (Hrsg.), Environmental Scarcity: The International Case, Tübingen 1991, 165-183.

HAYEK VON, F. A., The Use of Knowledge in Society, American Economic Review, 35, 1945, 519-530.

HEISTER, J./MICHAELIS, P., Handelbare Emissionsrechte für Kohlendioxid, Zeitschrift für angewandte Umweltforschung, 4, 1991, 68-80.

HEY, J.D., Experiments in Economics, Oxford, Cambridge 1991.

HOEL, M., Global Environmental Problems: The Effects of Unilateral Actions Taken by One Country, Journal of Environmental Economics and Management, 20, 1991, 55-70.

HOLLÄNDER, H., A Social Exchange Approach to Voluntary Cooperation, American Economic Review, 80, 1990, 1157-1167.

HOMANS, G. C., Social Behavior. Its Elementary Forms, New York, 1961.

HUNT, W. M., Are "Mere Things" Morally Considerable, Environmental Ethics, 2, 1980, 59.

ISAAK, R.M./WALKER, J.M., Group Size Effects in Public Goods Provision: The Voluntary Contributions Mechanism, Quarterly Journal of Economics, 1988, 179-199.

JONES, P./RAPER, S./BRADLEY, R./DIAZ, H./KELLY, P./WIGLEY, T., Variations in surface air temperature, Part 1: Northern Hemisphere, 1851-1989, Joar. Clim. Appl. Meteor, 25, 1986, 161-179.

KABELITZ, K., Eigentumsrechte und Nutzungslizenzen als Instrument einer ökonomischen rationalen Luftreinhaltepolitik, Ifo-Studien zur Umweltökonomie, Bd. 5, München, 1984.

KARL, T./JONES, P., Urban Bias in Area-Average Surface Air Temperature Trends, Ball American Meteor. Society, 70, 1989, 265-270.

KAYA, J./NAKICENOVIC, N./NORDHAUS, W.D./TOTH, F.L. (eds.), Costs, Impacts, and Benefits of $CO_2$ Mitigation, Laxenburg 1993.

KEMPER, M., Das Umweltproblem in der Marktwirtschaft, Berlin, 1989.

KIM, O./WALKER, M., The Free Rider Problem: Experimental Evidence, Public Choice, 43, 1984, 3-24.

KINGMA, B. R., An Accurate Measurement of the Crowd-out Effect, Income Effect, and Price Effect for Charitable Contributions, Journal of Political Economy, 97, 1989, 1197-1207.

KNEESE, A. V./SCHULZE, W. D., Ethics and Environmental Economics, in: Kneese, A. V.; Sweeney, J. L. (eds.), Handbook of Natural Resource and Energy Economics, Vol. I, Amsterdam et al., 1985, 191-219.

LAFFONT, J.J./MASKIN, E., A Differential Approach to Expected Utility Maximizing Mechanism, in: Laffont, J.J. (ed.), Aggregation and Revelation of Preferences, Amsterdam 1979, 289-308.

LINHART, P./RADNER, R.; SATTERTHWAITE, M., Introduction: Symposium on Noncooperative Bargaining, Journal of Economic Theory, 48, 1988, 1-17.

LUCE, R.D./RAIFFA, H., Games and Decisions: Introduction and Critical Survey, New York, 1957.

LYON, R., Equilibrium Properties of Auctions and Alternative Procedures for Allocation Transferable Permits, Journal of Environmental Economics and Management, 13, 1986, 129-152.

MÄLER, K-G., Welfare Economics and the Environment, in: Kneese A. V.; Sweeney, J. L. (eds.), Handbook of Natural Resource and Energy Economics, Vol. I, Amsterdam et al., 1985, 3-60.

MACHINA, M.J., Choice under Uncertainity: Problems Solved and Unsolved, in: Hey, J.D. (ed.), Current Issues in Microeconomics, Cambridge 1989.

MANDEVILLE, B. DE, THE FABLE OF THE BEES, ED. BY KAY, F.B., Oxford 1924, im Original 1714 erschienen.

MANNE, A.S./RICHELS, R.G., International Trade in Carbon Emission Rights: A Decomposition Procedure, American Economic Review, Papers and Proceedings, 81, 1991, 135-139.

MARWELL, G./AMES, R. E., Economists Free Ride, does Anyone Else?, Journal of Public Economics, 15, 1981, 295-310.

MICHAELIS, P., Umweltpolitik und Technologiewahl, Jahrbuch für Nationalökonomie und Statistik, 212, 1993, 151-161.

MONTGOMERY, W., Markets in Licenses and Efficient Pollution Control Programs, Journal of Economic Theory, 5, 1972, 395-418.

MYERSON, R. B./SATTERTHWAITE, M. A., Efficient Mechanisms for Bilateral Trading, Journal of Economic Theory, 29, 1983, 265-281.

NAGEL, G., Standards versus Steuern in der Umweltpolitik, Berlin, 1980.

NASH, J. F., Non Cooperative Games, Ann. Math., 54, 1951, 367-378.

NASH, J. F., Two-Person Cooperative Games, Econometrica, 21, 1953, 128-140.

NEUMANN VON, J., Zur Theorie der Gesellschaftsspiele, Math. Annalen, 100, 1928, 295-230.

NG, Y. K., Welfarism: A Defense Against Sen's Attack, The Economic Journal, 91, 1981, 527-530.

NORDHAUS, W.D., Rollingthe 'DICE': An optimal Transition Path for Controlling Greenhouse Gases, Resource and Energy Economics, 15, 1993, 27-50.

OCHS, J./ROTH, A.E., An Experimental Study of Sequential Burgaining, American Economic Review, 79, 1989, 355-384.

PECK, S.C./TEISBERG, T.J., CETA: A Model for Carbon Emissions Trajectory Assessment, The Energy Journal, 13, 1992, 55-77.

PERRONI, C./RUTHERFORD, T.F., International Trade in Carbon Emission Rights and Basis Materials: General Equilibrium Calculations for 2020, Scandinavian Journal of Economics, 95, 1993, 257-278.

PIGOU, A. C., The Economics of Welfare, London 1923.

POTERBA, J.M., GlobalWarming Policy - A Public Finance Perspective, Journal of Economic Perspectives, 7, 1993, 47-63.

RASMUSEN, E., Games and Information: An Introduction to Game Theory, Oxford, 1989.

RAWLS, J. A., Theory of Justice, Cambridge, Mass. 1971.

REHBINDER, E./SPRENGER, R., Möglichkeiten und Grenzen der Übertragbarkeit neuer Konzepte der US-amerikanischen Luftreinhaltepolitik in den Bereich der deutschen Umweltpolitik, Bericht des Bundesumweltamtes, 9/85, Berlin, 1985.

ROB, R., Pollution Claim Settlements under Private Information, Journal of Economic Theory, 47, 1989, 307-333.

ROBERTS, R.D., A Positive Model of Private Charity and Public Transfers, Journal of Political Economy, 92, 1984, 136-148.

ROSE, A./STEVENS, B., The Efficiency and Equity of Marketable Permits for $CO_2$-Emissions, Resource and Energy Economics, 15, 1993, 117-146.

SCHELLING, T., The Strategy of Conflict, Cambridge, Mass., 1960.

SCHNEIDER, F./POMMEREHNE, W.W., Free Riding and Collective Action: An Experiment in Public Microeconomics, Quarterly Journal of Economics, 96, 1981, 689-704.

SCHUMPETER, J. A., Kapitalismus, Sozialismus und Demokratie, Bern 1946.

SCHWEIZER, U., Externalities and the Coase Theorem: Hypothesis or Result?, Journal of Institutional and Theoretical Economics, 144, 1988, 245-266.

SELTEN, R., Re-examination of the Perfectness Concept of Equilibrium Points in Extensive Games, International Journal of Game Theory, 4, 1975, 25-55.

SELTEN, R., The Chainstore Paradox, Theory and Decision, 9, 1978, 127-159.

SEN, A. K., A Reply to "Welfarism": A Defense Against Sen's Attack, The Economic Journal, 91, 1981, 531-535.

SEN, A. K., Personal Utilities and Public Judgements: Or What's Wrong With Welfare Economics? The Economic Journal, 89, 1979, 537-558.

SEN, A. K., Rational Fools: a Critique of the Behavioral Foundations of Economic Theory, Philosophy and Public Affairs, 6, 1977, 317-344.

SHUBIK, M., Game Theory in the Social Science, Cambridge, Mass., London, 1982.

SIEBERT, H., Economics of the Environment, Berlin et al., 1987

SINN, H. W., Die Clarke-Steuer zur Lösung des Umweltproblems: Eine Erläuterung am Beispiel der Wasserwirtschaft, in: Siebert, H. (Hrsg.), Umweltschutz für Luft und Wasser, Berlin et al. 1988, 241-254.

SMITH, A., Theory of Moral Sentiments, Oxford, 1976, im Original 1759 erschienen.

SMITH, M.J./PRICE, G.R., The Logic of Animal Conflict, Nature, 296, 1973, 15-18.

SMITH, V.L., Theory, Experiment and Economics, Journal of Economic Perspectives, 3, 1989, 151-170.

STÄHLER, F., On International Compensations for Environmental Stocks. Kiel Working Paper No. 580, Institut für Weltwirtschaft an der Universität Kiel, 1993.

SUGDEN, R., The Supply of Public Goods Through Voluntary Contributions, The Economic Journal, 94, 1984, 772-787.

SUTTON, J., Non-Cooperative Bargaining Theory: An Introduction, Review of Economic Studies, 53, 1986, 709-724.

TIETENBERG, T., Emissions Trading, an Exercise in Reforming pollution policy, Resources for the Future, Inc., Washington D. C., 1985.

TITMUSS, R., The Gift Relationship: From Human Blood to Social Policy, London 1971.

UMPLEBY, S.A., The Scientific Revolution in Demography, Population and Environment, 11, 1990, 159-174.

VARIAN, H.R., Mikroökonomie, 2.Aufl., München 1985.

VON FOERSTER, H./MORA, P.M./AMIOT, L.W., Doomsday: Friday 13 November, A.D. 2026, Science, 132, 1960, 1291-1295.

WARNOCK, G. J., The Object of Morality, New York, 1971.

WARR, P., Pareto Optimal Redistribution and Private Charity, Journal of Public Economics, 19, 1982, 131-38.

WARR, P., The Private Provision of a Public Good is Independent of the Distribution of Income, Economic Letters, 13, 1983, 207-211.

WATSON, R. A., "Self-Consciousness and the Rights of Nonhuman Animals and Nature", Environmental Ethics, 1, 1979, 99.

WEBER, G., Spatial and Temporal Variation of Sunshine in the Federal Republic of Germany, Theor. Appl. Climatology, 41, 1990, 1-9.

WEIMANN, J., Normgesteuerte ökonomische Theorien. Eine Konzeption nicht empirischer Forschungsprogramme und der Anwendungsfall der Umweltökonomie, Frankfurt, New York, 1987.

WEIMANN, J., Das Implementierungsproblem kollektiver Entscheidungsregeln bei utilitaristischer Wohlfahrtsfunktion, in: Wahl F. (Hrsg.), Steuerpolitik vor neuen Aufgaben, Regensburg, 1991.

WEIMANN, J., Freifahrer im Test: Ein Überblick über 20 Jahre Freifahrerexperimente, Diskussionspapier, Ruhr-Universität Bochum, 1993.

WEIMANN, J., Individual Behaviour in a Free Riding Experiment, erscheint in: Journal of Public Economics, 1994.

WEYANT, J.P., Costs of Reducing Global Carbon Emissions, Journal of Economic Perspectives, 7, 1993, 27-46.

WIIN-NIELSEN, A., Observed Climate Variations and Change: A Study of the Data, in: Corell, R.W./Anderson, P.A., Global Environmental Change, Berlin et al. 1991, 121-136.

WOOD, F., Comments on the need for Validation of the Jones et al. Temperature Trends with Respect to Urban Worming, Climate Change, 12, 1988, 297-311.

WORLD BANK, World Development Report 1992, New York 1992.

YOUNG, H.P./FOSTER, D., Cooperation in the Short and in the Long Run, Games and Economic Bchavior, 3, 1991, 145-156.

**G. Dieckheuer**

# Makroökonomik
## Theorie und Politik
2., verb. Aufl. 1995. XVI, 454 S. 123 Abb.,
24 Tab. Brosch. DM/sFr 45,-; öS 351,-
ISBN 3-540-58385-8

Dieses Buch analysiert die wichtigsten ökono-
mischen Probleme moderner, international ver-
flochtener Volkswirtschaften und diskutiert die
Wirkungen der staatlichen Beschäftigungs- und
Konjunkturpolitik, der Geldpolitik sowie der
Lohnpolitik.

**H. Lampert**

# Lehrbuch der Sozialpolitik
3., überarb. Aufl. 1994. XXVIII, 496 S. 7 Abb.
Brosch. DM/sFr 55,-; öS 429,-
ISBN 3-540-58248-7

Dieses Standardwerk der Sozialpolitik bietet mit
der dritten Auflage eine aktuelle und verständli-
che Einführung in Praxis und Theorie der Sozialpolitik und in die Leistungen und Probleme des
Sozialstaates.

**S. Wied-Nebbeling**

# Markt- und Preistheorie
2., verb. Aufl. 1994. X, 240 S. 65 Abb.
Brosch. DM/sFr 36,-; öS 280,80
ISBN 3-540-57796-3

Das vorliegende Lehrbuch für das Hauptstudium
umfaßt Modelle der Preisbildung bei Monopol,
Monopson, bilateralem Monopol, monopoliti-
scher Konkurrenz und Oligopol. Es werden
sowohl Standardmodelle der Preistheorie behandelt als auch neuere Ergebnisse der industrie-
ökonomischen Literatur einschließlich der Spieltheorie einbezogen.

**A. Stobbe**

# Volkswirtschaftliches Rechnungswesen
8., neubearb. u. erw. Aufl. 1994. XV, 468 S.
Brosch. DM/sFr 39,80; öS 310,50
ISBN 3-540-57851-X

Von einfachsten wirtschaftlichen Grundbegriffen
führt dieses Buch über makroökonomische
Probleme hin zu schwierigen Zahlungsbilanz-
fragen.

**J. Schumann**

# Grundzüge der mikroökonomischen Theorie
6., überarb. u. erw. Aufl. 1992. XVIII, 498 S.
217 Abb. Brosch. DM/sFr 36,-; öS 280,80
ISBN 3-540-55600-1

Dieses Buch vermittelt solide Kenntnisse der
mikroökonomischen Theorie und schafft Verständnis für das Funktionieren einer Marktwirtschaft. Es behandelt eingehend auch Faktormärkte, einschließlich erschöpfbarer Ressourcen.
Besondere Aufmerksamkeit gilt neueren Entwick-
lungen in der mikroökonomischen Theorie, vor
allem der Transaktionskostenökonomik, aber
auch der Agency-Theorie, der Ungleichgewichts-
theorie und den externen Effekten.